Repetitorium
Thermodynamik

3., überarbeitete und ergänzte Auflage

von
Wilhelm Schneider
unter Mitarbeit von
Stefan Haas und Karl Ponweiser

Oldenbourg Verlag München

Dr. Dr.h.c. Wilhelm Schneider ist emeritierter Professor am Institut für Strömungsmechanik und Wärmeübertragung der Technischen Universität Wien.

Dr. Stefan Haas ist Bereichsleiter für Innovation und Technologie bei Knorr-Bremse Systeme für Schienenfahrzeuge in München.

Ao. Prof. Dr. Karl Ponweiser lehrt am Institut für Energietechnik und Thermodynamik der Technischen Universität Wien.

Bibliografische Information der Deutschen Nationalbibliothek

Die Deutsche Nationalbibliothek verzeichnet diese Publikation in der Deutschen Nationalbibliografie; detaillierte bibliografische Daten sind im Internet über http://dnb.d-nb.de abrufbar.

© 2012 Oldenbourg Wissenschaftsverlag GmbH
Rosenheimer Straße 145, D-81671 München
Telefon: (089) 45051-0
www.oldenbourg-verlag.de

Das Werk einschließlich aller Abbildungen ist urheberrechtlich geschützt. Jede Verwertung außerhalb der Grenzen des Urheberrechtsgesetzes ist ohne Zustimmung des Verlages unzulässig und strafbar. Das gilt insbesondere für Vervielfältigungen, Übersetzungen, Mikroverfilmungen und die Einspeicherung und Bearbeitung in elektronischen Systemen.

Lektorat: Dr. Gerhard Pappert
Herstellung: Constanze Müller
Titelbild: iStockphoto
Einbandgestaltung: hauser lacour
Gesamtherstellung: Grafik & Druck GmbH, München

Dieses Papier ist alterungsbeständig nach DIN/ISO 9706.

ISBN 978-3-486-70779-3
eISBN 978-3-486-71892-8

Aus dem Vorwort zur ersten Auflage (1996)

Es ist eine unter Lernenden und Lehrenden weitverbreitete Meinung, daß es bei der Thermodynamik als einem der ingenieurwissenschaftlichen Grundlagenfächer mehr auf das Verstehen der Zusammenhänge als auf das Erlernen von Definitionen, Sätzen und Gleichungen ankommt. ... Analysiert man jedoch die Vorgangsweise beim Lösen thermodynamischer Probleme etwas näher, so wird rasch deutlich, wie wichtig das vielgeschmähte Faktenwissen – neben dem unerläßlichen Verstehen – dabei ist. Man muß recht detailliert *wissen*, welche Möglichkeiten es gibt, die Lösung des Problems mit Aussicht auf Erfolg in Angriff zu nehmen, und man muß auch ziemlich viele Gleichungen – mit ihren Voraussetzungen – im *Gedächtnis* haben, um die Lösung des Problems in angemessener Zeit durchführen zu können. So kann ein Repetitorium über Thermodynamik wahrscheinlich doch recht nützlich sein.

Natürlich unterscheidet sich ein Repetitorium von einem Lehrbuch. Um den Ansprüchen an ein Repetitorium gerecht zu werden, muß Systematik und Übersichtlichkeit angestrebt werden, auch wenn dies mitunter dem logischen Aufbau widerspricht. Auch Erfordernisse des Lehr- und Übungsbetriebs zwingen zu Kompromissen in der Anordnung des Stoffes. Beispielsweise werden die für praktische Anwendungen wichtigen Zustandsgleichungen und spezifischen Wärmekapazitäten vor der Entropie behandelt, um innerhalb des Semesters genügend Zeit zum Üben mit Rechenbeispielen zu haben.

Die heute bei manchen Fachkollegen beliebte axiomatische Darstellung der Thermodynamik, vor allem des zweiten Hauptsatzes, bereitet erfahrungsgemäß vielen Studenten der Ingenieurwissenschaften beträchtliche Verständnisschwierigkeiten und verleitet zum verständnislosen Auswendiglernen. Diesem Repetitorium wurde daher die traditionelle Lehrmethode zugrundegelegt, in welcher der Entropiebegriff aus den Sätzen über die beschränkte Umwandelbarkeit der Energie entwickelt wird. Andererseits werden jedoch von Anfang an neuere Konzepte und Formulierungen verwendet, die auch zur Beschreibung von Nichtgleichgewichts–Zuständen geeignet sind. Dadurch ist eine Erweiterung der „klassischen" Thermodynamik auf eine Nichtgleichgewichts–Thermodynamik (oder Thermodynamik irreversibler Prozesse) in ganz natürlicher Weise möglich, ohne dabei grundlegende Begriffe und Sätze modifizieren oder verallgemeinern zu müssen. Allerdings hat dies auch eine etwas ungewöhnliche Stoffauswahl im Bereich der chemischen Anwendungen zur Folge: Nichtgleichgewichts–Reaktionen stellen wichtige (und einfache) Beispiele dar, während die klassische chemische Thermodynamik nur am Rande behandelt wird.

Soweit möglich werden die heute im deutschen Sprachraum üblichen Bezeichnungen und Symbole verwendet. Die einzige erwähnenswerte Ausnahme betrifft das bekannte Problem der Symbole für infinitesimal kleine Beträge von Arbeit und Wärme. In der Fachliteratur findet man hierfür mehrere verschiedene Symbole; keinem ist es bisher gelungen, sich allgemein durchzusetzen. Üblich ist es jedoch, eine infinitesimale Entropiezufuhr mit $d_e S$ zu bezeichnen. In Anlehnung an diese Bezeichnungsweise werden daher in diesem Repetitorium die Symbole $d_e W$ und $d_e Q$ für eine infinitesimal kleine

Arbeit bzw. Wärmezufuhr eingeführt. Die Verwendung dieser Symbole ist zwar ungewöhnlich, sie hat aber den – vor allem für den Anfänger wichtigen – Vorzug einer formal einheitlichen Darstellung aller Bilanzgleichungen. Auch alle Ströme werden hiermit einheitlich definiert: dem Entropiestrom $\dot{S} := \mathrm{d}_e S/\mathrm{d}t$ (übliche Bezeichnungsweise) entspricht der Wärmestrom $\dot{Q} := \mathrm{d}_e Q/\mathrm{d}t$ (neue Bezeichnungsweise).

Die im Text behandelten *Beispiele* sollen hauptsächlich dem besseren Verständnis dienen; sie werden aber auch zur Ergänzung und Vertiefung des Lehrstoffs eingesetzt. Bei den *Aufgaben* am Ende eines jeden Kapitels handelt es sich dagegen hauptsächlich um Anwendungsbeispiele; sie entsprechen in etwa den Prüfungsaufgaben bei den schriftlichen Prüfungen, sofern sie nicht durch das Zeichen + als schwieriger oder umfangreicher gekennzeichnet sind. Die Beantwortung der *Fragen* erfordert lediglich minimale Grundkenntnisse.

An Vorkenntnissen aus anderen Fachgebieten wird nur das unbedingt Notwendige vorausgesetzt. Hierzu gehören elementare Kenntnisse aus Mechanik, Physik und Chemie; aus der Mathematik sollten die Begriffe der partiellen Ableitung und des vollständigen (totalen) Differentials bekannt sein.

Aus dem Vorwort zur zweiten Auflage (2004)

Die Vermutung, ein Repetitorium könnte auch auf dem Gebiet der Thermodynamik nützlich sein, hat sich bestätigt. Über Jahre annähernd gleichbleibende Nachfrage nach dem Buch, verbunden mit einer zumindest in Wien, vielleicht auch an anderen Hochschulen zu beobachtenden Verbesserung der Prüfungsergebnisse bei Verwendung des Repetitoriums haben Verlag und Autoren veranlasst, der vergriffenen ersten Auflage eine Neuauflage folgen zu lassen. Erfreulicherweise war es dabei möglich, nicht nur Druckfehler zu beseitigen und Formulierungen zu präzisieren, sondern auch einige Ergänzungen vorzunehmen. Zu erwähnen sind u.a. die Berücksichtigung des Thomson-Wärmestroms, die ausführlichere Behandlung der Grenzflächenspannung und die Erweiterungen bei den Beispielen zu nicht-statischen Zustandsänderungen. Auch ein paar neue Aufgaben konnten hinzugefügt werden.

Vorwort zur dritten Auflage

Eigene Erfahrungen in der Lehre sowie Anregungen aus anonymen Buchbesprechungen haben zu beträchtlichen Erweiterungen gegenüber früheren Auflagen des Repetitoriums Anlass gegeben. Neben einigen kleineren Ergänzungen, vor allem zu den kalorischen Zustandsgrößen von Oberflächen (Abschn. 6.5 und 8.6.3), sind vor allem die zwei neuen Kapitel 11 und 12 zu erwähnen. Das Kapitel 11 ist der Wärmestrahlung gewidmet. Dabei stehen die allgemeinen Gesetze für strahlende thermodynamische Systeme (im vollständigen oder lokalen thermodynamischen Gleichgewicht) im Vordergrund. Methoden, die heute in der Regel in eigenen Lehrveranstaltungen über

Wärmeübertragung, aber kaum im Rahmen der Thermodynamik gelehrt werden, erfahren auch in dieser Auflage des Repetitoriums keine systematische Behandlung. Um technische Anwendungen der Thermodynamik, vor allem in Form von Kreisprozessen, in größerem Umfang zu berücksichtigen, wurde von Herrn Prof. K. Ponweiser das Kapitel 12 verfasst. Selbstverständlich kann es sich dabei nur um eine kleine Auswahl aus der unübersehbaren Fülle von thermodynamisch interessanten Anwendungen handeln. Es wurde versucht, die Auswahl so zu treffen, dass eine möglichst gute Verbindung zu den Grundlagen, die in den früheren Kapiteln bereitgestellt werden, gegeben ist.

Das Erscheinungsbild der neuen Auflage hat sich gegenüber den früheren Auflagen insofern verändert, als der *Lehrstoff* nicht mehr durch einen dünnen Rahmen abgegrenzt, sondern grau hinterlegt ist. *Gleichungen*, die man sich *merken* sollte, sind wie früher stark umrandet.

Wenn es gelungen sein sollte, das Repetitorium inhaltlich weiter zu verbessern, so haben dazu wieder viele Kollegen beigetragen. Für wertvolle Kommentare und Anregungen danke ich den Herren Dipl.-Ing. C. Buchner, Prof. P. Hofmann, Mag. R. Jurisits, Dr. T. Loimer und Prof. H. Steinrück. Die Aufgaben zu den Kapiteln 1 bis 10 wurden nahezu unverändert aus der zweiten Auflage in der Bearbeitung von Herrn Dr. S. Haas übernommen. Zu Kapitel 6 wurde eine neue Aufgabe von Herrn Prof. Ponweiser hinzugefügt, zwei Aufgaben zum Kapitel 11 stammen von Herrn Prof. Steinrück. Frau Mag. M. C. Umundum hat gemeinsam mit Herrn Prof. Ponweiser die Literaturliste auf den neuesten Stand gebracht. Herr Mag. Jurisits und Herr Dipl.-Ing. Buchner haben auch die neuen Abbildungen hergestellt und Frau R. Galler dabei unterstützt, eine ansprechende Druckvorlage zu erstellen. Besonderer Dank gebührt der Androsch International Consulting AG, ohne deren finanzielle Unterstützung die Neuauflage nicht möglich gewesen wäre. Schließlich danke ich dem Oldenbourg Wissenschaftsverlag für die gute Zusammenarbeit und das verständnisvolle Eingehen auf meinen Wunsch, den Umfang des Buches wesentlich zu erweitern.

Wien, im Juli 2012   W. Schneider

Inhaltsverzeichnis

1 **Grundbegriffe** 1
   1.1   Was ist Thermodynamik? 1
   1.2   Mikroskopische Betrachtungsweise 2
   1.3   Wichtige mikroskopische Größen 2
   1.4   Makroskopische Betrachtungsweise 4
   1.5   Thermodynamisches System 4
        1.5.1   Allgemeine Begriffe 4
        1.5.2   Spezielle Systeme 6
   1.6   Zustandsgrößen 7
        1.6.1   Begriff 7
        1.6.2   Intensive und extensive Zustandsgrößen 8
        1.6.3   Spezifische Zustandsgrößen 8
        1.6.4   Molare Zustandsgrößen 10
   1.7   Thermodynamisches Gleichgewicht 10
        1.7.1   Allgemeiner Begriff 10
        1.7.2   Lokales thermodynamisches Gleichgewicht 11
   1.8   Zustand und Zustandsgleichungen 12
   1.9   Zustandsänderung und Prozess 14
        1.9.1   Allgemeine Begriffe 14
        1.9.2   Quasistatische und nichtstatische Zustandsänderungen 14
        1.9.3   Reversible und irreversible Prozesse 18
   1.10 Bilanzgleichungen 20
   1.11 Fragen 21
   1.12 Aufgaben 22

2 **Temperatur** 23
   2.1   Thermisches Gleichgewicht 23
   2.2   Nullter Hauptsatz der Thermodynamik 23
   2.3   Temperaturbegriff 24
        2.3.1   Temperatur zur Charakterisierung thermischen Gleichgewichts 24
        2.3.2   Temperatur als Scharparameter der Isothermen 24
        2.3.3   Temperatur als Zustandsgröße 25
   2.4   Temperaturskalen 26
        2.4.1   Empirische Temperaturen 26
        2.4.2   Idealgas–Temperatur 27
        2.4.3   Absolute Temperatur 28
        2.4.4   Celsius–Temperatur 29
   2.5   Unerreichbarkeit des absoluten Nullpunkts 29
   2.6   Fragen 29
   2.7   Aufgaben 29

3 **Thermische Zustandsgleichungen** 31
   3.1   Begriff der thermischen Zustandsgleichung 31
   3.2   Ideale Gase 31
   3.3   Gasgemische 32
        3.3.1   Partialdruck, Partialdichte und Partialvolumen 32
        3.3.2   Konzentrationsmaße 33

		3.3.3	Molmasse eines Gemisches	33
		3.3.4	Ideale Gasgemische	33
	3.4	Realgaseffekte bei hohen Temperaturen		35
		3.4.1	Ideal–dissoziierendes Gas	35
		3.4.2	Saha–Gleichung	36
	3.5	Realgaseffekte bei hohen Dichten		37
		3.5.1	Virialform der thermischen Zustandsgleichung	37
		3.5.2	Van–der–Waals–Gleichung	38
	3.6	Ausdehnungskoeffizient und Kompressibilitätskoeffizient		39
	3.7	Fragen		41
	3.8	Aufgaben		42
4	**Erhaltung der Masse**			**45**
	4.1	Massenbilanzen		45
	4.2	Stoffbilanzen		46
	4.3	Fragen		48
	4.4	Aufgaben		48
5	**Erhaltung der Energie**			**49**
	5.1	Arbeit		49
		5.1.1	Volumenänderungsarbeit	50
		5.1.2	Wellenarbeit	55
		5.1.3	Grenzflächenspannung und Oberflächenspannung	56
		5.1.4	Elektrische Arbeit	58
		5.1.5	Adiabaten	59
	5.2	Energie eines Systems		60
		5.2.1	Kinetische Energie und potentielle Energie	60
		5.2.2	Gesamtenergie und innere Energie	60
	5.3	Erster Hauptsatz und Wärmebegriff		62
	5.4	Enthalpie		66
	5.5	Verschiebearbeit und technische Arbeit		68
	5.6	Fragen		72
	5.7	Aufgaben		72
6	**Kalorische Zustandsgleichungen und spezifische Wärmekapazitäten**			**77**
	6.1	Begriff der kalorischen Zustandsgleichung		77
	6.2	Beziehungen zwischen thermischen und kalorischen Zustandsgleichungen		77
	6.3	Spezifische Wärmekapazitäten		79
	6.4	Joule–Thomson–Koeffizient		92
	6.5	Oberflächen		94
	6.6	Fragen		97
	6.7	Aufgaben		98
7	**Energieumwandlungen**			**105**
	7.1	Kreisprozesse		105
		7.1.1	Definition	105
		7.1.2	Energiebilanz für Kreisprozesse	106
		7.1.3	Carnot'scher Kreisprozess	106
	7.2	Zweiter Hauptsatz		107
	7.3	Thermischer Wirkungsgrad und thermische Leistungszahlen		110
		7.3.1	Definitionen	110

		7.3.2	Carnot–Wirkungsgrad	111
		7.3.3	Carnot–Leistungszahlen	113
	7.4		Maximale Arbeit; Exergie und Anergie	113
	7.5		Satz von Clausius	115
	7.6		Fragen	116
	7.7		Aufgaben	116
8	**Entropie**			**120**
	8.1		Entropiebegriff und zweiter Hauptsatz	120
	8.2		T, S– und T, s–Diagramm	122
	8.3		h, s–Diagramm	125
	8.4		Gibbs'sche Fundamentalgleichung	125
	8.5		Chemisches Potential	129
	8.6		Thermodynamische Potentiale und kanonische Zustandsgleichungen	130
		8.6.1	Freie Energie und freie Enthalpie	130
		8.6.2	Thermodynamische Potentiale und Maxwell'sche Beziehungen	131
		8.6.3	Entropie einer Oberfläche	132
		8.6.4	Kanonische Zustandsgleichungen	133
	8.7		Nernst'sches Wärmetheorem (dritter Hauptsatz) und absolute Entropie	133
	8.8		Entropiebilanz und zweiter Hauptsatz	135
	8.9		Clausius–Duhem'sche Ungleichung	140
	8.10		Fragen	141
	8.11		Aufgaben	142
9	**Thermodynamische Gleichgewichtsbedingungen**			**149**
	9.1		Extremalbedingungen	149
	9.2		Gleichgewichtsbedingungen für heterogene Systeme	149
	9.3		Reine Stoffe	151
		9.3.1	Dreiphasengleichgewichte (Tripelpunkte)	151
		9.3.2	Zweiphasengleichgewichte	151
		9.3.3	p, v–Diagramm eines reinen Stoffes	155
		9.3.4	Metastabile Zustände	156
	9.4		Mehrstoffsysteme	158
		9.4.1	Feuchte Luft (feuchte Gase)	158
		9.4.2	Verdampfungsgleichgewichte binärer Gemische	163
		9.4.3	Schmelzgleichgewichte binärer Gemische	165
	9.5		Fragen	166
	9.6		Aufgaben	166
10	**Phänomenologische Gleichungen für irreversible Prozesse**			**170**
	10.1		Allgemeine Formulierungen	170
	10.2		Thermoelektrische Prozesse	171
	10.3		Chemische Reaktionen	177
	10.4		Fragen	178
	10.5		Aufgaben	178
11	**Wärmestrahlung**			**179**
	11.1		Definition und Eigenschaften	179
	11.2		Strahlungsintensität	179

- 11.3 Strahlungsfluss 181
- 11.4 Planck'sches Strahlungsgesetz 184
- 11.5 Wien'sches Verschiebungsgesetz 186
- 11.6 Strahlungsgesetz von Stefan und Boltzmann 187
- 11.7 Absorption, Streuung und Emission in materiellen Systemen 188
- 11.8 Absorption, Reflexion und Emission an Wänden 190
  - 11.8.1 Absorbierte, reflektierte und emittierte spektrale Strahlung . . 190
  - 11.8.2 Absorbierte, reflektierte und emittierte Gesamtstrahlung . . . 192
- 11.9 Kirchhoff'sche Strahlungsgesetze 194
  - 11.9.1 Kirchhoff'sches Gesetz für Strahlung in materiellen Systemen . 194
  - 11.9.2 Kirchhoff'sches Strahlungsgesetz für Wände 197
- 11.10 Fragen 199
- 11.11 Aufgaben 199

12 Technische Anwendungen der Thermodynamik 201
- 12.1 Thermische Strömungsmaschinen 201
  - 12.1.1 Adiabate Gas- und Dampfturbinen 201
  - 12.1.2 Adiabate Verdichter 203
  - 12.1.3 Nichtadiabate Verdichtung 204
- 12.2 Kreisprozesse von Kolbenmaschinen 205
  - 12.2.1 Reale Kreisprozesse von Verbrennungskraftmaschinen 206
  - 12.2.2 Idealisierter Kreisprozess eines Dieselmotors 207
  - 12.2.3 Idealisierter Kreisprozess eines Ottomotors 208
  - 12.2.4 Seiliger-Kreisprozess 208
  - 12.2.5 Idealisierter Kreisprozess eines Stirlingmotors 209
- 12.3 Kreisprozesse von Wärmekraftanlagen 211
  - 12.3.1 Einfache Kreisprozesse bei Gaskraftanlagen 211
  - 12.3.2 Verbesserte Gaskraftprozesse 213
  - 12.3.3 Kreisprozess einer einfachen Dampfkraftanlage 214
  - 12.3.4 Verbesserte Kreisprozesse bei Dampfkraftanlagen 216
- 12.4 Kreisprozesse mit verbesserter Primärenergienutzung 218
  - 12.4.1 Kreisprozesse einer Gas- und Dampfkraftanlage 218
  - 12.4.2 Kreisprozess einer Kraft-Wärme-Kopplung 220
- 12.5 Kreisprozesse zur Kälte- bzw. Wärmebereitstellung 221
  - 12.5.1 Kreisprozess von einfachen Kompressionskältemaschinen bzw. Kompressionswärmepumpen 221
  - 12.5.2 Kreisprozess von Gaskältemaschinen bzw. Gaswärmepumpen . 222
- 12.6 Heiz- und Kühlprozesse 223
  - 12.6.1 Exergie-Anergie-Fluss Diagramme 223
  - 12.6.2 Exergie-Anergie-Fluss durch eine Wand 223
  - 12.6.3 Stationäres Heizen 224
  - 12.6.4 Stationäres Kühlen 226
- 12.7 Fragen 227
- 12.8 Aufgaben 227

Antworten und Lösungen 231

Anhang: Dampftafeln 257

Ausgewählte Literatur 261

Index 265

1 Grundbegriffe

1.1 Was ist Thermodynamik?

Historisch: *„Wärmelehre"* - Wärme als Energieform (Erweiterung des Energiesatzes der Mechanik).

Die heutige Thermodynamik umfasst

(1) *Allgemeine Energielehre* (Technische Thermodynamik).
  – Allgemeiner Energiebegriff, Energieformen;
  – Möglichkeiten der Energieumwandlung;
  – Energietransport.
(2) *Allgemeine Zustandslehre* (Physikalisch-chemische Thermodynamik).
  – Makroskopische[1]) Zustände der (unbelebten und belebten) Materie;
  – Verhalten der Materie bei Zustandsänderungen;
  – allgemeingültige Beziehungen zwischen den Größen, die makroskopische Zustände beschreiben.

Erläuterungen

Zu (1): Es interessieren die *naturgesetzlich* vorgegebenen Bedingungen und Restriktionen; technische Realisierbarkeit, ökonomische Gesichtspunkte etc. bleiben im Wesentlichen unberücksichtigt.

Zu (2): Es interessiert vor allem jenes Verhalten der Materie, das von der Mechanik und der Elektrodynamik nicht (oder nicht vollständig) erfasst wird. Natürlich gibt es auch Überschneidungen; beispielsweise umfasst die Gasdynamik sowohl die Mechanik als auch die Thermodynamik gasförmiger Körper.

Während sich die „klassische Thermodynamik" auf Gleichgewichtszustände beschränkt, sind in neuerer Zeit mit der „Thermodynamik irreversibler Prozesse" Erweiterungen auf Nichtgleichgewichtszustände vorgenommen worden.

Bemerkungen
- Die Thermodynamik zeichnet sich durch einen außerordentlich großen Gültigkeits- und Anwendungsbereich aus – sie ist im Rahmen der Naturwissenschaften „allgemeingültig".
- Andererseits vermag die Thermodynamik allein oft nur wenig über „Details" auszusagen – hierzu sind Verknüpfungen mit anderen Fachgebieten (z.B. Strömungsmechanik, Wärmeübertragung) notwendig.
- Die Thermodynamik gilt als „schwieriges" Fach: Der strenge, logische Aufbau und starke Abstraktionen machen es dem Anfänger nicht leicht, die thermodynamischen Grundlagen zu erlernen, ihren Sinn zu verstehen und ihr Anwendungspotential auszuschöpfen.

---

[1])Vgl. Abschnitt 1.4.

1.2 Mikroskopische Betrachtungsweise

In der mikroskopischen Betrachtungsweise geht man davon aus, dass die Materie aus einer (meist sehr großen) Anzahl von Teilchen (Atomen, Molekülen, Ionen, usw.) besteht, die unterschiedliche (kinetische und potentielle) Energien haben und miteinander in Wechselwirkung treten können. Da im Allgemeinen nicht jedes Teilchen einzeln rechnerisch verfolgt werden kann, werden *statistische* Theorien (*„Statistische Mechanik"*) angewendet.

Beispielsweise wird in der *kinetischen Gastheorie* ein Gas als ein „Schwarm" von Molekülen aufgefasst. Die (messbaren) Gaseigenschaften sind das Resultat der Bewegung der Moleküle, ihrer Zusammenstöße und ihres Aufprallens auf Wände. So ergibt etwa die Summe aller kinetischen und potentiellen Energien der Moleküle eine „innere Energie" des Gases, und die Druckkraft, die das Gas auf die Wand des Behälters ausübt, entspricht der Summe aller Impulsänderungen, die die Moleküle beim Aufprall auf die Wand erfahren (Bild 1.1), vgl. Aufgabe 1.1.

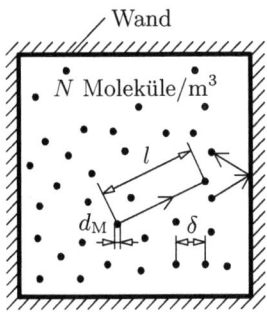

Bild 1.1: Gas in mikroskopischer Betrachtungsweise. (Moleküldurchmesser d_M, mittlerer Molekülabstand δ, mittlere freie Weglänge l.)

In der mikroskopischen Betrachtungsweise unterscheiden sich die verschiedenen Aggregatzustände vor allem in der Beweglichkeit oder Bewegungsfreiheit der Moleküle. Zur Veranschaulichung kann man ein Gas mit einem Mückenschwarm und eine Flüssigkeit mit einem Ameisenhaufen vergleichen, während man sich einen festen Körper (Kristall) als System von Massenpunkten in einem Netzwerk von Federn vorstellen kann.

1.3 Wichtige mikroskopische Größen

(1) Universelle Konstante:

Avogadro'sche Konstante (Anzahl der Teilchen pro Kilomol)

$$\mathcal{N} = 6{,}02214 \cdot 10^{26} (\text{kmol})^{-1}.$$

1.3 Wichtige mikroskopische Größen

(2) Stoffabhängige Größen:
Teilchendurchmesser (Moleküldurchmesser) d_M;
Teilchenmasse (Molekülmasse) m_M.

(3) Zustandsabhängige Größen:
Teilchendichte N (= Anzahl der Teilchen pro Volumen);
mittlerer Teilchenabstand δ;
mittlere freie Weglänge l (= Mittelwert der Strecke, die ein Teilchen zwischen zwei aufeinanderfolgenden Zusammenstößen mit anderen Teilchen zurücklegt);
mittlere Teilchengeschwindigkeit $\overline{C}$;
mittlere Stoßfrequenz θ (= Mittelwert der Anzahl der Zusammenstöße eines Teilchens mit anderen Teilchen, pro Zeit).

(4) Beziehungen zwischen mikroskopischen Größen:

$$\delta = N^{-1/3}; \tag{1.1}$$

$$l = \frac{1}{\sqrt{2}\pi N d_\text{M}^2}; \tag{1.2}$$

$$\theta = \frac{\overline{C}}{l}. \tag{1.3}$$

Gemäß (1.2) ist für ein bestimmtes Gas (d_M unveränderlich) die mittlere freie Weglänge umgekehrt proportional zur Teilchendichte und – bei festgehaltener Teilchendichte – unabhängig von Druck und Temperatur. (Anwendungen u.a. in Vakuumtechnik und Raumfahrttechnik.)

(5) Typische Größenordnungen (Luft bei 1 bar und 0 °C):
$d_\text{M} \approx 4 \cdot 10^{-10}$ m; $m_\text{M} \approx 5 \cdot 10^{-26}$ kg;
$N \approx 3 \cdot 10^{25}$ m^{-3}; $\delta \approx 3 \cdot 10^{-9}$ m; $l \approx 6 \cdot 10^{-8}$ m;
$\overline{C} \approx 450$ m/s; $\theta \approx 10^{10}$ s^{-1}.

Beachte:

- $\overline{C}$ ist von der Größenordnung der Schallgeschwindigkeit im Gas; die anderen Größen sind unvorstellbar klein bzw. unvorstellbar groß.

Beispiel 1.1: *Caesars letzter Atemzug* [2]
Es sei angenommen, dass sich seit Caesars Tod die Moleküle seines letzten Atemzuges gleichmäßig in der Erdatmosphäre verteilt haben. Man zeige, dass wir mit jedem Atemzug im Mittel 1 Molekül von Caesars letztem Atemzug einatmen.
Lösung: 1 Atemzug $\sim 0{,}4$ l $= 4 \cdot 10^{-4}$ m^3 enthält $\sim 4 \cdot 10^{-4} \cdot 3 \cdot 10^{25} \sim 10^{22}$ Moleküle. Erdatmosphäre: In 14 km Höhe beträgt die Luftdichte nur noch etwa 1/10 des Wertes an der Erdoberfläche. Daher Abschätzung mit konstanter Dichte und effektiver Höhe von 7 km; Erdoberfläche $\sim 5 \cdot 10^8$ km^2; Volumen $\sim 35 \cdot 10^8$ km$^3 \sim 4 \cdot 10^{18}$ m^3. Enthält $\sim 4 \cdot 10^{18} \cdot 3 \cdot 10^{25} \sim 10^{44}$ Moleküle. Daher gilt die Proportionalitätsbeziehung:

1 Molekül : 1 Atemzug $\sim$ 1 Atemzug : Erdatmosphäre.

---
[2] Nach J.H. Jeans (1940).

1.4 Makroskopische Betrachtungsweise

In der makroskopischen Betrachtungsweise lässt man außer Acht, dass die Materie aus Teilchen aufgebaut ist, und beschreibt die physikalisch–chemischen Eigenschaften von Raumbereichen, deren Abmessungen sehr viel größer als die mittlere freie Weglänge sind, in einer globalen Weise.

Beachte:

- Während früher mikroskopische und makroskopische Betrachtungsweisen oft vermischt angewandt wurden, wird die moderne Thermodynamik rein makroskopisch – unter Vermeidung mikroskopischer Begriffe – aufgebaut.
- Die thermodynamischen Naturgesetze werden als *Hauptsätze der Thermodynamik* (kurz: *Hauptsätze*) bezeichnet. Es gibt 4 Hauptsätze, die durch Numerierung von 0 bis 3 gekennzeichnet werden. Zusätzlich werden zur vollständigen Beschreibung des makroskopischen Verhaltens der Materie noch *empirische Beziehungen* (Zustandsgleichungen, phänomenologische Gleichungen) benötigt; sie sind grundsätzlich experimentell zu ermitteln, doch können auch mikroskopische Theorien zu ihrer (näherungsweisen) Bestimmung herangezogen werden.

1.5 Thermodynamisches System

1.5.1 Allgemeine Begriffe

(1) Der – willkürlich oder in natürlicher Weise – abgegrenzte Raum, für den eine thermodynamische Untersuchung durchgeführt wird, heißt *thermodynamisches System* (kurz: *System*), vgl. Bild 1.2.

(2) Alles, was außerhalb des Systems liegt, nennt man *Umgebung*.

(3) Ein System und seine Umgebung werden durch eine materielle oder gedachte Begrenzungsfläche, die *Systemgrenze*, voneinander getrennt.

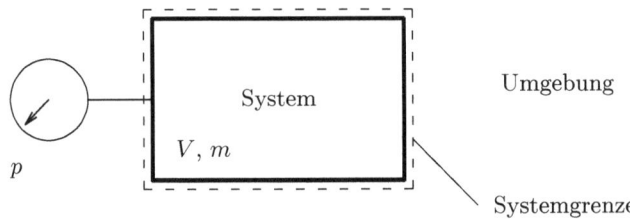

Bild 1.2: Thermodynamisches System. (Zustandsgrößen: Volumen V, Masse m und Druck p.)

1.5 Thermodynamisches System

Bemerkungen

- Hier und in den folgenden Abbildungen sind die Systemgrenzen durch einen strichlierten Linienzug gekennzeichnet, sofern sie nicht ohnehin selbstverständlich sind.
- Systemgrenzen sind abhängig von der Aufgabenstellung zu wählen. Oft ist die Festlegung der Systemgrenzen keineswegs trivial, und eine geschickte Wahl kann die Lösung der gestellten Aufgabe beträchtlich vereinfachen (vgl. Beispiel 1.2).
- Es ist bei jeder thermodynamischen Untersuchung wichtig, sich über die Eigenschaften der betrachteten Systemgrenzen Klarheit zu verschaffen oder diese Eigenschaften festzulegen, insbesondere was die Durchlässigkeit für Materie und Energie betrifft.

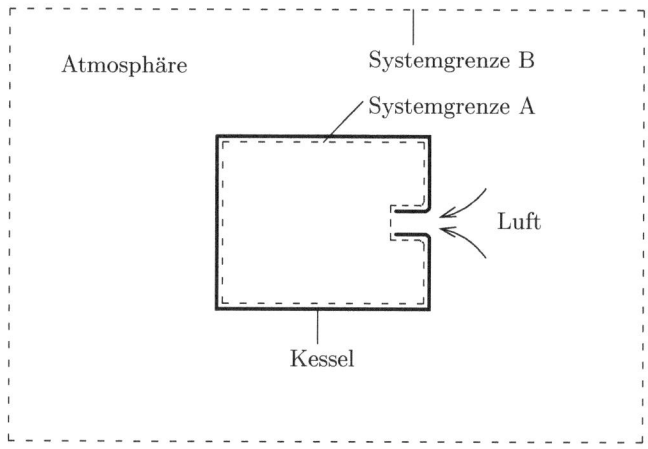

Bild 1.3: Systemgrenzen beim Füllen eines Vakuum-Kessels mit Atmosphärenluft (Varianten A und B).

Beispiel 1.2: *Systemgrenzen beim Füllvorgang*
Wie sind die Systemgrenzen beim Füllen eines Vakuum–Kessels mit Atmosphärenluft (Bild 1.3) festzulegen?
Lösung: Es scheint naheliegend, die Systemgrenze A gemäß Bild 1.3 zu wählen; dies hätte jedoch den Nachteil, dass der Strömungsvorgang in der Einströmöffnung berücksichtigt werden müsste. Einfacher ist es, die Systemgrenze B in so große Entfernung vom Kessel zu legen, dass dort (in sehr guter Näherung) der ungestörte Atmosphärenzustand herrscht. (Bezüglich der Berechnung des Vorgangs vgl. Abschnitt 6, Beispiel 6.7.)

1.5.2 Spezielle Systeme

(1) Ein System, dessen Systemgrenze für Materie durchlässig ist, nennt man *offenes System*; hingegen enthält ein *geschlossenes System* stets dieselbe Materie.

(2) Für ein *isoliertes System* ist jede Wechselwirkung mit der Umgebung unmöglich.

(3) Sind chemische Zusammensetzung und physikalische Eigenschaften innerhalb der Systemgrenzen überall gleich, bezeichnet man das System als *homogen*; andernfalls handelt es sich um ein *heterogenes System*.

(4) Einen homogenen Bereich eines Systems nennt man eine *Phase*.

Beachte:

- Es ist notwendig, aber nicht hinreichend für ein isoliertes System, dass es geschlossen ist.
- Ein homogenes System besteht aus einer einzigen Phase.

Beispiel 1.3: *Welche Arten von Systemen sind in Bild 1.4 zu sehen?*

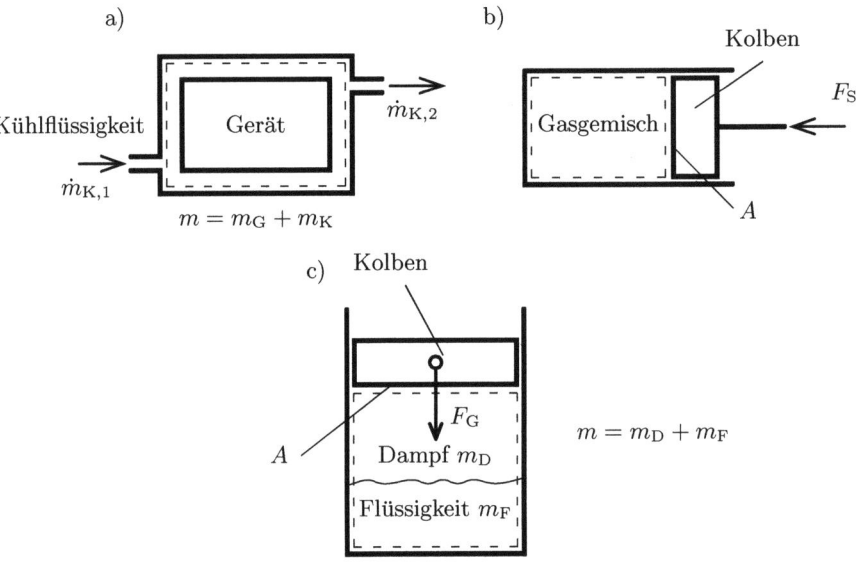

Bild 1.4: Beispiele für die Einteilung von thermodynamischen Systemen.

Lösung: Beim gekühlten Gerät nach Bild 1.4a handelt es sich um ein *offenes, heterogenes* System; seine Masse m setzt sich aus der Masse des Geräts m_G und der Masse der innerhalb des Gehäuses befindlichen Kühlflüssigkeit m_K additiv zusammen, während pro Zeiteinheit die Massenströme $\dot{m}_{K,1}$ und $\dot{m}_{K,2}$ ($\dot{m}_{K,1} > 0, \dot{m}_{K,2} < 0$) durch die Systemgrenze fließen. Bild 1.4b zeigt als System ein *homogenes* Gasgemisch, das durch einen beweglichen Kolben in einem Zylinder eingeschlossen ist. Das System

1.6 Zustandsgrößen 7

ist *geschlossen*, obwohl sich die Systemgrenze verschieben kann. Schließlich ist in Bild 1.4c ein *geschlossenes, heterogenes* System dargestellt. Es besteht aus zwei *Phasen* (Flüssigkeit und Dampf [3]). (Bezüglich der in Bild 1.4 eingezeichneten Größen A, F_S und F_G vgl. Beispiel 1.5.)

1.6 Zustandsgrößen

1.6.1 Begriff

Quantifizierbare makroskopische Eigenschaften eines Systems werden *Zustandsgrößen* genannt.

Der Begriff „quantifizierbar" bedeutet, dass die Eigenschaft prinzipiell messbar sein muss. Ob bzw. wie die Messung praktisch ausgeführt werden kann, ist dabei bedeutungslos.

Beispiele für Zustandsgrößen:[4] Volumen V [m³]; Masse m [kg]; Stoffmenge n [kmol][5]; Druck p [N/m²]; Dampfgehalt x [-][6].

Wir beschränken uns zunächst auf *mechanische* und *elektrodynamische* Zustandsgrößen; sie enthalten die Basisgrößen Länge, Zeit, Masse, Stoffmenge und elektrische Stromstärke. Weitere, für die *Thermodynamik* charakteristische Zustandsgrößen (z.B. Temperatur und innere Energie) werden später eingeführt. Bezüglich physikalischer Einheiten siehe Tabellen 1.1 und 1.2.

Tabelle 1.1: Basisgrößen und Basiseinheiten

Basisgröße	Basiseinheit	
	Name	Symbol
Länge	Meter	m
Zeit	Sekunde	s
Masse	Kilogramm	kg
Stoffmenge	Mol	mol
elektr. Stromstärke	Ampere	A
abs. Temperatur	Kelvin	K

Beachte:

- Die Massenströme $\dot{m}_{K,1}$ und $\dot{m}_{K,2}$ [kg/s] entsprechend Bild 1.4a sind *keine* Zustandsgrößen, weil sie keine Eigenschaft des Systems darstellen; sie charakterisieren äußere Einflüsse, denen das System ausgesetzt ist.

---
[3] Zwischen *Gas* und *Dampf* besteht thermodynamisch kein grundsätzlicher Unterschied. Man verwendet im Allgemeinen den Begriff *Dampf*, um damit zum Ausdruck zu bringen, dass Kondensation (Verflüssigung) nicht auszuschließen ist. Vgl. auch Abschnitt 9.3.
[4] In eckigen Klammern werden die Einheiten der jeweiligen physikalischen Größen angegeben.
[5] 1 kmol ist diejenige Stoffmenge einer gegebenen Substanz, in der dieselbe Anzahl von Teilchen enthalten ist wie in 12 kg des reinen Kohlenstoffs C^{12}.
[6] Def.: $x = m_D/m$, mit m_D als Dampfmasse und m als Gesamtmasse, vgl. Bild 1.4 c.

Tabelle 1.2: Abgeleitete Einheiten

Größe	Einheit		Definition
	Name	Symbol	
Kraft	Newton	N	kgms^{-2}
Druck	Pascal	Pa	Nm^{-2}
	Bar	bar	10^5 Nm^{-2}
Arbeit, Energie	Joule	J	Nm
Leistung	Watt	W	Js^{-1}
elektr. Ladung	Coulomb	C	As
elektr. Potential	Volt	V	JC^{-1}
elektr. Widerstand	Ohm	Ω	VA^{-1}

1.6.2 Intensive und extensive Zustandsgrößen

Folgende Arten von Zustandsgrößen werden unterschieden:

(1) *Intensive* Zustandsgrößen ändern ihre Werte bei einer gedachten Teilung eines homogenen Systems nicht;

(2) *extensive* Zustandsgrößen setzen sich additiv aus den entsprechenden Zustandsgrößen der einzelnen Teile eines Systems zusammen.

Beispiele
Intensive Zustandsgrößen: Druck p, Temperatur[7] T;
extensive Zustandsgrößen: Masse m, Volumen V.

Beachte:

- Mit Ausnahme der Masse m werden als Symbole für extensive Zustandsgrößen Großbuchstaben verwendet.

1.6.3 Spezifische Zustandsgrößen

Auf die Masseneinheit[8] bezogene extensive Zustandsgrößen nennt man *spezifische Zustandsgrößen*.

Daher gilt zwischen einer extensiven Zustandsgröße Z und der entsprechenden spezi-

---

[7] Definition siehe Kapitel 2.
[8] Manche Autoren bevorzugen „Masse" anstelle von „Masseneinheit". Offenbar handelt es sich dabei lediglich um ein semantisches Problem betreffend die Verwendung des Wortes „bezogen", zumal in der englischsprachigen ingenieurwissenschaftlichen Literatur die Ausdrucksweise *referred to the units of mass, volume, time, etc.*, üblich ist.

1.6 Zustandsgrößen

fischen Zustandsgröße z die Beziehung

$$z = Z/m \ . \tag{1.4}$$

Speziell wird durch

$$v = V/m \tag{1.5}$$

das *spezifische Volumen* v definiert. Es gilt

$$v = 1/\rho \tag{1.6}$$

mit ρ als *Massendichte* (kurz: *Dichte*).

Beachte:

- Spezifische Zustandsgrößen werden mit Kleinbuchstaben bezeichnet.

Tabelle 1.3: Dichte von Flüssigkeiten und Festkörpern bei 20 °C (nach W. Blanke)

Festkörper	ρ [kg/m^3]	Flüssigkeit	ρ [kg/m^3]
Aluminium	2702	Benzol	879
Blei	11340	Dieselkraftstoff	850–880
Chrom	6930	Glycerin	1260
Fensterglas	2400–2600	Kerosin	800–820
Gold	19290	Normalbenzin	690–705
Graphit	2250	Octan	703
Kupfer	8960	Quecksilber	13546
Steinkohle	1200–1400	Trafo-Öl	870
Vergütungsstahl	ca. 8000	Wasser	998,2

Beispiel 1.4: *Spezifisches Volumen eines Zweiphasensystems*
Für das in Bild 1.4c dargestellte Zweiphasensystem seien der Dampfgehalt x sowie die spezifischen Volumina von Dampf und Flüssigkeit, v_D bzw. v_F, gegeben. Man berechne das spezifische Volumen v des Systems.
Lösung: Für das Volumen als extensive Zustandsgröße gilt $V = V_F + V_D$. Daraus folgt $mv = m_F v_F + m_D v_D$ und schließlich

$$v = (1-x)v_F + x v_D \ . \tag{1.7}$$

Ergänzung
Zur Beschreibung heterogener Systeme werden manchmal *lokale* spezifische Zustandsgrößen eingeführt; sie werden durch die Beziehung

$$z = \lim_{\Delta m \to 0} \frac{\Delta Z}{\Delta m} \tag{1.8}$$

definiert, wobei ΔZ den Wert der extensiven Zustandsgröße Z für das Massenelement Δm bedeutet.

1.6.4 Molare Zustandsgrößen

Auf 1 Kilomol bezogene Zustandsgrößen nennt man *molare* Zustandsgrößen.

Für molare Zustandsgrößen sind in der Literatur verschiedene Symbole gebräuchlich. In diesem Repetitorium werden hierfür kalligraphische Buchstaben verwendet, z.B. $\mathcal{V}$ für das molare Volumen (Molvolumen).

Beachte:

Die *molare Masse* (*Molmasse*) $\mathcal{M}$ [kg/kmol] ist eine für jede Substanz charakteristische Konstante.[9]

Beispiele
$\mathcal{M}_{C^{12}} = 12$ kg/kmol; $\mathcal{M}_{O_2} = 32$ kg/kmol, $\mathcal{M}_{N_2} = 28$ kg/kmol (gerundet auf ganze Zahlen).

Tabelle 1.4: Molmassen wichtiger Stoffe (nach W. Blanke)

	$\mathcal{M}$ [kg/kmol]		$\mathcal{M}$ [kg/kmol]
Aluminium Al	26,981	Sauerstoff O_2	31,999
Eisen Fe	55,847	Schwefel S_8	256,512
Kohlenstoff C	12,011	Stickstoff N_2	28,013
Luft	28,95	Wasserstoff H_2	2,016

Mit den mikroskopischen Größen besteht der folgende Zusammenhang:

$$\mathcal{M} = \mathcal{N} m_M, \qquad (1.9)$$

wobei $\mathcal{N}$ die Avogadro'sche Konstante und m_M die Teilchen– (Molekül–) Masse bedeuten (vgl. Abschnitt 1.3).

1.7 Thermodynamisches Gleichgewicht

1.7.1 Allgemeiner Begriff

Ein System, dessen Zustandsgrößen sich nicht ändern, wenn das System von der Umgebung isoliert wird, befindet sich im *thermodynamischen Gleichgewicht*.

Notwendige Bedingungen für thermodynamisches Gleichgewicht:
- *Mechanisches* Gleichgewicht (Kräfte– und Momentengleichgewicht sowohl im Innern des Systems als auch zwischen dem System und seiner Umgebung);

---

[9] Für eine Substanz, die aus Molekülen einer einzigen Sorte besteht, ist die Molmasse gleich der Summe der Atomgewichte aller im Molekül vorkommenden Elemente.

1.7 Thermodynamisches Gleichgewicht 11

- *chemisches* Gleichgewicht (keine Netto–Produktion oder Netto–Umwandlung von Stoffen infolge chemischer Reaktionen im System und an den Systemgrenzen);
- *thermisches* Gleichgewicht zwischen allen beliebigen Teilsystemen des Systems (gleiche Temperatur in allen Teilsystemen; vgl. Kapitel 2).

Beispiel 1.5: *Druck im Zylinder*
Welcher Druck herrscht unter der Voraussetzung thermodynamischen Gleichgewichts in einem Gas (oder Dampf) innerhalb

a) eines horizontalen Zylinders, wenn die Schnittkraft F_S an der Kolbenstange eines reibungsfrei verschiebbaren Kolbens gegeben ist (Bild 1.4b);

b) eines vertikalen Zylinders, wenn die konstante Gewichtskraft F_G des reibungsfrei verschiebbaren Kolbens bekannt ist (Bild 1.4c)?

Lösung: Kräftegleichgewicht für Grenzfläche zwischen System und Kolben liefert

$$a) \quad p = p_U + F_S/A\,; \tag{1.10}$$

$$b) \quad p = p_U + F_G/A\,, \tag{1.11}$$

mit p_U als Umgebungsdruck und A als Kolbenquerschnittsfläche. (Anmerkung: Der allseitige Umgebungsdruck p_U wirkt zwar auch in der Kolbenstange, wird aber nicht zur Schnittkraft gerechnet.)

Beachte:

- Genau genommen ist der Druck in einem ruhenden Fluid (Gas, Dampf oder Flüssigkeit), das sich in einem Schwerefeld befindet, nicht konstant, sondern ändert sich entsprechend den Gesetzen der Hydrostatik. Bei Gasen oder Dämpfen in Geräten mit technisch üblichen Abmessungen kann die hydrostatische Druckänderung in der Regel vernachlässigt werden, nicht jedoch bei Flüssigkeiten. Lediglich an der (ebenen) Oberfläche der Flüssigkeit herrscht, unter Voraussetzung thermodynamischen Gleichgewichts, derselbe Druck wie im darüber befindlichen Dampf.

1.7.2 Lokales thermodynamisches Gleichgewicht

Lokales thermodynamisches Gleichgewicht herrscht in einem System, wenn jedes beliebig herausgegriffene, infinitesimal kleine Teilsystem für sich im Zustand des thermodynamischen Gleichgewichts ist.

Erläuterung
Ein *infinitesimal kleines Teilsystem* ist in der makroskopischen Thermodynamik als Grenzfall eines Systems zu verstehen, dessen Längenabmessungen einerseits sehr klein gegen die Abmessungen des (makroskopischen) Gesamtsystems sind, andererseits jedoch noch hinreichend groß, um eine makroskopische Betrachtungsweise zu rechtfertigen. Letztere Bedingung ist erfüllt, wenn die Abmessungen des Teilsystems sehr groß

gegen die mittlere freie Weglänge sind. Betreffend *Verallgemeinerung* des Konzepts des lokalen thermodynamischen Gleichgewichts s. Abschnitt 3.4.2, zweiter Punkt unter *Beachte*.

Beachte:

- Für lokales thermodynamisches Gleichgewicht ist es *nicht* notwendig, dass das System als Ganzes im thermodynamischen Gleichgewicht ist. Wichtiges Beispiel: Strömende Gase, in denen sich der Zustand mit dem Ort ändert (vgl. Abschnitt 1.9 und Bild 1.8).

1.8 Zustand und Zustandsgleichungen

(1) Der thermodynamische (Gleichgewichts- oder Nichtgleichgewichts-) *Zustand* eines Systems wird durch einen vollständigen Satz von Werten für geeignet gewählte *unabhängige* Zustandsgrößen festgelegt. Alle anderen Zustandsgrößen sind *abhängige* Zustandsgrößen.

(2) Zwischen abhängigen und unabhängigen Zustandsgrößen bestehen Beziehungen, die man durch *Zustandsgleichungen* (oder entsprechende Tabellen bzw. Diagramme) quantitativ beschreibt.

Beachte:

- Zustandsgleichungen sind Systemeigenschaften, die man im Rahmen der makroskopischen Thermodynamik grundsätzlich nur empirisch (experimentell) bestimmen kann. Eine „Herleitung" von Zustandsgleichungen aus physikalischen Grundgesetzen ist der mikroskopischen Betrachtungsweise vorbehalten. Allerdings liefern die Grundgesetze der makroskopischen Thermodynamik – besonders der zweite Hauptsatz – gewisse allgemeingültige, einschränkende Bedingungen, denen die Zustandsgleichungen genügen müssen, siehe Abschnitte 6.2, 6.3 und 8.6.2.
- Falls keine Angaben über die Art des Zustands gemacht werden, ist in der Regel davon auszugehen, dass es sich um Zustandsgleichungen für den *thermodynamischen Gleichgewichtszustand* handelt.

Wichtige Zustandsgleichungen und ihre Anwendungen werden in den Kapiteln 3 und 6 sowie in den Abschnitten 8.6, 9.3 und 9.4 behandelt.

Sonderfall: Einfaches System

Der thermodynamische Gleichgewichtszustand eines *einfachen* Systems kann durch Angabe von lediglich *zwei* Zustandsgrößen eindeutig festgelegt werden. Die Zustandsgleichungen eines einfachen Systems enthalten daher höchstens zwei unabhängige Veränderliche.

1.8 Zustand und Zustandsgleichungen

Ein wichtiges *Beispiel* einfacher Systeme sind *reine Stoffe*; ihr thermodynamischer Gleichgewichtszustand kann durch Angabe von Druck p und Volumen V (oder spezifisches Volumen v) festgelegt werden (sog. $p, V-$ oder p, v–Systeme, vgl. Beispiel 1.6).

Beispiel 1.6: *Gemisch aus Dampf und Flüssigkeit eines reinen Stoffes (Nassdampf)*
Für ein Dampf–Flüssigkeits–Gemisch eines chemisch reinen Stoffes sind im thermodynamischen Gleichgewichtszustand (*Sättigungszustand*) die spezifischen Volumina der Flüssigkeit und des Dampfes als Funktion des Druckes p durch $v'(p)$ bzw. $v''(p)$ in einer „Dampftafel" (siehe Anhang S. 257 bis 259) gegeben. Man berechne das spezifische Volumen des Gemisches als Funktion von p und stelle die Funktionsbeziehung in einem p, v–Diagramm dar.

Lösung: Unter Verwendung von (1.7) folgt

$$v = (1-x)v'(p) + xv''(p). \tag{1.12}$$

Ausgehend von den *Grenzkurven* $v = v'(p)$ und $v = v''(p)$ können daher Linien

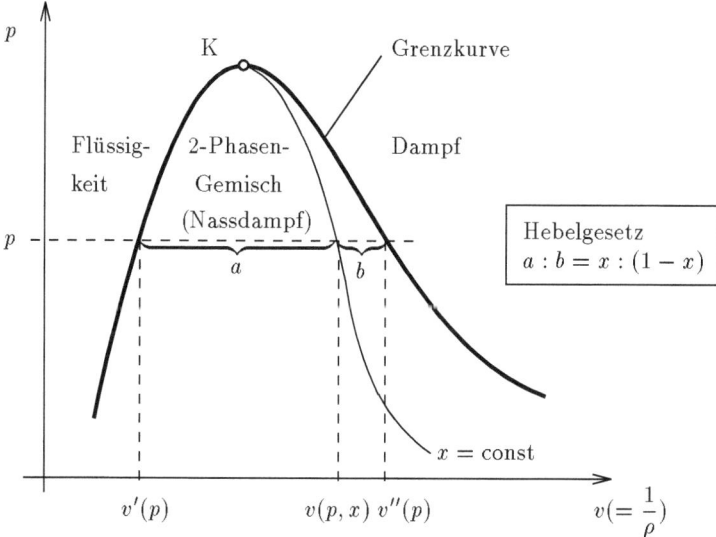

Bild 1.5: p, v–Diagramm für das Gemisch aus Dampf und Flüssigkeit eines reinen Stoffes im thermodynamischen Gleichgewicht. K ... kritischer Punkt.

konstanten Dampfgehalts (x = const) mit Hilfe eines „Hebelgesetzes" in ein p, v–Diagramm eingezeichnet werden (Bild 1.5). Alle Linien x = const schneiden sich im „kritischen Punkt" K, der durch $v'(p) = v''(p)$ charakterisiert ist, vgl. Abschnitt 9.3.2.

1.9 Zustandsänderung und Prozess

1.9.1 Allgemeine Begriffe

Jede Zustandsänderung wird durch einen thermodynamischen *Prozess (Vorgang)* bewirkt.

Beachte:
- Ein und dieselbe Zustandsänderung kann durch verschiedene Prozesse bewirkt werden. (Vgl. Beispiele 1.7 und 1.8.)
- Nicht jeder Prozess bewirkt eine Zustandsänderung – bei *stationären* Prozessen bleibt der Zustand des Systems unverändert. (Vgl. Beispiel 1.3, Bild 1.4a.)
- Prozesse werden oft nach der Art der Zustandsänderung benannt, z.B:
  – *isobarer* Prozess: Druck p = const;
  – *isochorer* Prozess: Volumen V = const bzw. spezifisches Volumen v = const.

1.9.2 Quasistatische und nichtstatische Zustandsänderungen

Eine Zustandsänderung, die aus einer Folge von thermodynamischen Gleichgewichtszuständen besteht, nennt man *quasistatische* Zustandsänderung; alle anderen Zustandsänderungen sind *nichtstatisch*.

Die quasistatische Zustandsänderung stellt eine Idealisierung dar, die von realen Zustandsänderungen nur annähernd erreicht werden kann. Zweck der Idealisierung ist eine (meist sehr große) Vereinfachung der Darstellung und Berechnung.

Beispiel 1.7: *Expansion eines Gases im Zylinder*
Ein Gas sei durch einen reibungsfrei verschiebbaren Kolben in einem Zylinder eingeschlossen. Das Gesamtgewicht des Kolbens setzt sich aus dem konstanten Eigengewicht F_G und dem Gewicht einer großen Anzahl sehr kleiner Kugeln additiv zusammen (Bild 1.6).

a) Welche Art von Zustandsänderung ergibt sich annähernd, wenn man ausgehend von einem Zustand 1 eine Kugel nach der anderen vom Kolben entfernt und jedesmal längere Zeit wartet?

b) Welche Bedingung muss die Kolbengeschwindigkeit erfüllen, damit die Näherung gerechtfertigt ist?

c) Man stelle die Zustandsänderung qualitativ in einem geeigneten Diagramm dar.

Lösung:
a) Bei Verwendung hinreichend kleiner Kugeln ändert sich der Zustand des Systems nach dem Entfernen jeder einzelnen Kugel nur wenig, und das System hat ausrei-

1.9 Zustandsänderung und Prozess

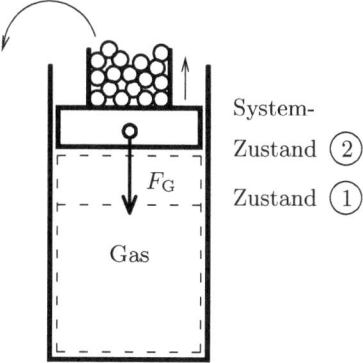

Bild 1.6: Quasistatische Expansion eines Gases in einem Zylinder mit reibungsfrei verschiebbarem Kolben veränderlichen Gesamtgewichts.

chend Zeit, einen neuen Gleichgewichtszustand einzunehmen; die Zustandsänderung ist daher quasistatisch.

b) Kleine Druckstörungen, die im Gas durch die Kolbenbewegung hervorgerufen werden, gleichen sich mit Schallgeschwindigkeit aus; daher ist die quasistatische Näherung gerechtfertigt, wenn die Kolbengeschwindigkeit sehr viel kleiner als die Schallgeschwindigkeit im Gas ist.

c) Da zu jedem Druck p des Gases eine ganz bestimmte Kolbenhöhe und somit auch ein ganz bestimmtes Gasvolumen V gehören, lässt sich die Zustandsänderung in einem Diagramm mit p als Ordinate und V als Abszisse (p,V-Diagramm) darstellen. Wegen der unveränderlichen Gasmasse m kann man auch statt V das spezifische Volumen $v = V/m$ einführen und erhält das in Bild 1.7 dargestellte p,v-Diagramm.

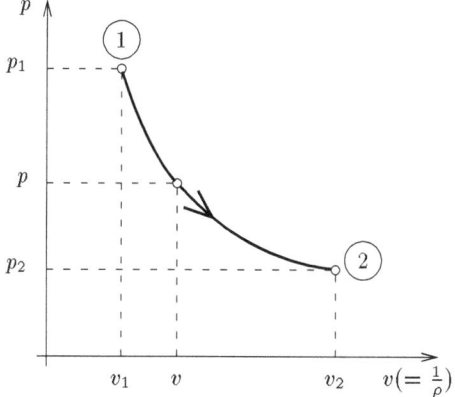

Bild 1.7: Darstellung einer quasistatischen Expansion eines Gases im p,v-Diagramm.

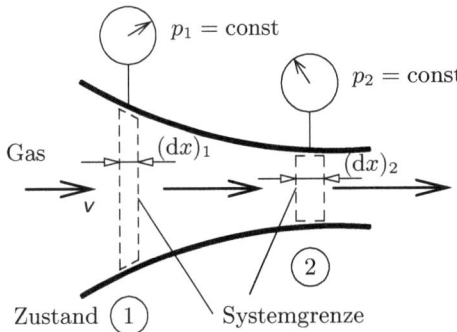

Bild 1.8: Quasistatische Expansion eines Gases in einer Düse veränderlichen Querschnitts.

Beispiel 1.8: *Expansion eines Gases in einer Düse*
Der in Bild 1.8 dargestellte Strömungsprozess bewirkt eine Expansion eines Gases vom Druck p_1 auf den Druck p_2.

a) Die Messung zeigt, dass beide Drücke sich mit der Zeit nicht ändern. Um welche Art von Prozess handelt es sich?

b) Wie muss die Systemgrenze gewählt werden, damit die Zustandsänderung wie in Bild 1.7 dargestellt werden kann?

c) Unter welchen Voraussetzungen kann die Zustandsänderung als quasistatisch angenommen werden?

d) Um welche Art von Gleichgewicht handelt es sich?

Lösung:

a) Der Prozess ist stationär.

b) Die Systemgrenze muss massenfest (mit der betrachteten Gasmasse mitbewegt) gewählt werden, wobei das eingeschlossene Volumen infinitesimal klein zu sein hat.

c) Die (endliche) Zustandsänderung im (infinitesimal kleinen) System findet in einem Zeitintervall von der Größenordnung $\Delta t \sim L/v$ statt, wobei L die Düsenlänge und v einen charakteristischen Wert der Strömungsgeschwindigkeit bedeuten. Dieses Zeitintervall muss sehr groß sein im Vergleich zu der Zeit t_r, die das Gas zum Einstellen des thermodynamischen Gleichgewichts benötigt. Die gesuchte Voraussetzung lautet daher $L/v \gg t_r$.

d) Es handelt sich um lokales thermodynamisches Gleichgewicht.

Ergänzung zu Beispiel 1.8
Die „Relaxationszeit" t_r stellt eine (vom thermodynamischen Zustand abhängige) Systemeigenschaft dar. Sie kann makroskopisch nur empirisch bestimmt werden. Mikroskopisch besteht mit der Stoßfrequenz θ (vgl. Abschnitt 1.3) folgender Zusammenhang: Werden i molekulare Stöße zur Einstellung des thermodynamischen Gleichgewichts benötigt, so ist $t_r = i/\theta$. Bei Gasen, die sich

1.9 Zustandsänderung und Prozess

annähernd ideal verhalten, sind einige wenige Stöße ausreichend. Dann lautet die gesuchte Bedingung $L/\mathsf{v} \gg \theta^{-1}$ oder $\mathsf{v}/L \ll \theta$. In der Nähe des kritischen Punktes (siehe Abschnitt 9.3.2) werden die Relaxationszeiten jedoch ziemlich groß; sie sind beispielsweise von der Größenordnung einiger Minuten, wenn man sich dem kritischen Punkt von C_6F_{14} auf 10^{-4} K nähert.

Beispiel 1.9: *Überströmprozess*
Lässt man ein Gas, das sich im Ausgangszustand 1 im thermodynamischen Gleichgewicht befindet, in einen anfänglich evakuierten Behälter überströmen, so wird schließlich ein neuer Gleichgewichtszustand 2 (mit $V_2 > V_1$ und $v_2 > v_1$) erreicht (Bild 1.9).
a) Kann die Zustandsänderung des Gases als quasistatisch angesehen werden?
b) Die Zustandsänderung ist im p,v–Diagramm darzustellen.

Lösung:

a) Die Zwischenzustände, die das Gas als System durchläuft, können nicht als Gleichgewichtszustände angesehen werden, und zwar auch dann nicht, wenn man den Überströmprozess sehr langsam ablaufen lässt, z.B. durch nur geringfügiges Öffnen des Schiebers oder Ventils. (Man beachte, dass in den Zwischenzuständen die notwendige Bedingung mechanischen Gleichgewichts jedenfalls verletzt ist.) Die Zustandsänderung ist daher nichtstatisch.

b) Zur Beschreibung von Nichtgleichgewichtszuständen reichen zwei Zustandsgrößen im Allgemeinen nicht aus; u.a. herrscht während des Überströmens im Gas kein einheitlicher Druck. Daher können die Anfangs- und Endzustände, nicht jedoch auch die Zwischenzustände in ein p,v–Diagramm eingezeichnet werden (Bild 1.10). Als Orientierungshilfe können strichlierte Verbindungslinien willkürlich eingetragen werden.

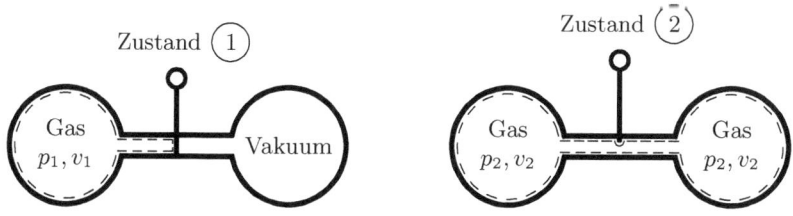

Bild 1.9: Überström-Prozess.

Ergänzung zu Beispiel 1.9
Betrachtet man nicht das Gas als Ganzes, sondern nur das Innere des Hochdruckbehälters (oder des Niederdruckbehälters) als System, so kann die Zustandsänderung dieses Systems als quasistatisch angesehen werden, falls die Ausströmöffnung sehr klein gegen die Behälterabmessungen ist (vgl. Beispiel 6.9).

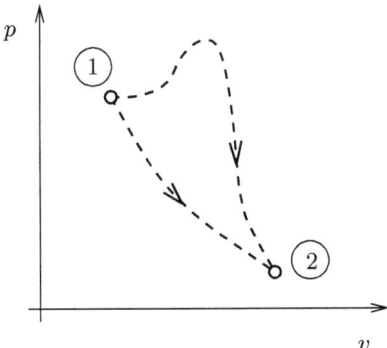

Bild 1.10: Darstellung des nichtstatischen Überströmprozesses im p,v-Diagramm. (Die strichlierten Kurven stellen zwei Beispiele für willkürlich gewählte „Orientierungslinien" dar.)

1.9.3 Reversible und irreversible Prozesse

Definition

Prozesse, die ohne bleibende Veränderung im System und seiner Umgebung rückgängig gemacht werden können, sind *reversibel*; alle anderen Prozesse sind *irreversibel*.

Beachte:

- Für Reversibilität eines Prozesses ist es *nicht* hinreichend, dass das System selbst in den Ausgangszustand zurückgebracht werden kann; es muss außerdem auch der Ausgangszustand der Umgebung wiederhergestellt werden können. Es müssen sich sozusagen alle Spuren, die der Prozess hinterlassen hat, wieder beseitigen lassen.

Erläuterungen und Beispiele

Selbstverständlich ist die Reversibilität eine Idealisierung, die von natürlichen Prozessen niemals exakt erfüllt werden kann. Die Idealisierung ist dadurch gerechtfertigt, dass sich manche natürlichen Prozesse gut durch reversible Prozesse annähern lassen, während bei anderen Prozessen die Irreversibilität wesentlich ist. Zu letzteren gehören u.a.:

- Prozesse mit Reibung (einschl. sog. „innerer Reibung", die z.B. als Viskosität einer Flüssigkeit beobachtet wird);
- plastische Verformung;
- Fließen elektrischen Stroms durch Widerstände;
- Wärmeleitung;
- Stofftransport durch Diffusion;
- Verbrennung und viele andere chemische Reaktionen (jedoch *nicht* die elektrochemische Energiespeicherung und Energieumwandlung).

1.9 Zustandsänderung und Prozess

Beispiel 1.10: *Reversible bzw. irreversible Expansion*
Handelt es sich
a) bei der quasistatischen Expansion (Beispiel 1.7)
b) beim Überströmprozess (Beispiel 1.9)
um reversible oder irreversible Prozesse?

Lösung:

a) Da die quasistatische Expansion eines Gases aus einer Folge von Gleichgewichtszuständen besteht, kann der Prozess auch in umgekehrter Richtung, also als quasistatische Kompression, durchlaufen werden. Bei dem in Bild 1.6 dargestellten Beispiel wird die Umkehrung des Prozesses einfach dadurch erreicht, dass die Kugeln wieder eine nach der anderen in den am Kolben befestigten Behälter zurückgelegt werden. Die beim Entfernen (z.B. Heben) der Kugeln auftretenden Veränderungen in der Umgebung können bei der Rückführung (z.B. Senken) wieder rückgängig gemacht werden. Nachdem der Prozess und seine Umkehrung abgelaufen sind, befinden sich sowohl das System als auch die Umgebung wieder im selben Zustand wie vorher. Der Prozess ist daher *reversibel*.

b) Der in Bild 1.9 dargestellte Überströmprozess läuft ab, ohne dass außerhalb der Behälter einschließlich Rohrleitung irgendeine Veränderung stattfindet. Will man den Prozess umkehren, so kann man zwar das Gas wieder in den linken Behälter zurückpumpen, aber dies erfordert Einwirkungen von außerhalb der Behälter und verursacht bleibende Veränderungen in der Umgebung. Der Prozess ist daher *irreversibel*.

Ergänzung zu Beispiel 1.10
Baut man in das Verbindungsrohr zwischen den beiden Behältern eine kleine Turbine ein, in welcher der Druckunterschied zwischen den Behältern zur Verrichtung von Arbeit (siehe Abschnitt 5.1) genutzt wird, so lässt sich ein annähernd reversibler Prozess verwirklichen. Auch die Beschränkung der Untersuchung auf das Innere des Hochdruckbehälters lässt eine Idealisierung als reversiblen Prozess zu, falls die Strömung als reibungs- und wärmeleitungsfrei vorausgesetzt werden kann. Das Füllen des Niederdruckbehälters muss hingegen wegen der wirbel- und reibungsbehafteten Strömungsvorgänge als irreversibel angesehen werden (vgl. Beispiel 6.9).

Beachte:

- Es ist für einen reversiblen Prozess notwendig, dass die Zustandsänderung quasistatisch erfolgt (vgl. obiges Beispiel). Diese Bedingung ist aber nicht hinreichend; beispielsweise kann die Zustandsänderung im Niederdruckbehälter beim Überströmprozess quasistatisch sein, obwohl der Füllprozess irreversibel ist, s.o. die Expansion eines Gases in einer Düse zufolge innerer Reibung irreversibel sein, obwohl die Zustandsänderung quasistatisch (im lokalen thermodynamischen Gleichgewicht) erfolgt. Es gilt das folgende Schema logischer Verknüpfung (nach E. Becker):

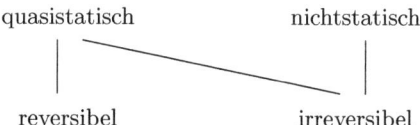

Ergänzung
In manchen Lehrbüchern der Thermodynamik wird der Begriff „quasistatisch" in einem engeren Sinn als hier verwendet. Diese engere Definition schließt beispielsweise Zustandsänderungen in Strömungen von Fluiden mit innerer Reibung (Viskosität) vom Begriff „quasistatisch" aus, auch wenn die thermodynamischen Zustandsgrößen den Bedingungen lokalen thermodynamischen Gleichgewichts genügen. Auf dieser Grundlage erweist sich dann „quasistatisch" als notwendig *und hinreichend* für „reversibel".

1.10 Bilanzgleichungen

(1) Eine infinitesimal kleine Änderung $\mathrm{d}Z$ einer extensiven Zustandsgröße setzt sich im Allgemeinen aus zwei Anteilen zusammen (Bild 1.11a):

$$\boxed{\mathrm{d}Z = \mathrm{d}_\mathrm{e}Z + \mathrm{d}_\mathrm{i}Z.} \qquad (1.13)$$

Dabei bedeutet $\mathrm{d}_\mathrm{e}Z$ eine infinitesimal kleine Zufuhr von Z aus der Umgebung, während $\mathrm{d}_\mathrm{i}Z$ eine infinitesimal kleine Erzeugung (Produktion) von Z im Innern des Systems darstellt. (Indizes e und i für „extern" bzw. „intern".)

(2) Für die Änderung pro Zeit ergibt sich

$$\boxed{\frac{\mathrm{d}Z}{\mathrm{d}t} = \dot{Z} + \frac{\mathrm{d}_\mathrm{i}Z}{\mathrm{d}t}.} \qquad (1.14)$$

Dabei bedeuten $\dot{Z} = \mathrm{d}_\mathrm{e}Z/\mathrm{d}t$ den *Strom* (Zufuhr pro Zeit) und $\mathrm{d}_\mathrm{i}Z/\mathrm{d}t$ die *Produktionsrate* (Produktion pro Zeit) von Z (Bild 1.11b).

(3) Ist ein Prozess mit mehr als einem Strom von Z oder mit mehr als einer Produktionsrate verknüpft, so bedeuten $\dot{Z}$ und $\mathrm{d}_\mathrm{i}Z/\mathrm{d}t$ in (1.14) den Gesamt-Strom bzw. die Gesamt-Produktionsrate, d.i. die Summe aller (positiven und negativen) Ströme bzw. aller (positiven und negativen) Produktionsraten von Z.

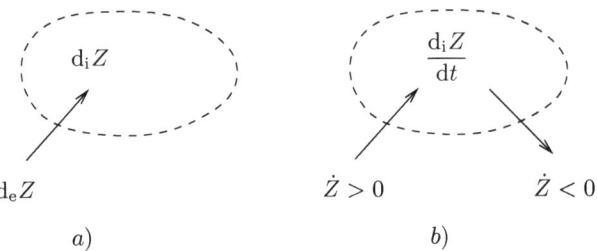

Bild 1.11: Externe und interne Beiträge zur Änderung einer extensiven Zustandsgröße Z.

Sonderfälle

(a) *Isoliertes* System: $\mathrm{d}_\mathrm{e}Z = 0;\ \dot{Z} = 0.$ \qquad (1.15)

(b) *Stationärer* Zustand: $\mathrm{d}Z = 0;\ \dfrac{\mathrm{d}Z}{\mathrm{d}t} = 0.$ \qquad (1.16)

Beachte:

- dZ ist das vollständige (totale) Differential der *Zustandsgröße* Z.
- d$_e Z$ und d$_i Z$ sind *keine* (vollständigen) Differentiale; dies wird durch die Indizes e und i zum Ausdruck gebracht.
- Weder $\dot{Z}$ noch d$_i Z/\mathrm{d}t$ bedeuten zeitliche Ableitungen von $Z(t)$. Dies ist u.a. bei Integrationen über die Zeit t zu beachten:

$$Z_2 - Z_1 = Z(t_2) - Z(t_1) = \int_{t_1}^{t_2} \frac{\mathrm{d}Z}{\mathrm{d}t}\mathrm{d}t = \int_{t_1}^{t_2} \dot{Z}\mathrm{d}t + \int_{t_1}^{t_2} \frac{\mathrm{d}_i Z}{\mathrm{d}t}\mathrm{d}t, \quad (1.17a)$$

woraus sich beispielsweise für konstanten Z–Strom und konstante Z–Produktionsrate die Beziehung

$$Z_2 - Z_1 = \left(\dot{Z} + \frac{\mathrm{d}_i Z}{\mathrm{d}t}\right)(t_2 - t_1) \quad (1.17b)$$

ergibt.

- Für einen *stationären* Zustand folgt aus (1.13) bzw. (1.14) und (1.16):

$$\mathrm{d}_i Z = -\mathrm{d}_e Z; \quad \frac{\mathrm{d}_i Z}{\mathrm{d}t} = -\dot{Z}; \quad (1.18)$$

d.h., eine Erzeugung von Z im System muss durch eine entsprechende Abgabe von Z an die Umgebung kompensiert werden.

Beispiele für Bilanzgleichungen der Form (1.13) bzw. (1.14) sind die Massen– und Stoffbilanzen (Abschnitte 4.1 und 4.2), die Energiebilanz (Abschnitt 5.3) und die Entropiebilanz (Abschnitt 8.8).

1.11 Fragen

Frage 1.1: Was versteht man unter Zustandsgrößen? Geben Sie drei Beispiele an.

Frage 1.2: Was versteht man unter einer intensiven, einer extensiven und einer spezifischen Zustandsgröße? Welche der physikalischen Größen T, V, m, $\dot{m}$, ϱ, v und p sind intensive, extensive, spezifische bzw. keine Zustandsgrößen?

Frage 1.3: Geben Sie die Definition eines reversiblen Prozesses an.

Frage 1.4: Was versteht man unter einer quasistatischen Zustandsänderung?

Frage 1.5: Welche der folgenden Zustandsänderungen bzw. Prozesse können als quasistatisch bzw. reversibel idealisiert werden, welche müssen als nichtstatisch bzw. irreversibel angesehen werden?

a) Überströmprozess (vgl. Beispiel 1.9);
b) Expansion eines Gases in einer Düse mit schwach veränderlichem Querschnitt (vgl. Beispiel 1.8);
c) Langsame Expansion eines Gases in einem Zylinder mit reibungsfrei verschiebbarem Kolben veränderlichen Gesamtgewichts (vgl. Beispiel 1.7);
d) Wie c), jedoch unter Berücksichtigung der Wandreibung;

e) Wie c), jedoch unter Berücksichtigung der inneren Reibung im Gas;
f) Expansion eines Gases in einem Zylinder mit gewichtslosem, reibungsfrei verschiebbarem Kolben ohne Gegendruck.

Frage 1.6: Was versteht man unter einem thermodynamischen System?

Frage 1.7: Was versteht man unter einem geschlossenen, einem offenen bzw. einem isolierten System?

Frage 1.8: Wie ist die mittlere freie Weglänge definiert?

Frage 1.9: Was versteht man unter einem einfachen System?

Frage 1.10: Was versteht man unter thermodynamischem Gleichgewicht?

Frage 1.11: Was versteht man unter lokalem thermodynamischen Gleichgewicht?

Frage 1.12: Nennen Sie zwei Beispiele für nichtstatische Zustandsänderungen.

Frage 1.13: Was ist eine Phase?

1.12 Aufgaben

Aufgabe 1.1: + Zeigen Sie, dass die Summe der Impulsänderungen von Gasmolekülen beim Aufprall auf eine feste Wand dem makroskopisch feststellbaren Druck entspricht. Welcher Zusammenhang zwischen Druck, Volumen und Translationsenergie der Moleküle folgt daraus? (Die Bewegung der Moleküle kann so behandelt werden, als ob keine Kollisionen mit anderen Molekülen stattfänden und die Reflexionen an Wänden spiegelnd mit unverändertem Geschwindigkeitsbetrag erfolgen würden. Denn im thermodynamischen Gleichgewicht muss die Anzahl der Moleküle, die einen bestimmten Geschwindigkeits-Vektor haben, in jedem Volumenelement zeitunabhängig sein, so dass bei jedem Stoßprozess, der den genannten Annahmen tatsächlich nicht entspricht, das betroffene Molekül unmittelbar nach dem Stoß durch ein anderes Molekül derart ersetzt werden kann, dass die Annahmen bestätigt zu sein scheinen.)

Aufgabe 1.2: In einem geschlossenen Behälter mit dem Volumen $V = 1$ dm^3 befindet sich Helium. Die mittlere freie Weglänge beträgt $l = 0{,}2$ cm. Die thermodynamischen Eigenschaften des Gases können mittels kinetischer Gastheorie beschrieben werden. Berechnen Sie die Gasmasse bzw. die Anzahl der Heliumatome im Behälter. ($d_{He} = 1{,}9 \cdot 10^{-10}$ m, $\mathcal{M}_{He} = 4$ kg/kmol)

Aufgabe 1.3: Ein geschlossener Behälter, der flüssiges und dampfförmiges Isobutan (Masse $m = 10$ g, Volumen $V = 50$ cm^3) enthält, wird ausgehend von $\vartheta_1 = 21{,}11$ °C auf $\vartheta_2 = -3{,}89$ °C abgekühlt. Berechnen Sie das Verhältnis $V_{D,1}/V_{D,2}$ der von der Dampf-Phase vor ($V_{D,1}$) und nach ($V_{D,2}$) dem Abkühlen eingenommenen Volumina. (Dampftafel siehe Anhang, S. 258.)

Aufgabe 1.4: Man gießt den Inhalt eines Glases Wasser (0,2 l) ins Meer und wartet, bis sich das Wasser gleichmäßig in allen Weltmeeren verteilt hat. Dann entnimmt man dem Meer wieder ein Glas Wasser. Wie viele der vergossenen Moleküle gewinnt man zurück? (Zusatzfrage: Wie ändert sich das Ergebnis, wenn das Glas nur halb so groß ist?)[10] (*Hinweis*: Der Äquator hat eine Länge von 40.000 km, der Meeresanteil an der Erdoberfläche beträgt etwa 70%, die mittlere Meerestiefe kann zu 4 km angenommen werden.)

---

[10] Nach H. Herwig (1997).

2 Temperatur

2.1 Thermisches Gleichgewicht

Definitionen

(1) Eine Wand, deren Wirkung sich darauf beschränkt, den Austausch von Materie zu verhindern und mechanische, magnetische und elektrische Wechselwirkungen zu unterbinden, heißt *diatherme* oder *wärmeleitende* Wand.

(2) Systeme, die ihre jeweiligen Zustände nicht ändern, wenn sie über eine diatherme Wand in Berührung gebracht werden, sind im *thermischen Gleichgewicht* (Bild 2.1).

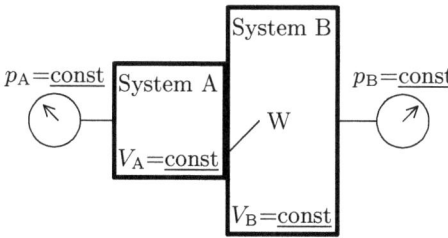

Bild 2.1: Systeme A und B im thermischen Gleichgewicht. W ... diatherme (wärmeleitende) Wand.

Bemerkungen

Zu (1): Im Gegensatz zur *diathermen* Wand ist die *adiabate* Wand (auch) für Wärme undurchlässig (vgl. Abschnitt 5.1.5).

Zu (2): Zum Unterschied vom *thermodynamischen* Gleichgewicht bezieht sich das *thermische* Gleichgewicht auf mindestens *zwei* Systeme.

2.2 Nullter Hauptsatz der Thermodynamik

Zwei Systeme, die im thermischen Gleichgewicht mit einem dritten System sind, stehen auch untereinander im thermischen Gleichgewicht (Bild 2.2).

Bemerkung
Die Nummerierung der Hauptsätze folgt nicht ganz der historischen Entwicklung, sondern entspricht dem logischen Aufbau der Thermodynamik. Als der auf Erfahrung beruhende, beinahe selbstverständlich erscheinende nullte Hauptsatz wegen seiner grundsätzlichen Bedeutung für den Temperaturbegriff formuliert wurde, war die Nummer eins für Hauptsätze bereits vergeben.

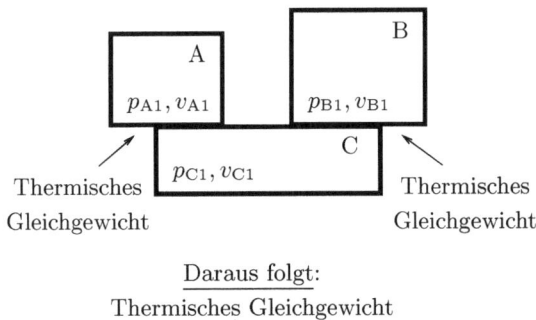
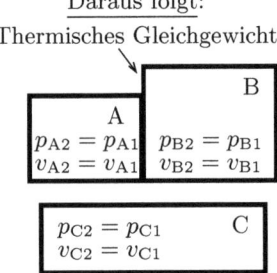

Bild 2.2: Illustration des nullten Hauptsatzes der Thermodynamik. (Zustände 1 bzw. 2 der Systeme A, B und C.)

2.3 Temperaturbegriff

2.3.1 Temperatur zur Charakterisierung thermischen Gleichgewichts

Verschiedene Systeme haben dann, und nur dann, gleiche *Temperatur*, wenn sie sich im thermischen Gleichgewicht befinden.

2.3.2 Temperatur als Scharparameter der Isothermen

Man betrachte zwei Systeme A und B, die folgende Bedingungen erfüllen (Bild 2.3):

a) Ihre thermodynamischen Gleichgewichtszustände seien durch die Angabe von Werten für Druck p und spezifisches Volumen v eindeutig festgelegt;

b) der thermodynamische Gleichgewichtszustand des Systems B bleibe unverändert;

c) der Zustand des Systems A werde quasistatisch derart verändert, dass A und B stets im thermischen Gleichgewicht sind.

2.3 Temperaturbegriff

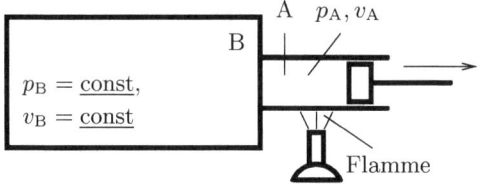

Bild 2.3: Beispiel einer isothermen Zustandsänderung.

Dann gilt:

(1) Zwischen Druck p_A und spezifischem Volumen v_A des Systems A besteht eine Funktionsbeziehung
$$f(p_A, v_A) = 0, \qquad (2.1)$$
die man *Isotherme* des Systems A nennt.

(2) Die Isothermen von A sind unabhängig von der Beschaffenheit und den Eigenschaften des Systems B; sie sind auch unabhängig von der Art des Kontaktes zwischen A und B.

(3) Verschiedenen Isothermen eines Systems werden jeweils konstante Werte eines Parameters ϑ, den man *Temperatur* nennt, zugeordnet (Bild 2.4).

Begründung zu (2): Auf Grund des nullten Hauptsatzes kann B durch ein anderes System C, das mit B im thermischen Gleichgewicht ist, ersetzt werden, ohne dass sich für A und seine Isothermen etwas ändert.

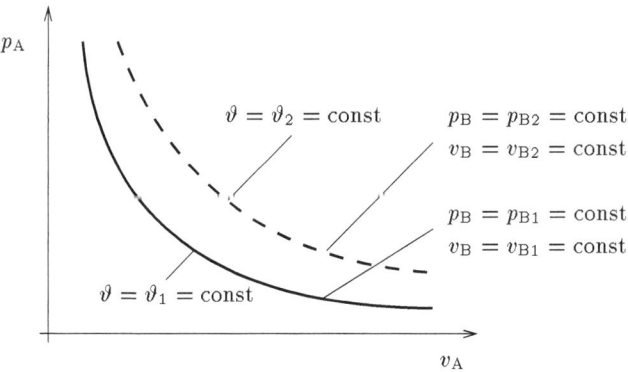

Bild 2.4: Isothermen des Systems A im p_A, v_A-Diagramm.

2.3.3 Temperatur als Zustandsgröße

Die Temperatur ist eine *intensive Zustandsgröße*.

Begründung: Auf Grund des nullten Hauptsatzes ändert sich an der Temperaturdefinition gemäß Abschnitt 2.3.2 nichts, wenn das System B durch ein anderes System, das mit B im thermischen

Gleichgewicht ist, ersetzt wird. Für ein bestimmtes System ist die Temperatur daher unabhängig von den Eigenschaften der anderen Systeme, also eine *Zustandsgröße*. Da beim Zusammenfügen von zwei Teilsystemen, die im thermischen Gleichgewicht sind, zu einem Gesamtsystem die Temperatur unverändert bleibt, handelt es sich um eine *intensive* Zustandsgröße.

2.4 Temperaturskalen

2.4.1 Empirische Temperaturen

Eine Temperaturskala, die in der folgenden Weise definiert wird, nennt man *empirische Temperatur(skala)*:
(1) Wahl eines *Thermometers* (Temperaturmess–Systems), das eine leicht und genau messbare Eigenschaft hat, die sich in eindeutiger Weise mit der Temperatur ändert;
(2) Festlegung einer Beziehung zwischen gemessener Größe und Temperatur.

Beachte:

- Eine *empirische* Temperaturskala hängt von den Eigenschaften des gewählten Thermometers (z.B. Quecksilberthermometer, Gasthermometer, elektrisches Widerstandsthermometer) ab.

- Bei der *Temperaturmessung* wird das System, dessen Temperatur bestimmt werden soll, mit dem Thermometer in Berührung gebracht, bis sich thermisches Gleichgewicht eingestellt hat.

Beispiel 2.1: *Gasthermometer*
Bei Verwendung eines Gasthermometers mit konstantem Gasvolumen (Bild 2.5) wird

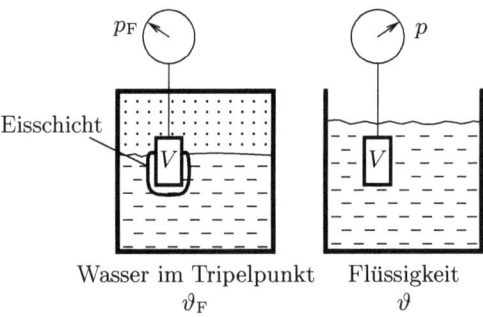

Bild 2.5: Verwendung eines Gasthermometers (Gasvolumen $V = $ const, Gasdruck p gemessen) zur Festlegung einer empirischen Temperaturskala.

die Temperatur ϑ proportional zum Druck p des Gases im Thermometer gesetzt:

$$\vartheta = \vartheta_\mathrm{F} \frac{p}{p_\mathrm{F}} \qquad (\vartheta_\mathrm{F}, p_\mathrm{F} = \text{const}).$$

2.4 Temperaturskalen

Dabei bedeutet ϑ_F einen willkürlich festgelegten Temperaturwert für ein ebenfalls willkürlich festgelegtes Referenzsystem in einem bestimmten Zustand („*Fixpunkt*" der Temperaturskala), und p_F bezeichnet den Wert von p, der für das Referenzsystem im Fixpunkt gemessen wird. Als Fixpunkt eignet sich z.B. der *Tripelpunkt* Eis/flüssiges Wasser/Wasserdampf, d.i. der einzig mögliche thermodynamische Gleichgewichtszustand eines Systems aus festem, flüssigem und gasförmigem Wasser; vgl. Abschnitt 9.3.1.

Ergänzung
Da das Gasthermometer in der Praxis nur bei mäßigen Temperaturen eingesetzt werden kann, werden bei sehr hohen Temperaturen die Gesetze der Wärmestrahlung und bei sehr niedrigen Temperaturen die Gesetze der statistischen Mechanik zur Festlegung praktisch brauchbarer Temperaturskalen verwendet.

2.4.2 Idealgas–Temperatur

Unter Verwendung eines Gasthermometers (mit konstantem Gasvolumen) wird die *Idealgas–Temperatur* T (Einheit: 1 K = 1 Kelvin) zu

$$\boxed{T = T_F \lim_{p_F \to 0} \left(\frac{p}{p_F} \right)}, \tag{2.2}$$

definiert, wobei der Tripelpunkt Eis/flüssiges Wasser/Wasserdampf als Fixpunkt verwendet und $T_F = 273{,}16$ K gesetzt wird.

Beachte:

- Die Erfahrung zeigt, dass die nach (2.2) ermittelte empirische Temperatur unabhängig von dem im Thermometer verwendeten Gas ist.

Beispiel 2.2: *Temperaturmessung für siedendes Wasser*
Mit einem Gasthermometer (siehe Beispiel 2.1) werden unter Verwendung verschiedener Gase mit $\vartheta_F = 273{,}16$ K die folgenden Messwerte für die Temperatur von siedendem Wasser (Druck $p_W = 1$ bar) ermittelt.

$p_F [bar]$	ϑ[K]			
	O_2	N_2	Luft	H_2
0,2	373,36	373,19	373,23	373,15
0,4	373,41	373,23	373,27	373,14
0,6	373,57	373,25	373,29	373,11
0,8	373,65	373,29	373,32	373,09

Man bestimme die Idealgas–Temperatur des siedenden Wassers.
Lösung: Durch lineare Extrapolation auf $p_F = 0$ erhält man $T = 373{,}2 \pm 0{,}1$ K, vgl. Bild 2.6.

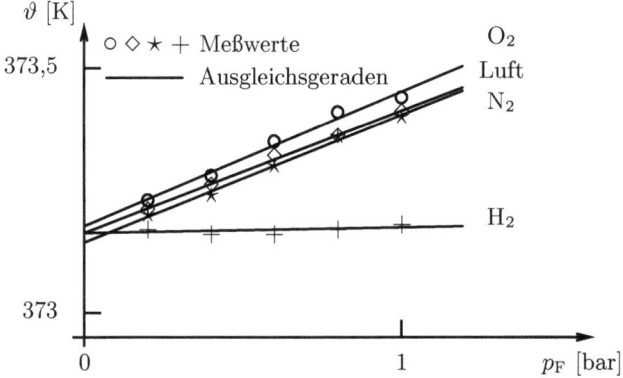

Bild 2.6: Messung der Temperatur von siedendem Wasser mit dem Gasthermometer.

2.4.3 Absolute Temperatur

(1) Mit dem zweiten Hauptsatz wird die *absolute Temperatur* T (Einheit: 1 K) definiert; sie ist unabhängig von den Eigenschaften der Systeme.

(2) Absolute Temperatur und Idealgas–Temperatur sind *identisch*.

Bemerkungen

Zu (1): Da der zweite Hauptsatz auf verschiedene Arten formuliert werden kann, gibt es auch mehrere Möglichkeiten, die absolute Temperatur zu definieren. Ausgehend davon, dass der Carnot–Wirkungsgrad unabhängig von den Eigenschaften des Systems ist (siehe Abschnitt 7.3.2), kann die absolute Temperatur durch die Gleichung

$$T = T_F(1 - \eta_c)^{\pm 1} \quad (2.3)$$

definiert werden; dabei bedeutet η_c den thermischen Wirkungsgrad eines Carnotschen Kreisprozesses mit den Temperaturen T und T_F, und die Vorzeichen $\pm$ gelten für $T \lessgtr T_F$ mit $T_F = 273{,}16$ K für den Tripelpunkt des Wassers. Auch die vom zweiten Hauptsatz postulierte Existenz der Zustandsgröße „Entropie" (siehe Abschnitte 8.1 und 8.4) kann zur Definition der absoluten Temperatur herangezogen werden; u.a. eignen sich (8.1) und (8.11) als Definitionsgleichungen für die absolute Temperatur.

Zu (2): Die Gleichheit der beiden Temperaturskalen folgt u.a. daraus, dass der thermische Wirkungsgrad, der unter Verwendung der Idealgas–Temperatur errechnet wird (siehe Abschnitt 7.3.1, Beispiel 7.2), die Definitionsgleichung (2.3) erfüllt.

Beachte:

- Die absolute Temperatur ist keine empirische Temperatur, sondern hat universelle („absolute") Gültigkeit.

2.4.4 Celsius–Temperatur

Definition

$$\boxed{\vartheta[°\mathrm{C}] = T[\mathrm{K}] - 273{,}15.} \tag{2.4}$$

Erläuterung: Der Zahlenwert in (2.4) unterscheidet sich um 0,01 von dem für die Idealgas–Temperatur (und absolute Temperatur) vereinbarten Fixpunkt-Wert (s.o.); diese Differenz entspricht dem Temperaturunterschied zwischen Tripelpunkt und Gefrierpunkt (bei einem Druck von 1 bar) des Wassers.

2.5 Unerreichbarkeit des absoluten Nullpunkts

Es ist unmöglich, mit einem System den absoluten Nullpunkt $T = 0$ zu erreichen.
Beachte:

- Es wird naturgemäß vorausgesetzt, dass die Folge von Prozessen, mit denen die Temperatur des Systems reduziert wird, ebenso *endlich* ist wie die zur Verfügung stehende Zeit.

Bemerkung
Der Satz von der Unerreichbarkeit des absoluten Nullpunkts wird oft auch als *dritter Hauptsatz* bezeichnet. Dies ist insofern nicht ganz berechtigt, als sich die Unerreichbarkeit des absoluten Nullpunkts aus dem Nernst'schen Wärmetheorem (Abschnitt 8.7) unter Verwendung des ersten und zweiten Hauptsatzes (Abschnitt 5.3 bzw. 7.2) ergibt, der umgekehrte Schluss jedoch nicht möglich ist.

2.6 Fragen

Frage 2.1: Wie lautet die Definition des thermischen Gleichgewichts?
Frage 2.2: Sind folgende Aussagen sinnvoll?
a) Ein System befindet sich mit einem anderen im thermischen Gleichgewicht.
b) Ein System befindet sich mit einem anderen im thermodynamischen Gleichgewicht.
Begründen Sie kurz Ihre Antworten zu a) und b).
Frage 2.3: Zeichnen Sie in ein p, v-Diagramm qualitativ eine Isotherme, eine Isobare und eine Isochore eines Gases ein. Die verschiedenen Zustandsänderungen sollen sich dabei in einem gemeinsamen Punkt 1 schneiden.
Frage 2.4: Definieren Sie Temperatur.

2.7 Aufgaben

Aufgabe 2.1: Die Systeme A, B und C sind Gase mit den Zustandsgrößen p, V; $p^\star, V^\star$; $p^{\star\star}, V^{\star\star}$. Wenn A und C im thermischen Gleichgewicht sind, zeigt sich, dass die Gleichung

$$pV - nbp - p^{\star\star}V^{\star\star} = 0 \qquad (n,\ b = \mathrm{const})$$

erfüllt ist. Wenn B und C im thermischen Gleichgewicht sind, gilt die Beziehung

$$p^\star V^\star - p^{\star\star}V^{\star\star} + nb^\star p^{\star\star}V^{\star\star}V^{\star-1} = 0 \qquad (b^\star = \mathrm{const}).$$

a) Welche drei Funktionen sind im thermischen Gleichgewicht einander gleich und außerdem gleich der empirischen Temperatur ϑ?
b) Durch welche Gleichung wird das thermische Gleichgewicht zwischen A und B beschrieben?

Aufgabe 2.2: Die unten stehende Tabelle enthält in der oberen Zeile den Druck eines Gases im Kolben eines Gasthermometers (konstantes Volumen), wenn der Kolben in Wasser beim Tripelpunkt eingetaucht ist. In der unteren Zeile sind die Drücke angegeben, die gemessen wurden, während der Gaskolben mit einem Material konstanter Temperatur umgeben war. Wie groß war die Idealgas-Temperatur T dieses Materials?

p_F	[mm Hg]	1000,0	750,0	500,0	250,0
p	[mm Hg]	1535,3	1151,6	767,82	383,95

3 Thermische Zustandsgleichungen

3.1 Begriff der thermischen Zustandsgleichung

(1) Die Abhängigkeit der *Temperatur* von mechanischen und elektrodynamischen Zustandsgrößen, die den Zustand des Systems eindeutig festlegen, wird durch eine *thermische* Zustandsgleichung des Systems beschrieben.

(2) Die thermische Zustandsgleichung eines *einfachen* Systems, dessen thermodynamischer Gleichgewichtszustand durch Angabe des Druckes p und des spezifischen Volumens v eindeutig festgelegt ist, hat daher die allgemeine Form

$$f(p, v, T) = 0, \qquad (3.1)$$

mit f als einer für jedes System charakteristischen Funktion.

Die Funktion f kann im Rahmen der makroskopischen Thermodynamik nur empirisch bestimmt werden. Als Alternative, aber auch als Leitfaden für die Durchführung von Experimenten, kommt die mikroskopische Betrachtungsweise in Frage.

3.2 Ideale Gase

Die thermische Zustandsgleichung eines idealen Gases lautet

$$\boxed{pv = RT} \qquad (3.2)$$

mit

$$\boxed{R = \mathcal{R}/\mathcal{M} = \text{const.}} \qquad (3.3)$$

Dabei bedeuten:

R [Jkg^{-1}K^{-1}] ... *(spezielle) Gaskonstante*;
$\mathcal{R} = 8314$ J(kmol)$^{-1}$K^{-1} ... *universelle Gaskonstante*;
$\mathcal{M}$ [kg(kmol)$^{-1}$] ... *Molmasse des Gases*.

Beachte:

- (3.2) *definiert* ideale Gase.
- Die meisten in Natur und Technik vorkommenden Gase erfüllen die „ideale Gasgleichung" (3.2) in recht guter *Näherung*, wenn man von hohen Temperaturen (Abschnitt 3.4) und hohen Dichten (Abschnitt 3.5) absieht.

In (3.2) und (3.3) enthaltene *Sonderfälle*:

a) $\underline{v = \text{const}}$: $p = \text{const}.T$; entspricht der Definition der Idealgas–Temperatur (Abschnitt 2.4.2). (Historisch: *Gay-Lussac'sches Gesetz*.)

b) $\underline{T = \text{const}}$: $p = \text{const}.v^{-1} = \text{const}.\rho$; *Boyle–Mariotte'sches Gesetz*.

c) $\underline{\mathcal{V} = \mathcal{M}v = \mathcal{R}Tp^{-1}}$: Bei gleicher Temperatur und gleichem Druck haben verschiedene ideale Gase das gleiche molare Volumen (*Avogadro–Loschmidt'sches Gesetz*).

3.3 Gasgemische

Bezeichnungen
Index γ ... Komponente γ ($\gamma = 1, 2, ...$ K);
ohne Index ... Gemisch.

3.3.1 Partialdruck, Partialdichte und Partialvolumen

(1) Unter dem *Partialdruck* p_γ und der *Partialdichte* ρ_γ des Gases γ in einem Gasgemisch mit dem Volumen V versteht man den Druck bzw. die Dichte, die sich einstellen würden, wenn das Gas γ im Volumen V bei unveränderter Temperatur T allein vorhanden wäre.[11]

(2) Unter dem *Partialvolumen* V_γ versteht man das Volumen, welches das Gas γ für sich allein einnehmen würde, wenn es gleichen Druck p und gleiche Temperatur T wie das betrachtete Gemisch hätte.

Beachte:

- Für die Partialdichte gilt $\rho_\gamma = m_\gamma/V$, wobei m_γ die Masse des Gases γ bedeutet.
- Um die Partialvolumina zu beobachten, ist eine Trennung des Gemisches vorzunehmen; vgl. Bild 3.1.

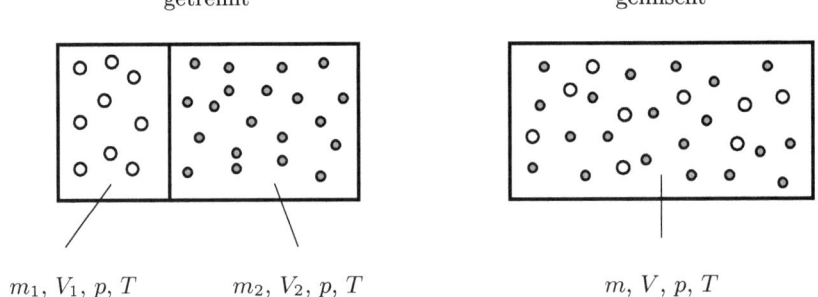

Bild 3.1: Zwei Gase im getrennten bzw. gemischten Zustand bei gleichem Druck p und gleicher Temperatur T.

- Aus der Massenerhaltung folgt, dass die Summe der Partialdichten aller Komponenten gleich der Dichte des Gemisches ist. Die Summe der Partialvolumina unterscheidet sich jedoch im Allgemeinen vom Gemischvolumen, und entsprechendes gilt für die Drücke; die Unterschiede verschwinden allerdings im wichtigen Grenzfall idealer Gasgemische, vgl. Abschnitt 3.3.4.

---

[11] Neben der hier gewählten Vorgangsweise ist auch die Alternative üblich, den Partialdruck durch $p_\gamma/p = n_\gamma/n$ zu definieren, wobei n_γ/n den Stoffmengenanteil bedeutet (siehe Abschnitt 3.3.2).

3.3 Gasgemische

3.3.2 Konzentrationsmaße

(1) *Massenanteile*:

$$x_\gamma = m_\gamma / \sum_{\gamma=1}^{K} m_\gamma = m_\gamma / m\,. \tag{3.4}$$

(2) *Stoffmengenanteile (Molanteile, Molenbrüche)*:

$$y_\gamma = n_\gamma / \sum_{\gamma=1}^{K} n_\gamma = n_\gamma / n\,. \tag{3.5}$$

(3) *Volumenanteile*:

$$\alpha_\gamma = V_\gamma / \sum_{\gamma=1}^{K} V_\gamma\,. \tag{3.6}$$

(4) *Partialdruckanteile (Partialdruckverhältnisse)*:

$$\eta_\gamma = p_\gamma / \sum_{\gamma=1}^{K} p_\gamma\,. \tag{3.7}$$

3.3.3 Molmasse eines Gemisches

Die Molmasse eines Gemisches ist durch

$$\mathcal{M} = \sum_{\gamma=1}^{K} y_\gamma \mathcal{M}_\gamma \tag{3.8}$$

bzw.

$$\mathcal{M}^{-1} = \sum_{\gamma=1}^{K} x_\gamma \mathcal{M}_\gamma^{-1} \tag{3.9}$$

bestimmt.

Beachte:

- $[\mathcal{M}^{-1}]$= kmol/kg; die auf die *Massen*einheit bezogene Größe $\mathcal{M}^{-1}$ setzt sich daher aus den mit den *Massen*anteilen gewichteten Größen $\mathcal{M}_\gamma^{-1}$ additiv zusammen.

3.3.4 Ideale Gasgemische

(1) In einem *idealen* Gasgemisch ist der Druck p („Gesamtdruck") gleich der Summe der Partialdrücke p_γ aller idealen Gase $\gamma = 1, 2, \ldots$ K:

$$\boxed{p = \sum_{\gamma=1}^{K} p_\gamma} \qquad (3.10)$$

mit

$$p_\gamma = \rho_\gamma \mathcal{R} T / \mathcal{M}_\gamma \qquad (3.11)$$

(*Dalton'sches Gesetz*).

(2) Bei gleicher Temperatur und gleichem Druck nimmt ein ideales Gasgemisch das gleiche Volumen ein wie die voneinander getrennten Gase insgesamt (vgl. Bild 3.1):

$$V = \sum_{\gamma=1}^{K} V_\gamma. \qquad (3.12)$$

(3) In einem idealen Gasgemisch sind die Werte der Stoffmengenanteile, Volumenanteile und Partialdruckanteile einander gleich:

$$y_\gamma = \alpha_\gamma = \eta_\gamma \quad (\gamma = 1, 2, ...K). \qquad (3.13)$$

(4) Für ein ideales Gasgemisch besteht zwischen Volumenanteilen und Massenanteilen die Beziehung

$$\mathcal{M} x_\gamma = \mathcal{M}_\gamma \alpha_\gamma \quad (\gamma = 1, 2, ...K). \qquad (3.14)$$

(5) Ein ideales Gasgemisch erfüllt die thermische Zustandsgleichung eines idealen Gases (3.2). Zur Berechnung der Gaskonstanten des Gemisches ist in (3.3) für $\mathcal{M}$ die Molmasse des Gemisches einzusetzen.

Beachte: Mit dem Dalton'schen Gesetz wird das ideale Gasgemisch *definiert*.

Physikalische Interpretation des Dalton'schen Gesetzes: Der Beitrag jedes einzelnen (idealen) Gases zum Gesamtdruck ist unabhängig vom Vorhandensein der anderen (idealen) Gase. (Zur Veranschaulichung vgl. die mikroskopische Betrachtungsweise entsprechend Abschnitt 1.2.)

Herleitungen
Wendet man die ideale Gasgleichung (3.2) sowohl auf die einzelnen gemischten als auch auf die getrennten Gase an, so ergibt sich

$$p_\gamma V = p V_\gamma = n_\gamma \mathcal{R} T = m_\gamma \mathcal{R} T / \mathcal{M}_\gamma. \qquad (3.15)$$

Hieraus erhält man mit Hilfe des Dalton'schen Gesetzes (3.10) die Gleichungen (3.12) bis (3.14).

Beispiel 3.1: *Trockene Luft*
Trockene Luft besteht annähernd aus 78% N_2, 21% O_2 und 1% Ar, jeweils Volumenanteile. Wie groß ist die Molmasse der Luft, und welche Massenanteile haben die Komponenten?
Lösung: Mit den Molmassen $\mathcal{M}_{N_2} = 28$ kg/kmol; $\mathcal{M}_{O_2} = 32$ kg/kmol; $\mathcal{M}_{Ar} = 40$ kg/kmol und dem Volumenanteilen $\alpha_{N_2} = 0{,}78$; $\alpha_{O_2} = 0{,}21$; $\alpha_{Ar} = 0{,}01$ ergibt sich aus (3.8) mit (3.13) $\mathcal{M} = 29{,}0$ kg/kmol. Aus (3.14) erhält man $x_{N_2} = 0{,}753$; $x_{O_2} = 0{,}232$; $x_{Ar} = 0{,}014$. (Die Summe der Massenanteile weicht wegen der Rundungsfehler um 0,1% vom Wert 1 ab.)

3.4 Realgaseffekte bei hohen Temperaturen   35

Beispiel 3.2: *Feuchte Luft*
Für ein ideales Gasgemisch aus trockener Luft und Wasserdampf sind die Temperatur T und der Druck p des Gemisches sowie der Partialdruck p_D des Dampfes gegeben. Man berechne die Dichte der feuchten Luft und vergleiche mit der trockenen Luft.
Lösung: Aus dem Dalton'schen Gesetz (3.10) folgt, dass der Partialdruck der trockenen Luft gleich $p-p_D$ ist. Damit ergibt sich aus $m = m_L + m_D$ (trockene Luftmasse m_L, Dampfmasse m_D) unter Verwendung der idealen Gasgleichung (3.11)

$$\rho = \frac{m}{V} = \rho_L + \rho_D = \frac{(p-p_D)\mathcal{M}_L}{\mathcal{R}T} + \frac{p_D \mathcal{M}_W}{\mathcal{R}T} = \frac{p}{R_L T}\left[1 - \left(1 - \frac{\mathcal{M}_W}{\mathcal{M}_L}\right)\frac{p_D}{p}\right], \quad (3.16)$$

wobei $\mathcal{M}_L, \mathcal{M}_W$ die Molmassen der trockenen Luft bzw. des Wassers darstellen und $R_L = \mathcal{R}/\mathcal{M}_L$ die Gaskonstante der trockenen Luft bedeutet. Wegen $(1-\mathcal{M}_W/\mathcal{M}_L) = 0{,}378 > 0$ hat der Ausdruck in der eckigen Klammer von (3.16) einen Wert zwischen 0 und 1. Daher ist die Dichte der feuchten Luft kleiner als die Dichte der trockenen Luft bei gleichem Druck und gleicher Temperatur. (Dieser Effekt ist u.a. für die Wolkenbildung von Bedeutung.)

3.4 Realgaseffekte bei hohen Temperaturen

Bei hohen Temperaturen (für Luft oberhalb von etwa 2000 K) werden durch *Dissoziation*, *Ionisation* und andere chemische Reaktionen starke Abweichungen vom Verhalten idealer Gase hervorgerufen. Diese Abweichungen sind vor allem auf die Änderung der Teilchenzahlen, d.h. der Molmasse des Gemisches, zurückzuführen und können durch entsprechende Modifikationen der idealen Gasgleichung näherungsweise erfasst werden (siehe Abschnitte 3.4.1 und 3.4.2). Für Luft und andere Gase, die bei hohen Temperaturen öfter verwendet werden, stehen auch Tabellenwerke zur Verfügung.

3.4.1 Ideal–dissoziierendes Gas

Die thermische Zustandsgleichung eines idealen, teil–dissoziierten symmetrisch–zweiatomigen Gases lautet

$$pv = R_2 T(1 + x_1), \quad (3.17)$$

wobei $R_2 = \mathcal{R}/\mathcal{M}_2$ die Gaskonstante des nicht–dissoziierten Gases und x_1 den *Dissoziationsgrad* (Massenanteil freier Atome) bedeuten. Im thermodynamischen Gleichgewichtszustand gilt für den Dissoziationsgrad eine Gleichgewichtsbedingung, die für ein *ideal–dissoziierendes* Gas durch die Gleichung

$$\frac{x_1^2}{1-x_1} = \rho_d v e^{-T_d/T} \quad (3.18)$$

mit ρ_d und T_d als stoffabhängigen Konstanten (vgl. Tabelle 3.1) angenähert wird.[12]

Beachte:

- Im Atmosphärenzustand hat $\rho_d v$ die Größenordnung 10^5; daher setzt merkliche Dissoziation gemäß (3.18) bereits bei Temperaturen ein, die beträchtlich kleiner als die charakteristische Temperatur T_d sind.

---
[12] $R_2 T_d$ ist die *Dissoziationsenergie* pro Masseneinheit des Gases, vgl. (6.45).

Tabelle 3.1: Stoffwerte für ideal–dissoziierendes Gas (nach W.G. Vincenti & C.H. Kruger)

Gas	Reaktionsgleichung	$\mathcal{M}_2$ kg/kmol	T_d K	ρ_d kg/m³
Sauerstoff	$O_2 \rightleftharpoons 2\,O$	32,0	59500	$1,5 \cdot 10^5$
Stickstoff	$N_2 \rightleftharpoons 2\,N$	28,0	113000	$1,3 \cdot 10^5$

3.4.2 Saha–Gleichung

Für einfache Ionisation ($A \rightleftharpoons A^+ + e^-$) eines idealen Gases A lautet die thermische Zustandsgleichung

$$pv = R_A T (1 + x_i), \qquad (3.19)$$

wobei $R_A = \mathcal{R}/\mathcal{M}_A$ die Gaskonstante des nicht–ionisierten Gases und x_i den *Ionisationsgrad* (Massenanteil ionisierter Atome bzw. Moleküle) bedeuten. Die Gleichgewichtsbedingung für den Ionisationsgrad lässt sich in vielen Fällen, insbesondere für einatomige Gase, durch die *Saha-Gleichung*

$$\frac{x_i^2}{1 - x_i^2} = C \frac{T^{5/2}}{p} e^{-T_i/T} \qquad (3.20)$$

mit C und T_i als stoffabhängigen Konstanten (vgl. Tabelle 3.2) annähern.[13]

Beachte:

- Im lokalen thermodynamischen Gleichgewicht gelten die Beziehungen (3.18) bzw. (3.20) für die räumlich und/oder zeitlich veränderlichen Werte von T, p und x_1 bzw. x_i.

- Wenn die Voraussetzungen für die makroskopische Betrachtungsweise erfüllt sind (vgl. Abschnitt 1.4), lassen sich (3.17) und (3.19) auch auf Nichtgleichgewichtszustände anwenden. Der Nichtgleichgewichtswert für den Dissoziations– bzw. Ionisationsgrad kann gegeben sein oder aus einer Ratengleichung (vgl. Abschnitte 4.2 und 10.3) berechnet werden.

Tabelle 3.2: Stoffwerte für die Saha-Gleichung (nach W.G. Vincenti & C.H. Kruger)

Gas	Reaktionsgleichung	$\mathcal{M}_A$ kg/kmol	T_i K	C Nm⁻² K⁻⁵/²
Stickoxyd	$NO \rightleftharpoons NO^+ + e^-$	30,0	108000	
Sauerstoff	$O \rightleftharpoons O^+ + e^-$	16,0	158000	0,133
Stickstoff	$N \rightleftharpoons N^+ + e^-$	14,0	169000	

---

[13] $R_A T_i$ ist die *Ionisationsenergie* pro Masseneinheit des Gases. $C = 4k^{5/2}h^{-3}(2\pi m_e)^{3/2}$, mit Boltzmann–Konstanter k, Planck'schem Wirkungsquantum h und Elektronenmasse m_e.

3.5 Realgaseffekte bei hohen Dichten

Reale Gase entsprechen der idealen Gasgleichung (3.2) umso besser, je niedriger die Dichte (bzw. der Druck) ist; vgl. Abschnitt 3.2, Sonderfall a), und die Definition der

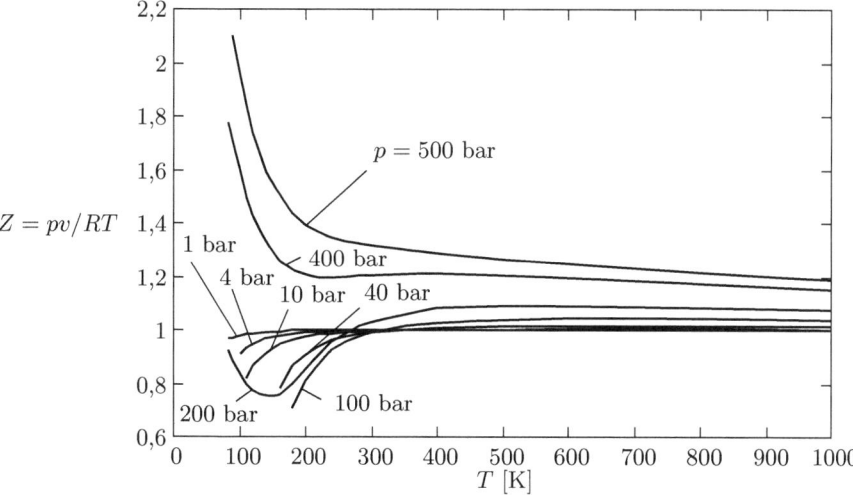

Bild 3.2: Realgasfaktor Z für Luft ($R = \mathcal{R}/\mathcal{M}$ mit $\mathcal{M} = 28{,}95$ kg/kmol). Werte nach W. Blanke.

Idealgas–Temperatur (2.2). Bei hohen Dichten (Drücken), vor allem in der Nähe des Sättigungszustands (vgl. Abschnitt 9.3.2), weichen reale Gase jedoch beträchtlich vom Verhalten idealer Gase ab. Hierfür sind molekulare Wechselwirkungen (Anziehungs– und Abstoßungskräfte, Eigenvolumen der Moleküle etc.) verantwortlich. Diese Abweichungen können entweder durch Korrekturterme bzw. Modifikationen in der idealen Gasgleichung berücksichtigt oder mittels Tabellen und Diagrammen erfasst werden. Für Luft und andere technisch wichtige Gase kann der *Realgasfaktor* $Z = pv/RT$ in Abhängigkeit von Temperatur und Druck aus Tabellenwerken entnommen (vgl. Bild 3.2) oder mit Hilfe von Virialkoeffizienten (siehe Abschnitt 3.5.1) näherungsweise berechnet werden.

3.5.1 Virialform der thermischen Zustandsgleichung

In *Virialform* lautet die thermische Zustandsgleichung

$$\frac{pv}{RT} = 1 + \frac{C_1(T)}{v} + \frac{C_2(T)}{v^2} + \dots, \tag{3.21}$$

wobei R die Gaskonstante bedeutet; die *Virialkoeffizienten* $C_1(T), C_2(T), \dots$ sind empirisch zu bestimmende Funktionen der Temperatur.

Tabelle 3.3: Virialkoffizienten $C_1 \mathcal{M}^{-1}$ [cm^{3}mol^{-1}] einiger Stoffe für verschiedene Temperaturen (nach W. Blanke)

	100 K	200 K	300 K	400 K
Helium He	11,7	12,1		11,2
Kohlendioxid CO_2			-122,7	-60,5
Sauerstoff O_2	-194	-49	-16	-1,0
Wasserstoff H_2	-1,9	11,3	14,8	15,2

Beachte:

- Für $C_1/v = C_1\rho \to 0$, $C_2/v^2 = C_2\rho^2 \to 0$ u.s.w., also für verschwindend kleine Dichten, geht (3.21) in die ideale Gasgleichung (3.2) über.

3.5.2 Van–der–Waals–Gleichung

In der *Van-der-Waals-Gleichung*

$$\left(p + \frac{a}{v^2}\right)(v - b) = RT \qquad (3.22)$$

wird die ideale Gasgleichung mittels empirisch zu bestimmender, positiver Konstanten a, b um den „Kohäsionsdruck" a/v^2 und das „Kovolumen" b erweitert.

Beachte:

- Für hinreichend große spezifische Volumina (hinreichend kleine Dichten) sind Kohäsionsdruck und Kovolumen vernachlässigbar, und die Van–der–Waals-Gleichung reduziert sich auf die ideale Gasgleichung (3.2).

Tabelle 3.4: Van-der-Waals'sche Konstanten ausgewählter Stoffe (nach P.W. Atkins)

Stoff	$a\mathcal{M}^{-2}$ [dm^{6}bar mol^{-2}]	$b\mathcal{M}^{-1}$ [10^{-2}dm^{3}mol^{-1}]
Helium He	0,034	2,37
Kohlendioxid CO_2	3,640	4,267
Stickstoff N_2	1,408	3,913

Die Van–der–Waals–Gleichung ist die einfachste thermische Zustandsgleichung, mit der das Verhalten eines reinen Stoffes im gasförmigen *und* flüssigen Aggregatzustand (einschließlich des Zweiphasenbereichs) qualitativ richtig beschrieben werden kann, vgl. Abschnitt 9.3.4. In quantitativer Hinsicht jedoch kann die Van–der–Waals–Gleichung den Ansprüchen an Genauigkeit meist nicht genügen.

3.6 Ausdehnungskoeffizient und Kompressibilitätskoeffizient

Definitionen

(1) *Isobarer Ausdehnungskoeffizient* [14]

$$\boxed{\beta_p = \frac{1}{v}\left(\frac{\partial v}{\partial T}\right)_p = -\frac{1}{\rho}\left(\frac{\partial \rho}{\partial T}\right)_p} \quad (3.23)$$

(2) a) *Isothermer Kompressibilitätskoeffizient*

$$\boxed{\chi_T = -\frac{1}{v}\left(\frac{\partial v}{\partial p}\right)_T = \frac{1}{\rho}\left(\frac{\partial \rho}{\partial p}\right)_T} \quad (3.24)$$

b) *Isentroper Kompressibilitätskoeffizient* [15]

$$\boxed{\chi_s = -\frac{1}{v}\left(\frac{\partial v}{\partial p}\right)_s = \frac{1}{\rho}\left(\frac{\partial \rho}{\partial p}\right)_s} \quad (3.25)$$

Beachte:

- Bei den partiellen Ableitungen in den Gleichungen (3.23) bis (3.25) wird, wie in der Thermodynamik üblich, durch Klammern und Indizes angezeigt, welche Variable bei der partiellen Ableitung konstant zu halten ist. Diese in der Mathematik unübliche Schreibweise ist in der Thermodynamik sehr nützlich, weil je nach Aufgabenstellung verschiedene Variablen als unabhängige Veränderliche verwendet werden können; vgl. (3.24) mit (3.25).

- Ausdehnungskoeffizient und Kompressibilitätskoeffizient stellen System- oder Stoffeigenschaften dar, die - wie die meisten System- und Stoffeigenschaften - vom thermodynamischen Zustand abhängen.

- In der Regel haben reine Stoffe *positive* isobare Ausdehnungskoeffizienten (siehe Tabelle 3.5). Eine wichtige Ausnahme ist Wasser, mit $\beta_p < 0$ im Temperaturbereich zwischen 0 °C und 4 °C (bei einem Druck von 1 bar).

- Isotherme und isentrope Kompressibilitätskoeffizienten müssen stets *positiv* sein um sicherzustellen, dass Systeme bei Erhöhung des Drucks ihr Volumen verkleinern (thermodynamische Stabilitätsbedingung). Das Verhältnis der isothermen und isentropen Kompressibilitätskoeffizienten ist gleich dem Verhältnis der isobaren und isochoren spezifischen Wärmekapazitäten und daher niemals kleiner als 1, vgl. (6.13) und (6.14).

- Wie man aus (3.23) und (3.24) bzw. (3.25) leicht erkennen kann, ist der Ausdehnungskoeffizient in der Einheit 1 K^{-1} anzugeben, während für den Kompres-

---

[14] Neben dem hier definierten, auf das Volumen bezogenen Ausdehnungskoeffizienten wird auch der so genannte lineare (oder Längen-) Ausdehnungskoeffizient verwendet; er ergibt sich zu $\beta_p/3$.

[15] Betreffend die spezifische Entropie s vgl. Abschnitt 8.1.

sibilitätskoeffizienten die Einheiten 1 Pascal^{-1} oder 1 bar^{-1} verwendet werden können.

Tabelle 3.5: Ausdehnungskoeffizienten β_p und Kompressibilitätskoeffizienten χ_T wichtiger Stoffe bei Raumtemperatur (nach W. Blanke)

Stoff	β_p [10^{-6} K^{-1}]	χ_T [10^{-12} Pa^{-1}]
Aluminium	71,4	13,2-14,0
Benzol	1230	900-968
Eis	111	100-120
Eisen	35,4	5,89-6,0
Grauguß	26,1	15
Kupfer	50,4	2,44-7,5
Quecksilber	181,9	38-40
Stahl (unlegiert)	33	5,91-6,4
Wasser	207	453-500

Beispiel 3.3: *Infinitesimal kleine Zustandsänderungen*
Gegeben seien der isobare Ausdehnungskoeffizient und der isotherme Kompressibilitätskoeffizient eines einfachen Systems. Welche relative Volumenänderung ergibt sich bei einer infinitesimal kleinen, quasistatischen Zustandsänderung $T \to T + \mathrm{d}T$, $p \to p + \mathrm{d}p$?
Lösung: Schreibt man die thermische Zustandsgleichung in der expliziten, nach dem spezifischen Volumen aufgelösten Form $v = v(T, p)$, so werden infinitesimal kleine, quasistatische Zustandsänderungen durch das *vollständige (totale)* Differential $\mathrm{d}v = (\partial v/\partial T)_p \,\mathrm{d}T + (\partial v/\partial p)_T \,\mathrm{d}p$ beschrieben. Unter Verwendung der Definitionsgleichungen (3.23) und (3.24) folgt für die *relative* Volumenänderung

$$\frac{\mathrm{d}v}{v} = \beta_p \,\mathrm{d}T - \chi_T \,\mathrm{d}p. \qquad (3.26)$$

Beachte:
- Aus (3.26) folgt

$$\left(\frac{\partial p}{\partial T}\right)_v = \frac{\beta_p}{\chi_T}. \qquad (3.27)$$

- Volumenänderungen endlicher Größe können *näherungsweise* mit (3.26) berechnet werden, wenn die relative Volumenänderung sehr klein gegen 1 ist und β_p bzw. χ_T sich bei der betrachteten Zustandsänderung nur wenig ändern.

Beispiel 3.4: *Ausdehnungs- und Kompressibilitätskoeffizienten eines idealen Gases*
Isobarer Ausdehnungskoeffizient und isothermer Kompressibilitätskoeffizienten eines idealen Gases sind aus der thermischen Zustandsgleichung (3.2) zu ermitteln.
Lösung: Besonders bequem und übersichtlich ist es, (3.2) zuerst zu logarithmieren und dann erst die Differentiale zu bilden:

$$\ln p + \ln v = \ln R + \ln T \,;$$

$$\frac{\mathrm{d}p}{p} + \frac{\mathrm{d}v}{v} = \frac{\mathrm{d}T}{T}.$$

Hieraus folgt für

$$\mathrm{d}p = 0 \;:\; \beta_p = \frac{1}{v}\frac{\mathrm{d}v}{\mathrm{d}T} = \frac{1}{T} \tag{3.28}$$

und für

$$\mathrm{d}T = 0 \;:\; \chi_T = -\frac{1}{v}\frac{\mathrm{d}v}{\mathrm{d}p} = \frac{1}{p}. \tag{3.29}$$

Beispiel 3.5: *Schallgeschwindigkeit*
Für die Schallgeschwindigkeit als Ausbreitungsgeschwindigkeit von Kompressionswellen mit infinitesimal kleinen Amplituden gelten die folgenden Beziehungen für isotherme bzw. isentrope (siehe Abschnitt 8.1) Zustandsänderungen:

$$a_T = \left[\left(\frac{\partial p}{\partial \rho}\right)_T\right]^{\frac{1}{2}} \;;\; a_s = \left[\left(\frac{\partial p}{\partial \rho}\right)_s\right]^{\frac{1}{2}}. \tag{3.30}$$

Man drücke a_T und a_s mittels Kompressibilitätskoeffizienten aus und bestimme a_T für ein ideales Gas.
Lösung: Mit den Definitionsgleichungen (3.24) und (3.25) folgt aus (3.30)

$$a_T = (\rho\chi_T)^{-\frac{1}{2}} \;;\; a_s = (\rho\chi_s)^{-\frac{1}{2}}. \tag{3.31}$$

Mit der idealen Gasgleichung (3.2) ergibt sich aus (3.31)

$$a_T = (RT)^{\frac{1}{2}}. \tag{3.32}$$

Bemerkungen zu Beispiel 3.5
- In der Regel sind innere Reibung und Wärmeleitung in Schallwellen vernachlässigbar, so dass die *isentrope* Schallgeschwindigkeit a_s maßgebend ist. Es gibt aber auch Ausnahmen; beispielsweise breiten sich Schallwellen in einem Luftblasen/Wasser–Gemisch annähernd mit der *isothermen* Schallgeschwindigkeit a_T aus.
- Mit $\chi_T/\chi_s = c_p/c_v = \kappa$ folgt $a_s = \sqrt{\kappa}\,a_T$, wobei κ das Verhältnis der isobaren und isochoren spezifischen Wärmekapazitäten bedeutet (vgl. Abschnitt 6.3).

Beispiel 3.6: *Inkompressible Strömung*
Eine Strömung wird als inkompressibel bezeichnet, wenn die von Druckänderungen verursachten Dichteänderungen vernachlässigbar klein sind. Sieht man von so genannten „schleichenden Strömungen" ab, so sind die Druckänderungen von der Größenordnung des Staudrucks $\rho v^2/2$ (mit v als Betrag der Strömungsgeschwindigkeit). Welche Bedingung muss die Machzahl $\mathrm{M} = v/a_s$ in inkompressibler Strömung erfüllen?
Lösung: Mit $\mathrm{d}\rho/\rho = -\mathrm{d}v/v$ und $\mathrm{d}T = 0$ folgt zunächst aus (3.26) die Bedingung $\chi_T\Delta p \ll 1$. Ersetzt man Δp durch $\rho v^2/2$ und führt man mittels (3.31) die Schallgeschwindigkeit a_T ein, so ergibt sich unter der Annahme, dass a_T und a_s von gleicher Größenordnung sind, die Bedingung $\mathrm{M}^2 \ll 1$.

3.7 Fragen

Frage 3.1: Geben Sie die Definitionsgleichung des isobaren Ausdehnungkoeffizienten β_p und des isothermen Kompressibilitätkoeffizienten χ_T an. Welche Zustandsgrößen müssen bei der Messung von β_p bzw. χ_T konstant gehalten werden?

Frage 3.2: Welche thermische Zustandsgleichung kann man für Luft bei Zimmertemperatur verwenden?

Frage 3.3: Wie lautet die allgemeine Form der thermischen Zustandsgleichung für ein einfaches p, v-System?

3.8 Aufgaben

Aufgabe 3.1: + Auf Grund der Auftriebskraft $F_A = \rho_F V_K g$ eines Festkörpers K (isobarer Volumenausdehnungskoeffizient $\beta_K = $ const) in einer Flüssigkeit F ($\beta_F = $ const) kann aus der Lage des Festkörpers auf die Temperatur des Systems im thermodynamischen Gleichgewicht geschlossen werden (*Galilei–Thermometer*). Im gegebenen Ausgangszustand (Temperatur ϑ_1, Dichten $\rho_{F,1}$, $\rho_{K,1}$) liegt der Festkörper am Gefäßboden. Berechnen Sie die Temperatur ϑ_c, bei der der Festkörper schwebt, d.h. statisches Gleichgewicht herrscht.

Aufgabe 3.2: Eine Metallkugel mit dem Radius $r = 10{,}6$ cm und den Stoffwerten $\beta_p = 5 \cdot 10^{-5}$ K^{-1}, $\chi_T = 1{,}2 \cdot 10^{-6}$ bar^{-1} befindet sich im folgenden Ausgangszustand: $p_0 = 10^5$ Pa, $\vartheta_0 = 20\,°$C. Die Kugel ist in eine Betonhülle eingebettet. Welcher Enddruck stellt sich in der Kugel nach einem Temperaturanstieg um 12 °C und einer Volumenvergrößerung von $5 \cdot 10^{-4}$ l ein?

Aufgabe 3.3: Quecksilber wird ausgehend von einer Temperatur $\vartheta_1 = 50\,°$C und einem Druck von $p_1 = 1$ bar auf 52 °C erwärmt.

a) Auf welchen Wert p_2 steigt der Druck, wenn sich das Quecksilber in einer starren Kugel befindet?

b) Um welchen Wert Δv verändert sich das spezifische Volumen, wenn die Temperatursteigerung des Quecksilbers ohne Behinderung bei Umgebungsdruck stattfindet?

Aufgabe 3.4: + Von einer bestimmten Substanz sind der isobare Ausdehnungskoeffizient β_p und die isotherme Kompressibilität χ_T als Funktion der Temperatur T und des spezifischen Volumens v bekannt:

$$\beta_p = \frac{3aT^3}{v} \; ; \qquad \chi_T = \frac{b}{v} \; ; \qquad a, b = \text{const}.$$

Geben Sie die thermische Zustandsgleichung $v = v(p, T)$ dieser Substanz an.

Aufgabe 3.5: + Man berechne den isobaren Volumenausdehnungskoeffizienten β_p und den isothermen Kompressibilitätskoeffizienten χ_T für ein Gas, das durch die Van-der-Waals'sche Zustandsgleichung beschrieben wird.

Aufgabe 3.6: Bei höheren Drücken ist die Zustandsgleichung idealer Gase zu ungenau. Um das endliche Eigenvolumen der Moleküle zu berücksichtigen, kann man die *Abelsche* Zustandsgleichung $p(v - b) = RT$ ($b = $ const) verwenden. Man zeige, dass hierfür gilt

$$\beta_p = [T(1 + bp/RT)]^{-1}; \qquad \chi_T = [p(1 + bp/RT)]^{-1}.$$

Aufgabe 3.7: Ein mit Wasserstoff gefüllter Ballon soll in einer Höhe von $z = 6000$ m noch eine Tragfähigkeit von $F_A = 35$ kN besitzen. Der Luftdruck in dieser Höhe beträgt $p = 0{,}5$ bar und die Temperatur $\vartheta = 0\,°$C.

a) Wie groß ist bei Vernachlässigung des Eigengewichtes der Ballonhülle das erforderliche Volumen des Ballons?

b) Auf welchen Wert ändert sich die Tragfähigkeit, wenn der Ballon aus Sicherheitsgründen nicht mit Wasserstoff, sondern mit Helium gefüllt wird?

c) Welches Volumen hat der mit Wasserstoff gefüllte Ballon am Erdboden, wenn dort ein Druck von $p_0 = 1$ bar und eine Temperatur von $\vartheta_0 = 20\,°$C herrschen?

d) Welche Gasmassen sind jeweils zur Füllung des Ballons erforderlich?

Aufgabe 3.8: Wie ändert sich der Auftrieb eines Zeppelin-Luftschiffes mit $2 \cdot 10^5$ m^3 Gasinhalt bei einem Druck von $p = 0{,}9$ bar (in etwa 1000 m Höhe), wenn es aus einem Gebiet mit einer Lufttemperatur von $\vartheta = 10\,°$C plötzlich in ein solches mit $\vartheta = 15\,°$C gelangt, während sich die Temperatur des Luftschiffes nicht sofort mit derjenigen der Umgebungsluft ausgleichen kann?

3.8 Aufgaben

Aufgabe 3.9: +

a) Würde man die Zustandsgleichung eines idealen Gases auch auf den *kritischen Punkt* anwenden, so erhielte man $p_K v_K / RT_K = 1$. Welcher Wert ergibt sich demgegenüber aus der *Van–der–Waals*'schen Zustandsgleichung?

b) Welche Gleichung ergibt sich aus der *Van–der–Waals*'schen Zustandsgleichung, wenn man die *reduzierten Zustandsgrößen* p/p_K, v/v_K und T/T_K einführt? Was lässt sich hieraus über *korrespondierende Zustände* (das sind Zustände mit gleichen reduzierten Zustandsgrößen) verschiedener Stoffe aussagen?

Aufgabe 3.10: Einer Gasturbine strömen pro Sekunde 56 kg Frischgas (Mischung aus Luft und Rauchgas) mit einer Temperatur von 1000 K und einem Druck von 12 bar zu. Dabei entspricht die Masse der Luft der vierfachen Masse des Rauchgases. Beide Gase verhalten sich ideal. Wie groß ist das Volumen des in die Turbine pro Zeiteinheit strömenden Frischgases, wenn die Massenzusammensetzung der Luft (23% O_2, 76% N_2 und 1% Ar; $\mathcal{M}_{Ar} = 40$ kg/kmol) und die Volumenzusammensetzung des Rauchgases (13% CO_2, 13% H_2O und 74% N_2) bekannt sind?

Aufgabe 3.11: Ein zylindrischer Behälter ($r = 0{,}1$ m, $h = 0{,}3$ m) ist mit einer Mischung aus Stickstoff N_2 und Sauerstoff O_2 mit einer Gesamtmasse von 11,2 g gefüllt. Bei der Temperatur von 20 °C beträgt der Druck im Behälter 1 bar. Die Gase können als ideal vorausgesetzt werden. Berechnen Sie die Zusammensetzung des Gasgemisches (x_{N_2}, x_{O_2}).

Aufgabe 3.12: Ein Behälter wird durch eine reibungslos verschiebbare Wand in zwei Bereiche unterteilt. In beiden Teilen des Behälters befindet sich das gleiche ideale Gas. Für die beiden Teilbereiche sind folgende Daten bekannt:

$\vartheta_A = 20$ °C; $\quad \vartheta_B = 30$ °C; $\quad V_A = 3$ m³; $\quad V_B = 2{,}6$ m³; $\quad p_A = 3$ bar; $\quad m_A + m_B = 20$ kg.

Berechnen Sie jeweils für beide Teilbehälter:

a) das Molvolumen des idealen Gases;
b) die Anzahl der Mole des idealen Gases;
c) die Anzahl der eingeschlossenen Moleküle;
d) die Molmasse des eingeschlossenen Gases.

Aufgabe 3.13: In einem senkrecht stehenden Zylinder mit einem reibungsfrei beweglichen Kolben ($A_K = 1$ dm², $m_K = 1$ kg), der zusätzlich mit 380 Stahlkugeln ($\rho = 7800$ kg/m³, $r = 2$ cm) belastet ist, sei Luft eingeschlossen (vgl. Bild 1.6). Die Höhe des Kolbenbodens über dem Zylinderboden sei $h_1 = 2$ dm. Die Temperatur der Luft werde stets auf dem konstanten Wert $\vartheta = 20$ °C gehalten. Der Umgebungsdruck p_U betrage 1 bar.

a) Wie groß ist der Druck p_1 im Zylinder?
b) Wie groß ist die Luftmasse m_L im Zylinder und wieviele Mole Luft befinden sich im Zylinder?
c) Wieviele Kugeln müssen entfernt werden, damit sich der Kolben bei der Höhe $h_2 = 3$ dm im Gleichgewicht befindet?
d) Wie groß ist der Druck p_3 im Zylinder, wenn auf dem Kolben keine Kugel mehr liegt?

Aufgabe 3.14: + Gegeben ist ein langer, dünner, an beiden Enden verschlossener Glaszylinder (Länge L, Querschnitt A). In diesem befindet sich ideales Gas. Im Ausgangszustand befindet sich das Gas im thermodynamischen Gleichgewicht (gegebener Ausgangszustand: p_1, T_1, R). In einem (stationären) Zustand 2 herrscht sowohl im Gas als auch im Glaszylinder eine exponentielle Temperaturverteilung $T(x) = T_1 e^{-ax}$ ($a =$ const) mit x als Längskoordinate, $0 \leq x \leq L$. Berechnen Sie den Druck, der sich im Zustand 2 einstellt. Die Ausdehnung des Glaszylinders soll hierbei vernachlässigt werden.

Aufgabe 3.15: Gegeben ist ein Behälter A ($V_A = 2 \cdot 10^{-4}$ m³), der mit einem zweiten Behälter B ($V_B = 1 \cdot 10^{-4}$ m³) durch eine kleine Öffnung verbunden ist. Beide Behälter sind mit idealem Gas gefüllt. Zu Beginn (Zustand 1) beträgt die Temperatur in beiden Behältern $\vartheta_1 = 10$ °C und der Druck $p_1 = 1$ bar. Es wird nun die Temperatur im Behälter A erhöht, während die Temperatur im Behälter B konstant auf $\vartheta_B = 10$ °C belassen wird. Nachdem sich ein stationärer Zustand (Zustand 2) eingestellt hat, beträgt der Druck in den Behältern $p_2 = 1{,}4$ bar. Berechnen Sie:

a) die Temperatur im Behälter A im stationären Zustand ($\vartheta_{A,2}$);
b) die relative Änderung der Stoffmenge im Behälter A zufolge der Temperaturänderung.

Aufgabe 3.16: Zwei Behälter A und B, die durch eine sehr kleine Öffnung verbunden sind, enthalten ideales Gas. Das Verhältnis der Volumina der beiden Kessel beträgt $V_A/V_B = 4$. Das Gas im Ausgangszustand befindet sich im thermodynamischen Gleichgewichtszustand bei einer Temperatur von $T = T_1$ und einem Druck von $p = p_1$. Die Temperatur im Behälter A wird nun auf $T_2 > T_1$ erhöht, während sie im Behälter B unverändert bleibt. Nachdem sich ein stationärer Zustand eingestellt hat, beträgt der Druck in den Behältern $p_2 = 2p_1$. Berechnen Sie das Verhältnis von T_2 zu T_1.

Aufgabe 3.17: Der Druck in einem Dampfkessel von 5 m³ Rauminhalt, in dem sich flüssiges und dampfförmiges Wasser mit einer Gesamtmasse von 3000 kg befindet, ist in einer Betriebspause von $p_1 = 20$ bar auf $p_2 = 2$ bar abgesunken.

a) Berechnen Sie den Dampfgehalt und die Masse des Dampfes im Ausgangszustand 1.
b) Wieviel Kondensat hat sich während des Prozesses $1 \to 2$ gebildet?
c) Zeichnen Sie diesen Prozess in ein p, v-Diagramm ein.

Aufgabe 3.18: + Ein diathermer Druckbehälter besteht aus zwei gleich großen Kammern mit dem Gesamtvolumen V. Die beiden Kammern sind über ein zunächst geschlossenes Ventil miteinander verbunden. In der Kammer A befindet sich gesättigtes Isobutan C_4H_{10} mit dem Dampfgehalt x_A, in der Kammer B Luft mit dem Druck p_B. Eine Dampftafel für Isobutan und die spezielle Gaskonstante R_L für Luft seien gegeben.

a) Berechnen Sie die Molmasse von Isobutan aus der chemischen Formel sowie die Massen m_A und m_B bei der Umgebungstemperatur T_U.
b) Unter der Voraussetzung konstanter Umgebungstemperatur sind der Dampfgehalt x und der Behälterdruck p im thermodynamischen Gleichgewichtszustand nach dem Öffnen des Ventils gesucht. Der Dampf von Isobutan soll hierbei als ideales Gas mit der speziellen Gaskonstanten R_D betrachtet werden. Geben Sie zuerst für thermodynamisches Gleichgewicht den Zusammenhang zwischen dem Druck p_F der flüssigen Phase und den Partialdrücken des Sattdampfes (p_D) und der Luft (p_L) an.
c) Wie lautet die Bedingung für x_A, damit das Isobutan im Endzustand flüssig ist?
d) Berechen Sie den Enddruck für den Fall, dass der Endzustand flüssigkeitsfrei ist.

Aufgabe 3.19: Eine Flüssigkeit ist in einem Behälter mit konstantem Volumen eingeschlossen. Im Zustand 1 befindet sich nahe dem Behälterboden eine Gasblase (Volumen V_{G1}, Druck p_{G1}, ideales Gas) im thermischen Gleichgewicht mit der ruhenden Flüssigkeit (Volumen V_{F1}, Druck $p_{F1}(z)$ mit z als Vertikalkoordinate). Die Temperatur der Flüssigkeit sei im ganzen Behälter gleich. Unter der Wirkung der Schwerkraft steigt die Blase bis zur oberen, ebenfalls horizontalen, Behälterwand auf. Nach Temperaturausgleich stellt sich der thermodynamische Gleichgewichtszustand 2 ein. Der Blasendurchmesser sei sehr klein gegen die Höhe H des Behälters, aber hinreichend groß, um die Wirkung der Oberflächenspannung vernachlässigen zu können. Die Temperaturänderung in der Flüssigkeit sei ebenfalls vernachlässigbar. Man bestimme die Änderungen von Gasdruck, Blasenvolumen und hydrostatischem Druck, wenn

a) die Flüssigkeit als inkompressibel angenommen wird;[16]
b)+) die Kompressibilität der Flüssigkeit berücksichtigt wird. Man diskutiere die Grenzfälle.

---

[16] Nach H. Herwig, pers. Mitteilung, 2004. Betr. Berücksichtigung von Kompressibilität, Oberflächenspannung und Temperaturänderung s. W. Schneider & R. Jurisits, Acta Mechanica **195** (2008), 215–226.

4 Erhaltung der Masse

Vorbemerkungen

Es wird die Gültigkeit der klassischen (nicht–relativistischen) Mechanik vorausgesetzt; Umwandlung von Masse in Energie wird daher ausgeschlossen. Betreffend die allgemeine Form der Bilanzgleichungen und die Bedeutung der Symbole vgl. Abschnitt 1.10.

4.1 Massenbilanzen

(1) Die (infinitesimal kleine) Änderung der Masse eines Systems, dm, ist gleich der (infinitesimal kleinen) Massenzufuhr aus der Umgebung, $d_e m$ (Bild 4.1a):

$$\boxed{dm = d_e m}. \tag{4.1}$$

(2) Auf die Zeiteinheit bezogen ergibt sich

$$\boxed{\frac{dm}{dt} = \dot{m}} \tag{4.2}$$

mit $\dot{m} = d_e m/dt$ als *Massenstrom* [kg/s] (Bild 4.1b).

(3) Ist ein Prozess mit mehr als einem Massenstrom verknüpft (Bild 4.1b), so bedeutet $\dot{m}$ in (4.2) den Gesamt–Massenstrom, d.i. die Summe aller (positiven und negativen) Massenströme.

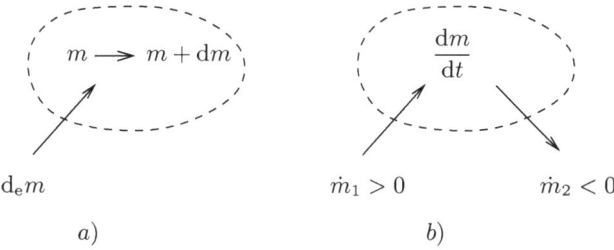

Bild 4.1: *a)* Infinitesimal kleine Massenzufuhr $d_e m$ bewirkt infinitesimal kleine Massenänderung dm. *b)* Gesamt–Massenstrom $\dot{m} = \dot{m}_1 + \dot{m}_2$ bewirkt zeitliche Änderung der Masse, dm/dt.

Sonderfälle

a) *Geschlossenes* System: $d_e m = 0$; $\dot{m} = 0$. (4.3)

b) *Stationärer* Zustand: $dm = 0$; $\dfrac{dm}{dt} = 0$. (4.4)

Beachte:

- Für einen *stationären* Zustand folgt aus (4.2) und (4.4) $\dot{m} = 0$ als notwendige[17] Bedingung, d.h. die Summe aller Massenströme muss verschwinden (vgl. Bild 1.4a).

---

[17] Die Bedingung ist im Allgemeinen nicht hinreichend, weil der Zustand auch von anderen Zustandsgrößen abhängt.

4.2 Stoffbilanzen

(1) Enhält ein System zwei oder mehr chemische Komponenten, so gilt für die Masse m_γ jeder Komponente γ ($\gamma = 1, 2, ...$) die Stoffbilanz

$$\mathrm{d}m_\gamma = \mathrm{d}_\mathrm{e} m_\gamma + \mathrm{d}_\mathrm{i} m_\gamma. \tag{4.5}$$

Dabei bedeuten $\mathrm{d}_\mathrm{e} m_\gamma$ und $\mathrm{d}_\mathrm{i} m_\gamma$ die aus der Umgebung dem System *zugeführte* bzw. die innerhalb des Systems *erzeugte* Masse der Komponente γ.

(2) Auf die Zeiteinheit bezogen ergibt sich

$$\frac{\mathrm{d}m_\gamma}{\mathrm{d}t} = \dot{m}_\gamma + \frac{\mathrm{d}_\mathrm{i} m_\gamma}{\mathrm{d}t} \tag{4.6}$$

mit $\dot{m}_\gamma$ als *Massenstrom* und $\mathrm{d}_\mathrm{i} m_\gamma / \mathrm{d}t$ als *Massenproduktionsrate*, jeweils für die Komponente γ.

(3) Für eine chemische Reaktion mit den stöchiometrischen Koeffizienten ν_γ ($\gamma = 1, 2, ...$)[18] gilt

$$\mathrm{d}_\mathrm{i} m_\gamma = \mathcal{M}_\gamma \mathrm{d}_\mathrm{i} n_\gamma = \pm \nu_\gamma \mathcal{M}_\gamma V \mathrm{d}\xi; \tag{4.7}$$

$$\frac{\mathrm{d}_\mathrm{i} m_\gamma}{\mathrm{d}t} = \mathcal{M}_\gamma \frac{\mathrm{d}_\mathrm{i} n_\gamma}{\mathrm{d}t} = \pm \nu_\gamma \mathcal{M}_\gamma V w. \tag{4.8}$$

Dabei bedeuten $\mathcal{M}_\gamma$ und n_γ die Molmasse [kg/kmol] bzw. Stoffmenge [kmol] der Komponente γ, V das Volumen [m^3] des Systems, ξ die *Reaktionslaufzahl* [kmol/m^3] und $w = \mathrm{d}\xi/\mathrm{d}t$ die *Reaktionsgeschwindigkeit* [kmol/m^{3}s].[19] Für die in der Reaktion erzeugten Stoffe (im Allgemeinen auf der rechten Seite der Reaktionsgleichung) sind in (4.7) und (4.8) die oberen Vorzeichen, für die Ausgangsstoffe die unteren Vorzeichen zu verwenden.

(4) Ist ein Prozess mit mehr als einem Massenstrom verknüpft, so bedeutet $\dot{m}_\gamma$ den Gesamt-Massenstrom, d.i. die Summe aller (positiven und negativen) Massenströme. Ist ein Prozess mit mehr als einer chemischen Reaktion verknüpft, so bedeutet $\mathrm{d}_\mathrm{i} m_\gamma/\mathrm{d}t$ die Gesamt-Massenproduktionsrate, d.i. die Summe der (positiven und negativen) Massenproduktionsraten aller Reaktionen.

Sonderfälle

a) *Geschlossenes* System: $\mathrm{d}_\mathrm{e} m_\gamma = 0$; $\dot{m}_\gamma = 0$. (4.9)

b) *Stationärer* Zustand: $\mathrm{d}m_\gamma = 0$; $\dfrac{\mathrm{d}m_\gamma}{\mathrm{d}t} = 0$. (4.10)

---

[18] Der stöchiometrische Koeffizient ν_γ ist die Zahl, die in der Reaktionsgleichung vor dem chemischen Symbol der Komponente γ steht.

[19] Manchmal wird $V\xi$ als Reaktionsumsatzgrad und Vw als Reaktionsumsatzrate eingeführt.

4.2 Stoffbilanzen

Beachte:

- Summiert man die Stoffbilanz (4.5) über alle Komponenten ($\gamma = 1, 2, ...$), so muss sich mit $m = \sum_\gamma m_\gamma$ die Massenbilanz (4.1) ergeben. Daraus folgt

$$\mathrm{d}_\mathrm{i} m = \sum_\gamma \mathrm{d}_\mathrm{i} m_\gamma = 0, \tag{4.11}$$

und aus (4.7) ergibt sich die *stöchiometrische Gleichung*

$$\sum_\gamma (\pm \nu_\gamma) \mathcal{M}_\gamma = 0. \tag{4.12}$$

- Für einen *stationären* Zustand folgt aus (4.6) und (4.10) $\dot{m}_\gamma = -\mathrm{d}_\mathrm{i} m_\gamma / \mathrm{d}t$, d.h. die im System erzeugte Masse der Komponente γ muss gleichzeitig an die Umgebung abgegeben werden.

Beispiel 4.1: *Ammoniak-Synthese*
In einem Reaktor, der einen Katalysator enthält (Bild 4.2), wird Ammoniak aus Stickstoff und Wasserstoff gemäß der Reaktion

$$N_2 + 3H_2 \rightleftharpoons 2NH_3$$

erzeugt (Haber–Bosch–Prozess). Die Reaktionsgeschwindigkeit sei gegeben. Gesucht sind
a) die Massenproduktionsraten;
b) die Massenströme im stationären Zustand.

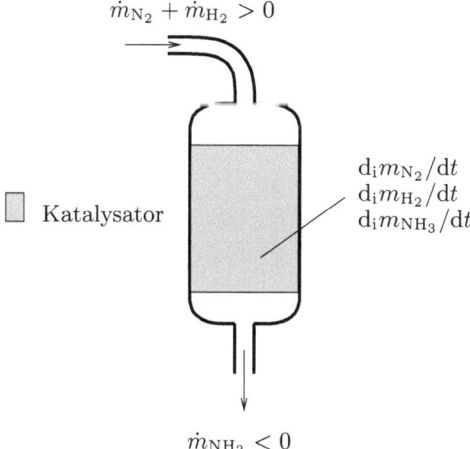

Bild 4.2: Massenströme und Massenproduktionsraten bei der Ammoniak–Synthese.

Lösung:

a) Aus (4.8) folgt

$$-\frac{1}{\mathcal{M}_{N_2}}\frac{d_i m_{N_2}}{dt} = -\frac{1}{3\mathcal{M}_{H_2}}\frac{d_i m_{H_2}}{dt} = \frac{1}{2\mathcal{M}_{NH_3}}\frac{d_i m_{NH_3}}{dt} = V\frac{d\xi}{dt} = Vw.$$

b) Aus (4.6) und (4.10) folgt

$$\frac{\dot{m}_{N_2}}{\mathcal{M}_{N_2}} = \frac{\dot{m}_{H_2}}{3\mathcal{M}_{H_2}} = -\frac{\dot{m}_{NH_3}}{2\mathcal{M}_{NH_3}} = V\frac{d\xi}{dt} = Vw.$$

4.3 Fragen

Frage 4.1: Schreiben Sie die Massenbilanz für ein offenes System in allgemeiner Form an.

Frage 4.2: Geben Sie die Stoffbilanz für ein System mit zwei oder mehr chemischen Komponenten an.

4.4 Aufgaben

Aufgabe 4.1: Welche Luftmenge ist mindestens erforderlich, um stündlich 10 kg Schwefel vollständig zu verbrennen? Luft sei hierbei ein Gemisch aus 79 Vol-% N_2 und 21 Vol-% O_2.

Aufgabe 4.2:
a) Ein Gasturbinen–Kraftwerk liefert mit einem thermischen Wirkungsgrad von 31,8 % eine elektrische Leistung von 88,4 MW an 30 Tagen pro Jahr. Der Brennstoff ist Butan (CH_4) mit einem Heizwert von 49.950 kJ/kg. Wieviel CO_2 gibt das Kraftwerk pro Jahr ab?
b) Vergleichen Sie das Ergebnis von a) mit der CO_2–Abgabe aller 2,733 Millionen PKWs in Österreich, wobei eine mittlere Fahrleistung von 15.000 km pro Jahr bei einem Verbrauch von 10 l Iso–Oktan (C_8H_{18}) auf 100 km zugrunde gelegt werden kann. (Dichte von Iso–Oktan: 0,7 kg/l.)

5 Erhaltung der Energie

Vorbemerkungen

Der Energiebegriff der Mechanik (Arbeit, kinetische Energie, potentielle Energie) wird in der Thermodynamik verallgemeinert. Die in einem System „gespeicherte" *innere Energie* (mikroskopisch: Summe der kinetischen und potentiellen Energien der Atome und Moleküle) kann durch Energie, die dem System zugeführt (oder entzogen) wird, verändert werden; dabei sind *Arbeit*, *Wärme* und *materieller Energietransport* zu unterscheiden.

Die *physikalische Einheit* für alle Arten von Energien ist 1 Joule (J).

5.1 Arbeit

Symbol: W

Definitionen

(1) *Mechanische Arbeit* wird an (oder von) einem thermodynamischen System verrichtet, wenn ein in der Systemgrenze oder im System liegender Angriffspunkt einer Kraft verschoben wird; die Größe der mechanischen Arbeit ist gleich dem Integral über das Produkt aus Kraft und infinitesimaler Verschiebung des Kraft–Angriffspunkts in Richtung der Kraft.

(2) *Nicht–mechanische* (z.B. *elektrische*) *Arbeit* wird durch nicht–mechanische (z.B. elektrische) Prozesse bewirkt, die der Verrichtung von mechanischer Arbeit äquivalent sind; dies ist der Fall, wenn die mit dem Prozess verbundene Einwirkung auf das System *vollständig* in mechanische Arbeit umgewandelt werden kann.

(3) Vereinbarungsgemäß ist die Arbeit *positiv*, wenn sie *am* System verrichtet (dem System „zugeführt") wird, und *negativ*, wenn sie *vom* System verrichtet (dem System „entzogen") wird.

(4) Wird bei einer *quasistatischen* Zustandsänderung Arbeit verrichtet, so lässt sich diese Arbeit als Integral über Ausdrücke der Form $k_i dl_i$ ($i = 1, 2, ...$) darstellen. Sowohl die *Arbeitskoeffizienten* k_i als auch die *Arbeitskoordinaten* l_i sind Zustandsgrößen.

Beachte:

- Arbeit ist *keine* Zustandsgröße, sondern eine Prozessgröße.
- Mechanische Arbeit kann verrichtet werden, ohne dass sich die Systemgrenze verschiebt. Beispiele hierzu sind die Wellenarbeit (siehe Abschnitt 5.1.2) und die Arbeit der Reibungskraft beim Scheren einer Flüssigkeit zwischen zwei parallelen, ebenen Platten (Couette–Strömung, siehe Aufgabe 5.1).

5.1.1 Volumenänderungsarbeit

(1) Die Arbeit, die bei der Änderung des Volumens eines Systems verrichtet wird, heißt *Volumenänderungsarbeit*.

(2) Für *quasistatische* Zustandsänderungen beträgt die Volumenänderungsarbeit
a) bei einer infinitesimalen Volumenänderung dV:

$$\boxed{d_e W = -p dV;} \qquad (5.1)$$

b) bei einer Volumenänderung von V_1 auf V_2:

$$\boxed{W_{12} = -\int_{V_1}^{V_2} p dV.} \qquad (5.2)$$

Herleitung von (5.1) und (5.2)
Bei einer infinitesimal kleinen Verschiebung des Flächenelements dA auf der Systemgrenze um d$\overline{n}$ (vgl. Bild 5.1) wird die Arbeit

$$-\int_A p dA d\overline{n}$$

verrichtet. Das Vorzeichen entspricht der Vereinbarung, dass Arbeit, die *vom* System bei der Vergrößerung des Volumens verrichtet wird, *negativ* ist. Das Integral ist über die gesamte Oberfläche A des Systems zu erstrecken. Bei einer quasistatischen Zustandsänderung muss der Druck im System ausgeglichen sein (mechanisches Gleichgewicht!), so dass p vor das Oberflächenintegral gezogen werden kann. Da das verbleibende Integral $\int_A dA d\overline{n}$ gleich der Volumenänderung dV ist, folgt (5.1) und nach Integration über eine endliche Volumenänderung auch (5.2).

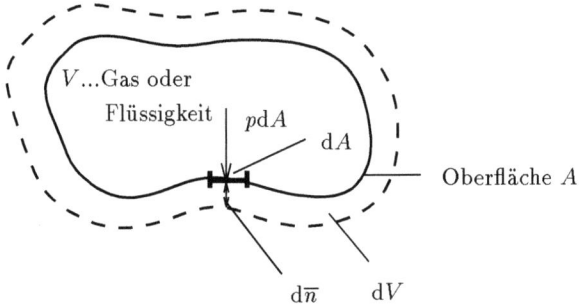

Bild 5.1: Volumenänderungsarbeit bei einer infinitesimal kleinen Ausdehnung eines gasförmigen oder flüssigen Systems.

Beachte:

- d$_e W$ stellt *nicht* die Änderung einer Zustandsgröße dar; daher ist d$_e W$ *kein* Differential. Dies wird (in Analogie zu d$_e m$, vgl. Abschnitt 4.1) durch den Index e (für „extern verursacht") zum Ausdruck gebracht. In der Literatur sind auch andere Schreibweisen gebräuchlich, z.B. δW oder auch dW (ohne Unterscheidung gegenüber dem Differential einer Zustandsgröße).

5.1 Arbeit

- Für die quasistatische Volumenänderungsarbeit ist $(-p)$ der Arbeitskoeffizient und V die Arbeitskoordinate.
- Die *quasistatische* Volumenänderungsarbeit lässt sich im p,V–Diagramm als Fläche darstellen, siehe Bild 5.2. Bevorzugt man auf die Masseneinheit bezogene Größen, so kann man die spezifische quasistatische Volumenänderungsarbeit

$$w_{12} = \frac{W_{12}}{m} = -\int_{v_1}^{v_2} p\,\mathrm{d}v \qquad (5.3)$$

als Fläche im p,v–Diagramm darstellen.

- Bei *nichtstatischen* Zustandsänderungen sind (5.1) bis (5.3) im Allgemeinen nicht anwendbar. Die Berechnung der verrichteten Arbeit erfordert in diesen Fällen eine (oft aufwendige und schwierige) Analyse des speziellen Prozesses; vgl. Beispiele 5.3 und 5.4.

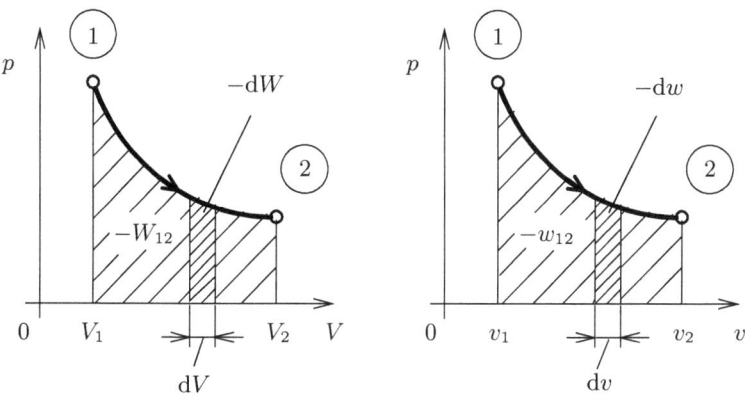

Bild 5.2: Darstellung der quasistatischen Volumenänderungsarbeit und der spezifischen quasistatischen Volumenänderungsarbeit als Flächen in p,V– bzw. p,v–Diagrammen.

Beispiel 5.1: *Nutzarbeit*
Ein Gas ist in einem Zylinder mit reibungsfrei beweglichem Kolben eingeschlossen. Für eine quasistatische Bewegung des Kolbens sei der Druck im Gas als Funktion des Gasvolumens gegeben (Bild 5.3).

a) Man zeige, dass die Volumenänderungsarbeit mit (5.2) berechnet werden kann.

b) Welche *Nutzarbeit* wird von der Kolbenstange verrichtet, wenn der Umgebungsdruck p_U konstant ist?

c) Für eine quasistatische Expansion des Gases vom Druck $p_1 > p_U$ auf $p_2 = p_U$ sind die Volumenänderungsarbeit und die Nutzarbeit im p,V–Diagramm darzustellen.

Lösung:

a) Die vom Gas auf den Kolben ausgeübte Kraft ist gleich pA. Bei einer Verschiebung des Kolbens nach außen um die infinitesimal kleine Strecke $\mathrm{d}x$ wird *vom* System

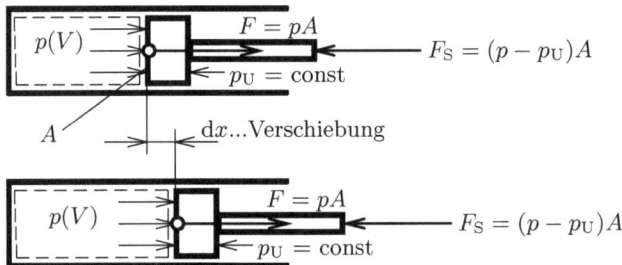

Bild 5.3: Quasistatische Volumenänderungsarbeit und Nutzarbeit bei einer infinitesimal kleinen Verschiebung eines Kolbens in einem gasgefüllten Zylinder.

die Arbeit $-pA\mathrm{d}x = -p\mathrm{d}V < 0$ (für $\mathrm{d}V > 0$) verrichtet. Um eine endlich große Volumenänderung des Gases von V_1 auf V_2 zu erfassen, muss über die ganze Zustandsänderung integriert werden. Man erhält (5.2).

b) Das Volumen der *Umgebung* (Atmosphäre) ändert sich um $(V_1 - V_2)$. Dabei wird an der Umgebung die Arbeit $-p_\mathrm{U}(V_1 - V_2) = p_\mathrm{U}(V_2 - V_1)$ verrichtet. Nach Abzug dieser „Verdrängungsarbeit" vom Betrag der Volumenänderungsarbeit des Gases verbleibt als Nutzarbeit

$$-W_{12}^\mathrm{N} = \int_{V_1}^{V_2} p\mathrm{d}V - p_\mathrm{U}(V_2 - V_1) = \int_{V_1}^{V_2} (p - p_\mathrm{U})\mathrm{d}V. \tag{5.4}$$

Beachte: Der Nutzarbeit $-W_{12}^\mathrm{N}$ entspricht eine Schnittkraft $F_\mathrm{S} = (p - p_\mathrm{U})A$ an der Kolbenstange.

c)

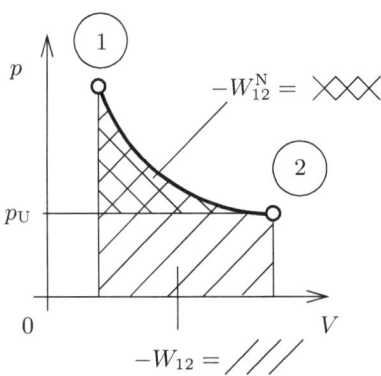

Bild 5.4: Quasistatische Volumenänderungsarbeit und Nutzarbeit als Flächen im p,V–Diagramm.

5.1 Arbeit   53

Beispiel 5.2: *Volumenänderungsarbeit für ein ideales Gas*
Man berechne die Volumenänderungsarbeit für eine isotherme, quasistatische Zustandsänderung eines idealen Gases.
Lösung: Aus (3.2) folgt $p = mRT/V$. Einsetzen in (5.2) und Ausführen der Integration liefert
$$W_{12} = mRT \ln(V_1/V_2). \qquad (5.5)$$
Man erkennt, dass $W_{12} > 0$ für $V_2 < V_1$ (Kompression) und $W_{12} < 0$ für $V_2 > V_1$ (Expansion).

Beispiel 5.3: *Volumenänderung mit konstanter Kraft*
Ein Gas ist in einem Zylinder mit einem reibungsfrei beweglichen, masselosen[20] Kolben eingeschlossen (Bild 5.5). Im Ausgangszustand 1 befindet sich der Kolben in Ruhe und das Gas im thermodynamischen Gleichgewichtszustand mit gegebenem Gasdruck p_1 und konstantem Atmosphärendruck p_A als Umgebungsdruck.

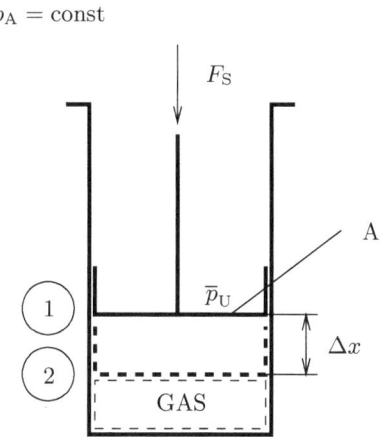

Bild 5.5: Volumenänderung eines Gases mit konstanter Kraft.

Um den Kolben in Bewegung zu setzen und das Gas vom Volumen V_1 auf das Volumen V_2 zu komprimieren, wird die Kolbenstangen–Kraft um den konstanten Betrag ΔF_S gegenüber dem Gleichgewichtswert F_S^* erhöht.

a) Welche Arbeit wird am Gas verrichtet, wenn der Atmosphärendruck gegenüber dem Druck im Gas vernachlässigbar ist ($p_A \ll p_1$)?

b) Wie groß ist der von der Umgebung auf den Kolben ausgeübte, über die Querschnittsfläche A gemittelte Druck $\bar{p}_U$, wenn der Zylinder evakuiert ist ($p_1 = 0$)?

Lösung:

a) Aus Kräftegleichgewicht folgt $F_S^* = (p_1 - p_A)A$. Mit $F_S = (p_1 - p_A)A + \Delta F_S =$ const ergibt sich die Kraft, die vom bewegten Kolben auf das Gas ausgeübt wird,

---
[20] D.h., die zur Beschleunigung der Kolbenmasse benötigte Kraft und das Gewicht des Kolbens sind gegenüber anderen Kräften vernachlässigbar.

zu $F = F_S + \bar{p}_U A = (p_1 + \bar{p}_U - p_A)A + \Delta F_S$. Die Voraussetzung $p_A \ll p_1$ ermöglicht es, sowohl p_A als auch $\bar{p}_U$ gegenüber p_1 zu vernachlässigen, so dass mit der konstanten Kraft $F = p_1 A + \Delta F_S$ gerechnet werden kann. Daraus folgt

$$W_{12} = F\Delta x = (p_1 + \Delta F_S/A)(V_1 - V_2). \tag{5.6}$$

Beachte: Da die Zustandsänderung nichtstatisch verläuft, ist (5.2) *nicht* anwendbar.

b) Die (naheliegende) Annahme, dass $\bar{p}_U = p_A$ sei, ist im Allgemeinen *nicht* korrekt, weil durch den plötzlich in Bewegung versetzten Kolben Druckstörungen in der Umgebungsluft hervorgerufen werden. Da die Kolbenmasse vernachlässigbar ist und der Kolben sich reibungsfrei bewegt, ergibt sich aus dem Kräftegleichgewicht am Kolben mit $p = p_1 = 0$: $\bar{p}_U A + F_S = 0$, so dass $\bar{p}_U = p_A - \Delta F_S/A \neq p_A$. D.h., unter der Wirkung der konstanten Kolbenstangenkraft verläuft die Kolbenbewegung derart, dass sich an der Kolbenoberseite ein mittlerer Druck $\bar{p}_U$ einstellt, der um den Betrag $\Delta F_S/A$ kleiner als der Atmosphärendruck ist. (Dabei wird am System „Vakuum" keine Volumenänderungsarbeit verrichtet, da ja der Druck an der Systemgrenze null ist.)

Beispiel 5.4: *Volumenänderung mittels sehr schweren Kolbens*
Ein Gas ist durch einen reibungsfrei beweglichen Kolben in einem vertikalen Zylinder

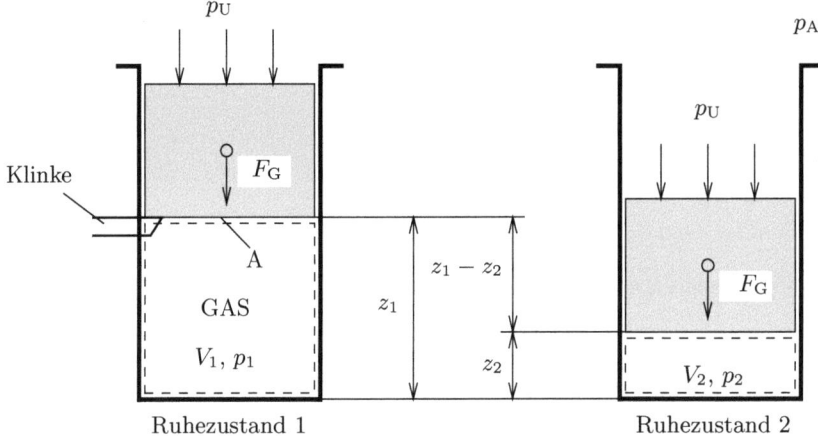

Bild 5.6: Volumenänderung mittels schweren Kolbens.

eingeschlossen. Im Anfangszustand 1 wird der Kolben (Gewicht F_G, Querschnittsfläche A) von einer Klinke gehalten, während sich das Gas im thermodynamischen Gleichgewichtszustand (Volumen V_1, Druck $p_1 < F_G/A$) befindet (Bild 5.6). Das Gewicht des Kolbens sei so groß, dass die Wirkung des Atmosphärendrucks p_A vernachlässigt werden kann ($F_G \gg p_A A$). Nach Entfernen der Klinke fällt der Kolben in den Zylinder und kommt in einem thermodynamischen Gleichgewichtszustand 2 (Volumen V_2, Druck p_2) zur Ruhe. Wie groß ist die Volumenänderungsarbeit am Gas?
Lösung: Von der Gewichtskraft des Kolbens wird die Arbeit $F_G(z_1 - z_2)$ verrichtet,

5.1 Arbeit   55

siehe Bild 5.6. Da $p_A A \ll F_G$, ist der Beitrag des (während der Kolbenbewegung veränderlichen) Umgebungsdrucks p_U zur Arbeit vernachlässigbar. Die am Gas verrichtete Volumenänderungsarbeit beträgt daher

$$W_{12} = F_G(z_1 - z_2) = \frac{F_G}{A}(V_1 - V_2) = p_2(V_1 - V_2). \tag{5.7}$$

Beachte: Dieselbe Arbeit würde sich bei einer quasistatischen Zustandsänderung mit $p = p_2 = $ const ergeben; die vorliegende Zustandsänderung ist jedoch weder quasistatisch noch isobar (siehe Aufgaben 6.33 und 8.41).

5.1.2   Wellenarbeit

(1) *Wellenarbeit* wird an der Schnittfläche einer Welle mit der Systemgrenze verrichtet (Bild 5.7).

(2) Bei einer Drehung der Welle um den infinitesimal kleinen Winkel $d\varphi$ unter der Wirkung des Drehmoments M_D wird die Wellenarbeit

$$d_e W = M_D d\varphi \tag{5.8}$$

verrichtet.

(3) Auf die Zeiteinheit bezogen wird die Wellenarbeit

$$\dot{W} = M_D \omega \tag{5.9}$$

verrichtet, wobei ω die Winkelgeschwindigkeit der Welle bedeutet.

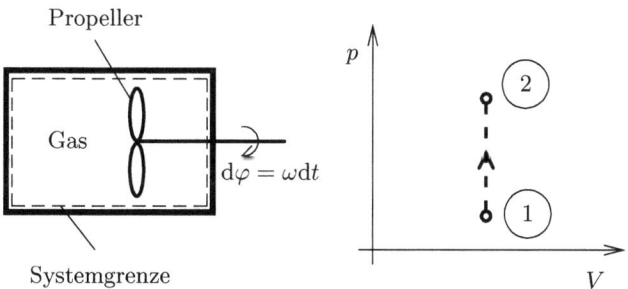

Bild 5.7: Verrichtung von Wellenarbeit.

Beachte:

- Das in Bild 5.7 gezeigte Beispiel für Wellenarbeit ist mit einer nicht–statischen Zustandsänderung verknüpft; der Prozess ist daher irreversibel.

5.1.3 Grenzflächenspannung und Oberflächenspannung

(1) Um die Grenzfläche zwischen zwei Phasen um den infinitesimal kleinen Betrag dA zu vergrößern (Bild 5.8), ist die quasistatische Arbeit

$$\boxed{\mathrm{d_e}W = \sigma \mathrm{d}A} \qquad (5.10)$$

zu verrichten, wobei σ die *Grenzflächenspannung* bedeutet. Im Sonderfall der Grenzfläche einer Flüssigkeit gegen ihren eigenen Dampf wird die Grenzflächenspannung auch *Oberflächenspannung* genannt.

(2) Die Oberflächenspannung einer chemisch reinen Flüssigkeit im thermodynamischen Gleichgewicht ist nur eine Funktion der Temperatur: $\sigma = \sigma(T)$.

Ergänzung: Mikroskopische Betrachtungsweise
Wenn die Oberfläche einer Flüssigkeit, z.B. eines Tropfens, vergrößert wird, gelangen Moleküle aus dem Inneren an die Oberfläche und überwinden dabei die Bindungskräfte. Daher muss Arbeit verrichtet werden, um die Oberfläche einer Flüssigkeit zu vergrößern. In anderer Betrachtungsweise wird die Obflächenspannung als Resultierende der molekularen Anziehungskräfte aufgefasst.

Tabelle 5.1: Oberflächenspannung σ einiger Stoffe bei 20 °C (nach W. Blanke)

Stoff	σ [10^{-3} N/m]
Benzol	28,9
Glycerin	63,4
Quecksilber	465
Wasser	72,75

Beachte:

- (5.10) stellt eine Definitionsgleichung für die Grenzflächenspannung bzw. Oberflächenspannung dar.
- Gemäß (5.10) ist die Grenzflächenspannung (Oberflächenspannung) der Arbeitskoeffizient, während der Flächeninhalt der Arbeitskoordinate entspricht.
- Die Grenzflächenspannung (Oberflächenspannung) hat die *physikalische Dimension* Arbeit/Fläche = Kraft/Länge und die *Einheit* 1 N/m.
- Messungen zeigen, dass die Oberflächenspannung σ unhängig vom Flächeninhalt A ist.[21] Die Beziehung $\sigma = \sigma(T)$ stellt die *thermische Zustandsgleichung der Oberfläche* der Flüssigkeit dar (siehe z.B. Bild 6.11). Im kritischen Punkt (siehe Abschnitt 9.3.2) unterscheidet sich die Flüssigkeit nicht vom Dampf; daher gilt $\sigma = 0$ für $T = T_K$ mit T_K als kritischer Temperatur.
- Die Grenzflächen– bzw. Oberflächenspannung bewirkt, dass der Druck innerhalb eines Flüssigkeitstropfens bzw. einer Gasblase im thermodynamischen Gleichgewichtszustand größer als der Umgebungsdruck ist. Die in Bild 5.8 angegebenen Beziehungen zwischen Druckdifferenz und Oberflächen– bzw. Grenzflächenspannung

---

[21] Mikroskopisch lässt sich dieses empirische Eregbnis mit der überwiegend lokalen Wirkung der molekularen Anziehungskräfte erklären.

5.1 Arbeit

ergeben sich aus dem Gleichsetzen von quasistatischer Arbeit bei der Vergrößerung der Oberflächen ($d_e W = \sigma dA$) und quasistatischer Volumenänderungsarbeit ($d_e W = (p_i - p_a)dV$ mit $dV = d(\frac{4\pi}{3}R^3) = 4\pi R^2 dR$). Wegen der zweiseitigen Oberfläche eines Flüssigkeitsfilms ist der Überdruck in der kugelförmigen, luftgefüllten „Seifenhaut"-Blase doppelt so groß wie in einem gleich großen Tropfen derselben Flüssigkeit.[22]

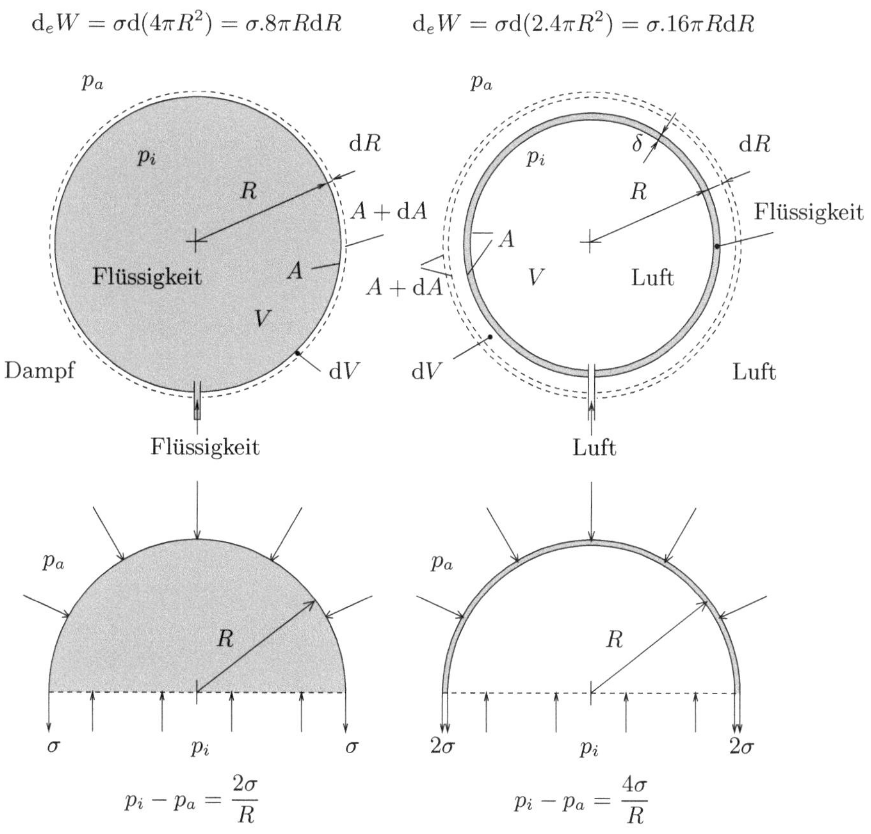

$$d_e W = \sigma d(4\pi R^2) = \sigma \cdot 8\pi R dR \qquad d_e W = \sigma d(2 \cdot 4\pi R^2) = \sigma \cdot 16\pi R dR$$

$$p_i - p_a = \frac{2\sigma}{R} \qquad\qquad p_i - p_a = \frac{4\sigma}{R}$$

Bild 5.8: Zur Definition der Oberflächen– bzw. Grenzflächenspannung: Kugelförmiger Flüssigkeitstropfen im eigenen Dampf (links) bzw. kugelförmiger Flüssigkeitsfilm in Luft (rechts); quasistatische Arbeit bei Änderung des Flächeninhalts der Oberfläche bzw. Grenzfläche (oben), Schnittkräfte (unten).

Bemerkung: Für nicht zu hohe Temperaturen kann der Unterschied zwischen der Oberflächenspannung einer Flüssigkeit und der Grenzflächenspannung für die Grenzfläche zwischen dieser Flüssigkeit und Luft vernachlässigt werden.

---

[22] Damit der Einfluss der Schwerkraft auf die Form des Tropfens bzw. der Blase vernachlässigbar ist, muss die hydrostatische Druckdifferenz $g\rho R$ (mit g als Schwerebeschleunigung und ρ als Dichte der Flüssigkeit) sehr klein gegen die Druckdifferenz zufolge der Grenzflächenspannung sein; hieraus folgt die Bedingung $R \ll L_c$, mit $L_c = \sqrt{\sigma/g\rho}$ als sog. „Kapillaritätslänge".

5.1.4 Elektrische Arbeit

Fließt ein elektrischer Strom durch ein thermodynamisches System, so wird pro Zeiteinheit die elektrische Arbeit

$$\dot{W} = -I\Delta\Phi \qquad (5.11)$$

verrichtet; dabei bedeuten I die elektrische Stromstärke und $\Delta\Phi$ die elektrische Potentialdifferenz (elektrische Spannung) zwischen Aus- und Eintrittsstelle des Stroms (Bild 5.9).

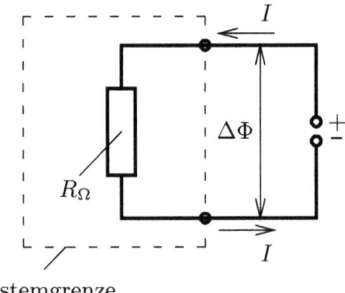

Bild 5.9: Verrichtung von elektrischer Arbeit an einem Ohm'schen Widerstand ($I > 0$, $\Delta\Phi < 0$).

Tabelle 5.2: „Spezifischer" elektrischer Widerstand γ ($\gamma = R_\Omega A/L$, Leiterquerschnitt A, Leiterlänge L) ausgewählter Metalle bei 0 °C (nach J. D'Ans & E. Lax)

Metall	γ [$10^{-6}\Omega$cm]
Aluminium	2,5
Eisen	8,6
Gold	2,06
Kupfer	1,55
Silber	1,49

Beispiel: Elektrischer Widerstand (Bild 5.9)
Unter Verwendung des Ohm'schen Gesetzes folgt aus (5.11) die elektrische Leistung

$$\dot{W} = -I\Delta\Phi = R_\Omega I^2, \qquad (5.12a)$$

mit R_Ω als Ohm'schem Widerstand. Die in einem infinitesimal kleinen Zeitintervall $\mathrm{d}t$ verrichtete elektrische Arbeit ist daher

$$\mathrm{d}_e W = -I\Delta\Phi \mathrm{d}t = R_\Omega I^2 \mathrm{d}t. \qquad (5.12b)$$

Unter der Voraussetzung $R_\Omega > 0$ ist diese Arbeit stets positiv, d.h. ein positiver Ohm'scher Widerstand kann niemals elektrische Arbeit abgeben.

Ergänzung
Elektrische Arbeit entsteht durch Verschieben der elektrischen Ladungen, auf die im

5.1 Arbeit

elektrischen Potentialfeld Kräfte wirken; elektrische Arbeit ist daher mechanischer Arbeit äquivalent. In der Praxis wird die an elektrischen Widerständen verrichtete Arbeit oft als „Verlustwärme" oder „Joulesche Wärme" bezeichnet; man vergleiche hierzu jedoch Beispiel 5.5.

5.1.5 Adiabaten

Definitionen

(1) Ein System, dessen thermodynamischer Gleichgewichtszustand *nur* durch Verrichtung von Arbeit geändert werden kann, ist ein *adiabates System*; es wird von einer *adiabaten Systemgrenze* eingeschlossen.

(2) Prozesse und Zustandsänderungen, bei denen äußere Einwirkungen auf die Verrichtung von Arbeit beschränkt sind, werden *adiabate Prozesse* bzw. *adiabate Zustandsänderungen* (kurz: *Adiabaten*) genannt.

(3) Zu unterscheiden sind *reversible* und *irreversible* Adiabaten. *Reversible* Adiabaten werden *Isentropen*[23] genannt.

Beispiele
Beispiele für *reversible* Adiabaten *(Isentropen)*:

– Quasistatische Volumenänderung eines Gases (Bild 5.3).

  • Speziell: Isentrope eines idealen Gases mit konstanten spezifischen Wärmekapazitäten c_p und c_v (siehe Abschnitt 6.3). Hierfür gilt

$$\boxed{\begin{aligned} pv^\kappa &= \text{const} \\ (\kappa = c_p/c_v &= \text{const}). \end{aligned}} \qquad (5.13)$$

Herleitung siehe Abschnitt 6.3, Beispiel 6.5.

– Quasistatische Oberflächenänderung eines Flüssigkeitsfilms (Bild 5.8).

Beispiele für *irreversible* Adiabaten:

– Wellenarbeit (Bild 5.7);

– Überströmprozess (Bild 1.9).

Ergänzung
Aus dem ersten Hauptsatz (Abschnitt 5.3) folgt, dass bei einem adiabaten Prozess jeder *Wärmeaustausch* zwischen System und Umgebung ausgeschlossen ist. Adiabate Systemgrenzen lassen sich daher annähernd realisieren, indem man das System mit Wänden umgibt, die den Temperaturausgleich unterbinden („Wärmeisolierung").

---

[23] Der Name bringt zum Ausdruck, dass bei dieser Zustandsänderung die Entropie konstant bleibt, vgl. Abschnitt 8.1.

5.2 Energie eines Systems

5.2.1 Kinetische Energie und potentielle Energie

Aus der Mechanik sind die Begriffe *kinetische Energie* (E_{kin}) und *potentielle Energie* (E_{pot}) bekannt.

Definitionen

$$E_{\text{kin}} = \frac{1}{2} m |\vec{v}|^2, \tag{5.14}$$

wobei m die Masse des Systems und $\vec{v}$ den Geschwindigkeitsvektor des Massenmittelpunkts (Schwerpunkts) bedeuten.

$$E_{\text{pot},2} - E_{\text{pot},1} = W_{12}^{(\text{kons})}, \tag{5.15}$$

wobei $W_{12}^{(\text{kons})}$ die negative Arbeit der *konservativen* Kräfte bei der Bewegung des Systems mit dem Anfangszustand 1 und dem Endzustand 2 darstellt. Speziell im *homogenen Schwerefeld* gilt

$$E_{\text{pot},2} - E_{\text{pot},1} = mg(z_2 - z_1), \tag{5.16}$$

mit m als Masse des Systems, g als Fallbeschleunigung (Schwerebeschleunigung) und z_1, z_2 als entgegen der Schwerkraft gerichteten Vertikalkoordinaten des Schwerpunkts des Systems in den Zuständen 1 und 2.

Beachte:
- Kinetische Energie und potentielle Energie sind definitionsgemäß *extensive Zustandsgrößen*.

Umformungen
Für infinitesimal kleine Zustandsänderungen werden (5.15) und (5.16) in den differentiellen Formen

$$dE_{\text{pot}} = d_e W^{(\text{kons})}; \tag{5.17}$$

bzw.

$$dE_{\text{pot}} = mg\,dz \tag{5.18}$$

geschrieben.

5.2.2 Gesamtenergie und innere Energie

Da es thermodynamische Prozesse gibt, bei denen Arbeit am System verrichtet wird, ohne dass sich kinetische Energie und potentielle Energie des Systems bleibend ändern (Beispiel: Wellenarbeit am ruhenden System gemäß Bild 5.7), wird der Energiebegriff um die innere Energie wie folgt erweitert.

5.2 Energie eines Systems

(1) Die in einem *adiabaten* Prozess verrichtete Arbeit $W_{12}^{(\mathrm{ad})}$ ändert die *Gesamtenergie* (kurz: *Energie*) eines thermodynamischen Systems entsprechend der Beziehung

$$\boxed{E_2 - E_1 = W_{12}^{(\mathrm{ad})}.} \qquad (5.19)$$

(2) Die Energie eines thermodynamischen Systems setzt sich additiv aus kinetischer Energie E_{kin}, potentieller Energie E_{pot} und *innerer Energie U* zusammen:

$$\boxed{E = E_{\mathrm{kin}} + E_{\mathrm{pot}} + U.} \qquad (5.20)$$

(3) Kinetische Energie und potentielle Energie sind durch (5.14) bzw. (5.15) definiert; (5.19) und (5.20) stellen Definitionsgleichungen für (Gesamt-) Energie und innere Energie dar.

Umformungen

a) Auflösen von (5.19) mit (5.20) nach U ergibt

$$U_2 - U_1 = W_{12}^{(\mathrm{ad})} + (E_{\mathrm{kin},1} - E_{\mathrm{kin},2}) + (E_{\mathrm{pot},1} - E_{\mathrm{pot},2}) \qquad (5.21)$$

als explizite Definitionsgleichung für die innere Energie.

b) Für infinitesimal kleine Zustandsänderungen wird (5.19) in der differentiellen Form

$$\boxed{\mathrm{d}E = \mathrm{d}_{\mathrm{e}} W^{(\mathrm{ad})}} \qquad (5.22)$$

geschrieben.

Sonderfall: Ruhendes System
Aus (5.19) bzw. (5.20) folgt

$$\boxed{U_2 - U_1 = W_{12}^{(\mathrm{ad})}; \quad \mathrm{d}U = \mathrm{d}_{\mathrm{e}} W^{(\mathrm{ad})}} \quad \text{(ruhendes System)}. \qquad (5.23)$$

Beachte:

- Da mit den obigen Definitionsgleichungen lediglich die *Differenz* der inneren Energien in den Zuständen 1 und 2 festgelegt ist, bleibt in der inneren Energie eine additive Konstante unbestimmt.

- Die Erfahrung zeigt, dass die innere Energie eine extensive Zustandsgröße ist; dies wird im ersten Hauptsatz der Thermodynamik zum Ausdruck gebracht (s.u.). Es ist daher sinnvoll, die *spezifische innere Energie* $u = U/m$ (Einheit: 1 J/kg) einzuführen. Entsprechend werden auch die spezifische kinetische Energie $e_{\mathrm{kin}} = E_{\mathrm{kin}}/m$, die spezifische potentielle Energie $e_{\mathrm{pot}} = E_{\mathrm{pot}}/m$ und die spezifische Gesamtenergie $e = E/m$ definiert. In heterogenen Systemen sind oft auch die lokalen Werte der spezifischen Energien, z.B. $u = \lim_{\Delta m \to 0} \Delta U / \Delta m$, von Interesse. Ebenso wie die innere Energie selbst enthält auch die spezifische innere Energie eine unbestimmte Konstante. Für die Oberfläche einer Flüssigkeit wird die innere Energie pro Fläche als $u_\sigma = U/A$ bzw. $u_\sigma = \lim_{\Delta A \to 0} \Delta U / \Delta A$ definiert.

5.3 Erster Hauptsatz und Wärmebegriff

Der *erste Hauptsatz der Thermodynamik* stellt das Prinzip von der Erhaltung der Energie in seiner allgemeinsten Form dar. Der erste Hauptsatz umfasst die folgenden zwei Teilaussagen:

(1) Die Energie E eines thermodynamischen Systems ist eine *extensive Zustandsgröße*.

(2) Mit der *Energiebilanz*

$$\boxed{dE = d_e W + d_e Q + d_e^{(m)} E} \qquad (5.24)$$

wird die *Wärme* Q definiert. Es bedeuten: dE die Änderung der Energie des Systems, $d_e W$ die verrichtete Arbeit, $d_e Q$ die zugeführte Wärme und $d_e^{(m)} E$ die Energiezufuhr, die mit der zugeführten Masse $d_e m$ verknüpft ist („materielle" Energiezufuhr). Auf die Zeiteinheit bezogen lautet die Energiebilanz

$$\boxed{\frac{dE}{dt} = \dot{W} + \dot{Q} + \dot{E}^{(m)}} \qquad (5.25)$$

mit $\dot{W}$ als Arbeit pro Zeit (Leistung), $\dot{Q}$ als Wärmestrom und $\dot{E}^{(m)}$ als materiellem Energiestrom.

Erläuterungen

Zu (1): Könnte die Energie eines Systems im selben Zustand verschiedene Werte annehmen, so wäre es nicht ausgeschlossen, aus einem System Arbeit zu gewinnen, ohne dass sich der Endzustand des Systems vom Anfangszustand unterscheidet. Ein derartiger Prozess („perpetuum mobile" erster Art) ist jedoch niemals beobachtet worden.

Zu (2): Die materielle Energiezufuhr, die naturgemäß nur bei offenen Systemen in Erscheinung tritt, setzt sich aus kinetischen, potentiellen und inneren Energieanteilen gemäß den Beziehungen

$$d_e^{(m)} E = d_e^{(m)} E_{kin} + d_e^{(m)} E_{pot} + d_e^{(m)} U; \qquad (5.26)$$

$$\dot{E}^{(m)} = \dot{E}^{(m)}_{kin} + \dot{E}^{(m)}_{pot} + \dot{U}^{(m)} \qquad (5.27)$$

zusammen. Hat die zugeführte Masse die spezifischen kinetischen, potentiellen und inneren Energien $e^{(m)}_{kin} = \frac{1}{2} |\vec{v}^{(m)}|^2, e^{(m)}_{pot} = g z^{(m)}$ und $u^{(m)}$, so wird

$$d_e^{(m)} E = (e^{(m)}_{kin} + e^{(m)}_{pot} + u^{(m)}) d_e m; \qquad (5.28)$$

$$\dot{E}^{(m)} = (e^{(m)}_{kin} + e^{(m)}_{pot} + u^{(m)}) \dot{m}. \qquad (5.29)$$

Bei mehreren (positiven oder negativen) Massenzufuhren sind die Beiträge aller Massenzufuhren zur materiellen Energiezufuhr zu addieren.

5.3 Erster Hauptsatz und Wärmebegriff

Der als Wärmezufuhr bezeichnete Term d_eQ in der Energiebilanz (5.24) trägt der Erfahrung Rechnung, dass es Prozesse gibt, bei denen sich der Zustand eines geschlossenen Systems ($d_e^{(m)}E = 0$) – und somit auch die Energie E des Systems – ändern ($dE \neq 0$), obwohl keine Arbeit verrichtet wird ($d_eW = 0$). Ein Beispiel hierzu ist die Einwirkung einer Flamme auf ein System (Bild 5.10). Die Wärme, die einem System bei der Zustandsänderung vom Zustand 1 zum Zustand 2 zugeführt wird, bezeichnet man mit Q_{12}.

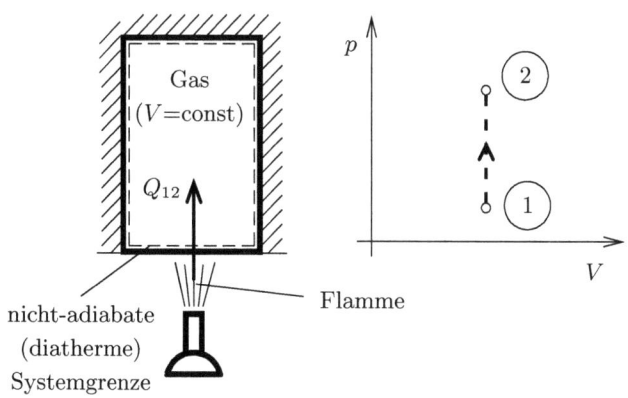

Bild 5.10: Zustandsänderung durch einen nicht–adiabaten Prozess.

Sonderfall: Ruhendes, geschlossenes System

$$dU = d_eW + d_eQ; \qquad (5.30)$$

$$\frac{dU}{dt} = \dot{W} + \dot{Q}; \qquad (5.31)$$

$$U_2 - U_1 = W_{12} + Q_{12}. \qquad (5.32)$$

Auf die Masseneinheit bezogen:

$$du = d_ew + d_eq; \qquad (5.33)$$

$$u_2 - u_1 = w_{12} + q_{12}. \qquad (5.34)$$

Beispiel: Vgl. Bild 5.11.

Beachte:
- Mit $U = E - (E_{\text{kin}} + E_{\text{pot}})$ folgt aus dem ersten Hauptsatz, dass auch die *innere Energie U* eine *extensive Zustandsgröße* ist.
- (5.24) ist von der Form der allgemeinen Bilanzgleichung (1.13) mit

$$d_eE = d_eW + d_eQ + d_e^{(m)}E \qquad (5.35)$$

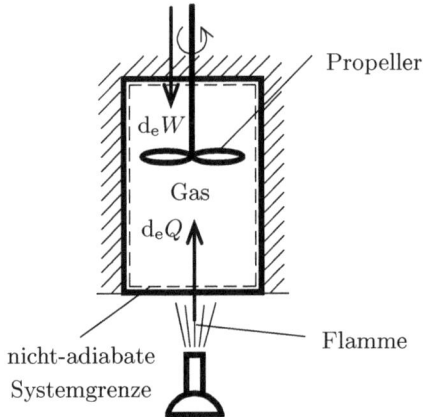

Bild 5.11: Nicht–adiabater Prozess mit Wellenarbeit; ruhendes, geschlossenes System.

und
$$d_i E = 0. \tag{5.36}$$
Die letzte Gleichung bringt explizit zum Ausdruck, dass Energie weder erzeugt noch vernichtet werden kann.

- Da E eine Zustandsgröße ist, gilt für den Sonderfall des *stationären* Zustands (*stationären* Prozesses) $dE = 0$ und $dE/dt = 0$.
- *Wärme* ist, ebenso wie Arbeit, keine Zustandsgröße, sondern eine Prozessgröße; daher ist $d_e Q$ kein Differential. Dies wird wie schon bei $d_e m$ und $d_e W$ durch den Index e zum Ausdruck gebracht. In der Literatur sind u.a. auch die Schreibweisen δQ und dQ gebräuchlich.
- $q = Q/m$ stellt die Wärmezufuhr pro Masseneinheit dar. Mitunter werden auch lokale Werte für q verwendet, wobei $q = \lim\limits_{\Delta m \to 0}(\Delta Q/\Delta m)$. Man darf aber q nicht als „spezifische Wärme" bezeichnen, weil dieser Begriff anderweitig vergeben ist (siehe Abschnitt 6.3).
- $\dot{q} = \dot{Q}/A$ heißt Wärmestromdichte und stellt den Wärmestrom pro Flächeneinheit der Systemgrenze mit der Fläche A dar. Lokale Werte der Wärmestromdichte werden durch $\dot{q} = \lim\limits_{\Delta A \to 0}(\Delta \dot{Q}/\Delta A)$ definiert.
- Es hängt manchmal von der Wahl der Systemgrenzen ab, ob ein bestimmter Prozess als Arbeitsverrichtung oder Wärmezufuhr zu interpretieren ist.

Beispiel 5.5: *Arbeit oder Wärme?*
Handelt es sich bei den in Bild 5.12 und Bild 5.13 dargestellten Prozessen um die Verrichtung von Arbeit oder die Zufuhr von Wärme?

Lösung: Beim Erhitzen einer Flüssigkeit mit Hilfe eines elektrischen Widerstands (eines Tauchsieders, Bild 5.12) handelt es sich um die Verrichtung elektrischer *Arbeit*,

5.3 Erster Hauptsatz und Wärmebegriff

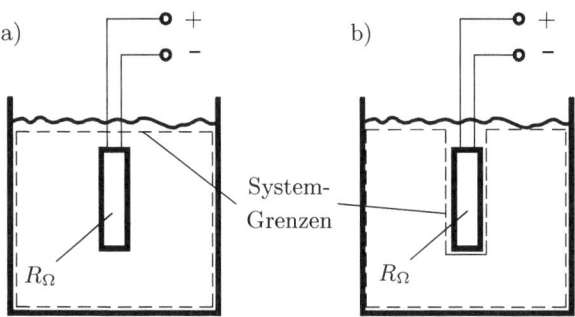

Bild 5.12: Unterscheidung von Arbeit und Wärme beim Erhitzen einer Flüssigkeit mittels eines elektrischen Widerstands (Tauchsieders): a) elektrische Arbeit; b) Wärme.

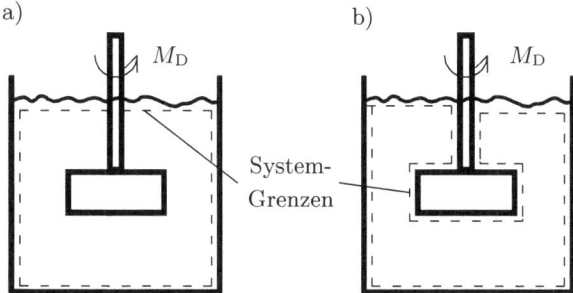

Bild 5.13: Unterscheidung verschiedener Arten von Arbeit beim Rühren einer Flüssigkeit mit einer zylindrischen Scheibe: a) Wellenarbeit; b) Reibungsarbeit.

wenn die elektrischen Leiter die Systemgrenze durchdringen, jedoch um *Wärme*zufuhr (die so genannte „Joule'sche Wärme"), wenn Widerstand und Leitungen aus dem System ausgegrenzt werden. Andererseits kann es sich aber trotz der Ausgrenzung des „Verursachers" um *Arbeit* handeln, wie am Beispiel eines Rührers (Bild 5.13) zu erkennen ist. Letztere Arbeit wird von einer an der Oberfläche des Rührers wirkenden Schubspannung (zufolge innerer Reibung in der Flüssigkeit) verrichtet.

Ergänzungen

a) Wärmeübertragung

Die thermodynamische Definition der Wärme beruht auf einer Energiebilanz. Die Frage, welche Prozesse für die Übertragung von Wärme von der Umgebung auf das System (oder umgekehrt) verantwortlich sind, bleibt dabei ausgeklammert. Mit der Beschreibung und Berechnung dieser Prozesse befasst sich das Fachgebiet der *„Wärmeübertragung"*, wobei Überschneidungen einerseits mit der Thermodynamik, andererseits mit der Strömungsmechanik auftreten. Die technisch wichtigsten Prozesse der Wärmeübertragung sind *Wärmeleitung* (molekularer Energietransport, vgl. Abschn. 10.2, Sonderfall b), *Konvektion* (Wärmeleitung in strömenden Fluiden) und *Wärmestrahlung* (Energietransport durch elektromagnetische Wellen, siehe Kapitel 11). Auch ohne Temperaturunterschiede oder Temperaturgradienten können Wärmeströme zustande kommen, z.B. durch das Fließen elektrischen Stroms (*Peltier–Effekt*, siehe Abschnitt 10.2). Daher ist die Verknüpfung des Wärme–Begriffs mit einem Temperaturunterschied („kalorimetrische Definition" der Wärme) als veraltet anzusehen.

b) Mechanische Energiebilanz
Vom ersten Hauptsatz als Energiebilanz ist die sog. mechanische Energiebilanz, die vor allem in der Strömungsmechanik in verschiedenen Formen verwendet wird, zu unterscheiden. Die mechanische Energiebilanz beschreibt die Änderung der Summe aus kinetischer Energie und potentieller Energie eines Systems zufolge der entsprechenden Energieströme und der Arbeiten, die von äußeren und inneren Kräften, reversibel oder irreversibel (dissipativ), verrichtet werden. Thermische Größen, wie die innere Energie oder die Enthalpie, treten in der mechanischen Energiebilanz nicht auf.

5.4 Enthalpie

Die Zustandsgrößen *Enthalpie H* und *spezifische Enthalpie h* sind durch die Gleichungen

$$\boxed{H = U + pV; \quad h = u + pv} \tag{5.37}$$

definiert.

Beachte:

- Die physikalischen Einheiten von H und h sind 1 J bzw. 1 J/kg.

Beispiel 5.6: *Isochore und isobare Wärmezufuhren*
Einem einfachen p, V–System (z.B. einem Gas) wird Wärme
   a) bei konstantem Volumen,
   b) bei konstantem Druck
zugeführt (Bild 5.14). Die einzig mögliche Arbeit sei die Volumenänderungsarbeit. Man diskutiere an Hand der Energiebilanzen die physikalische Bedeutung von innerer Energie und Enthalpie.

Lösung: Erfolgt die Wärmezufuhr bei konstantem Volumen, vgl. Bild 5.14a, so ist die Volumenänderungsarbeit null. Die Energiebilanz (5.32) liefert

$$Q_{12} = U_2 - U_1 \quad (\text{isochore Wärmezufuhr}), \tag{5.38}$$

d.h., bei *isochorer* Wärmezufuhr geht die Wärme zur Gänze in *innere Energie* über. Anders fällt die Energiebilanz jedoch bei *isobarer* Wärmezufuhr ($p_1 = p_2 = p = \text{const}$) aus, vgl. Bild 5.14b. Bei der Ausdehnung des Gases zufolge der Wärmezufuhr wird Volumenänderungsarbeit verrichtet, die sich aus (5.2) wegen des konstanten Drucks zu $W_{12} = -p(V_2 - V_1)$ ergibt. Sie wird zum Heben des reibungsfrei beweglichen Kolbens

5.4 Enthalpie

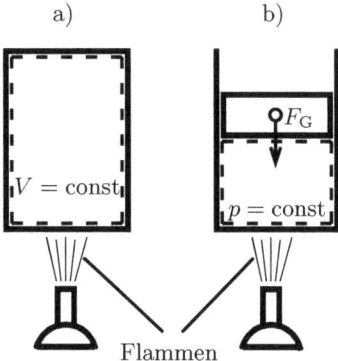

Bild 5.14: Wärmezufuhr an ein Gas: a) bei konstantem Volumen V (isochore Wärmezufuhr); b) bei konstantem Druck (isobare Wärmezufuhr).

(mit der konstanten Gewichtskraft F_G) benötigt. Die Erhöhung der inneren Energie ist daher in diesem Fall kleiner als die zugeführte Wärme. Führt man mittels (5.37) die Enthalpie ein, so folgt aus der Energiebilanz (5.32) die einfache Beziehung

$$Q_{12} = H_2 - H_1 \quad (isobare \text{ Wärmezufuhr}). \tag{5.39}$$

Demnach geht bei *isobarer* Wärmezufuhr die Wärme zur Gänze in *Enthalpie* über.

Beispiel 5.7: *Verdampfungsenthalpie*

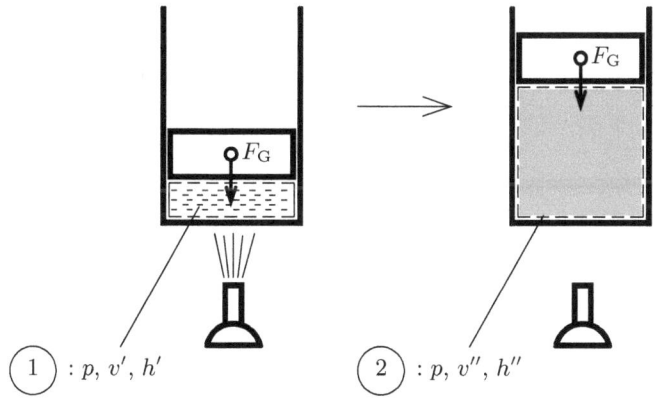

Bild 5.15: Isobarer Verdampfungsprozess.

In einer Dampftafel sind die Zustandsgrößen eines reinen Stoffes im Sättigungszustand gegeben.

a) Wie kann man hieraus die Wärme berechnen, die aufgewendet werden muss, um 1 kg der siedenden Flüssigkeit in einem isobaren Prozess vollständig zu verdampfen (Bild 5.15)?

b) Welche Werte nimmt die spezifische Enthalpie in den Zwischenzuständen in Abhängigkeit vom Dampfgehalt x an?

Lösung:

a) Aus (5.39) folgt $q_{12} = r$, mit

$$\boxed{r = h'' - h'} \tag{5.40}$$

als *(spezifischer) Verdampfungsenthalpie*.

b) Aus $H = H' + H''$ ergibt sich zunächst $mh = m_F h' + m_D h''$ (mit m als Gesamtmasse und m_F, m_D als Masse der Flüssigkeit bzw. des Dampfes.) Hieraus folgt

$$h = (1-x)h' + xh''. \tag{5.41}$$

(Entsprechende Beziehungen gelten für u und andere spezifische Zustandsgrößen im Zweiphasengebiet, vgl. auch (1.12).)

Tabelle 5.3: Schmelzenthalpie, Verdampfungsenthalpie, Schmelztemperatur und Siedetemperatur ausgewählter Stoffe bei $p = 1{,}01325$ bar (nach W. Blanke)

Stoff	l [kJ/kg]	r [kJ/kg]	Schmelztemperatur [K]	Siedetemperatur [K]
Benzol	127,9	394	278,65	353,25
Kupfer	205	4790	1356,15	2868,15
Wasser	333,7	2256,5	273,15	373,15
Wasserstoff	58,2	454	13,96	20,4

Ergänzung: Schmelzenthalpie
Analog zur Verdampfungsenthalpie ist die *(spezifische) Schmelzenthalpie* l eines reinen Stoffes durch

$$\boxed{l = h^{II} - h^{I}} \tag{5.42}$$

definiert; dabei sind h^I und h^{II} die spezifischen Enthalpien der festen bzw. flüssigen Phase im Zustand des thermodynamischen Gleichgewichts beider Phasen.

5.5 Verschiebearbeit und technische Arbeit

(1) Bei *offenen* Systemen mit *raumfesten* Systemgrenzen ist es vorteilhaft, die Arbeit $d_e W$ entsprechend der Beziehung

$$d_e W = p^{(m)} v^{(m)} d_e m + d_e W_t \tag{5.43a}$$

aufzuspalten. Dabei stellt der erste Term auf der rechten Gleichungsseite die *Verschiebearbeit* dar, die beim Einströmen (oder Ausströmen) der Masse $d_e m$

5.5 Verschiebearbeit und technische Arbeit

mit dem Druck $p^{(m)}$ und dem spezifischen Volumen $v^{(m)}$ verrichtet wird (Bild 5.16), während alle anderen Arten von Arbeit in der *technischen Arbeit* $d_e W_t$ zusammengefasst werden.

Für die auf die Zeiteinheit bezogenen Arbeiten (Leistungen) gilt entsprechend:

$$\dot W = p^{(m)} v^{(m)} \dot m + \dot W_t. \tag{5.43b}$$

(2) Unter Verwendung der technischen Arbeit lautet die Energiebilanz für ein offenes System mit raumfesten Systemgrenzen:

$$dE = d_e W_t + d_e Q + d_e^{(m)} H_\text{ges} \tag{5.44}$$

bzw.

$$\frac{dE}{dt} = \dot W_t + \dot Q + \dot H_\text{ges}^{(m)}, \tag{5.45}$$

wobei

$$H_\text{ges} = H + E_\text{kin} + E_\text{pot} \tag{5.46}$$

die *Gesamtenthalpie* darstellt.

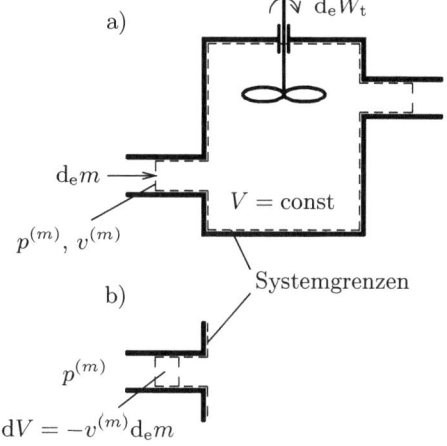

Bild 5.16: Verschiebearbeit und technische Arbeit: a) Systemgrenze für konstantes Volumen; b) infinitesimal kleine Verschiebung der Systemgrenze bewirkt Arbeit $-p^{(m)} dV = p^{(m)} v^{(m)} d_e m$.

Erläuterungen

Analog zu (5.28) und (5.29) gilt

$$d_e^{(m)} H_\text{ges} = \left(e_\text{kin}^{(m)} + e_\text{pot}^{(m)} + h^{(m)} \right) d_e m; \tag{5.47}$$

$$\dot H_\text{ges} = \left(e_\text{kin}^{(m)} + e_\text{pot}^{(m)} + h^{(m)} \right) \dot m, \tag{5.48}$$

wobei $h^{(m)}$ die spezifische Enthalpie der zugeführten Masse bedeutet, während wie früher $e_\text{kin}^{(m)} = \tfrac{1}{2} |\vec v^{(m)}|^2$ und $e_\text{pot}^{(m)} = g z^{(m)}$. Treten mehrere (positive oder negative)

Massenströme auf, so sind in der Energiebilanz (5.45) die Beiträge aller Massenströme zum Gesamtenthalpiestrom $\dot{H}_{\text{ges}}^{(m)}$ zu addieren.

Beachte:

- Im Enthalpiestrom ist die Verschiebearbeit (pro Zeiteinheit) bereits enthalten; daher tritt auf der rechten Seite der Energiebilanz der Gesamt*enthalpie*strom auf, während auf der linken Gleichungsseite die Änderung der Gesamt*energie* steht.
- Die technische Arbeit kann reversibel oder irreversibel sein; siehe Kapitel 12.

Im folgenden Beispiel 5.8 geht es um den Einfluss der Verschiebearbeit auf einen Prozess mit verschwindender technischer Arbeit. Betreffend die Berechnung einer (von null verschiedenen) technischen Arbeit siehe Beispiel 6.10. Betreffend die Darstellung der technischen Arbeit im $h, s-$Diagramm siehe Abschnitt 8.3.

Beispiel 5.8: *Adiabater, stationärer Drosselprozess*
Ein Gas strömt durch ein Rohr. Eine Drosselvorrichtung (poröse Wand, Ventil o.ä.) bewirkt eine Druckabnahme von p_1 (stromauf) auf p_2 (stromab), vgl. Bild 5.17. Der Strömungsprozess sei stationär, die Rohrwand adiabat. Außerdem seien Strömungsgeschwindigkeit und geodätische Höhenunterschiede hinreichend klein, um sowohl kinetische als auch potentielle Energien vernachlässigen zu können. Man zeige, dass die spezifische Enthalpie des Gases stromab von der Drosselvorrichtung denselben Wert wie stromauf hat, wobei
a) eine raumfeste Systemgrenze,[24]
b) eine mit dem Gas mitbewegte Systemgrenze
zu verwenden sind.

Lösung:

a) Die raumfeste Systemgrenze wird hinreichend weit stromauf bzw. stromab von der Drosselvorrichtung gelegt, um homogene Zustände beim Ein- und Ausströmen in das System annehmen zu können (Bild 5.17). Die Massenbilanz (4.2) liefert für den stationären Prozess ($\mathrm{d}m/\mathrm{d}t = 0$) $\dot{m}_1 + \dot{m}_2 = 0$, oder

$$\dot{m}_2 = -\dot{m}_1. \qquad (5.49)$$

Aus der Energiebilanz (5.45) ergibt sich mit $\mathrm{d}E/\mathrm{d}t = 0$ (stationärer Prozess), $\dot{W}_t = 0$ (keine technische Arbeit) und $\dot{Q} = 0$ (adiabate Wände), dass $\dot{H}_{\text{ges}} = 0$. Unter Vernachlässigung von E_{kin} und E_{pot} in (5.46) folgt $\dot{H} = \dot{m}_1 h_1 + \dot{m}_2 h_2 = 0$, woraus sich mit (5.49) schließlich

$$h_2 = h_1 \qquad (5.50)$$

ergibt.

b) Für eine mit dem Gas mitbewegte (massenfeste) Systemgrenze ist das System geschlossen. Um Schwierigkeiten mit der Beschreibung der komplizierten Strömungsvorgänge innerhalb und in der Nähe der Drosselvorrichtung zu umgehen, wird die

---

[24] Streng genommen handelt es sich bei raumfester Systemgrenze unter Berücksichtigung des materiellen Energietransports nicht um einen adiabaten Prozess (vgl. die Definition (2) in Abschnitt 5.1.5), der Begriff „adiabater Drosselprozess" bezieht sich jedoch auf das Gas, impliziert also eine mit dem Gas mitbewegte Systemgrenze.

5.5 Verschiebearbeit und technische Arbeit

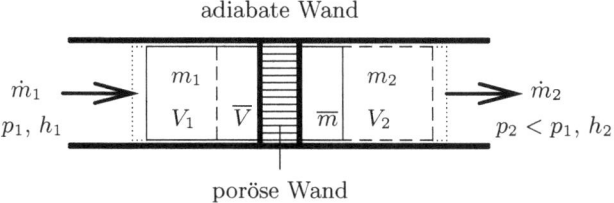

Bild 5.17: Adiabater, stationärer Drosselprozess.

Systemgrenze so gelegt, dass im betrachteten Zeitintervall (t_1, t_2) die Drosselvorrichtung stets innerhalb des Systems liegt (vgl. Bild 5.17). Der zu den Zeiten t_1 und t_2 gemeinsame Teil des Systems hat die Masse $\overline{m}$, das Volumen $\overline{V}$ und die innere Energie $\overline{U}$. Stromauf von der Drosselvorrichtung verschiebt sich die Systemgrenze derart, dass ein Volumen V_1 mit der Masse m_1 und der inneren Energie U_1 aus dem System verdrängt wird, während stromab das Volumen V_2 mit der Masse m_2 und der inneren Energie U_2 hinzukommt. Damit lautet die Energiebilanz für das geschlossene System

$$(U_2 + \overline{U}) - (U_1 + \overline{U}) = p_1 V_1 - p_2 V_2. \qquad (5.51)$$

Auf der rechten Gleichungsseite sind die Verschiebearbeiten zu erkennen. Zusammenfassen der Terme mit gleichen Indizes liefert $H_2 = H_1$. Mit der Massenbilanz $m_2 + \overline{m} = m_1 + \overline{m}$ folgt $m_2 = m_1$ und $h_2 = h_1$ wie oben.

Ergänzung: Berücksichtigung der kinetischen Energie
Während die Vernachlässigung der potentiellen Energie beim Drosseln von Gasen oder Dämpfen in den meisten Anwendungen gerechtfertigt ist, liefert die kinetische Energie bei höheren Strömungsgeschwindigkeiten einen wesentlichen Beitrag zur Energiebilanz. Nimmt man an, dass die Strömungsgeschwindigkeiten stromauf (Zustand 1) bzw. stromab (Zustand 2) von der Drosselvorrichtung über den Rohrquerschnitt konstante Werte v_1 bzw. v_2 haben (so genannte „eindimensionale Strömung"), so

erhält man aus (5.45) mit (5.48) für den stationären adiabaten Drosselprozess die Energiebilanz

$$h_1 + \frac{1}{2}\mathrm{v}_1^2 = h_2 + \frac{1}{2}\mathrm{v}_2^2. \quad (5.52)$$

Die Strömungsgeschwindigkeiten ergeben sich aus der Massenbilanz $\dot{m}_1 = -\dot{m}_2 = \dot{m}$ zu

$$\mathrm{v}_1 = \dot{m}v_1/A, \qquad \mathrm{v}_2 = \dot{m}v_2/A \quad (5.53)$$

mit A als Rohrquerschnitt und v_1 bzw. v_2 als spezifischen Volumen in den Zuständen 1 und 2.

5.6 Fragen

Frage 5.1: Wie ist die Enthalpie definiert? Formulieren Sie den ersten Hauptsatz in differentieller Form für quasistatische Zustandsänderungen eines ruhenden, geschlossenen, einfachen p, V-Systems mit Hilfe der Enthalpie.

Frage 5.2: Ein reibungsloser Kolben wird unter Aufwendung einer Kraft F in einen gasgefüllten Zylinder geschoben. Geben Sie die Arbeit an, die dem Gas bei einer differentiellen Verschiebung des Kolbens um den Weg $\mathrm{d}x$ zugeführt wird.

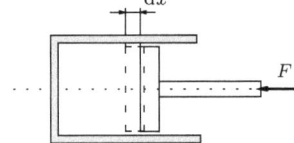

Frage 5.3:
a) Schreiben Sie den ersten Hauptsatz für eine allgemeine Zustandsänderung eines ruhenden, geschlossenen Systems in differentieller Form an.
b) Welche Gleichung folgt hieraus für eine quasistatische Volumenänderung eines ruhenden, geschlossenen, einfachen p, V- Systems?

Frage 5.4: Welche Bedeutung hat der erste Hauptsatz für den Begriff der Wärme?

Frage 5.5: Geben Sie die Leistungsbilanz für ein ruhendes System mit raumfesten Systemgrenzen an.

Frage 5.6: Ein reibungslos verschiebbarer Draht, der einen Flüssigkeitsfilm gemäß Skizze aufspannt, wird unter Aufwendung einer Kraft F verschoben. Geben Sie die Arbeit, die bei einer differentiellen Verschiebung des Drahtes um den Weg $\mathrm{d}x$ verrichtet wird, in Abhängigkeit von der Oberflächenspannung an.

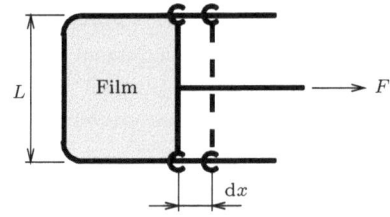

Frage 5.7: Wie ist die Verdampfungsenthalpie definiert? Was folgt für den Wert der Verdampfungsenthalpie im kritischen Punkt?

5.7 Aufgaben

Aufgabe 5.1: Betrachtet wird die stationäre Strömung zwischen zwei parallelen, ebenen Platten (*Couette*-Strömung) laut nachstehender Skizze. Die obere Platte wird unter Wirkung einer Kraft F mit der Geschwindigkeit v gleichförmig bewegt, während die untere Platte in Ruhe ist. Wird dem eingezeichneten System Arbeit oder Wärme zugeführt? Wie lässt sich die dem System pro Zeiteinheit zugeführte Energie aus den in der Skizze gegebenen Größen berechnen?

5.7 Aufgaben

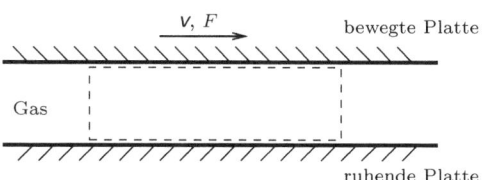

Aufgabe 5.2: Berechnen Sie die Volumenänderungsarbeit eines idealen Gases für:
a) eine quasistatische, isochore Zustandsänderung;
b) eine quasistatische, isobare Volumenänderung;
c) eine quasistatische, isotherme Volumenänderung;
d) eine quasistatische, adiabate Zustandsänderung mit gegebener Änderung der inneren Energie.

Aufgabe 5.3: In einem Zylinder mit beweglichem Kolben wird ein Gas vom Ausgangszustand p_1, V_1 langsam auf den Endzustand p_6, V_6 entspannt. Während der Expansion werden die in der folgenden Tabelle angeführten Werte für Druck und Volumen gemessen. Ermitteln Sie näherungsweise die vom Gas verrichtete Arbeit.

Meßpunkt	p [bar]	V [dm^3]
1	15	30
2	12	36
3	9	46
4	6	64
5	4	90
6	2	161

Aufgabe 5.4: Welche Arbeit wird von 1 kg Gas bei einer quasistatischen, isothermen Expansion von der Anfangsdichte ρ_1 auf die Enddichte ρ_2 ($< \rho_1$) verrichtet, wenn die Zustandsgleichung des Gases durch
a) $p(v - b) = RT$ (R, b = const);
b) $p/\rho = RT(1 - B\rho)$ (R = const, $B = f(T)$)
gegeben ist?

Aufgabe 5.5: Zeigen Sie anhand zweier spezieller Zustandsänderungen zwischen den Zuständen 1 und 2, dass das Integral über $-pdV$ wegabhängig ist und die Arbeit daher keine Zustandsgröße sein kann.

Aufgabe 5.6: In einem geschlossenen (A) und einem isolierten Zylinder (B) werden gleiche Mengen des gleichen Gases (H$_2$) bei demselben Zustand 0 jeweils von einem reibungsfrei beweglichen Kolben eingeschlossen. Der Zylinder A ist von einem Speicher mit unendlich großer Wärmekapazität und konstanter Temperatur umgeben.
Zustand 0: $p_0 = 6$ bar, $V_0 = 50$ l, $T_0 = 323$ K.
 a) Wie groß ist die Gasmasse in jedem Zylinder, und wie groß ist das spezifische Volumen v_0 im Ausgangszustand 0?

In beiden Zylindern wird nun das Volumen quasistatisch auf $V_1 = 55$ l erhöht.
 b) Welche Temperatur T_1 stellt sich im System B ein?
 c) Bestimmen Sie in beiden Fällen die jeweils ausgetauschten Wärmen und die verrichteten Volumenänderungsarbeiten.

Ausgehend von diesen unterschiedlichen Zuständen 1_A und 1_B wird in beiden Zylindern das Volumen quasistatisch auf $V_2 = 45$ l vermindert.

d) Welchem System muss dabei mehr Arbeit zugeführt werden, und wie groß ist sie?
e) Skizzieren Sie die Zustandsänderungen $0 \to 1_A \to 2_A$ und $0 \to 1_B \to 2_B$ in einem gemeinsamen p,V-Diagramm.

Aufgabe 5.7: In einem adiabaten, geschlossenen Zylinder trennt ein adiabater, reibungslos verschiebbarer Kolben zwei mit dem gleichen idealen Gas (R, κ) gefüllte Räume A und B (siehe Skizze). Die Anfangszustände $(T_{A,1}, p_{A,1} = p_{B,1}, T_{B,1}, m_A, m_B)$ sind gegeben.

a) Berechnen Sie $V_{A,1}$ und $V_{B,1}$.

Während der Zeit Δt führt der vom Strom I durchflossene Widerstand auf Grund der angelegten Potentialdifferenz $\Delta\Phi$ dem Raum A Energie zu, so dass der Kolben quasistatisch verschoben und der Raum A um ΔV_A vergrößert wird.

b) Berechnen Sie die am Raum B verrichtete Volumenänderungsarbeit W_B in Abhängigkeit von ΔV_A.
c) Berechnen Sie die Temperatur $T_{A,2}$ in Abhängigkeit von ΔV_A.

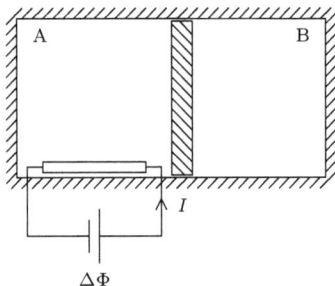

Aufgabe 5.8: H$_2$O-Nassdampf wird in einem Ventil von $p_1 = 8$ bar auf p_2 adiabat gedrosselt. Nach dem Ventil liegt gesättigter Dampf mit einer Temperatur von $\vartheta_2 = 110\ °C$ vor.

a) Wie groß ist der Druck p_2?
b) Wie groß ist die Temperatur ϑ_1 vor dem Ventil?
c) Bestimmen Sie den Dampfgehalt x_1 des Nassdampfes vor dem Ventil.
d) Skizzieren Sie diesen Vorgang in einem p,v-Diagramm.

Aufgabe 5.9: Ein volumenbeständiger, geschlossener Behälter enthält 10 g Isobutan (Temperatur $\vartheta_1 = 21{,}11\ °C$, Volumen 50 cm^3) in Form eines Zweiphasen-Gemisches. Berechnen Sie den Dampfgehalt x_1 im Ausgangszustand sowie den Dampfgehalt x_2 und die spezifische innere Energie u_2 im Zustand 2 nach dem Abkühlen auf $\vartheta_2 = -6{,}67\ °C$.

Aufgabe 5.10: 2 kg Wasser (Ausgangszustand im Zweiphasengebiet: $\vartheta_1 = 10\ °C$; $V_1 = 40$ l) durchläuft folgende Teilprozesse:
$1 \to 2$: Isotherme Kompression bis zum Sättigungszustand $x_2 = 0$;
$2 \to 3$: Isotherme Kompression auf $p_3 = 15{,}55$ bar;
$3 \to 4$: Isobare Expansion bis zum Sättigungszustand $x_4 = 0$;
$4 \to 5$: Isobare Teilverdampfung auf $V_5 = V_1 = 40$ l.

a) Stellen Sie den Gesamtprozess in einem p,V-Diagramm dar.
b) Berechnen Sie die Dampfgehalte x_1 und x_5.
c) Bestimmen Sie unter Verwendung der Dampftafel die Enthalpiedifferenz $(H_5 - H_1)$ und die Differenz der inneren Energien $(U_5 - U_1)$.

Aufgabe 5.11: Ein Zylinder, der mittels eines beweglichen Kolbens verschlossen ist, ist mit $m = 10$ g Isobutan (in gasförmiger und flüssiger Phase) mit der Temperatur $\vartheta = 21{,}11\ °C$ gefüllt. Das Volumen des Zylinders wird quasistatisch und isotherm von $V_1 = 50$ cm^3 auf $V_2 = 100$ cm^3 vergrößert.

a) Berechnen Sie den Dampfgehalt für den Ausgangs- und Endzustand.
b) Berechnen Sie die Arbeit (System: Isobutan).

5.7 Aufgaben

c) Wieviel Wärme muss zugeführt werden?
d) Berechnen Sie die Änderung der inneren Energie des Isobutans.

Aufgabe 5.12: In einem Tank mit dem konstanten Volumen $V = 0{,}3$ m^3 befinde sich flüssiges Wasser und Wasserdampf im thermodynamischen Gleichgewicht. Der Druck in diesem Ausgangszustand (Index 1) betrage 15 bar, und 99% der Wassermasse sei flüssig.
a) Wie groß ist der Dampfgehalt x_1?
b) Wie groß ist das spezifische Volumen v_1?
c) Wie groß sind die spezifische Enthalpie h_1 und die spezifische innere Energie u_1?
d) Wie groß ist die im Tank enthaltene Wassermasse m?
e) Wieviel Wärme Q_{12} muss bei konstantem Volumen zugeführt werden, damit der gesamte Dampf kondensiert? Welche Endtemperatur stellt sich ein?
f) Skizzieren Sie den Vorgang e) in einem p,v-Diagramm.

Aufgabe 5.13: Ein Behälter mit dem Volumen $V = 0{,}2$ dm^3 enthält gesättigten Wasserdampf mit der Temperatur $\vartheta_1 = 250\ °$C. Behälter und Inhalt werden auf $\vartheta_2 = 130\ °$C abgekühlt, wobei das Volumen unverändert bleibt. Berechnen Sie die Masse des Wasserdampfes, der bei der Zustandsänderung kondensiert worden ist, das vom Kondensat eingenommene Volumen und die bei der Abkühlung abgegebene Wärme Q_{12}.

Aufgabe 5.14: In einem durch einen reibungslosen Kolben verschlossenen Zylinder befindet sich H$_2$O-Nassdampf ($p_1 = 10$ bar, $x_1 = 0{,}2$) im thermodynamischen Gleichgewicht.
a) Wieviel Wärme pro Masseneinheit muss zugeführt werden, um bei gleichbleibendem Druck den Zustand gesättigten Dampfes zu erreichen?
b) Welche Temperatur hat der gesättigte Dampf?
c) Veranschaulichen Sie den Vorgang in einem p,v-Diagramm.

Aufgabe 5.15: Ein Gemisch von flüssigem und dampfförmigem Wasser (Anfangszustand: $m_1 = 2500$ kg, $T_1 = 393{,}15$ K, $V_1 = 15$ m^3) wird mit 1000 kg gesättigtem Wasserdampf gleichen Drucks isobar gemischt (Zustand 2). Das gesamte Gemisch wird anschließend auf den Druck $p_3 = 1$ bar adiabat gedrosselt (Zustand 3).
a) Ermitteln Sie die Dichte ρ_1 und den Druck p_1 sowie den Dampfgehalt x_1 und die Dampfmasse $m_{D,1}$.
b) Welcher Dampfgehalt x_2 stellt sich im gemischten Zustand 2 ein, und welche spezifische Enthalpie h_2 hat nun das Gemisch?
c) Wie groß ist der Dampfgehalt x_3 im Endzustand 3, und welches spezifische Volumen v_3 besitzt das Gemisch?

Aufgabe 5.16: Zur Bestimmung des Dampfgehalts lässt man H$_2$O-Nassdampf in einem Drosselkalorimeter durch eine Drosselstelle strömen, wobei der Druck adiabat so weit gesenkt wird, dass sich der Dampf überhitzt. Bei einem solchen Versuch wurden folgende Daten gemessen:
Druck des Dampfes vor der Drosselstelle $p_1 = 10$ bar;
Druck des Dampfes nach der Drosselstelle $p_2 = 2$ bar;
Temperatur des Dampfes nach der Drosselstelle $\vartheta_2 = 130\ °$C.
Wie groß war der Dampfgehalt vor der Drosselung?

Aufgabe 5.17: Drei Behälter ($V_1 = 1{,}25$ dm^3; $V_2 = 3{,}17$ dm^3; $V_3 = 50$ dm^3) enthalten je 1 kg Wasser als zweiphasiges Gemisch beim Druck $p_0 = 1$ bar. Diese Behälter sollen so lange quasistatisch und isochor erwärmt werden, bis in jedem Behälter nur noch eine Phase vorliegt. Gesucht sind
a) die Dampfgehalte x_1, x_2, x_3 zu Beginn;
b) die Drücke p_1, p_2, p_3, bei denen nur noch eine Phase vorliegt;
c) die Zustände, in denen das Wasser nach dem Erwärmen in den einzelnen Behältern vorliegt.

Aufgabe 5.18: Ein Kessel mit dem Rauminhalt $V_K = 10$ m^3 enthält 4000 kg H$_2$O-Nassdampf.
a) Wie groß ist der Dampfgehalt x_1 im Kessel bei $p_1 = 2$ bar?

b) Welche Wärme ist dem Wasser zuzuführen, damit der Druck im Kessel von $p_1 = 2$ bar auf $p_2 = 50$ bar steigt, ohne dass Dampf entnommen oder zugeführt wird?

c) Dem Kessel werden anschließend 100 kg Dampf entnommen. Welche Wärme ist dem Wasser zuzuführen, wenn der Druck $p = 50$ bar während der Entnahme konstant bleiben soll?

d) Skizzieren Sie ein p, v-Diagramm für Wasser und zeichnen Sie die Prozesse b) und c) ein.

Aufgabe 5.19: Ein Kältemittel (CCl_2F_2) wird vom Siedezustand bei $p_1 = 6{,}5$ bar durch adiabate Drosselung auf den Druck $p_2 = 1$ bar (Zustand 2) gebracht. Anschließend wird das Mittel isobar in den Zustand gesättigten Dampfes (Zustand 3) übergeführt.

a) Wie groß sind die spezifischen Enthalpien h_2 und h_3?

b) Welcher Dampfgehalt x_2 liegt im Zustand 2 vor?

c) Welche Wärme nimmt 1 kg Nassdampf beim Übergang von 2 nach 3 auf?

d) Zeichnen Sie die Zustände 1, 2 und 3 sowie die Zustandsänderungen $1 \rightarrow 2$ und $2 \rightarrow 3$ in ein p, v- Diagramm ein.

Aufgabe 5.20: Ein 3 m³ großer, starrer Behälter ist mit H_2O-Nassdampf gefüllt. Zu Beginn befindet sich das Gemisch im thermodynamischen Gleichgewicht bei einem Druck von 35 bar. Die Dampfmasse beträgt 10% der Gesamtmasse. Es wird nun siedende Flüssigkeit langsam so lange aus dem Behälter abgelassen, bis die Gesamtmasse nur noch die Hälfte der Ausgangsmasse beträgt. Die Temperatur soll während des Ablassens konstant gehalten werden. Wieviel Wärme muss bei diesem Prozess aus der Umgebung zugeführt werden?

6 Kalorische Zustandsgleichungen und spezifische Wärmekapazitäten

6.1 Begriff der kalorischen Zustandsgleichung

(1) Die Abhängigkeit der kalorischen Zustandsgrößen *innere Energie* und *Enthalpie* von Temperatur und mechanischen bzw. elektrodynamischen Zustandsgrößen, die den Zustand eines Systems eindeutig festlegen, wird durch *kalorische* Zustandsgleichungen des Systems beschrieben.

(2) Die kalorische Zustandsgleichung eines *einfachen* Systems, dessen thermodynamischer Gleichgewichtszustand durch Angabe der Temperatur T und des spezifischen Volumens v eindeutig festgelegt ist, hat die allgemeine Form

$$u = u(T, v) \tag{6.1}$$

für die spezifische innere Energie u, bzw.

$$h = h(T, v) \tag{6.2}$$

für die spezifische Enthalpie h. Die Funktionen $u(T,v)$ und $h(T,v)$ stellen Systemeigenschaften dar.

Bemerkungen

- Die kalorische Zustandsgleichung eines reinen Stoffes kann stets in der Form (6.1) oder (6.2) geschrieben werden. Oft ist es jedoch vorteilhaft, in (6.2) das spezifische Volumen v durch den Druck p zu ersetzen; die kalorische Zustandsgleichung lautet dann $h = h(T,p)$. Diese Form ist allerdings nur für eine reine Phase geeignet, denn im Zweiphasengebiet eines reinen Stoffes können T und p nicht unabhängig voneinander gewählt werden (vgl. Abschnitt 9.3.2).

- Die Funktionen $u(T,v)$ und $h(T,v)$ oder $h(T,p)$ können im Rahmen der makroskopischen Thermodynamik nur empirisch bestimmt werden. Die makroskopische Thermodynamik liefert jedoch Gesetzmäßigkeiten, denen die kalorischen Zustandsgleichungen entsprechen müssen (vgl. Abschnitte 6.2 und 6.3).

6.2 Beziehungen zwischen thermischen und kalorischen Zustandsgleichungen

Für p,v–Systeme gelten die folgenden Beziehungen zwischen thermischen und kalorischen Zustandsgleichungen:

$$\left(\frac{\partial u}{\partial v}\right)_T = -p + T\left(\frac{\partial p}{\partial T}\right)_v = -p + T\beta_p/\chi_T \tag{6.3}$$

$$\left(\frac{\partial h}{\partial p}\right)_T = v - T\left(\frac{\partial v}{\partial T}\right)_p = (1 - T\beta_p)v. \tag{6.4}$$

β_p bedeutet den isobaren Ausdehnungskoeffizienten, χ_T den isothermen Kompressibilitätskoeffizienten, siehe (3.23) und (3.24).

Herleitung
Die Herleitung von (6.3) und (6.4) erfordert Kenntnisse aus Kapitel 8. Mit $u = u(T, v)$ und

$$\mathrm{d}u = \left(\frac{\partial u}{\partial T}\right)_v \mathrm{d}T + \left(\frac{\partial u}{\partial v}\right)_T \mathrm{d}v \qquad (6.5)$$

folgt aus der Gibbs'schen Fundamentalgleichung (8.11)

$$\mathrm{d}s = \frac{1}{T}\left(\frac{\partial u}{\partial T}\right)_v \mathrm{d}T + \frac{1}{T}\left[\left(\frac{\partial u}{\partial v}\right)_T + p\right]\mathrm{d}v. \qquad (6.6)$$

Da die spezifische Entropie eine Zustandsgröße ist, muss (6.6) ein vollständiges Differential von $s = s(T, v)$ sein. Die Integrabilitätsbedingung

$$\frac{\partial}{\partial v}\left(\frac{1}{T}\frac{\partial u}{\partial T}\right) = \frac{\partial}{\partial T}\left[\frac{1}{T}\left(\frac{\partial u}{\partial v} + p\right)\right] \qquad (6.7)$$

liefert (6.3), wobei β_p und χ_T mittels (3.27) eingeführt wurden. Die Herleitung von (6.4) ist analog, mit β_p entsprechend (3.23).

Sonderfall: Ideale Gase und ideale Gasgemische

(1) Mit der thermischen Zustandsgleichung (3.2) ergibt sich aus (6.3) und (6.4) für ideale Gase:

$$\left(\frac{\partial u}{\partial v}\right)_T = 0; \qquad \left(\frac{\partial h}{\partial p}\right)_T = 0. \qquad (6.8)$$

Hieraus folgt

$$\boxed{u = u(T); \qquad h = h(T),} \qquad (6.9)$$

d.h., sowohl die spezifische innere Energie als auch die spezifische Enthalpie eines idealen Gases sind reine Temperaturfunktionen.

(2) Für die kalorischen Zustandsgrößen eines idealen Gasgemisches gilt

$$u = \sum_{\gamma=1}^{K} x_\gamma u_\gamma(T) = u(T); \quad h = \sum_{\gamma=1}^{K} x_\gamma h_\gamma(T) = h(T) \qquad (6.10)$$

mit x_γ als Massenanteil der Komponente γ, und u_γ bzw. h_γ als spezifische innere Energie bzw. spezifische Enthalpie der Komponente γ.[25]

Herleitung
(6.10) ergibt sich aus $mu = U = \sum_\gamma m_\gamma u_\gamma$ bzw. $mh = H = \sum_\gamma m_\gamma h_\gamma$ und Division durch m.

Beispiel 6.1: *Adiabater Überströmprozess mit idealem Gas*
Welche Temperaturänderung $\Delta T = T_2 - T_1$ ergibt sich beim adiabaten Überströmprozess (Bild 1.9) mit einem idealen Gas?
Lösung: Betrachtet man das aus dem Inneren beider Behälter und dem Inneren des Verbindungsrohrs bestehende System, so wird beim Überströmprozess keine Arbeit verrichtet, da ja das Volumen konstant ist. Mit $W_{12} = 0$ und $Q_{12} = 0$ (adiabat!) ergibt sich aus der Energiebilanz (5.32) $U_2 = U_1$ und (wegen $m_2 = m_1$) $u_2 = u_1$. Mit $u = u(T)$ folgt $T_2 = T_1$ oder $\Delta T = 0$. Beim adiabaten Überströmprozess mit einem idealen Gas haben Anfangs- und Endzustand gleiche Temperatur.

---

[25] Bei der analogen Berechnung der (spezifischen) Entropie eines idealen Gasgemisches ist die *Mischungsentropie* zu beachten, siehe Abschnitt 8.4, Beispiel 8.7.

Beispiel 6.2: *Adiabater Drosselprozess mit idealem Gas*
Welche Temperaturänderung $\Delta T = T_2 - T_1$ ergibt sich beim adiabaten Drosselprozess (Bild 5.17) mit einem idealen Gas, wenn kinetische Energie und potentielle Energie vernachlässigbar sind?
Lösung: Mit $h = h(T)$ folgt aus der Erhaltung der spezifischen Enthalpie, vgl. (5.50), dass $T_2 = T_1$ oder $\Delta T = 0$. Unter der Voraussetzung, dass kinetische und potentielle Energien vernachlässigt werden können, sind beim adiabaten Drosselprozess mit einem idealen Gas die Zuström- und Abströmtemperaturen gleich.

Ergänzung: Nichtgleichgewichtszustände
Um Nichtgleichgewichtszustände eines Systems eindeutig festzulegen, wird im Allgemeinen eine größere Anzahl von unabhängigen Zustandsgrößen benötigt als bei Beschränkung auf thermodynamische Gleichgewichtszustände. Entsprechend sind auch die Zustandsgleichungen zu erweitern, vgl. die Bemerkung am Schluss von Abschnitt 3.4. Beispielsweise kann für ein System, in dem eine *chemische Reaktion* abläuft, die kalorische Zustandsgleichung in der Form $u = u(T, v, \xi)$ geschrieben werden, wobei ξ die Reaktionslaufzahl (vgl. Abschnitt 4.2) bedeutet. Im Grenzfall des thermodynamischen Gleichgewichts nimmt die Reaktionslaufzahl ihren Gleichgewichtswert $\xi^* = \xi^*(T, v)$ an, und die Zustandsgleichung reduziert sich wieder auf die der Gleichung (6.1) entsprechende Form. Ein ideal-dissoziierendes Gas wird in der Ergänzung zu Abschnitt 6.3 als Beispiel hierzu behandelt.

6.3 Spezifische Wärmekapazitäten

(1) Für ein einfaches p, v–System mit den kalorischen Zustandsgleichungen $u = u(T, v)$ bzw. $h = h(T, p)$ werden die *isochore spezifische Wärmekapazität* c_v und die *isobare spezifische Wärmekapazität* c_p durch die Gleichungen

$$\boxed{c_v = \left(\frac{\partial u}{\partial T}\right)_v \; ; \quad c_p = \left(\frac{\partial h}{\partial T}\right)_p} \qquad (6.11)$$

definiert. (Physikalische Einheit von c_p und c_v: 1 J/kg K.)

(2) Für die *Differenz* der isobaren und isochoren spezifischen Wärmekapazitäten eines p, v–Systems gilt die Beziehung

$$c_p - c_v = Tv\beta_p^2/\chi_T \geq 0, \qquad (6.12)$$

mit β_p als isobarem Ausdehnungskoeffizienten und χ_T als isothermem Kompressibilitätskoeffizienten.

(3) Das *Verhältnis* der isobaren und isochoren spezifischen Wärmekapazitäten eines p, v–Systems ist niemals kleiner als 1, d.h.,

$$\boxed{c_p/c_v = \kappa \geq 1.} \qquad (6.13)$$

(4) Zwischen dem Verhältnis der isobaren und isochoren spezifischen Wärmekapazitäten einerseits und dem Verhältnis der isothermen und isentropen Kompressibilitätskoeffizienten andererseits besteht die Beziehung

$$c_p/c_v = \chi_T/\chi_s. \qquad (6.14)$$

Herleitung von (6.12) *und* (6.13)
Aus der Enthalpie–Definitionsgleichung $h = u + pv$ folgt $dh = du + pdv + vdp$. Mit $h = h(T, p)$ und $u = u(T, v)$ ergibt sich unter Verwendung von (3.3) und (3.4)

$$(c_p - c_v) dT = T \left[\left(\frac{\partial p}{\partial T} \right)_v dv + v\beta_p dp \right]. \qquad (6.15)$$

Für $v =$ const reduziert sich (6.15) unter Verwendung von $dp = \left(\frac{\partial p}{\partial T} \right)_v dT$ auf

$$c_p - c_v = Tv\beta_p \left(\frac{\partial p}{\partial T} \right)_v. \qquad (6.16)$$

Einsetzen von (3.27) in (6.16) und Beachten der thermodynamischen Stabilitätsbedingung $\chi_T > 0$ (siehe Abschnitt 3.6) liefert (6.12). Umformung der Ungleichung (6.12) ergibt die Ungleichung (6.13).

Herleitung von (6.14)
Einsetzen von (6.11) und (6.3) in (6.6) liefert

$$ds = \frac{c_v}{T} dT + \left(\frac{\partial p}{\partial T} \right)_v dv. \qquad (6.17)$$

Analog kann die Beziehung

$$ds = \frac{c_p}{T} dT - \left(\frac{\partial v}{\partial T} \right)_p dp \qquad (6.18)$$

gewonnen werden. Für $s =$ const müssen die rechten Seiten von (6.18 a,b) gleich null sein, woraus sich

$$\frac{c_p}{c_v} = -\frac{(\partial v/\partial T)_p}{(\partial p/\partial T)_v} \left(\frac{\partial p}{\partial v} \right)_s = \left(\frac{\partial v}{\partial p} \right)_T \left(\frac{\partial p}{\partial v} \right)_s \qquad (6.19)$$

ergibt. Mit den Definitionsgleichungen (3.24) und (3.25) erhält man (6.14).

Beachte:

- Falls Temperatur T und Druck p nicht unabhängig voneinander gewählt werden können, verliert die *isobare* spezifische Wärmekapazität c_p ihren Sinn, da die partielle Ableitung nach T bei festem p nicht gebildet werden kann. Dies ist beispielsweise in einem System, das aus zwei Phasen eines reinen Stoffes besteht, der Fall (vgl. Abschnitt 9.3.2).
- Aus (5.38) bzw. (5.39) und den Definitionsgleichungen (6.11) ergibt sich, dass zwischen Wärmezufuhr (pro Masseneinheit) und Temperaturerhöhung die folgenden Zusammenhänge bestehen:

$$\text{\textit{Isochore} Wärmezufuhr: } d_e q = du = c_v dT; \qquad (6.20)$$

$$\text{\textit{isobare} Wärmezufuhr: } d_e q = dh = c_p dT; \qquad (6.21)$$

(sofern c_p definiert ist, s.o.).

- Aus (6.20) und (6.21) folgt mit (6.12), dass eine bestimmte Temperaturerhöhung in einem isobaren Prozess *mindestens* dieselbe Wärmezufuhr erfordert wie in einem isochoren Prozess.

6.3 Spezifische Wärmekapazitäten

- Für manche Anwendungen (z.B. in der Chemie) ist es vorteilhaft, mit *molaren* Wärmekapazitäten zu rechnen; diese ergeben sich durch Multiplikation der spezifischen Wärmekapazitäten mit der Molmasse.

Sonderfälle

(1) *Dichtemaximum*

Aus (6.12) ergibt sich $c_p = c_v$ bzw. $\kappa = 1$ für $\beta_p = 0$, d.h. für ein Maximum der Dichte (Minimum des spezifischen Volumens) als Funktion der Temperatur bei konstantem Druck. Dieser Zustand tritt für Wasser bei 1 bar und annähernd 4 °C auf.

(2) *Ideale Gase*

Wegen (6.9) folgt

$$c_v = \frac{\mathrm{d}u}{\mathrm{d}T}; \quad c_p = \frac{\mathrm{d}h}{\mathrm{d}T} \tag{6.22}$$

oder

$$\mathrm{d}u = c_v \mathrm{d}T, \quad \mathrm{d}h = c_p \mathrm{d}T. \tag{6.23}$$

Weiters ergibt sich aus (6.12) und den Beziehungen für ideale Gase oder direkt aus $h = u + pv = u + RT$, dass

$$\boxed{c_p - c_v = R = \text{const},} \tag{6.24}$$

wobei c_p und c_v nicht notwendigerweise konstant sind (vgl. Bild 6.1).

(3) *Konstante spezifische Wärmekapazitäten*

Integration von (6.20), (6.21) und (6.23) ergibt für

- ideale Gase oder isochore Zustandsänderungen, jeweils mit $c_v = \text{const}$:

$$\boxed{u_2 - u_1 = c_v(T_2 - T_1);} \tag{6.25}$$

- ideale Gase oder isobare Zustandsänderungen (ohne Phasenumwandlungen), jeweils mit $c_p = \text{const}$:

$$\boxed{h_2 - h_1 = c_p(T_2 - T_1).} \tag{6.26}$$

Beachte: Die Voraussetzung *konstanter* spezifischer Wärmekapazitäten stellt eine Näherung dar, die im Allgemeinen nur für hinreichend kleine Temperaturänderungen gerechtfertigt ist.

Bemerkungen

Die spezifischen Wärmekapazitäten sind thermodynamische Stoffwerte, die aus Tabellen oder Diagrammen zu entnehmen sind (vgl. Tabelle 6.1 und Bild 6.1). Bei festen Körpern und Flüssigkeiten (ausgenommen in der Nähe des kritischen Punktes) unterscheiden sich die Werte für c_p und c_v im Allgemeinen nur wenig voneinander, d.h. $\kappa \approx 1$. Bei Gasen liegen jedoch die c_p-Werte beträchtlich über den c_v-Werten im gleichen Zustand; z.B. findet man für Luft (und andere zweiatomige Gase) bei Zimmertemperatur $\kappa \approx 1{,}4$. Vgl. auch Tabelle 6.2.

6 Kalorische Zustandsgleichungen und spezifische Wärmekapazitäten

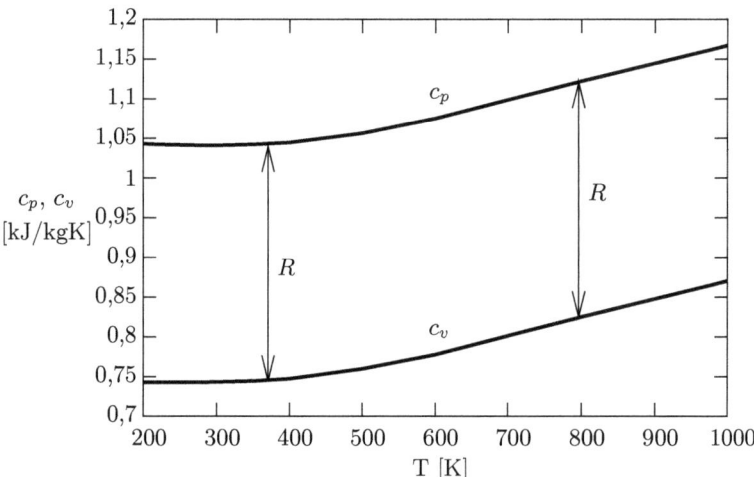

Bild 6.1: Temperaturabhängigkeit der spezifischen Wärmekapazitäten von Stickstoff (nach J. D'Ans und E. Lax).

Tabelle 6.1: Isobare spezifische Wärmekapazitäten ausgewählter Stoffe bei 25 °C und 1 bar (nach W. Blanke)

Stoff	c_p [kJ/kgK]	Stoff	c_p [kJ/kgK]
Aluminium	0,903	Quecksilber	0,14
Argon	0,521	Sauerstoff	0,917
Kupfer	0,386	Stickstoff	1,041
Luft	1,007	Wasser	4,17

Ergänzung: Ergebnisse der kinetischen Gastheorie
Die kinetische Gastheorie liefert die in Tabelle 6.2 angegebenen *konstanten* Werte für die spezifischen Wärmekapazitäten idealer Gase. Bei Temperaturen von der Größenordnung der Zimmertemperatur stimmen die theoretischen Werte für ein- und zweiatomige Gase recht gut mit Messwerten überein. Theoretische Werte für mehratomige Gase (z.B. CO_2, NH_3, H_2O) sind in Tabelle 6.2 nicht angegeben, weil sie wegen der Anregung von Schwingungen der Atome im Molekülverband stark von Messwerten abweichen. Bei höheren Temperaturen führt Schwingungsanregung auch in zweiatomigen Gasen zu einer Temperaturabhängigkeit der spezifischen Wärmekapazitäten (siehe Bild 6.1). Die Differenz $c_p - c_v$ bleibt bei der Schwingungsanregung jedoch gemäß (6.24) konstant, sofern das ideale Gasverhalten nicht durch andere, gleichzeitig auftretende Hochtemperatureffekte (Dissoziation, Ionisation; vgl. Abschnitt 3.4) gestört wird. Andererseits verlieren die Werte der Tabelle 6.2 wegen Quanteneffekten auch bei sehr niedrigen Temperaturen ihre Gültigkeit.

Tabelle 6.2: Ergebnisse der kinetischen Gastheorie für die spezifischen Wärmekapazitäten

	c_v	c_p	κ
1-atomig (He, Ar, Ne)	$\frac{3}{2}R$	$\frac{5}{2}R$	$\frac{5}{3}=1,67$
2-atomig (H_2, O_2, N_2, Luft)	$\frac{5}{2}R$	$\frac{7}{2}R$	$\frac{7}{5}=1,4$

6.3 Spezifische Wärmekapazitäten

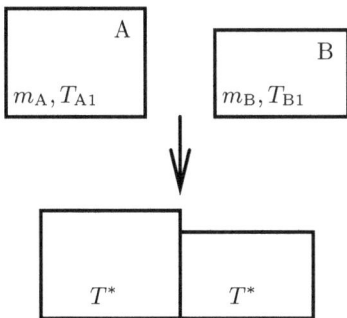

Bild 6.2: Temperaturausgleich zwischen zwei festen Körpern A und B.

Beispiel 6.3: *Temperaturausgleich*
Zwei feste Körper A und B (Massen m_A, m_B; spezifische Wärmekapazitäten $c_{pA}, c_{pB} =$ const) haben im Ausgangszustand 1 verschiedene, im jeweiligen Körper jedoch einheitliche Temperaturen T_{A1} bzw. T_{B1}, vgl. Bild 6.2. Wenn die Körper in Kontakt gebracht werden, findet ein Temperaturausgleich zwischen den Körpern statt. Welche Temperatur T^* stellt sich im thermischen Gleichgewichtszustand ein, wenn der Wärmeaustausch mit der Umgebung vernachlässigbar ist?
Lösung: Der Prozess ist isobar, so dass die (allerdings sehr kleine) Volumenänderungsarbeit durch Verwendung der Enthalpie berücksichtigt werden kann (vgl. Beispiel 5.6). Aus der Energiebilanz $(H_{A2} + H_{B2}) - (H_{A1} + H_{B1}) = 0$ folgt

$$m_A c_{pA}(T^* - T_{A1}) + m_B c_{pB}(T^* - T_{B1}) = 0,$$

woraus sich

$$T^* = \frac{m_A c_{pA} T_{A1} + m_B c_{pB} T_{B1}}{m_A c_{pA} + m_B c_{pB}} \qquad (6.27)$$

ergibt. Da $m c_p$ die (gesamte, nicht: spezifische) Wärmekapazität eines Körpers mit der Masse m darstellt, ist T^* der mit den Wärmekapazitäten der beteiligten Körper gewichtete, arithmetische Mittelwert der Anfangstemperaturen.

Ergänzung: Temperaturausgleich mit Phasenumwandlungen
Falls die nach (6.27) berechnete Temperatur T^* größer als die Schmelztemperatur T_m eines der beiden Körper (sagen wir: des Körpers B) ist, muss in der Energiebilanz die Schmelzenthalpie dieses Körpers berücksichtigt werden. Außerdem ist darauf zu achten, dass die spezifischen Wärmekapazitäten eines Stoffes im festen bzw. flüssigen Zustand merklich verschieden sein können. Die Energiebilanz lautet in diesem Fall

$$m_A c_{pA}(T^* - T_{A1}) + m_B [c_{pB\text{flüssig}}(T^* - T_m) + l_B + c_{pB\text{fest}}(T_m - T_{B1})] = 0.$$

Beim Temperaturausgleich zwischen einem festen Körper und einer Flüssigkeit kann Erstarren der Flüssigkeit ohne oder mit Schmelzen des festen Körpers auftreten. Die Energiebilanz ist entsprechend zu verallgemeinern.

Beispiel 6.4: *Tauchsieder*
Eine Flüssigkeit (z.B. Wasser) wird mittels eines elektrischen Widerstands von der Temperatur ϑ_1 (10 °C) auf die Temperatur ϑ_2 (90 °C) erwärmt (Bild 6.3). Die Flüssigkeitsmasse m_F sei gegeben (2 kg), ebenso die elektrische Leistung $\dot{W}_{el}$ (500 W). Die

84   6 Kalorische Zustandsgleichungen und spezifische Wärmekapazitäten

spezifische Wärmekapazität der Flüssigkeit kann einer Tabelle entnommen werden (c_{pF} = 4,192 kJ/kg K bei 10 °C, c_{pF} = 4,205 kJ/kg K bei 90 °C).

a) Unter welcher Voraussetzung kann die Enthalpie des elektrischen Widerstands in der Energiebilanz unberücksichtigt bleiben?

b) Welche Zeit t_{12} nimmt der Prozess in Anspruch?

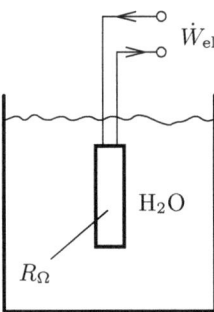

Bild 6.3: Erwärmen einer Flüssigkeit (z.B. Wasser) mittels eines elektrischen Widerstandes (Tauchsieders).

Lösung:

a) Die Enthalpieänderung des elektrischen Widerstands kann in der Energiebilanz vernachlässigt werden, wenn die Wärmekapazität des Widerstands sehr klein gegen die Wärmekapazität der Flüssigkeit ist, d.h. wenn $m_W c_{pW} \ll m_F c_{pF}$, mit m_W und c_{pW} als Masse bzw. spezifischer Wärmekapazität des Widerstands.

b) Im gegebenen Temperaturbereich kann näherungsweise mit einem konstanten, mittleren Wert von c_{pF} gerechnet werden ($c_{pF} \approx$ 4,2 kJ/kg K). Aus der Energiebilanz für isobare Zustandsänderung folgt

$$\dot{W}_{el} t_{12} = H_2 - H_1 = m_F c_{pF}(\vartheta_2 - \vartheta_1).$$

Hieraus lässt sich t_{12} leicht berechnen (t_{12} = 1340 s = 22 min 20 s).

Beispiel 6.5: *Reversible Adiabate (Isentrope) eines idealen Gases*
Welche Zusammenhänge bestehen zwischen jeweils zwei der drei Zustandsgrößen p, v und T für eine reversibel–adiabate (isentrope) Volumenänderung (Bild 5.3) eines idealen Gasen (mit veränderlichen bzw. konstanten spezifischen Wärmekapazitäten)?

Lösung: Mit (6.23), (3.2) und (6.24) folgt aus der Energiebilanz $du = -pdv$:

$$\frac{dp}{p} = -\kappa \frac{dv}{v}; \tag{6.28a}$$

$$\frac{dT}{T} = -(\kappa - 1)\frac{dv}{v}; \tag{6.28b}$$

6.3 Spezifische Wärmekapazitäten

$$\frac{dT}{T} = \frac{\kappa - 1}{\kappa} \frac{dp}{p}, \tag{6.28c}$$

mit $\kappa = c_p/c_v$ als Verhältnis der (nicht notwendigerweise konstanten) spezifischen Wärmekapazitäten. Speziell für κ = const liefert die Integration der Gleichungen (6.28a, b, c):

$$pv^\kappa = \text{const}; \tag{6.29a}$$

$$Tv^{\kappa-1} = \text{const}; \tag{6.29b}$$

$$Tp^{-\frac{\kappa-1}{\kappa}} = \text{const}. \tag{6.29c}$$

Wegen $\kappa > 1$ verläuft die Isentrope eines idealen Gases im p, v–Diagramm steiler als die Isotherme, vgl. Bild 6.4.

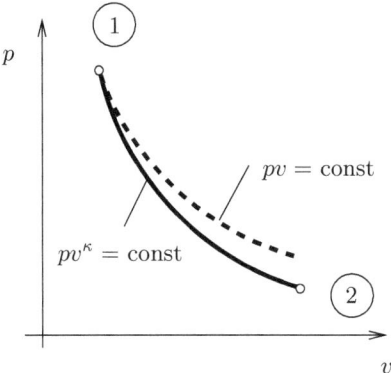

Bild 6.4: Isotherme (pv = const) und Isentrope (pv^κ = const) eines idealen Gases mit konstanten spezifischen Wärmekapazitäten.

Ergänzung: Polytrope
Beziehungen von der Form (6.29a) werden manchmal auch zur näherungsweisen Beschreibung nicht–isentroper Zustandsänderungen verwendet, wobei κ durch eine empirische Konstante n ersetzt wird. Eine Zustandsänderung, die der Gleichung pv^n = const genügt, wird *Polytrope* genannt; n heißt der Polytropenexponent (vgl. die Lösung zu Aufgabe 5.3).

Beispiel 6.6: *Temperatursprung in Rohrleitung*
Durch eine Rohrleitung konstanten Querschnitts strömt eine Flüssigkeit mit der Geschwindigkeit v. An einer bestimmten Stelle („Front") ändert sich die Temperatur von Flüssigkeit und Rohrwand unstetig vom Wert T auf den Wert $\widehat{T} \neq T$, mit T = const und $\widehat{T}$ = const vor bzw. hinter der Front (Bild 6.5). Dichteänderungen von Flüssigkeit und Rohrwand, Wärmeverluste an die Umgebung sowie kinetische und potentielle Energieänderungen seien vernachlässigbar. Mit welcher Geschwindigkeit $\bar{v}$ breitet sich die Front aus? (Dieses Problem tritt beispielsweise auf, wenn Heißwasser in eine mit Kaltwasser gefüllte Rohrleitung strömt.)

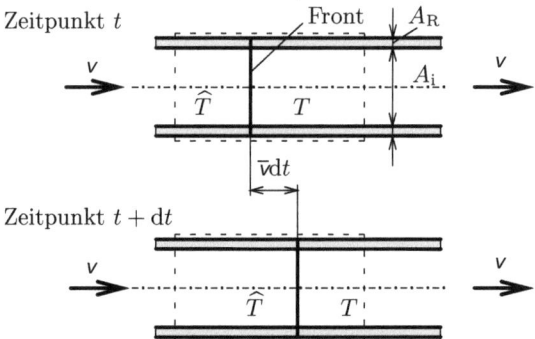

Bild 6.5: Fortschreiten eines Temperatursprungs in einer Rohrströmung (Strömungsgeschwindigkeit v, Frontgeschwindigkeit $\overline{v}$).

Lösung: Beim Fortschreiten der Front ändert sich die Temperatur der Rohrwand durch Wärmeaustausch zwischen Flüssigkeit und Wand. Um dies in der Energiebilanz berücksichtigen zu können, muss die Systemgrenze die Rohrwand einschließen (Bild 6.5, strichlierte Linie). Wählt man eine mit dem Rohr fest verbundene Systemgrenze, so entsteht ein offenes System, dessen innere Energie sich mit fortschreitender Front ändert (instationärer Prozess). Die Energiebilanz entsprechend (5.45) ergibt daher

$$\overline{v}(A_R \rho_R c_{vR} + A_i \rho_F c_{vF})(\widehat{T} - T) = v A_i \rho_F c_{pF}(\widehat{T} - T);$$

dabei bedeuten A_R und A_i die Flächeninhalte des Rohrwand-Querschnitts bzw. des inneren („lichten") Rohrquerschnitts, während die Indizes R und F bei den Stoffwerten auf Rohr bzw. Flüssigkeit verweisen. Für feste Körper und Flüssigkeiten kann näherungsweise $c_v = c_p$ gesetzt werden. Damit ergibt sich

$$\overline{v} = \frac{v}{1+K} < v, \qquad (6.30\text{a})$$

wobei

$$K = \frac{A_R \rho_R c_{pR}}{A_i \rho_F c_{pF}}. \qquad (6.30\text{b})$$

K stellt das Vehältnis der Wärmekapazitäten von Rohr und Flüssigkeit dar. Für Wasser in einem Flussstahlrohr mit 15 mm Nenndurchmesser erhält man mit bekannten Stoffwerten $K = 0{,}58$ und $\overline{v} = 0{,}63\, v$; d.h., die Frontgeschwindigkeit beträgt nur rund 60% der Strömungsgeschwindigkeit.

Beispiel 6.7: *Füllen eines Kessels aus der Atmosphäre*
Ein Kessel (Rauminhalt V_K) ist im Ausgangszustand 1 vollständig evakuiert (Druck $p_{K1} = 0$, Dichte $\rho_{K1} = 0$). (Betreffend Füllen eines unvollständig evakuierten Kessels siehe Aufgabe 6.30.) Nach dem Öffnen eines Ventils strömt Luft aus der ruhenden Atmosphäre (Druck p_A, Dichte ρ_A, Temperatur T_A) in den Kessel ein, bis sich ein mechanischer Gleichgewichtszustand 2 ($p_{K2} = p_A$) eingestellt hat (Bild 6.6). Der Wärmeaustausch zwischen der Luft im Kessel und der Umgebung sei während des Füllprozesses vernachlässigbar. Welche Temperatur T_{K2} herrscht in dem Kessel im Zustand 2, und welche Dichte ρ_{K2} hat die Luft?

6.3 Spezifische Wärmekapazitäten

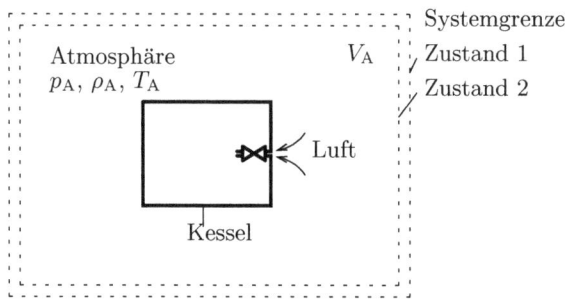

Bild 6.6: Füllen eines Vakuum–Kessels mit Atmosphärenluft.

Lösung: Wie in Abschnitt 1.5, Beispiel 1.2 ausgeführt, ist es vorteilhaft, die Systemgrenze in sehr große Entfernung vom Kessel zu legen, so dass an der Systemgrenze der ungestörte Atmosphärendruck p_A herrscht. Weiters wählen wir eine massenfeste Systemgrenze, die ein geschlossenes System einschließt (Bild 6.6). Beim Einströmen der Luft mit der Masse $V_K \rho_{K2}$ in den Kessel verringert sich das Volumen des Systems von V_{A1} auf V_{A2}, wobei $(V_{A1} - V_{A2})\rho_A = V_K \rho_{K2}$ (Massenerhaltung!). Dabei wird die Volumenänderungsarbeit $p_A(V_{A1} - V_{A2})$ verrichtet. Sie führt zu einer entsprechenden Zunahme der inneren Energie des Systems. Vernachlässigt man innere Reibung und Wärmeleitung beim Zuströmen zum Ventil, so unterscheidet sich der Ruhestand 2 der Luft außerhalb des Kessels nicht vom Ruhezustand 1, und nur die aus der Atmosphäre in den Kessel eingeströmte Luft ändert ihre innere Energie. Die Energiebilanz (5.32) liefert daher unter Verwendung von (6.25) für Luft als ideales Gas mit konstanten spezifischen Wärmekapazitäten

$$V_K \rho_{K2} c_v (T_{K2} - T_A) = p_A(V_{A1} - V_{A2}) = p_A V_K \rho_{K2}/\rho_A,$$

so dass sich mit der idealen Gasgleichung (3.2) und (6.24)

$$c_v(T_{K2} - T_A) = p_A/\rho_A = (c_p - c_v)T_A$$

ergibt. Hieraus folgt

$$T_{K2} = \kappa T_A, \quad \rho_{K2} = \rho_A/\kappa. \tag{6.31}$$

Mit $\kappa = 1,4$ zeigt dieses Ergebnis, dass die absolute Temperatur im Kessel nach Beendigung des Füllvorgangs 40% höher als die absolute Temperatur der Atmosphäre ist, während die Dichte umgekehrt proportional zur Temperaturänderung abgenommen hat. Es ist bemerkenswert, dass dieses Ergebnis unabhängig vom Atmosphärendruck ist.

Bemerkung zu Beispiel 6.7
Bleibt nach Beendigung des Füllvorgangs das Ventil geöffnet, so stellt der (durch den Druckausgleich charakterisierte) mechanische Gleichgewichtszustand noch nicht den Endzustand dar. Dem Füllvorgang folgt ein im Allgemeinen wesentlich langsamer verlaufender Wärmeübertragungsprozess, der schließlich zum Temperaturausgleich zwischen Kessel und Atmosphäre führt. Das gesamte System befindet sich dann im thermodynamischen Gleichgewichtszustand.

Beispiel 6.8: *Isobare Raumheizung*

Die Lufttemperatur in einem Wohnraum (Volumen V), der mit der Atmosphäre (Druck p_A) durch kleine Öffnungen (Türspalt, Fensterspalt etc.) verbunden ist, wird mittels elektrischer Widerstandsheizung von T_1 auf T_2 ($T_2 > T_1$) erhöht (Bild 6.7). Wärmeverluste durch die Wände seien ebenso vernachlässigbar wie die Wärmekapazität des Heizkörpers.

a) Welche Verschiebearbeit wird bei diesem Prozess verrichtet?

b) Wieviel elektrische Energie wird benötigt?

c) Welcher Anteil der zugeführten elektrischen Energie wird im Raum gespeichert, welcher Anteil geht an die Atmosphäre verloren?

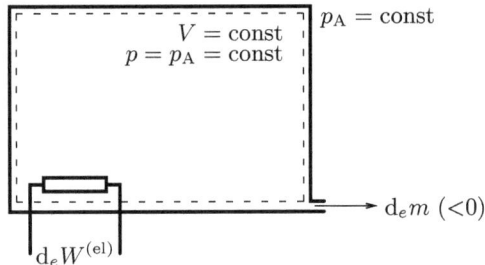

Bild 6.7: Isobare Raumheizung.

Lösung:

a) Bei Raumheizungen verlaufen die Zustandsänderungen in der Regel so langsam, dass sie als quasistatisch und – wegen der Öffnungen – als isobar ($p = p_A =$ const) angenommen werden können. Die üblichen, relativ kleinen Temperaturänderungen berechtigen ferner dazu, die Luft als ideales Gas mit konstanten spezifischen Wärmekapazitäten zu behandeln. Die im Raum befindliche Luftmasse

$$m = \frac{p_A V}{RT}$$

ändert sich dann mit der Temperatur entsprechend der Beziehung

$$dm = -\frac{p_A V}{RT^2} dT.$$

Aus der Massenbilanz folgt $dm = d_e m$, so dass man für die Verschiebearbeit $d_e W^{(V)} = pv d_e m = -p_A V T^{-1} dT$ erhält, woraus sich durch Integration

$$W_{12}^{(V)} = -p_A V \ln \frac{T_2}{T_1} \qquad (6.32)$$

ergibt.

b) Da sich der Zustand der aus dem Raum entweichenden Luft während des Prozesses laufend ändert, wird die Energiebilanz für das offene System in Differentialform angeschrieben und anschließend integriert. Mit den Beziehungen für ideale Gase erhält man zunächst

6.3 Spezifische Wärmekapazitäten

$$d_e W^{(el)} = dU - d_e^{(m)} H = m du + u dm - (u + pv) dm =$$
$$= m c_v dT - (c_p - c_v) T dm = \frac{\kappa}{\kappa - 1} p_A V \frac{dT}{T}$$

und nach Integration für $\kappa = $ const:

$$W_{12}^{(el)} = \frac{\kappa}{\kappa - 1} p_A V \ln \frac{T_2}{T_1}. \tag{6.33}$$

Bliebe der Raum während des Heizvorgangs geschlossen, so würde sich ein anderer Wert für die benötigte elektrische Energie ergeben; vgl. Aufgabe 6.1.

c) Der im Raum verbleibende Anteil von $W_{12}^{(el)}$ ist gleich der Änderung der inneren Energie der Raumluft, $U_2 - U_1$. Da aber die spezifische innere Energie u eine unbestimmte Konstante enthält (siehe Abschnitt 5.2.2), folgt aus $dU = m du + u dm$, dass dU und daher auch $U_2 - U_1$ unbestimmt sind.

Diese Unbestimmtheit lässt sich durch Hinzunahme von mikroskopischen Beziehungen beheben. Die kinetische Gastheorie liefert für ideale Gase konstanter spezifischer Wärmekapazitäten die Beziehung $u = c_v T$. Hieraus ergibt sich

$$U = m u = \frac{p_A V}{\kappa - 1} = \text{const.} \tag{6.34}$$

Dementsprechend geht die zugeführte elektrische Energie *zur Gänze* an die Atmosphäre verloren.

Beispiel 6.9: *Teilprozesse eines Überströmprozesses*
Zwischen zwei Behältern A und B (Volumina V_A, V_B) befindet sich eine adiabate Wand mit einer sehr kleinen Öffnung (Bild 6.8). Im Anfangszustand (bei geschlossener Öffnung) befindet sich in beiden Behältern das gleiche ideale Gas (konstante spezifische Wärmekapazitäten) mit gleicher Temperatur T_1, jedoch unterschiedlichen Drücken p_{A1} und p_{B1} ($p_{B1} < p_{A1}$). Zu bestimmen sind die Zustandsänderungen in beiden Behältern bis zum Erreichen des thermodynamischen Gleichgewichtszustands.

Hinweise: Die Öffnung sei hinreichend klein, um quasistatische Zustandsänderungen im Inneren der beiden Behälter voraussetzen zu können. Außerdem kann für übliche Druckdifferenzen $p_{A1} - p_{B1}$ (z.B. von der Größenordnung 1 bar) angenommen werden, dass der Druckausgleich zufolge Strömung des Gases wesentlich rascher erfolgt als der Temperaturausgleich zufolge Wärmeleitung im Gas. Auf Grund der Strömungsvorgänge im Behälter B kann auch gute Durchmischung, also annähernd homogener Zustand, in B vorausgesetzt werden.

Lösung: Vgl. Bild 6.9.

Teilprozess $1 \to 2$: *Druckausgleich.* Vernachlässigt man innere Reibung und Wärmeleitung beim Zuströmen zur Öffnung, so kann die Zustandsänderung im Behälter A als reversibel–adiabat, also *isentrop* angenommen werden. Daher gilt $T_A/T_1 = (p_A/p_{A1})^{(\kappa-1)/\kappa}$ und $m_A/m_{A1} = v_{A1}/v_A = (p_A/p_{A1})^{1/\kappa}$. Die Zustandsänderung im Behälter B ist jedoch wegen des irreversiblen Mischens des einströmenden Gases mit dem im Behälter befindlichen Gas nicht isentrop. Aus Massen- und Energiebilanzen für das Gesamtsystem A+B ergibt sich $m_B = m_{B1} + m_{A1}[1 - (p_A/p_{A1})^{1/\kappa}]$ und $m_B T_B = m_{B1} T_1 + m_{A1} T_1 [1 - (p_A/p_{A1})]$, woraus T_B/T_1 als Funktion von p_A/p_{A1} berechnet werden kann. Mit der idealen Gasgleichung folgt $p_B/p_{B1} = 1 + (m_{A1}/m_{B1})(1 - p_A/p_{A1})$. Druckausgleich ist mit

$$p_{A2} = p_{B2} = p_2 = (m_{A1} + m_{B1})[(m_{A1}/p_{A1}) + (m_{B1}/p_{B1})]^{-1} =$$
$$= (V_A p_{A1} + V_B p_{B1})(V_A + V_B)^{-1}$$

erreicht.

Teilprozess $2 \to 3$: *Temperaturausgleich.* Unter Verwendung der idealen Gasgleichung mit $p_A = p_B = p$ folgt aus der Energiebilanz für das Gesamtsystem $p = p_2 =$ const. Die Massenbilanz liefert $V_A(v_{A2}^{-1} - v_A^{-1}) = V_B(v_B^{-1} - v_{B2}^{-1})$ als Beziehung zwischen den spezifischen Volumina v_A und v_B, woraus sich wegen $p = $ const eine analoge Beziehung zwischen T_A und T_B ergibt. Der thermodynamische Gleichgewichtszustand 3 ist erreicht, wenn $T_A = T_B = T_3$. Einsetzen der obigen Ergebnisse liefert $T_3 = T_1$; das ist das bekannte Ergebnis (Abschnitt 6.2, Beispiel 6.1) für den Überströmprozess mit einem idealen Gas.

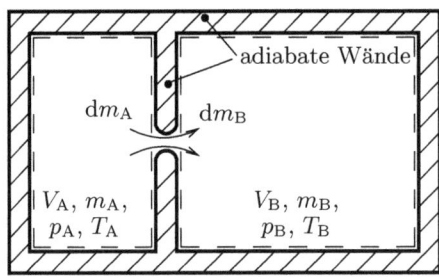

Bild 6.8: Durch kleine Öffnung verbundene Gasbehälter A und B.

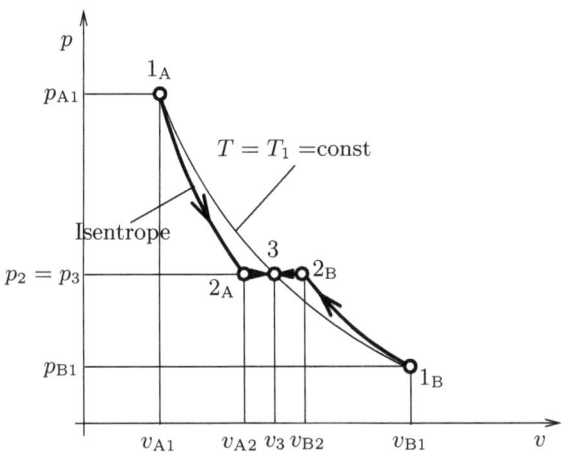

Bild 6.9: Quasistatische Zustandsänderungen in den Behältern A bzw. B beim Überströmprozess entsprechend Bild 6.8 (Parameter: $p_{A1}/p_{B1} = 2V_A/V_B = 3{,}7$).

Beispiel 6.10: *Stationärer, adiabater Kompressionsprozess*
Ein ideales Gas mit konstanten spezifischen Wärmekapazitäten wird in einem Kom-

6.3 Spezifische Wärmekapazitäten

pressor adiabat verdichtet (Bild 6.10). Ausgangszustand p_1, T_1 und Enddruck p_2 sind gegeben, und die benötigten Stoffwerte sind bekannt.

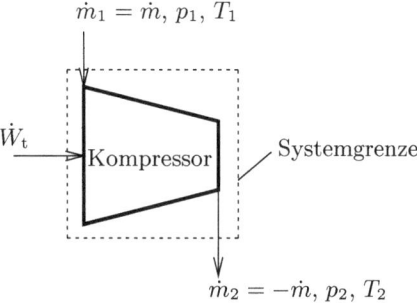

Bild 6.10: Stationärer, adiabater Kompressionsprozess.

a) Welchen Wert hat T_2, wenn ein reversibler Prozess angenommen werden kann?
b) Welche technische Arbeit pro Zeit (Leistung) wird benötigt, um den Kompressor stationär mit dem Massenstrom $\dot{m}$ zu betreiben?

Lösung:

a) Da der Prozess reversibel und adiabat ist, können die Isentropengleichungen angewandt werden. Aus (6.29c) ergibt sich

$$T_2 = T_1 \left(\frac{p_2}{p_1}\right)^{\frac{\kappa-1}{\kappa}}. \tag{6.35}$$

b) Unter Vernachlässigung potentieller und kinetischer Energien folgt aus der Energiebilanz (5.45) für einen stationären, adiabaten Prozess

$$\dot{W}_\text{t} = \dot{m}(h_2 - h_1), \tag{6.36}$$

woraus sich für ein ideales Gas mit konstanten spezifischen Wärmekapazitäten

$$\dot{W}_\text{t} = \dot{m} c_p (T_2 - T_1) \tag{6.37}$$

ergibt.[26]

Ergänzung: Spezifische Wärmekapazitäten für Nichtgleichgewichtszustände
Für chemische Reaktionen im thermodynamischen Nichtgleichgewicht folgt aus der Zustandsgleichung $u = u(T, v, \xi)$ (vgl. *Ergänzung* zu Abschnitt 6.2) das vollständige Differential

$$du = \left(\frac{\partial u}{\partial T}\right)_{v,\xi} dT + \left(\frac{\partial u}{\partial v}\right)_{T,\xi} dv + \left(\frac{\partial u}{\partial \xi}\right)_{T,v} d\xi. \tag{6.38}$$

Der Koeffizient

$$c_{v,\xi} = \left(\frac{\partial u}{\partial T}\right)_{v,\xi} \tag{6.39}$$

---

[26] Betreffend nicht-adiabater Kompression (Verdichtung), Berücksichtigung der kinetischen Energie und anderer Verallgemeinerungen siehe Abschn. 12.1.

stellt die isochore spezifische Wärmekapazität bei konstantem ξ (d.h. bei „*eingefrorener*" Reaktion) dar. Hiervon zu unterscheiden ist die isochore spezifische Wärmekapazität für thermodynamisches Gleichgewicht, die sich mit $u = u(T, v, \xi^*(T, v))$ aus (6.11) ergibt.

Analog ergibt sich für die spezifische Enthalpie $h = h(T, p, \xi)$ das vollständige Differential

$$dh = \left(\frac{\partial h}{\partial T}\right)_{p,\xi} dT + \left(\frac{\partial h}{\partial p}\right)_{T,\xi} dp + \left(\frac{\partial h}{\partial \xi}\right)_{T,p} d\xi \qquad (6.40)$$

mit der eingefrorenen isobaren spezifischen Wärmekapazität

$$c_{p,\xi} = \left(\frac{\partial h}{\partial T}\right)_{p,\xi}. \qquad (6.41)$$

Ein Beispiel für ein System mit eingefrorener chemischer Reaktion ist ein Gemisch aus Stickstoff und Wasserstoff *ohne* Katalysator, vgl. Abschnitt 4.2, Beispiel 4.1.

Für ein ideales Gasgemisch verschwinden die Koeffizienten $(\partial u/\partial v)_{T,\xi}$ und $(\partial h/\partial p)_{T,\xi}$ in (6.38) bzw. (6.40). Als Beispiel sei ein *ideal-dissoziierendes Gas* (Abschnitt 3.4.1) betrachtet. Seine kalorische Zustandsgleichung ist durch

$$u = R_2\left[3T - (1 - x_1)T_d\right] \qquad (6.42)$$

gegeben. Der Dissoziationsgrad x_1 entspricht, abgesehen von konstanten Koeffizienten, der Reaktionslaufzahl ξ. Aus (6.42) folgt

$$du = 3R_2 dT + R_2 T_d dx_1. \qquad (6.43)$$

Vergleicht man mit (6.38) und (6.39), so ergibt sich die isochore spezifische Wärmekapazität bei eingefrorener Dissoziation zu

$$c_{v,x_1} = \left(\frac{\partial u}{\partial T}\right)_{v,x_1} = 3R_2. \qquad (6.44)$$

Weiters erhält man aus (6.43) für die Dissoziationsenergie pro Masseneinheit die Beziehung

$$r_d = \left(\frac{\partial u}{\partial x_1}\right)_{T,v} = R_2 T_d; \qquad (6.45)$$

vgl. die Fußnote zu (3.18), Abschnitt 3.4.1.

6.4 Joule–Thomson–Koeffizient

(1) Unter der Voraussetzung, dass kinetische Energie und potentielle Energie vernachlässigbar sind, wird die Temperaturänderung beim adiabaten Drosselprozess mit (realen) Gasen oder Dämpfen durch den *Joule–Thomson–Koeffizienten* $(\partial T/\partial p)_h$ beschrieben.

6.4 Joule–Thomson–Koeffizient

(2) Für gegebene kalorische Zustandsgleichung $h = h(T, p)$ lässt sich der Joule–Thomson–Koeffizient aus

$$\left(\frac{\partial T}{\partial p}\right)_h = -\frac{\left(\frac{\partial h}{\partial p}\right)_T}{\left(\frac{\partial h}{\partial T}\right)_p} = -\frac{1}{c_p}\left(\frac{\partial h}{\partial p}\right)_T \tag{6.46}$$

berechnen.

Bemerkungen
(6.46) folgt aus dem vollständigen (totalen) Differential

$$dh = \left(\frac{\partial h}{\partial T}\right)_p dT + \left(\frac{\partial h}{\partial p}\right)_T dp \tag{6.47}$$

mit $dh = 0$ und der Definitionsgleichung (6.11) für die isobare spezifische Wärmekapazität c_p. Bezüglich des Zusammenhangs von $(\partial h/\partial p)_T$ mit thermischen Zustandsgrößen siehe (6.4).

Sonderfall: Ideales Gas
Mit $h = h(T)$ ergibt sich aus (6.46)

$$\left(\frac{\partial T}{\partial p}\right)_h = 0 \tag{6.48}$$

in Übereinstimmung mit dem Ergebnis von Beispiel 6.2.

Beachte:

- Wenn sich der Joule–Thomson–Koeffizient mit dem Zustand nur wenig ändert, kann der Differentialquotient $(\partial T/\partial p)_h$ näherungsweise durch den Differenzenquotienten $(\Delta T/\Delta p)_h$ ersetzt werden.

Tabelle 6.3: Joule-Thomson-Koeffizienten ausgewählter Stoffe bei 1,01325 bar und 0 °C (nach R.H. Perry, D.W. Green & J.O. Maloney)

Stoff	$(\partial T/\partial p)_h$ [K/bar]
Argon	0,431
Helium	-0,062
Stickstoff	0,266
Luft	0,275

Beispiel 6.11: *Drosselprozess mit Luft*
Für den Joule–Thomson–Koeffizienten von Luft ergibt sich bei Drücken in der Größenordnung von 1 bar die folgende, vom Druck unabhängige, empirische Beziehung:

$$\left(\frac{\partial T}{\partial p}\right)_h = C\left(\frac{T_0}{T}\right)^2, \quad C = 0{,}275 \,\frac{\text{K}}{\text{bar}}, \quad T_0 = 273 \text{ K}. \tag{6.49}$$

94   6 Kalorische Zustandsgleichungen und spezifische Wärmekapazitäten

Wie groß ist die Temperaturänderung beim Drosseln von $T_1 = 293$ K, $p_1 = 1{,}7$ bar auf $p_2 = 0{,}8$ bar?

Lösung: Aus $(\Delta T/\Delta p)_h \approx C(T_0/T_1)^2 = 0{,}24$ K/bar folgt $T_2 - T_1 \approx 0{,}24 \cdot (-0{,}9)$ K $\approx -0{,}2$ K. Diese relativ kleine Temperaturänderung rechtfertigt nachträglich den Ersatz des Differentialquotienten durch den Differenzenquotienten.

6.5   Oberflächen

Für die Oberfläche einer chemisch reinen Flüssigkeit gelten im thermodynamischen Gleichgewichtszustand die folgenden Beziehungen für die innere Energie U, die auf die Flächeneinheit bezogene innere Energie, u_σ, und die auf die Flächeneinheit bezogene Wärmekapazität, c_σ:

$$\left(\frac{\partial U}{\partial A}\right)_T = u_\sigma = \sigma - T\frac{d\sigma}{dT}. \tag{6.50}$$

$$\left(\frac{\partial U}{\partial T}\right)_A = Ac_\sigma\,; \tag{6.51a}$$

$$c_\sigma = \frac{du_\sigma}{dT} = -T\frac{d^2\sigma}{dT^2}. \tag{6.51b}$$

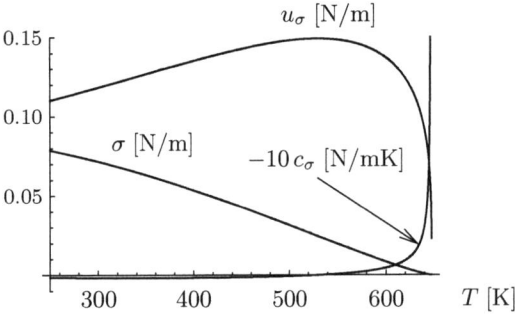

Bild 6.11: Oberflächen-Zustandsgrößen für Wasser (nach NBS/NRC-Wasserdampftafeln 1988)

Beachte:

- Aus $\sigma = \sigma(T)$ (vgl. Abschnitt 5.1.3) folgt $u_\sigma = u_\sigma(T)$ und $c_\sigma = c_\sigma(T)$, siehe z.B. Bild 6.11.

- (6.50) ist analog zu (6.3); auch die Herleitung erfolgt analog unter Verwendung der Gibbs'schen Fundamentalgleichung (8.11a).

- Da sich im kritischen Punkt (siehe Abschnitt 9.3.2) die beiden Phasen nicht voneinander unterscheiden, gilt $\sigma = 0$ und $u_\sigma = 0$ für $T = T_K$, mit T_K als kritischer Temperatur. Aus (6.50) folgt $d\sigma/dT = 0$ für $T = T_K$.

6.5 Oberflächen   95

- Die Definitionsgleichung (6.51a) ist analog zur ersten Gleichung von (6.11). Physikalische Einheit von c_σ: 1 J/m²K.

- Integriert man (6.50) unter Beachtung von $u_\sigma = u_\sigma(T)$, so tritt eine unbestimmte Funktion von T auf, die wegen (6.51a) und (6.51b) eine Konstante sein muss. Man erhält $U = Au_\sigma + \text{const}$, woraus sich die Beziehung

$$U_2 - U_1 = A_2 u_{\sigma 2} - A_1 u_{\sigma 1} \tag{6.52}$$

ergibt.

- Während auf Grund des zweiten Hauptsatzes positive Werte von $d\sigma/dT$ ausgeschlossen sind (vgl. Abschnitt 8.6.3), sind für du_σ/dT abhängig vom Stoff und vom Temperaturbereich sowohl positive als auch negative Werte gemessen bzw. berechnet worden. Letztere Werte ergeben nach (6.51b) auch negative Wärmekapazitäten der Oberfläche (siehe Bild 6.11). Dies würde zu Instabilitäten, z.B. einer Verstärkung von Temperaturstörungen, führen. Allerdings ist zu berücksichtigen, dass nicht nur die Oberfläche, sondern auch die Flüssigkeit selbst eine Wärmekapazität hat. Abschätzungen zeigen, dass Filmdicken δ von der Größenordung eines Moleküldurchmessers ausreichen, um in Summe eine positive Wärmekapazität, d.i. $2c_\sigma + \rho c_v \delta > 0$ (mit ρ als Dichte und c_v als isochorer spezifischer Wärmekapazität der Flüssigkeit) zu ergeben. Außerdem ist zu beachten, dass die Oberfläche der Flüssigkeit mit dem angrenzenden Dampf im (lokalen) thermischen Gleichgewicht zu sein hat. Eine Oberfläche sollte daher nicht als ein *autonomes* thermodynamisches System betrachtet werden.

Beispiel 6.12: *Adiabate Oberflächenänderungen von Flüssigkeitsfilmen*
Ein ebener Flüssigkeitsfilm (Masse m) ist in einem rechteckigen Drahtrahmen mit einem reibungsfrei beweglichen Seitenteil (Länge L) aufgespannt (siehe Bild zu Frage 5.6). Der Flüssigkeitsfilm ist von einem Gas umgeben, das keinen Einfluss auf die Eigenschaften der Oberfläche (Grenzfläche) des Films hat. Wärmeübertragung zwischen Film und Umgebung sei vernachlässigbar, Phasenumwandlungen (Kondensation, Verdampfung) sind auszuschließen. Betrachtet werden Änderungen der Oberfläche A des Flüssigkeitsfilms unter zwei verschiedenen Bedingungen.

a) Die Zustandsänderung sei *quasistatisch*. Die Temperaturänderung des Films ist zu bestimmen.

b) Ausgehend von einem thermodynamischen Gleichgewichtszustand 1 (Oberfläche A_1, Temperatur T_1) wird die Kraft, die auf die bewegliche Seite des Rahmens wirkt (siehe Bild zu Frage 5.6), plötzlich von F_1 auf den zeitlich unveränderlichen Wert F_2 erhöht. Die Zustandsänderung ist daher *nicht-statisch*. Welche Temperatur T_2 und welche Oberfläche A_2 hat der Film, nachdem sich ein neuer thermodynamischer Gleichgewichtszustand 2 eingestellt hat?

Lösung:

a) Abgesehen von Zuständen in der Nähe des kritischen Punktes ändert sich die Dichte der Flüssigkeit nur geringfügig, so dass die Volumenänderung und die Volumenänderungsarbeit vernachlässigt werden können. Aus dem ersten Hauptsatz folgt $dU = \sigma dA$. Für dU kann unter Verwendung von (6.50) und (6.51a,b)

$$dU = (\sigma - T\,d\sigma/dT)\,dA + (mc_v + Ac_\sigma)\,dT$$

eingesetzt werden. Man erhält

$$dT = \frac{d\sigma}{dT}\frac{T\,dA}{mc_v + Ac_\sigma}. \tag{6.53}$$

Für eine endlich große Änderung der Oberfläche ist die Differentialbeziehung (6.53) unter Beachtung der Temperaturabhängigkeit von σ, c_σ und c_v zu integrieren. Sieht man von extrem dünnen Filmen ab, kann i. a. der Term Ac_σ gegen mc_v vernachlässigt werden, und man erhält für die Temperaturänderung die implizite Darstellung

$$m\int_{T_1}^{T_2} \frac{c_v dT}{T d\sigma/dT} = A_2 - A_1. \tag{6.54}$$

Wenn c_v und $d\sigma/dT$ für nicht zu große Temperaturänderungen annähernd konstant angenommen werden können, folgt aus (6.54) nach Ausführen der Integration

$$\frac{T_2}{T_1} = \exp\left(\frac{A_2 - A_1}{mc_v}\frac{d\sigma}{dT}\right). \tag{6.54a}$$

Wegen $d\sigma/dT < 0$ nimmt die Temperatur mit Vergrößerung der Oberfläche ab.

b) Für den Flüssigkeitsfilm mit zweiseitiger Oberfläche folgt aus dem Kräftegleichgewicht $\sigma_2 = F_2/2L = $ const. Hieraus ergibt sich durch Umkehrung der Funktion $\sigma_2 = \sigma(T_2)$ die Temperatur T_2. Mit der nicht-statischen Arbeit $W_{12} = \sigma_2(A_2 - A_1)$ liefert der erste Hauptsatz unter Vernachlässigung der Volumenänderung die Beziehung

$$A_2 = [mc_v(T_1 - T_2) + A_1(u_{\sigma 1} - \sigma_2)]/(u_{\sigma 2} - \sigma_2), \tag{6.55}$$

wobei c_v als konstant angenommen wurde. Sieht man wieder von extrem dünnen Filmen ab, so erweist sich der Term mit dem Koeffizienten A_1 meistens als vernachlässigbar klein.

Beachte:

- Gemäß (6.50) hat $Td\sigma/dT$ in (6.54) die Bedeutung $\sigma - u_\sigma$. Am Ergebnis (6.54) kann man daher erkennen, dass die Oberflächen*energie* berücksichtigt werden muss, auch wenn die *Wärmekapazität* der Oberfläche vernachlässigbar ist. Begründung: Da u_σ und σ von gleicher Größenordnung sind, hat in der Energiebilanz der Beitrag $u_\sigma dA$ zur Änderung der Oberflächenenergie die gleiche Größenordnung wie die von der Oberflächenspannung verrichtete Arbeit σdA.

Beispiel 6.13: *Verdampfen eines Kondensatfilms*
Der horizontale Boden eines geschlossenen Behälters mit konstantem Volumen V ist mit einem Kondensatfilm bedeckt, darüber befindet sich Sattdampf. Das Zweiphasensystem (Masse m, Temperatur T_1, Dampfgehalt x_1) befindet sich im thermodynamischen Gleichgewicht.

a) Welche Wärme Q_{12} muss unter Berücksichtigung der inneren Energie der Oberfläche (Flächeninhalt A_1) zugeführt werden, um das Kondensat vollständig in Sattdampf umzuwandeln (thermodynamischer Gleichgewichtszustand 2)?

b) Man diskutiere den Sonderfall verschwindender Wärmezufuhr.

Lösung:

a) Aus der Unveränderlichkeit von m und V folgt $v_2'' = (1-x_1)v_1' + x_1 v_1''$. Eine Dampftafel liefert zu v_2'' die gesuchte Temperatur T_2. Unter Beachtung von $A_2 = 0$ ergibt sich aus $Q_{12} = U_2 - U_1$ nach kleinen Umformungen

$$Q_{12} = m_{F1}[u_1'' - u_1' - (u_1'' - u_2'')(v_1'' - v_1')/(v_1'' - v_2'')] - A_1 u_{\sigma 1}, \tag{6.56}$$

mit $m_{F1} = (1-x_1)m$ als Masse des Kondensatfilms im Ausgangszustand.

b) Für $Q_{12} = 0$ ergibt sich aus (6.56)

$$A_1/m_{F1} = [u_1'' - u_1' - (u_1'' - u_2'')(v_1'' - v_1')/(v_1'' - v_2'')]/u_{\sigma 1}. \tag{6.57}$$

Die rechte Seite dieser Gleichung enthält nur Zustandsgrößen, die von den Temperaturen T_1 bzw. T_2 abhängen. Das Ergebnis zeigt, dass im Fall eines Kondensatfilms, der die Bedingung (6.57) erfüllt, ein zweiter thermodynamischer Gleichgewichtszustand ohne Kondensatfilm existiert, obwohl es sich um ein *isoliertes* System handelt. Eine Abschätzung[27] ergibt jedoch, dass die entsprechende Dicke des Kondensatfilms, die durch $\delta_{F1} = v_1' m_{F1}/A_1$ gegeben ist, für Wasser von der Größenordnung 10^{-10} m ist und somit höchstens in einer mono-molekularen Schicht realisiert werden könnte.

6.6 Fragen

Frage 6.1: Welche Beziehung besteht für ein ideales Gas zwischen c_p, c_v und R?

Frage 6.2: Ersetzen Sie für ein ideales Gas die Differentialausdrücke du/dT, dh/dT und $v(\partial p/\partial T)_v$ durch spezifische Wärmekapazitäten.

Frage 6.3: Geben Sie die thermische und eine kalorische Zustandsgleichung für ein ideales Gas konstanter spezifischer Wärmekapazitäten an. Geben Sie die Namen aller auftretenden Symbole an.

Frage 6.4: Definieren Sie die spezifischen Wärmekapazitäten c_p bzw. c_v und geben Sie ihre SI-Einheiten an.

Frage 6.5: Unter welchen Voraussetzungen gilt die Beziehung $du = c_v dT$?

Frage 6.6: Vervollständigen Sie die folgenden Gleichungen:
a) Für ideale Gase: $d\ldots = c_v d\ldots;\ \ldots h = c_p d\ldots$;
b) Für beliebige reine Stoffe: $dh = c_p d\ldots + \ldots$.

Frage 6.7: Skizzieren und begründen Sie die Änderungen der spezifischen Wärmekapazitäten c_p und c_v eines idealen Gases mit der Temperatur.

Frage 6.8: Eine isochore Zustandsänderung eines idealen Gases konstanter spezifischer Wärmekapazitäten soll berechnet werden.
a) Kann die Beziehung $u_2 - u_1 = c_v(T_2 - T_1)$ angewendet werden?
b) Kann die Beziehung $h_2 - h_1 = c_p(T_2 - T_1)$ angewendet werden?

---

[27] Betr. u_σ siehe Bild 6.11. Werte für die Zustandsgrößen des Sattdampfes und der Flüssigkeit im Sättigungszustand sind den Dampftafeln im Anhang zu entnehmen.

Frage 6.9: Zwei wärmeisolierte Behälter sind über eine Leitung miteinander verbunden. Einer der Behälter ist mit einem Gas (p_1, T_1) gefüllt, der zweite ist vollkommen leer. Wird das Ventil geöffnet, so strömt Gas in den leeren Behälter, bis Druckausgleich stattgefunden hat.
a) Wählen Sie die Systemgrenze so, dass keine Volumenänderungsarbeit verrichtet wird.
b) Wie groß ist die Temperatur im Zustand 2 für ein ideales Gas?

6.7 Aufgaben

Aufgabe 6.1: In einem Wohnraum (Volumen V), der zunächst vollkommen geschlossen ist, wird die Lufttemperatur mittels elektrischer Widerstandsheizung von T_1 auf $T_{2'}$ erhöht. Anschließend wird ein Fensterspalt geöffnet. Infolge des Druckausgleichs mit der Atmosphäre (Druck p_A) sinkt die Temperatur der Raumluft von $T_{2'}$ auf T_2. Wie viel elektrische Energie wird benötigt, um ausgehend von T_1 eine gewünschte Raumtemperatur T_2 ($T_2 > T_1$) zu erreichen, wenn Wärmeverluste durch die Wände ebenso zu vernachlässigen sind wie die Wärmekapazität des Heizkörpers? (Man vergleiche das Ergebnis mit dem für isobare Heizung erhaltenen Wert, Beispiel 6.8.)

Aufgabe 6.2: Ein ideales Gasgemisch (Gesamtmasse $m = 3$ kg) zweier Gase A (Molmasse $\mathcal{M}_A = 29$ kg/kmol, Massenanteil $x_A = 0,3$) und B ($\mathcal{M}_B = 2$ kg/kmol) wird ausgehend vom Zustand 1 ($V_1 = 25$ m^3, $T_1 = 275$ K) isentrop auf $p_2 = 2$ bar komprimiert. Dabei steigt die Temperatur auf $T_2 = 336$ K. Berechnen Sie den Isentropenexponenten κ des Gasgemisches.

Aufgabe 6.3: 2,5 g eines idealen Gases konstanter spezifischer Wärmekapazitäten (Molmasse $\mathcal{M} = 29$ kg/kmol; $\kappa = 1,4$) werden ausgehend von $p_1 = 1$ bar, $T_1 = 290$ K isentrop auf $p_2 = 11$ bar komprimiert.
a) Berechnen Sie die spezifischen Wärmekapazitäten c_p und c_v.
b) Berechnen Sie das Ausgangsvolumen V_1 und die Endtemperatur T_2 des Gases.
c) Um welchen Betrag ändert sich bei der Kompression die innere Energie U des Gases?

Aufgabe 6.4: Ein Elektro-Motor wird stationär bei der Nennleistung $P_N = 10$ kW mit einem Wirkungsgrad $\eta_N = 85\%$ betrieben. Wie groß ist der erforderliche Kühlluftmassenstrom, wenn die gesamte Verlustenergie von der Luft abtransportiert werden soll und diese um maximal 20 °C erwärmt werden darf?

Aufgabe 6.5: In einem senkrecht stehenden adiabaten Zylinder, der mit einem reibungsfrei beweglichen Kolben verschlossen ist, befindet sich ein ideales Gas. Gegeben ist der Umgebungsdruck p_U, das Gewicht F_G und die Fläche A des Kolbens, die Temperatur T_0 sowie die spezifischen Wärmekapazitäten c_p und c_v des Gases.
a) Wie groß sind der Druck p_0 und die Dichte ρ_0 im Ausgangszustand?
b) Durch eine zusätzliche Kraft, die von null sehr langsam auf den Wert F ansteigt, soll die Dichte verdoppelt werden ($\rho_1 = 2\rho_0$). Wie groß ist diese Kraft F, in welche Richtung wirkt sie, welcher Druck p_1 und welche Temperatur T_1 stellen sich im Inneren des Behälters ein?

Aufgabe 6.6: In einem senkrecht stehenden Zylinder mit einem reibungsfrei beweglichen Kolben (gegeben: Kolbenmasse m_K, Kolbenfläche A_K) befindet sich ein ideales Gas gegebener Molmasse $\mathcal{M}$, jedoch unbekannter, konstanter spezifischer Wärmekapazitäten (Anfangszustand 1 des Gases: $T = T_1$, $V = V_1$). Durch Wärmezufuhr soll das Volumen des Gases auf das gegebene Volumen V_2 erhöht werden. Anschließend wird der Kolben fixiert und durch weitere Wärmezufuhr die Temperatur des Gases von T_2 auf die gegebene Temperatur T_3 gesteigert. Weiters bekannt sind der Umgebungsdruck p_U, der Isentropenexponent κ und die Erdbeschleunigung g.
a) Berechnen Sie c_p und c_v.
b) Wie groß ist der Druck p_1, und welche Gasmasse befindet sich im Zylinder?
c) Wie groß sind die pro Masseneinheit zugeführten Wärmen q_{12} und q_{23}?
d) Um welchen Betrag steigt die spezifische Enthalpie bei der Zustandsänderung von 1 nach 2 und bei der Zustandsänderung von 2 nach 3?

Aufgabe 6.7: In einem Zylinder mit einem reibungsfrei beweglichen Kolben befindet sich Luft (κ, R, Anfangsvolumen V_0) bei Umgebungszustand (p_U, T_U). Die Luft wird nun isentrop auf den doppelten Umgebungsdruck verdichtet. Nach einiger Zeit gleicht sich die Temperatur im Zylinder bei festgehaltenem Kolben infolge der Wärmeverluste wiederum der Umgebungstemperatur an,

6.7 Aufgaben

wobei der Druck auf den Wert p_2 absinkt. Anschließend erfolgt eine isentrope Entspannung auf Umgebungsdruck.

a) Stellen Sie den Vorgang in einem p,v-Diagramm dar.
b) Berechnen Sie die Arbeit, die an der Kolbenstange verrichtet werden muss um die Luft zu verdichten.
c) Geben Sie den Druck p_2 vor der Expansion als Funktion von p_U an.
d) Zeichnen Sie die Arbeit, die an der Kolbenstange bei der Expansion gewonnen werden kann, in das Diagramm ein.
e) Kennzeichnen Sie jenen Teil der Verdichtungsarbeit im Diagramm, den man sparen könnte, wenn die Verdichtung von p_U bis p_2 isotherm erfolgen würde.

Aufgabe 6.8: 20 Gramm eines idealen Gases konstanter spezifischer Wärmekapazitäten (gegeben: $c_p = 1004$ J/kgK, $\kappa = 1{,}4$) werden ausgehend vom Druck $p_1 = 1$ bar auf den Enddruck $p_2 = 10$ bar isentrop komprimiert. Dazu wird die Arbeit von 2075 J aufgewendet.

a) Berechnen Sie c_v und R.
b) Berechnen Sie die Endtemperatur T_2. (*Hinweis*: Leiten Sie eine Gleichung für die Arbeit in Abhängigkeit von T_2 und p_1/p_2 her.)
c) Welches Volumen nimmt das Gas im Zustand 2 ein?
d) Stellen Sie den Prozess in einem p, V-Diagramm dar und tragen Sie die Arbeit ein.

Aufgabe 6.9: Die isobare molare Wärmekapazität eines Gases mit der Molmasse $\mathcal{M}$ sei entsprechend der Gleichung $\mathcal{C}_p = a + bT - d/T^2$ von der Temperatur abhängig, wobei a, b und d Konstanten sind. Wieviel Wärme muss pro kg dieses Gases während eines isobaren Prozesses zugeführt werden, um die Temperatur von T_1 auf T_2 zu erhöhen?

Aufgabe 6.10: Man zeige, dass die Arbeit, die von einem idealen Gas mit konstanten spezifischen Wärmekapazitäten während einer quasistatisch-adiabaten Expansion verrichtet wird, durch die folgenden Ausdrücke berechnet werden kann.

a) $w_{12} = c_v(T_2 - T_1)$;
b) $w_{12} = [(p_2/\rho_2) - (p_1/\rho_1)]/(\kappa - 1)$;
c) $w_{12} = (p_1/\rho_1)[(p_2/p_1)^{(\kappa-1)/\kappa} - 1]/(\kappa - 1)$.

Aufgabe 6.11: In einer Stahlflasche ($V = 40$ l) ist gasförmiger Sauerstoff unter einem Druck von $p_1 = 150$ bar eingeschlossen, wobei die Temperatur ϑ_1 des Sauerstoffs gleich der Umgebungstemperatur $\vartheta_U = 20\,^\circ$C ist. Bei einem teilweisen Entleeren fällt der Druck in der Flasche quasistatisch-adiabat auf $p_2 = 75$ bar, woraufhin das Ventil schnell wieder geschlossen wird. Der Sauerstoff kann näherungsweise als ideales Gas betrachtet werden.

a) Welche Temperatur ϑ_2 [$^\circ$C] hat der Sauerstoff unmittelbar nach dem Schließen des Ventils?
b) Welcher Druck p_3 stellt sich in der Flasche ein, nachdem bei geschlossenem Ventil durch Wärmeaustausch mit der Umgebung thermisches Gleichgewicht hergestellt worden ist?
c) Berechnen Sie die Sauerstoffmasse vor und nach der teilweisen Entleerung.
d) Welche Sauerstoffmasse würde in der Flasche zurückbleiben, wenn die teilweise Entleerung von p_1 auf p_2 so langsam erfolgte, dass sich die Gastemperatur stets mit der Umgebungstemperatur ausgleichen würde?

Aufgabe 6.12: In einem Zylinder ($\vartheta = 20\,^\circ$C, $p_1 = 1$ bar) befindet sich ein ideales Gas ($m = 250$ g) mit den (nicht-konstanten) spezifischen Wärmekapazitäten $c_p = c_{p0} + \bar{c}T$ und $c_v = c_{v0} + \bar{c}T$ ($c_{p0} = 1003$ J/kgK, $c_{v0} = 716{,}7$ J/kgK, $\bar{c} = 15$ J/kgK^2).
Das Gas wird nun quasistatisch-adiabat verdichtet, wobei eine Arbeit von $W_{12} = 50$ kJ aufgewendet wird. Berechnen Sie den Enddruck p_2 sowie die Endtemperatur T_2 des Gases.

Aufgabe 6.13: Stickstoff wird ausgehend vom Zustand 1 ($p_1 = 10$ bar, $T_1 = 270$ K) adiabat auf den Druck $p_2 = 3$ bar gedrosselt. Danach wird der Stickstoff durch die isobare Wärmezufuhr q_{23} wieder auf die Ausgangstemperatur T_1 gebracht. Berechnen Sie unter Verwendung der konstanten Stoffwerte $(\partial T/\partial p)_h = 0{,}23$ K/bar, $c_p = 1{,}05$ kJ/kg K:
a) die Temperatur T_2 nach der Drosselung;
b) die Wärme q_{23}.

Aufgabe 6.14: Ein horizontaler Zylinder laut Skizze besitzt eine Querschnittsfläche von $A = 0{,}01$ m² und ist durch einen reibungslos verschiebbaren Kolben in zwei gleich lange ($l = 2{,}5$ m) Teilstücke geteilt. Teil 1 ist mit Wasserstoff ($\kappa_{H_2} = 7/5$), Teil 2 mit Helium ($\kappa_{He} = 5/3$) gefüllt. Die Temperatur ist in beiden Teilen gleich groß ($\vartheta_0 = 20$ °C), und es herrscht ein Druck von $p_0 = 1$ bar. Nachdem der Zylinder um 90° gedreht wurde (Zylinderachse vertikal) und sich ein neuer mechanischer Gleichgewichtszustand eingestellt hat, wird eine Verschiebung des Kolbens auf Grund der Schwerkraft um $x = 1{,}5$ mm von seiner Ausgangslage gemessen (vgl. Skizze). Berechnen Sie unter den Annahmen, dass sich sowohl Wasserstoff als auch Helium wie ideale Gase konstanter spezifischer Wärmekapazitäten verhalten, die Wände des Zylinders ebenso wie der Kolben adiabat sind und die Massen der Gase gegenüber der Masse des Kolbens vernachlässigt werden können:

a) die Drücke p_1, p_2;

b) die Masse m des Kolbens;

c) die Temperaturen T_1, T_2.

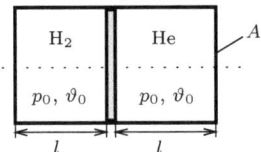

Aufgabe 6.15: Ein langer, an einer Seite geöffneter Metallzylinder (Kreiszylinder) laut Skizze ist von Gas bei einem Druck von $p_0 = 1$ bar und einer Temperatur von $\vartheta = 20$ °C umgeben. Der Metallzylinder wird nun so erwärmt, dass sich eine lineare Temperaturverteilung vom offenen Ende ($\vartheta = 20$ °C) bis zum geschlossenen Ende ($\vartheta = 40$ °C) einstellt. Nach dem Erreichen eines statioären Zustandes, in dem das Gas innerhalb des Zylinders die selbe Temperaturverteilung aufweist wie die Zylinderwand, wird das offene Ende des Zylinders verschlossen und der Metallzylinder so lange sich selbst überlassen, bis er sich sowohl mit der Umgebung ($p = 1$ bar, $\vartheta = 20$ °C) als auch mit dem Gas im Inneren im thermischen Gleichgewicht befindet. Berechnen Sie den Gleichgewichtsdruck p_1 im Zylinder.

Hinweis: Berechnen Sie zuerst die Gasmasse im Zylinder!
Gegeben: Abmessungen laut Skizze, Gaskonstante R

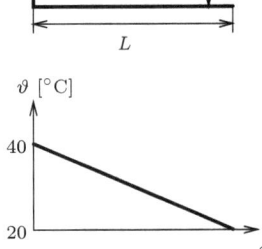

Aufgabe 6.16: In einem senkrecht stehenden, abgeschlossenen Zylinder (Durchmesser $d = 10$ cm) befindet sich ein reibungsfrei beweglicher, masseloser Kolben (siehe Skizze). In der Ausgangsstellung (Zustand 1) beträgt die Höhe unter dem Kolben $z_{u,1} = 15$ cm und über dem Kolben $z_{o,1} = 30$ cm. In beiden Kammern befindet sich das gleiche ideale Gas (gegeben: $\kappa = 1{,}4$; $R = 286{,}7$ J/kgK). Die Temperatur beträgt im Zustand 1 überall $\vartheta_{u,1} = \vartheta_{o,1} = 15$ °C, der Druck im unteren Raum ist im Zustand 1 $p_{u,1} = 7$ bar. Durch eine elektrische Heizung wird dem unteren Raum so lange Wärme zugeführt, bis sich im Zustand 2 $z_{u,2} = z_{o,2}$ ergibt. Über die Wand des Zylinders und den Kolben kann keine Wärme ausgetauscht werden.

a) Berechnen Sie $p_{o,1}$, $p_{o,2}$, $\vartheta_{o,2}$, $p_{u,2}$ und $\vartheta_{u,2}$.

b) Berechnen Sie die Volumenänderungsarbeit am oberen Raum.

c) Berechnen Sie die Wärme, die dem unteren Raum zugeführt wird.

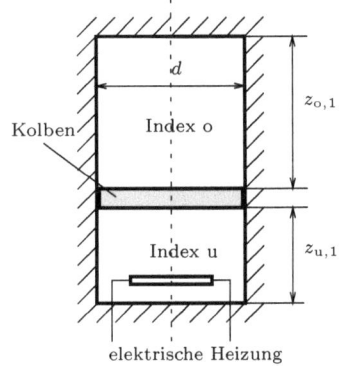

6.7 Aufgaben

Aufgabe 6.17: In einem adiabaten Zylinder, der durch einen adiabaten Kolben (gegeben: Masse m_K, Höhe d, Kolbenhub x_0) abgeschlossen ist, befindet sich ein ideales Gas gegebener konstanter spezifischer Wärmekapazitäten c_p und c_v. Welche Energie W_{el} muss über die Heizung dem System zugeführt werden, damit der reibungsfrei bewegliche Kolben den Anschlag in der gegebenen Höhe h erreicht? Der Umgebungsdruck und die Wärmekapazität der Heizung sollen hierbei vernachlässigt werden.

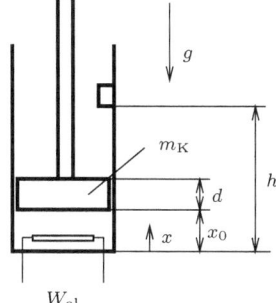

Aufgabe 6.18: In einem Zylinder mit beweglichem Kolben befinde sich ein ideales Gas (Masse $m = 2{,}5$ g, spezifische Wärmekapazitäten $c_p = 1{,}0$ kJ/kg K, $c_v = 0{,}714$ kJ/kg K). Das Gas wird vom Ausgangszustand ($p_1 = 1$ bar, $\vartheta_1 = 20$ °C) reversibel-adiabat auf den Druck $p_2 = 3$ bar (Zustand 2) komprimiert. Danach wird der Kolben festgehalten, bis das Gas wieder auf Ausgangstemperatur abgekühlt ist (Zustand 3). Berechnen Sie:
a) das Volumen V_1;
b) die Arbeit W_{12}, die Temperatur T_2, das Volumen V_2;
c) die abgegebene Wärme Q_{23}, den Druck p_3.

Aufgabe 6.19: Die Temperatur von flüssigem Helium im Sättigungszustand soll durch Sieden unter vermindertem Druck von $T_1 = 4{,}2$ K (bei $p_1 = 1$ bar) auf $T_2 = 3$ K vermindert werden. Der entstehende Dampf wird aus dem Behälter konstanten Volumens abgesaugt. Berechnen Sie, wieviel Flüssigkeit (in Prozent) verdampft werden muss, wenn die Verdampfungsenthalpie als konstant angenommen werden kann ($r = 23$ kJ/kg) und die Temperaturabhängigkeit der spezifischen Wärmekapazität der siedenden Flüssigkeit durch $c = c_0 T + c_1 T^3$ (mit $c_0 = 41/60$ kJ/kgK^2 und $c_1 = 1/60$ kJ/kgK^4) gegeben ist. (*Hinweis*: Für nicht zu großes Dampfvolumen kann die Dampfmasse m_D gegen die Flüssigkeitsmasse m_F ebenso vernachlässigt werden, wie v' gegen v''.)

Aufgabe 6.20: 10 kg Wasser ($c_W = 4{,}19$ kJ/kgK) werden in einem Warmwasserspeicher innerhalb eines Zeitintervalls $\Delta t = 10$ min durch eine Beheizung mit konstanter Heizleistung P von der Temperatur $T_1 = 283$ K auf eine Temperatur $T_2 = 343$ K erwärmt. Der Speicher ist nicht vollkommen isoliert, so dass ein Energieaustausch mit der Umgebung (Temperatur $T_U = 293$ K) stattfindet. Die Wärmeabgabe an die Umgebung kann näherungsweise durch die Gleichung $\dot{Q} = -k(T - T_U)$ beschrieben werden ($k = 8$ W/K).
a) Wie groß ist die Heizleistung?
b) Wieviel Energie geht an die Umgebung verloren?
c) Wie ändert sich die benötigte Heizleistung, wenn Δt verdoppelt wird?
d) Wie lange würde es ausgehend vom Zustand 2 bei ausgeschalteter Beheizung dauern, bis sich das Wasser zufolge der Wärmeverluste wieder bis auf 5 °C über T_U abgekühlt hat?

Aufgabe 6.21: In einem Behälter mit adiabaten Wänden befindet sich Wasser (gegeben: Masse m, spezifische Wärmekapazität $c = $ const). Dem System wird durch eine elektrische Heizung ($P_{el} = $ const) Energie zugeführt. Innerhalb welcher Zeit erhöht sich die Temperatur um einen bestimmten, kleinen Betrag ΔT? Welches Ergebnis erhält man für Luft (gegeben: Masse m, spezifische Wärmekapazität c_p, κ) anstelle von Wasser, wenn
a) sich das Volumen des Behälters nicht ändert;
b) der Behälter durch einen beweglichen, adiabaten Kolben konstanten Gewichts verschlossen ist?

Aufgabe 6.22: Wie Aufgabe 6.21, jedoch soll an Stelle der elektrischen Heizung ein Rührer (Drehzahl $n = $ const, Drehmoment $M = $ const) verwendet werden.

Aufgabe 6.23: Ein fester Körper aus Kupfer mit der Masse $m_{Cu} = 1$ kg und der Anfangstemperatur $T_{Cu} = 350$ K wird in 10 kg Wasser mit einer Anfangstemperatur $T_{H_2O} = 290$ K abgekühlt. Welche Temperatur T^* nehmen der Körper und das Wasser im thermischen Gleichgewichtszustand an, wenn Wärmeverluste an die Umgebung vernachlässigt werden können?

Aufgabe 6.24: Eine elektrische 100 A-Sicherung soll bei Belastung mit 400 A in höchstens 3 s durchgeschmolzen sein. Welchen Durchmesser darf der Cu-Schmelzdraht maximal haben? Legen Sie der Rechnung folgende Annahmen zugrunde:
a) die Stoffwerte seien unabhängig von der Temperatur;
b) die Erwärmung erfolgt so rasch, dass kein Wärmeaustausch mit der Umgebung stattfindet;
c) die Schmelzwärme des Kupfers ist vernachlässigbar;
d) $\vartheta_1 = 20\ °C$;
e) Schmelztemperatur $\vartheta_S = 1083\ °C$.

Hinweis: Der elektrische Widerstand ergibt sich zu $R_\Omega = \gamma l/A$ mit γ als „spezifischem" elektrischen Widerstand (vgl. Tabelle 5.2), l als Länge und A als Querschnittsfläche des Schmelzdrahtes.

Aufgabe 6.25: Infolge der isobaren Zufuhr der Wärme $Q_{12} = 10$ kJ an einen Festkörper (Volumenausdehnungskoeffizient $\beta_p = 50{,}4 \cdot 10^{-6}\ K^{-1}$, molare Wärmekapazität $\mathcal{C} = 24{,}5$ kJ/kmol K, Molmasse $\mathcal{M} = 63{,}5$ kg/kmol) nehmen dessen Temperatur und Volumen um die relativ kleinen Beträge $\Delta T = 0{,}3$ K bzw. $\Delta V = 1{,}45 \cdot 10^{-7}\ m^3$ zu. Berechnen Sie das Ausgangsvolumen V_1 und die Ausgangsdichte ρ_1 des Festkörpers.

Aufgabe 6.26: Eine Metallkugel ($\beta_p = 5 \cdot 10^{-5}\ K^{-1}$, $\chi_T = 1{,}2 \cdot 10^{-6}\ bar^{-1}$, $c_v = 1$ kJ/kgK) mit einem Rauminhalt von 1,5 l und einer Masse von 10 kg ist in ein starres Fundament eingebettet. Berechnen Sie die Änderungen der inneren Energie und der Enthalpie der Metallkugel, wenn ihr 5 kJ Wärme zugeführt wird.

Aufgabe 6.27: Zwei völlig gleichartigen Zylindern A und B, die mit flüssigem Wasser ($m_A = 50$ kg, $c_{pA} = 4{,}19$ kJ/kgK, $\beta_p = 0{,}4 \cdot 10^{-3}\ K^{-1}$) bzw. idealem Gas ($c_{pB} = 1$ kJ/kgK, $R_B = 287$ J/kgK) gefüllt sind, wird ausgehend von einem Zustand 1 ($V_{A1} = V_{B1} = 50$ l) bei einem konstanten Druck $p = 1$ bar jeweils 30 kJ Wärme zugeführt. Berechnen Sie für beide Systeme die Volumenänderungsarbeit $W_{A,12}$ bzw. $W_{B,12}$.

Aufgabe 6.28: Gegeben ist ein Kessel ($V_K = 100$ l), der mit 100 kg flüssigem Wasser bei einem Druck von $p_1 = 1$ bar und einer Temperatur von $\vartheta_1 = 20\ °C$ gefüllt ist. Außerdem sind noch die folgenden Stoffwerte von Wasser bekannt: $c_W = 4{,}19$ kJ/kgK; $\beta_W = 0{,}3 \cdot 10^{-3}\ K^{-1}$; $\chi_W = 45 \cdot 10^{-6}\ bar^{-1}$. Berechnen Sie unter der Voraussetzung, dass die Ausdehnung der Kesselwände vernachlässigt werden kann:
a) die Temperatur ϑ_2, auf die das Wasser höchstens erwärmt werden darf, ohne dass der zulässige Kesseldruck $p_{zul} = 40$ bar überschritten wird;
b) die Erhöhung der Enthalpie $H_2 - H_1$ des Wassers;
c) die zur Temperaturerhöhung benötigte Wärmemenge Q_{12}.

Aufgabe 6.29: Bestimmen Sie die mittlere spezifische Wärmekapazität c_{Al} von Aluminium aus folgendem Experiment: 20 g Aluminium mit der Temperatur 50 °C werden in 21,5 g Wasser von 20 °C getaucht. Das Wasser befindet sich in einem Kupferbecher von 21,6 g und ebenfalls 20 °C, der von adiabaten Wänden umgeben ist. Nach dem Temperaturausgleich wird die Temperatur 24,55 °C gemessen.

Aufgabe 6.30: Wie Beispiel 6.7 (Abschnitt 6.3), doch soll der Kessel im Ausgangszustand nicht vollständig evakuiert, sondern mit Luft bei einem Druck von $p_{K,1} < p_A$ und einer Temperatur $T_{K,1} = T_A$ gefüllt sein. Berechnen Sie die Temperatur $T_{K,2}$ und die Dichte $\rho_{K,2}$ der Luft im Kessel unmittelbar nach dem Füllvorgang.

Aufgabe 6.31: Ein nach außen sehr gut isolierter Stahltank ($c_{Stahl} = 448$ J/kgK) mit einem Innenvolumen $V_i = 13\ m^3$ und einer Tankmasse $m_T = 1200$ kg enthält Luft in einem Zustand 1 ($p_1 = 1$ bar, $\vartheta_1 = 22\ °C$). Über eine Zuleitung wird dem Tank so lange kontinuierlich Luft mit $p_L = 5$ bar und $\vartheta_L = 30\ °C$ zugeführt, bis ein Zustand 2 ($p_2 = 3$ bar) erreicht ist. Berechnen Sie die im Tank befindliche Luftmasse m_2 sowie die Temperatur ϑ_2, wenn
a) kein Wärmeaustausch zwischen Tankwand und Gas stattfindet;
b) wenn die Tankwand und das Gas im Tank immer dieselbe Temperatur aufweisen.

Hinweis: Kinetische Energie und potentielle Energie sollen nicht berücksichtigt werden.

6.7 Aufgaben

Aufgabe 6.32: + An einen evakuierten adiabaten Kessel mit dem Volumen V_K wird eine sehr lange Druckleitung, in der sich ein ideales Gas konstanter spezifischer Wärmekapazitäten c_p, c_v mit der Temperatur T_L und dem Druck p_L befindet, angeschlossen. Das Ventil der Leitung wird für eine bestimmte Zeit sehr wenig geöffnet, so dass Gas in den Kessel einströmen kann. Nach dem Schließen des Ventils beträgt der Druck im Kessel p_K. Man berechne die Temperatur T_K und die Dichte ρ_K des Gases im Kessel.

Hinweis: Man erstelle Massen- und Energiebilanzen für ein System mit konstanter Masse. Die Systemgrenze lege man in der Druckleitung hinreichend weit weg vom Ventil. Es kann angenommen werden, dass die Temperatur und der Druck in der Druckleitung während des Füllvorganges konstant bleiben.

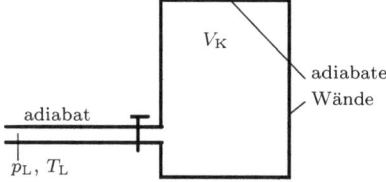

Aufgabe 6.33: Der in Beispiel 5.4 beschriebene nicht-statische Prozess wird mit einem idealen Gas konstanter spezifischer Wärmekapazitäten adiabat durchgeführt. Man bestimme die relative Volumenänderung und die relative Temperaturänderung, vergleiche mit den entsprechenden Ergebnissen für eine quasistatische Zustandsänderung (die mit der veränderlichen Stangenkraft $F_S = F_G - pA$ bewirkt werden kann) und diskutiere die Ergebnisse für sehr große Druckänderungen.

Aufgabe 6.34: Einem idealen Gas mit konstanten spezifischen Wärmekapazitäten wird isobar die Wärme Q_{12} zugeführt. Wie groß ist die vom Gas verrichtete Arbeit?

Aufgabe 6.35: Ein starrer Tank mit einem Volumen $V_T = 2{,}5$ m^3 beinhaltet ein Zweiphasengemisch aus flüssigem und dampfförmigem Wasser (Masse des flüssigen Wassers $m_A = 500$ kg, $\vartheta_A = 100$ °C, $p_A = 1{,}0133$ bar). Über einen Kolben werden dem Tank $m_B = 750$ kg Wasser ($p_B = p_A$, $h_B = 293$ kJ/kg) zugeführt. Berechnen Sie die erforderliche Wärmemenge, die zu- oder abgeführt werden muss, damit im Tank Druck und Temperatur konstant bleiben.

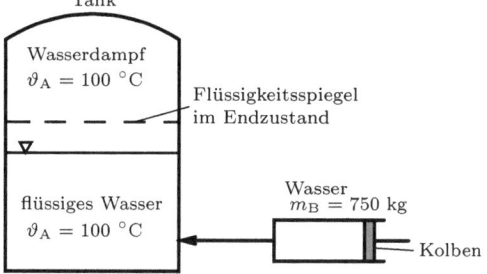

Aufgabe 6.36: Zur Bestimmung des Dampfgehaltes eines Gemisches aus flüssigem und dampfförmigem Wasser ($m_B = 9$ kg) wird dieses Gemisch mit einem gleichbleibenden Druck $p_B = 1{,}0133$ bar einem Tank zugeführt. In diesem Tank befindet sich in einem Ausgangszustand 1 flüssiges Wasser ($m_{A,1} = 136$ kg, $\vartheta_{A,1} = 10$ °C, $p_{A,1} = p_B = 1{,}0133$ bar). Der Tank ist mittels eines reibungsfrei beweglichen Kolbens gegen die Umgebung abgeschlossen. Am Ende des Versuches (Zustand 2) findet man im Tank flüssiges Wasser mit einer Temperatur $\vartheta_{A,2} = 40$ °C vor.

Bestimmen Sie den Dampfgehalt x_B und das spezifische Volumen v_B des zugeführten Wasser-Dampf-Gemisches.

Hinweis: Etwaiger Wärmeaustausch mit der Umgebung ist zu vernachlässigen.

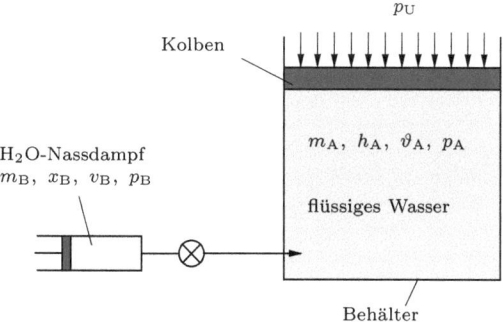

Aufgabe 6.37: Ein Windkessel, der aus einem vertikal stehenden adiabaten Zylinder besteht, ist oben mit einem reibungsfrei beweglichen adiabaten Kolben der Querschnittsfläche $A_K = 1{,}5\,\text{m}^2$ verschlossen. Während des Füllvorgangs wird im Punkt A ein Luftmassenstrom $\dot{m}_A = 0{,}5\,\text{kg/s}$ (Luft: ideales Gas mit temperaturunabhängig angenommenen Stoffwerten: $R_L = 287\,\text{J/kgK}$; $\kappa = 1{,}4$) aus der Umgebung $p_A = 1\,\text{bar}$, $\vartheta_A = 20\,°\text{C}$ angesaugt und mittels eines reversibel adiabat arbeitenden Kompressors auf den Windkesseldruck von $p_K = 5\,\text{bar}$ gebracht (ZÄ: A-B).

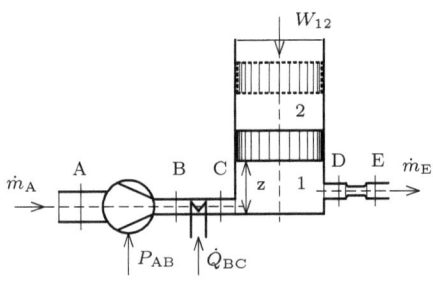

Mittels einer Kühlung wird der Luftmassenstrom isobar auf $\vartheta_K = 80\,°\text{C}$ konditioniert, wobei die Wärme mit der Umgebung ausgetauscht wird (ZÄ: B-C). Gleichzeitig wird bei D dem Kessel ein Luftmassenstrom $\dot{m}_D = 0{,}15\,\text{kg/s}$ entnommen. In der Entnahmerohrleitung tritt bei diesem Massenstrom ein Druckverlust $\Delta p_{DE} = 0{,}2\,\text{bar}$ auf. Das Volumen der Rohrleitungen ist gegenüber dem des Kessels vernachlässigbar. Erdbeschleunigung: $g = 9{,}81\,\text{m/s}^2$

a) Welche Zeit wird verstreichen, bis der Windkessel von $z_1 = 1\,\text{m}$ auf $z_2 = 3\,\text{m}$ gefüllt ist?
b) Welche Arbeit ist vom Verdichter während der Befüllzeit zu verrichten?
c) Welcher Wärmestrom ist von der Kühlung während des Befüllens zuzuführen?
d) Wie groß ist die während der Befüllung von der Umgebung dem Kessel zugeführte Volumenänderungsarbeit?

7 Energieumwandlungen

Vorbemerkungen

Im *ersten Hauptsatz* (Kapitel 5) werden verschiedene Energieformen bilanziert, ohne eine Aussage darüber zu machen, ob, und in welchem Ausmaß, Umwandlungen von einer Energieart in eine andere überhaupt möglich sind. Tatsächlich sind die Energieumwandlungen jedoch naturgesetzlichen Beschränkungen unterworfen, die in verschiedenen, einander äquivalenten Formulierungen des *zweiten Hauptsatzes* in diesem Kapitel dargestellt werden. Eine weitere, ebenfalls äquivalente Formulierung des zweiten Hauptsatzes wird zusammen mit dem Entropiebegriff in Kapitel 8 behandelt. Betr. Anwendungen siehe Kapitel 12.

7.1 Kreisprozesse

7.1.1 Definition

Ein *Kreisprozess* ist ein thermodynamischer Prozess, der eine Zustandsänderung mit einander gleichen Anfangs– und Endzuständen bewirkt.

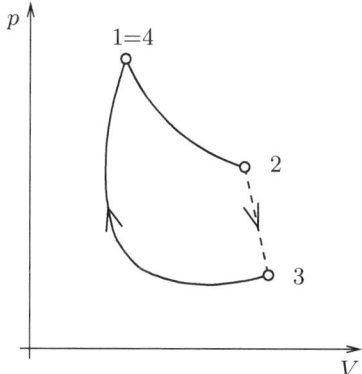

Bild 7.1: Kreisprozess (mit nicht–statischem Teilprozess 2 → 3).

Beachte:

- In einem Zustandsdiagramm (z.B. p, V–Diagramm) erscheint ein Kreisprozess als *geschlossener* Linienzug (Bild 7.1).

- Mit Kreisprozessen können *periodisch* oder *stationär* arbeitende Maschinen und Anlagen betrieben werden.

- Ein Kreisprozess ist *quasistatisch* bzw. *reversibel*, wenn alle Teilprozesse quasistatisch bzw. reversibel sind.

7.1.2 Energiebilanz für Kreisprozesse

Bei einer einmaligen, vollständigen Ausführung eines Kreisprozesses sei die Summe aller dem System zugeführten Wärmen Q_z ($Q_z > 0$) und die Summe aller abgegebenen Wärmen Q_a ($Q_a < 0$), während insgesamt die Arbeit $W_\circ$ $\left(W_\circ \lessgtr 0\right)$ verrichtet wird. Dann lautet die Energiebilanz

$$\boxed{W_\circ + Q_z + Q_a = 0.} \tag{7.1}$$

Beachte:

- Die Unterscheidung zwischen Energiezufuhr (positiv) und Energieabgabe (negativ) wird vom Standpunkt des Systems, das den Kreisprozess ausführt, vorgenommen.
- Da das System nach einem vollständigen Durchlaufen des Kreisprozesses wieder in den Ausgangszustand zurückgekehrt ist, entfällt die innere Energie (eine Zustandsgröße!) in der Energiebilanz (7.1).
- Die Volumenänderungsarbeit, die bei einmaliger, vollständiger Ausführung eines *quasistatischen* Kreisprozesses verrichtet wird, entspricht dem Inhalt der vom Kreisprozess eingeschlossenen Fläche im p,V-Diagramm (Bild 7.2).

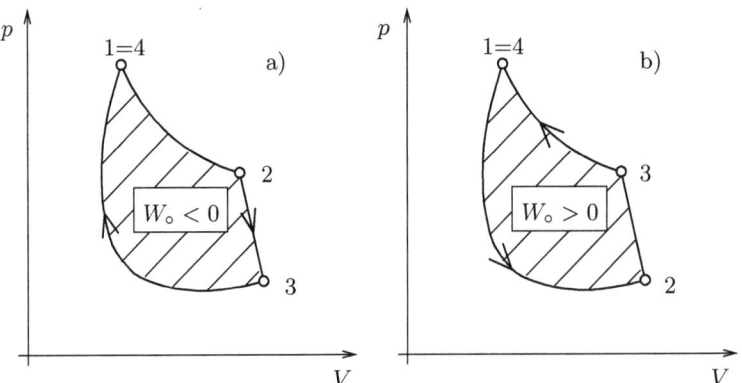

Bild 7.2: Volumenänderungsarbeit quasistatischer Kreisprozesse als Flächeninhalt im p,V-Diagramm.

7.1.3 Carnot'scher Kreisprozess

(1) Ein *Carnot'scher Kreisprozess* besteht aus zwei isothermen und zwei isentropen Teilprozessen (Bild 7.3).

(2) Ist $W_\circ < 0$, so wirkt der Carnot'sche Kreisprozess als *Wärmekraftmaschine* (*Wärmekraftanlage*) (Bild 7.3a); ist $W_\circ > 0$, so wirkt der Carnot'sche Kreisprozess als *Wärmepumpe* oder *Kältemaschine* (Bild 7.3b).

7.2 Zweiter Hauptsatz

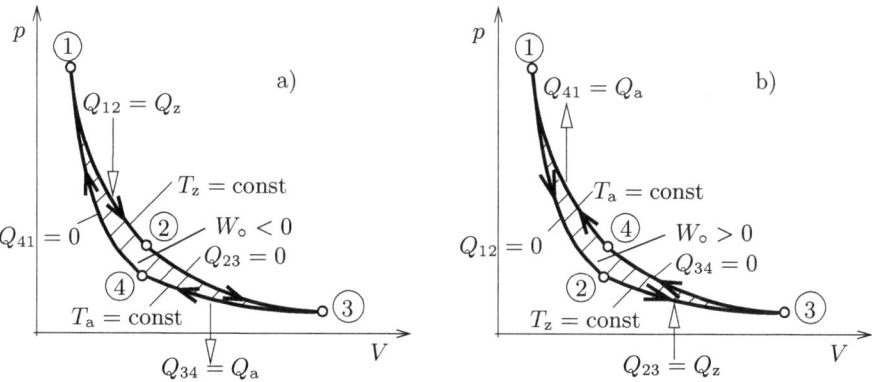

Bild 7.3: Carnot'sche Kreisprozesse mit einem idealen Gas ($\kappa = 1{,}4$) als Arbeitsmedium (System). a) Wärmekraftmaschine, b) Wärmepumpe oder Kältemaschine.

Erläuterungen

– *Wärmekraftmaschine*: Die dem System (Maschine) zugeführte Wärme Q_z ($Q_z > 0$) wird teilweise in Arbeit $W_\circ$ ($W_\circ < 0$) umgewandelt; der Rest wird als Wärme Q_a ($Q_a < 0$) abgegeben. Im p,V–Diagramm läuft der Prozess in Drehrichtung des Uhrzeigers ab (Bild 7.3a).

– *Wärmepumpe* und *Kältemaschine*: Die Maschine nimmt bei der Temperatur T_z die Wärme Q_z ($Q_z > 0$) auf und gibt bei der höheren Temperatur T_a ($T_a > T_z$) die Wärme Q_a ($Q_a < 0$) ab; dabei wird an der Maschine die Arbeit $W_\circ$ ($W_\circ > 0$) verrichtet. Im p,V–Diagramm läuft der Prozess entgegen der Drehrichtung des Uhrzeigers ab (Bild 7.3b).

Beachte:

- Wärmepumpe und Kältemaschine unterscheiden sich nicht grundsätzlich, sondern lediglich durch ihren Zweck, vgl. Tabelle 7.1.

Tabelle 7.1: Bedeutung der Temperaturen T_z und T_a bei Wärmepumpe und Kältemaschine

	Wärmepumpe	Kältemaschine
T_z	Umgebungstemperatur	Kühlraumtemperatur
T_a	Warmwasser– oder Warmlufttemperatur	Umgebungstemperatur

7.2 Zweiter Hauptsatz

Zwei äquivalente Formulierungen:[28]

(1) Es gibt keinen thermodynamischen Prozess, dessen *einzige* Wirkung darin besteht, Wärme vollständig in Arbeit umzuwandeln.

---

[28] Bezüglich anderer, ebenfalls äquivalenter Formulierungen vgl. Abschnitt 8.1.

(2) Es gibt keinen thermodynamischen Prozess, dessen *einzige* Wirkung darin besteht, Wärme von einem System auf ein anderes System mit höherer absoluter Temperatur zu übertragen.

Erläuterungen

Zu (1): Gemäß dieser Formulierung des zweiten Hauptsatzes ist es unmöglich, in einem *Kreisprozess* oder einem *stationären* Prozess Wärme vollständig in Arbeit umzuwandeln (Unmöglichkeit eines „*perpetuum mobile zweiter Art*"). Zusätzlich zu einem Energiespeicher (mit der Temperatur T_z), dem Wärme zum Betrieb einer Wärmekraftmaschine entzogen werden kann, wird immer auch ein zweiter Energiespeicher (mit einer Temperatur $T_a < T_z$) benötigt, um die Abwärme aufzunehmen.

Eine vollständige Umwandlung von Wärme in Arbeit ist jedoch nicht *generell* ausgeschlossen. U.a. ist eine vollständige Umwandlung möglich, wenn Anfangs- und Endzustände eines Prozesses verschieden sind. In diesem Fall ist die vollständige Umwandlung von Wärme in Arbeit ja nicht die *einzige* Wirkung des Prozesses! (Vgl. hierzu Beispiel 7.1.)

Beachte: Die Umkehrung des Satzes (1) gilt *nicht* – die Umwandlung von Arbeit in Wärme ist ohne grundsätzliche (naturgesetzliche) Einschränkungen möglich. U.a. wird bei allen Prozessen mit irreversibler Verrichtung von Arbeit (*dissipative Prozesse*, z.B. Rühren einer Flüssigkeit, siehe Bild 5.13, oder Rotieren eines Propellers in einem Gas, siehe Bild 5.7) Arbeit vollständig in Wärme umgewandelt, wenn der Prozess stationär ist ($U = $ const).

Zu (2): Diese Formulierung des zweiten Hauptsatzes schließt aus, dass es eine Wärmepumpe gibt, die ohne Verrichtung von Arbeit *periodisch* oder *stationär* betrieben werden kann. Durch (2) wird auch zum Ausdruck gebracht, dass beim Temperaturausgleich zwischen zwei Körpern (Einstellung des thermischen Gleichgewichts, siehe Abschnitt 2.1 und Beispiel 6.3) Wärme stets vom Körper höherer absoluter Temperatur auf den Körper niedrigerer absoluter Temperatur übertragen wird.

Beispiel 7.1: *Schmidt'scher Apparat*
Im Schmidt'schen Apparat wird die Arbeit, die von einem Gas an einem beweglichen Kolben verrichtet wird, über ein Zahnstangen/Zahnrad–Getriebe auf eine Kurvenscheibe übertragen, um einen an der Kurvenscheibe mit einem Seil befestigten Körper (Gewicht F_G) zu heben (Bild 7.4). Reibungskräfte an Kolben und Getriebe seien ebenso zu vernachlässigen wie das Gewicht von Kolben samt Kolbenstange und das Drehmoment der Kurvenscheibe.

a) Welcher reversible Prozess muss mit einem idealen Gas ausgeführt werden, um die zugeführte Wärme Q_{12} vollständig in Arbeit umzuwandeln?

b) Man stelle den Prozess in einem p,V–Diagramm dar und diskutiere, bei welchem Zustand der Prozess spätestens beendet werden muss.

c) Welche Form muss die Kurvenscheibe haben?

7.2 Zweiter Hauptsatz 109

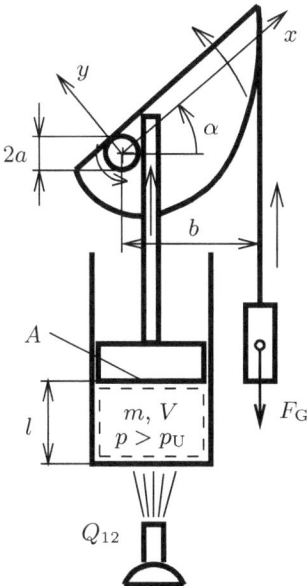

Bild 7.4: Schmidt'scher Apparat zur vollständigen Umwandlung von Wärme in Arbeit.

Lösung:

a) Wärme wird vollständig in Arbeit umgewandelt, wenn die innere Energie $U = U(T)$ des idealen Gases konstant bleibt. Der Prozess muss daher *isotherm* sein.

b) Siehe Bild 7.5. Wenn der Druck des Gases im Zylinder bis auf den Umgebungs-

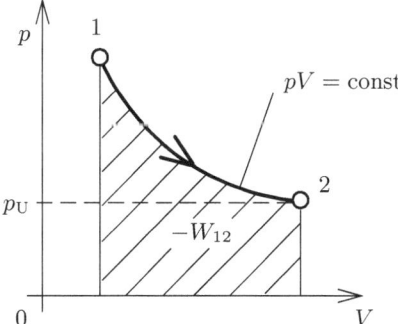

Bild 7.5: Zustandsänderung und Arbeit für den Schmidt'schen Apparat mit idealem Gas.

druck p_U abgenommen hat, wird die Kolbenstangenkraft null und der Prozess kann nicht weiter fortgeführt werden.

c) Aus dem Momentengleichgewicht ergibt sich der Abstand des geraden Seils von der Drehachse zu $b = Aa(p - p_U)/F_G$ (Kolbenfläche A, Zahnradradius a). Mit $V = Al$ erhält man aus der idealen Gasgleichung für $T =$ const den Gasdruck $p = p_1 l_1 / l = p_1/(1 + a\alpha/l_1)$ (Ausgangszustand 1, Drehwinkel α). In einem scheibenfesten Koordinatensystem x, y ist die Kontur der Scheibe die Einhüllende der um $-\alpha$ gedrehten Seilgeraden. Man erhält die Parameterdarstellung der Kurve (Parameter α): $x/L = K\varphi^2 \sin\alpha + (\varphi - P)\cos\alpha$; $y/L = K\varphi^2 \cos\alpha - (\varphi - P)\sin\alpha$, mit $L = p_1 A a / F_G$, $K = a/l_1$, $\varphi = (1 + K\alpha)^{-1}$ und $P = p_U/p_1$.

7.3 Thermischer Wirkungsgrad und thermische Leistungszahlen

7.3.1 Definitionen

(1) Die Güte des Kreisprozesses einer Wärmekraftmaschine (Wärmekraftanlage) wird durch den *thermischen Wirkungsgrad*

$$\boxed{\eta = \frac{|W_\circ|}{Q_z} = 1 - \frac{|Q_a|}{Q_z}} \tag{7.2}$$

charakterisiert.

(2) Die Güte des Kreisprozesses einer Wärmepumpe bzw. Kältemaschine wird durch die *thermischen Leistungszahlen*

$$\boxed{\varepsilon_W = \frac{|Q_a|}{W_\circ}; \quad \varepsilon_K = \frac{Q_z}{W_\circ}} \tag{7.3}$$

charakterisiert.

Bemerkungen

– Thermischer Wirkungsgrad und thermische Leistungszahlen sind definiert als Verhältnis von „Nutzen" zu „Aufwand".

– Mittels der Energiebilanz (7.1) kann in (7.3) $W_\circ$ durch $|Q_a| - Q_z$ ersetzt werden. Hieraus folgt, dass $\varepsilon_W > 1$.

Beispiel 7.2: *Wirkungsgrad eines Carnotprozesses mit idealem Gas konstanter spezifischer Wärmekapazitäten*
Gegeben sind die konstanten Temperaturen T_z und T_a ($T_a < T_z$) von zwei Energiespeichern. Man berechne den thermischen Wirkungsgrad η_c einer Wärmekraftmaschine, die einen Carnot'schen Kreisprozess mit einem idealen Gas konstanter spezifischer Wärmekapazitäten als Arbeitsmedium ausführt und die beiden Energiespeicher für den Wärmeaustausch nutzt.
Lösung: Mit $u = u(T)$ für ideale Gase folgt $du = 0$ für die isotherme Wärmezufuhr und die isotherme Wärmeabgabe. Die Energiebilanz (5.33) lautet daher $d_e q = p\,dv$, woraus sich mit der idealen Gasgleichung (3.2)

$$q_z = RT_z \ln(v_2/v_1); \quad |q_a| = RT_a \ln(v_3/v_4)$$

ergibt. Die spezifischen Volumina v_1 und v_4 einerseits, sowie v_2 und v_3 andererseits, sind über die Isentropenbeziehung (6.29b) mit den Temperaturen T_z und T_a ver-

7.3 Thermischer Wirkungsgrad und thermische Leistungszahlen

knüpft, vgl. Bild 7.3. Hieraus folgt $v_2/v_1 = v_3/v_4$, so dass

$$\frac{|q_a|}{q_z} = \frac{T_a}{T_z}. \tag{7.4}$$

Damit erhält man aus (7.2) den thermischen Wirkungsgrad

$$\eta = \eta_c = 1 - \frac{T_a}{T_z}. \tag{7.5}$$

Beispiel 7.3: *Leistungszahl eines Carnotprozesses*
Eine Wärmepumpe entzieht der Atmosphäre (Temperatur T_U = const) Wärme, um die Wärmeverluste eines Raumes (Temperatur T_R = const > T_U) auszugleichen. Welche Leistungszahl $\varepsilon_{W,c}$ ergibt sich, wenn die Wärmepumpe einen Carnot'schen Kreisprozess mit einem idealen Gas konstanter spezifischer Wärmekapazitäten als Arbeitsmedium ausführt? Man vergleiche die Zahlenwerte für
a) T_R = 293 K (20 °C), T_U = 273 K (0 °C);
und
b) T_R = 293 K (20 °C), T_U = 253 K (−20 °C).

Lösung: Aus der Definitionsgleichung (7.3) ergibt sich mit der Energiebilanz (7.1)

$$\varepsilon_{W,c} = (1 - q_z/|q_a|)^{-1}, \tag{7.6}$$

und unter Verwendung von (7.4) erhält man

$$\varepsilon_{W,c} = (1 - T_U/T_R)^{-1}. \tag{7.7}$$

Zahlenwerte:

a) $\varepsilon_{W,c} = 14{,}6$;

b) $\varepsilon_{W,c} = 7{,}3$.

Diskussion: Man beachte die starke Temperaturabhängigkeit der Leistungszahlen! Die (ideale) Wärmepumpe gibt im Fall a) fast 15-mal so viel Wärme ab, wie sie (mechanische oder elektrische) Arbeit aufnimmt; im Fall b) ist die Wärmeabgabe nur noch etwa halb so groß.

7.3.2 Carnot–Wirkungsgrad

Aus dem zweiten Hauptsatz (Abschnitt 7.2) folgt:
Für gegebene, konstante Temperaturen T_z und T_a ($T_a < T_z$) hat jeder *reversible* Kreisprozess mit beliebigem Arbeitsmedium einen thermischen Wirkungsgrad, der dem Carnot–Wirkungsgrad

$$\boxed{\eta_c = 1 - \frac{T_a}{T_z}} \tag{7.8}$$

gleich ist, während jeder *irreversible* Kreisprozess einen *kleineren* Wirkungsgrad aufweist.

Herleitung
Es wird eine Wärmekraftmaschine M_c, die einen Carnot'schen Kreisprozess mit einem idealen Gas konstanter spezifischer Wärmekapazitäten ausführt, mit einer anderen Wärmekraftmaschine M verglichen (Bild 7.6a). Gemäß Beispiel 7.2 hat M_c den Wirkungsgrad η_c. Wäre $\eta > \eta_c$, so könnte man M_c als Wärmepumpe arbeiten lassen (der Carnotprozess ist ja reversibel!) und durch geeignete Kopplung mit M ein „Tandem" verwirklichen, das den Energiespeicher mit der Temperatur T_a ($T_a < T_z$) nicht mehr benötigt (Bild 7.6b). Dieses Tandem würde in einem periodischen oder stationären Prozess Wärme vollständig in Arbeit umwandeln. Die Annahme $\eta > \eta_c$ widerspricht daher dem zweiten Hauptsatz (Abschnitt 7.2). Wäre andererseits M eine Maschine, die einen reversiblen Kreisprozess mit $\eta = \eta_{rev} < \eta_c$ ausführt, so würde sich durch Umkehren von M der gleiche Widerspruch mit dem zweiten Hauptsatz ergeben (Bild 7.6c). Widerspruchsfreiheit mit dem zweiten Hauptsatz verlangt daher, dass $\eta_{rev} = \eta_c$. Würde schließlich M einen irreversiblen Kreisprozess mit $\eta = \eta_{irr} = \eta_c$ ausführen, so wären nach Umkehrung von M_c *beide* Energiespeicher überflüssig; d.h., das aus beiden Maschinen bestehende Gesamtsystem würde periodisch in den Ausgangszustand zurückkehren, ohne Veränderungen in der Umgebung zu bewirken - dies widerspricht der Annahme, ein Teilprozess sei irreversibel. Widerspruchsfreiheit mit dem zweiten Hauptsatz verlangt daher, dass $\eta_{irr} < \eta_c$.

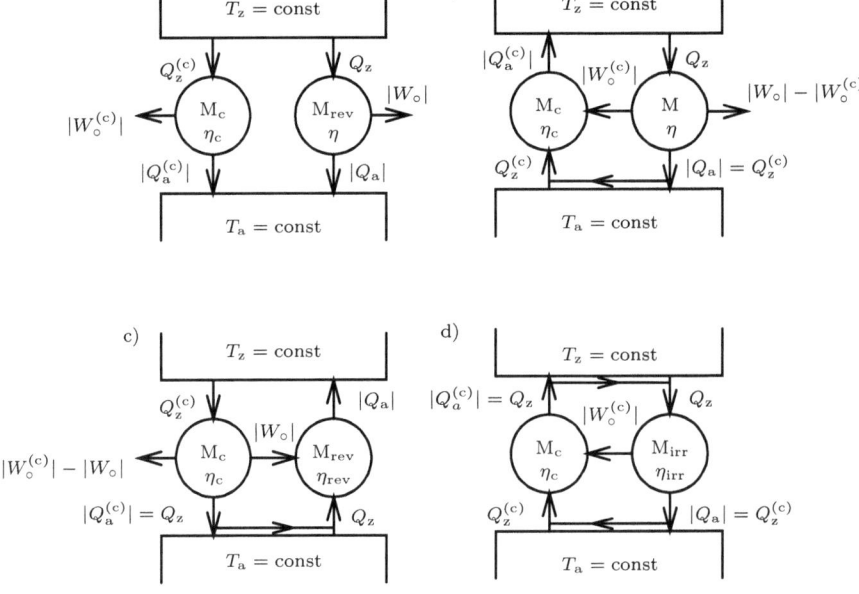

Bild 7.6: Widersprüche mit dem zweiten Hauptsatz durch Umkehrung und Kopplung von Maschinen. a) Wärmekraftmaschine M mit beliebigem Kreisprozess und Arbeitsmedium; Wärmekraftmaschine M_c mit Carnot'schem Kreisprozess und idealem Gas konstanter spezifischer Wärmekapazitäten. b) $\eta > \eta_c$. c) $\eta_{rev} < \eta_c$. d) $\eta_{irr} = \eta_c$.

Beachte:

- Der Carnot–Wirkungsgrad hängt nur vom *Verhältnis* der absoluten Temperaturen T_a und T_z ab.

- Hohe Temperaturen für die Wärmezufuhr und niedrige Temperaturen für die Wärmeabgabe sind vorteilhaft, um hohe thermische Wirkungsgrade zu erzielen.

7.3.3 Carnot–Leistungszahlen

Aus dem zweiten Hauptsatz (Abschnitt 7.2) folgt:
Für gegebene, konstante Temperaturen T_z und T_a ($T_a > T_z$) haben Wärmepumpen bzw. Kältemaschinen, die *reversible* Kreisprozesse mit beliebigen Arbeitsmedien ausführen, Leistungszahlen, die den Carnot–Leistungszahlen

$$\varepsilon_{W,c} = \left(1 - \frac{T_z}{T_a}\right)^{-1} \quad ; \quad \varepsilon_{K,c} = \left(\frac{T_a}{T_z} - 1\right)^{-1} \tag{7.9}$$

gleich sind, während *irreversible* Kreisprozesse *kleinere* Leistungszahlen ergeben.

Die *Herleitung* kann analog zu Abschnitt 7.3.2 unter Verwendung des Ergebnisses von Beispiel 7.3 durchgeführt werden.

7.4 Maximale Arbeit; Exergie und Anergie

Folgerungen aus der universellen Gültigkeit des Carnot–Wirkungsgrades (7.8):

(1) Stehen Energiespeicher mit den konstanten absoluten Temperaturen T_z und T_a zur Verfügung, so kann aus der Wärme Q_z höchstens die *maximale Arbeit* $W_{o,\max}$ gewonnen werden, wobei

$$\boxed{|W_{o,\max}| = \eta_c Q_z = \left(1 - \frac{T_a}{T_z}\right) Q_z.} \tag{7.10}$$

(2) Energie setzt sich entsprechend der Beziehung

$$\boxed{\text{Energie} \;=\; \text{Exergie} \;+\; \text{Anergie}} \tag{7.11}$$

aus zwei Anteilen zusammen. Dabei stellt die *Exergie* jenen Anteil dar, der *unbeschränkt* in andere Energien umwandelbar ist; der Rest ist *Anergie*.

Beachte:

- Arbeit besteht zur Gänze aus Exergie.
- Je höher der Exergie–Anteil, umso „wertvoller" ist die Energie in Hinblick auf mögliche Umwandlung in Arbeit.
- Der Exergie–Anteil von Wärme ergibt sich aus der maximalen Arbeit gemäß (7.10) für $T_a = T_U$ (Umgebungstemperatur T_U). Eine gegebene Wärme hat daher einen höheren Exergieanteil, wenn die Temperatur, bei der die Wärme zur Verfügung steht, höher ist.
- Der thermische Wirkungsgrad hängt nicht nur von den Eigenschaften der Maschine, sondern auch von den Temperaturen der Energiespeicher ab. Um die Güte einer Wärmekraftmaschine unabhängig von den Temperaturen der Energiespeicher zu bewerten, verwendet man den *exergetischen Wirkungsgrad* ζ; er ist als das Verhältnis der gewonnen Arbeit $|W_o|$ zu der mit Q_z zugeführten Exergie definiert. Für

eine reversibel arbeitende Maschine erreicht der exergetische Wirkungsgrad den Höchstwert $\zeta = 1$.

Beispiel 7.4: *Kalorisches Meereskraftwerk* (Bild 7.7).
In tropischen Meeren beträgt die mittlere Oberflächentemperatur des Wassers etwa 28 °C, während in einigen hundert Metern Tiefe nur noch eine Temperatur von etwa 10 °C herrscht.

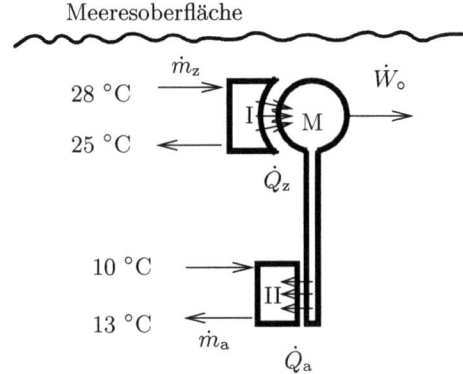

Bild 7.7: Kalorisches Meereskraftwerk. M ... Maschinensatz, z.B. Dampfturbine und Pumpe. I, II ... Wärmetauscher, z.B. Verdampfer und Kondensator.

a) Wie groß ist höchstens der thermische Wirkungsgrad eines Kraftwerks, das zwischen diesen Temperaturniveaus arbeitet?

b) Welchen Wert erhält man, wenn man berücksichtigt, dass zur Übertragung der Wärme vom Meerwasser auf das Arbeitsmedium und umgekehrt Temperaturdifferenzen von jeweils 3 °C notwendig sind?

c) Welche Wärme $\dot{Q}_z$ muss mindestens pro Zeiteinheit zugeführt werden, um eine Kraftwerksleistung $|\dot{W}_\circ| = 100$ MW zu erzielen?

d) Welcher Massenstrom von Meerwasser ($c_p = 4$ kJ/kg K) wird zur Wärmezufuhr benötigt?

Lösung:

a) $\eta_c = 1 - \frac{273+10}{273+28} = 0{,}060$, d.h. 6,0%.

b) $\eta_c = 1 - \frac{273+10+3}{273+28-3} = 0{,}040$, d.h. 4,0%.

c) $\dot{Q}_z = \frac{100}{0{,}040}$ MW = 2,5 GW.

d) $\dot{m}_z = \frac{2{,}5 \cdot 10^9}{4 \cdot 10^3 \cdot (28-25)} = 2{,}08 \cdot 10^5$ kg/s = 208 t/s.

Bemerkung: Wegen des kleinen thermischen Wirkungsgrades ist ein sehr hoher Massenstrom von Meerwasser erforderlich, um die (mäßige) Leistung von 100 MW zu erzielen.

7.5 Satz von Clausius

Vorbemerkung

Ein Vergleich von (7.8) mit (7.2) zeigt, dass

$$\frac{Q_z}{|Q_a|} \leq \frac{T_z}{T_a} \qquad (7.12)$$

für einen irreversiblen ($<$) bzw. reversiblen ($=$) Kreisprozess, bei dem die Wärmezufuhr bzw. Wärmeabgabe bei *konstanten* Temperaturen T_z und T_a stattfindet. Im Folgenden wird diese Gesetzmäßigkeit auf Kreisprozesse mit Wärmezufuhren und Wärmeabgaben bei veränderlichen Temperaturen verallgemeinert.

Satz von Clausius

Wird mit einem *geschlossenen* System ein Kreisprozess ausgeführt, so gilt

$$\boxed{\oint \frac{d_e Q}{T} \leq 0 \text{ für } \left\{\begin{array}{c} \text{irreversible} \\ \text{reversible} \end{array}\right\} \text{Prozesse.}} \qquad (7.13)$$

Dabei bedeutet T die absolute Temperatur, bei der die infinitesimal kleine Wärme $d_e Q$ zu– oder abgeführt wird. Der Wert des Ringintegrals, das über den ganzen Kreisprozess zu erstrecken ist, ist negativ für *irreversible* Kreisprozesse und null für *reversible* Kreisprozesse.

Herleitung
Im p,V-Diagramm (Bild 7.8) sei ein *reversibler*, ansonsten beliebiger Kreisprozess für ein geschlossenes System gegeben. Ersetzt man den Kreisprozess derart durch eine Folge von Carnotprozessen, dass sich diejenigen Teile der Isentropen, die zwei benachbarten Carnotprozessen gemeinsam sind, wegheben, so ergibt sich der in Bild 7.8 gezeigte, sägezahnartige Verlauf des Ersatzkreisprozesses. Für den i-ten Carnotprozess ($i = 1, 2, 3, ...$) gilt entsprechend (7.12)

$$\frac{Q_{z,i}}{T_{z,i}} + \frac{Q_{a,i}}{T_{a,i}} = 0, \qquad (7.14)$$

so dass auch die Summe verschwindet:

$$\sum_i \left(\frac{Q_{z,i}}{T_{z,i}} + \frac{Q_{a,i}}{T_{a,i}} \right) = 0. \qquad (7.15)$$

Durch Erhöhung der Anzahl der Carnotprozesse lässt sich der gegebene Kreisprozess beliebig genau approximieren. Beim Grenzübergang zu unendlich vielen Carnotprozessen werden die (positiven) Wärmezufuhren und die (negativen) Wärmeabgaben zu infinitesimal kleinen Größen $d_e Q$, und die Summe von (7.15) geht in das Ringintegral von (7.13) über. In entsprechender Weise wird ein beliebiger *irreversibler* Kreisprozess durch eine Folge von Kreisprozessen ersetzt, die - wie die Carnotprozesse im reversiblen Fall – isotherme Wärmezufuhren und Wärmeabgaben aufweisen. Die isothermen Wärmezufuhren sind mit den isothermen Wärmeabgaben durch (nicht notwendigerweise reversible) Adiabaten zu verbinden, wobei mindestens einer dieser Ersatzprozesse irreversibel sein muss. Als Ergebnis des Grenzübergangs erhält man (7.13).

Beachte:

- In (7.13) bedeutet T die Temperatur des Energiespeichers, mit dem das System die infinitesimale Wärme $d_e Q$ austauscht. Nur für reversible Prozesse stimmen die Temperaturen von Energiespeicher und System stets überein. Bei irreversiblen Prozessen ist die Temperatur des Systems oft gar nicht einheitlich; man denke etwa an Überströmprozesse (Bild 1.9) oder an wärmeleitende Körper (Bild 8.9).

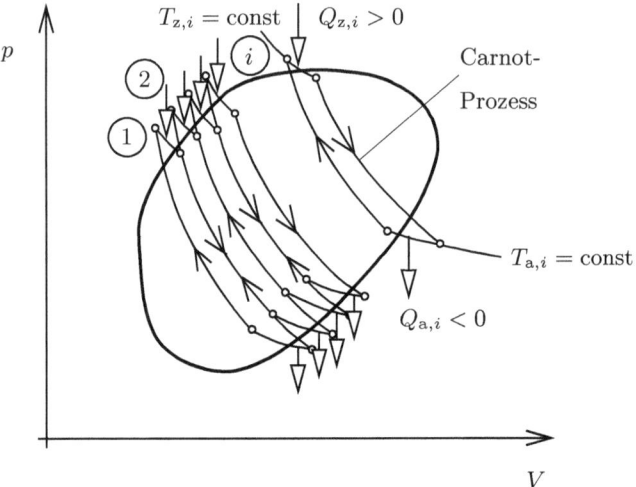

Bild 7.8: Ersatz eines beliebigen reversiblen Kreisprozesses durch eine Folge von Carnotprozessen.

7.6 Fragen

Frage 7.1: Skizzieren Sie in einem p, v-Diagramm die Zustandsänderungen eines idealen Gases, das in einer Wärmekraftmaschine einen Carnotprozess durchläuft.

Frage 7.2: Was versteht man unter einem Kreisprozess?

Frage 7.3: Welche Einschränkungen ergeben sich auf Grund des zweiten Hauptsatzes für periodisch arbeitende Maschinen?

Frage 7.4: Welche Auswirkungen hat der zweite Hauptsatz auf den Wirkungsgrad von Kreisprozessen?

Frage 7.5:

a) In welche Anteile kann die Wärme Q, die bei einer Temperatur T, die größer als die Umgebungstemeratur T_U ist, zur Verfügung steht, auf Grund des zweiten Hauptsatzes aufgespalten werden?

b) Wie können diese Anteile für gegebene Temperaturen berechnet werden?

7.7 Aufgaben

Aufgabe 7.1: Ein Erfinder behauptet, eine periodisch arbeitende Maschine entwickelt zu haben, die bei Entnahme von 1 kJ Wärme aus einem Reservoir mit der Temperatur 267 °C und Kontakt mit einem weiteren Reservoir mit der Temperatur 27 °C 450 J Arbeit abgeben kann. Ist dies möglich?

Aufgabe 7.2: Ein geschlossener Kunststoffbehälter (Kühl-Akku; Masse $m_K = 0{,}05$ kg; spezifische Wärmekapazität $c_K = 1{,}5$ kJ/kgK) vernachlässigbarer Volumenausdehnung enthält 0,2 kg Wasser ($c_F = 4{,}19$ kJ/kgK; $c_{Eis} = 2{,}1$ kJ/kgK; Schmelzenthalpie $l = 333$ kJ/kg), welches bei der Anfangstemperatur $\vartheta_U = 20$ °C flüssig ist. Der Kühl-Akku wird in einem durch eine Carnotmaschine betriebenen Gefrierschrank (Umgebungstemperatur $\vartheta_U = 20$ °C, Innenraumtemperatur $\vartheta_K = -15$ °C) bei 1 bar Druck bis zum thermischen Gleichgewicht mit dem Innenraum abgekühlt und eingefroren. Wieviel kostet diese Zustandsänderung mindestens, wenn der Preis für die der Carnotmaschine zugeführte elektrische Arbeit ct 9,5 je kWh beträgt?

7.7 Aufgaben

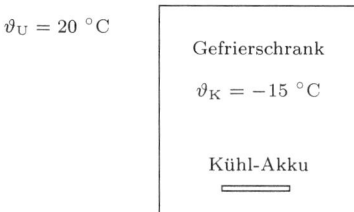
$\vartheta_U = 20\ °C$

Aufgabe 7.3: Eine Carnotmaschine arbeitet zwischen einem Körper (Masse $m = 100$ kg, $c = 4{,}19$ kJ/kgK, Ausgangstemperatur $\vartheta_0 = 100\ °C$) und der Umgebung (Umgebungstemperatur $\vartheta_1 = 10\ °C$). Wieviel Arbeit kann mittels der Carnotmaschine bei dieser Anordnung maximal gewonnen werden? (*Hinweis*: Bestimmen Sie zunächst die differentielle Arbeit $d_e W$ bei einer differentiellen Temperaturänderung dT des Körpers.)

Aufgabe 7.4: Um in einer Gefriertruhe eine Temperatur von $-25\ °C$ aufrechtzuerhalten, muss dem Kühlgut ein Wärmestrom $\dot{Q} = 1$ kW entzogen werden. Umgebungstemperatur: $20\ °C$.
a) Bestimmen Sie die maximal mögliche Leistungszahl der Kältemaschine und die Arbeit, die zur Kühlung pro Sekunde mindestens aufgebracht werden muss.
b) Welche Wärme muss in diesem Fall pro Sekunde an die Umgebung abgeführt werden?

Aufgabe 7.5: Wieviel Arbeit kann mit Hilfe einer Carnotmaschine höchstens gewonnen werden, wenn der Umgebung ($\vartheta_U = 20\ °C$) Wärme entzogen wird und für die Wärmeabgabe 1 kg Eis mit einer Anfangstemperatur $\vartheta_1 = 0\ °C$ bei einem Umgebungsdruck von 1 bar zur Verfügung steht?

Aufgabe 7.6: In einem Kraftwerk werden bei der Verbrennung von einem Kilogramm Heizöl 40 MJ Energie in Form von Wärme frei ($H_B = 40$ MJ/kg). Die Heizwärme wird dem verwendeten Kreisprozess bei $500\ °C$ zugeführt. Die Abwärme wird an einen Fluss bei einer Wassertemperatur von $\vartheta_U = 20\ °C$ abgegeben.
a) Wieviel kg Heizöl müssen pro Stunde mindestens verbrannt werden, um die elektrische Leistung von 750 MW zu erhalten?
b) Um wieviel Grad Celsius steigt die Temperatur des Flusswassers mindestens, wenn pro Sekunde $1000\ m^3$ Wasser am Kraftwerk vorbeiströmen?

Aufgabe 7.7: Ein gegen die Umgebung isolierter Behälter ist durch eine adiabate Trennwand in zwei Kammern geteilt. Jede Kammer enthält 1 kg derselben Flüssigkeit ($c = $ const), jedoch mit unterschiedlichen Anfangstemperaturen $T_{1,0}$ und $T_{2,0}$. Die Umgebungstemperatur T_U sei konstant.
a) Wieviel Arbeit w_1 kann mit Hilfe zweier Carnotmaschinen gewonnen werden?
b) Wieviel Arbeit w_2 kann gewonnen werden, wenn die Trennwand, deren Volumen vernachlässigbar sein soll, entfernt wird und thermisches Gleichgewicht eintritt, bevor die Carnotmaschinen in Betrieb genommen werden? (Begründen Sie den Unterschied zwischen w_1 und w_2.)

Aufgabe 7.8: 5 kg Wasser mit konstanter spezifischer Wärmekapazität haben im Ausgangszustand (Zeit $t = 0$) Umgebungstemperatur ($T_U = 295$ K). Das Wasser wird anschließend mit Hilfe einer Kältemaschine, die einerseits mit dem Wasser, andererseits mit der Umgebung Wärme austauscht, isobar abgekühlt.
a) Welcher minimale differentielle Arbeitsbetrag $d_e W$ ist aufzuwenden, um dem Wasser bei der Temperatur $T = T(t)$ die differentielle Wärmemenge $d_e Q$ zu entziehen?
b) Wieviel Arbeit muss mindestens aufgewendet werden, um die Temperatur des Wassers auf $T_1 = 280$ K zu senken?

Aufgabe 7.9: Eine zwischen der Umgebung und dem Kühlraum einer Gefriertruhe (Oberfläche $A = 2\ m^2$) arbeitende Carnot-Kältemaschine sorgt dafür, dass die Kühlraumtemperatur trotz der durch die Wände strömenden Wärme konstant bleibt. Der Wärmestrom kann durch die Gleichung $\dot{Q} = (A\lambda/d)\Delta T$ beschrieben werden (Wanddicke $d = 2$ cm, Wärmeleitfähigkeit $\lambda = 0{,}25$ W/mK, Temperaturdifferenz ΔT). Welche Kühlraumtemperatur ϑ_K (= Temperatur der Wandinnenseite) stellt sich ein, wenn bei einer Umgebungstemperatur von $\vartheta_U = 20\,°C$ (= Temperatur der Wandaußenseite) der Carnotmaschine pro Sekunde 200 J an elektrischer Arbeit zugeführt werden?

Aufgabe 7.10: Ein fester Körper mit der Wärmekapaziät C wird mit einer als Kältemaschine betriebenen Carnotmaschine ausgehend von der Umgebungstemperatur T_U auf die Temperatur T_0 abgekühlt. Die Antriebsleistung der Kältemaschine sei P. Berechnen Sie, wie lange es dauert, bis die Temperatur T_0 erreicht wird.

Aufgabe 7.11: In einem Wohnhaus soll zur Aufbereitung von Warmwasser eine Carnotmaschine als Wärmepumpe verwendet werden. Man berechne die elektrische Arbeit, die notwendig ist, 80 kg Wasser mittels der elektrisch angetriebenen Carnotmaschine von 20 °C auf 80 °C zu erwärmen, wenn als Wärmereservoir das umgebende Erdreich mit einer Temperatur von $\vartheta_E = 5\,°C$ dient. Wie groß ist die Ersparnis gegenüber gewöhnlichem Aufheizen des Wassers mittels einer elektrischen Heizung, wenn die Kilowattstunde Strom ct 12,4 kostet?

Aufgabe 7.12: Berechnen Sie die minimal erforderliche Arbeit, die einem Kühlschrank zugeführt werden muss um 1 kg Wasser mit einer Temperatur $\vartheta_1 = 20\,°C$ und einem Druck $p_1 = 1$ bar in Eis mit einer Temperatur $\vartheta_2 = 0\,°C$ und gleichem Druck umzuwandeln. Die Umgebungstemperatur beträgt $\vartheta_U = 20\,°C$.

Aufgabe 7.13: Ein Kühlschrank mit 100 W elektrischer Leistung ist für eine Kühlraumtemparatur von 4 °C ausgelegt. Er befindet sich in einem luftgefüllten, ansonsten leeren, geschlossenen Raum ($V = 25$ m^3), dessen Wände als adiabat angenommen werden können. Der Kühlschrank ist leer, seine Tür ist jedoch versehentlich offen geblieben. Welche mittlere Temperatur herrscht nach einer Stunde, wenn die Anfangstemperatur und der Druck der Luft im ganzen Raum einheitlich $\vartheta_1 = 20\,°C$ bzw. $p_1 = 1$ bar waren? (*Hinweis*: Die Wärmeübertragung zwischen Luft und den Wänden des Kühlschranks ist so schwach, dass der Kühlschrank selbst seine Temperatur nicht wesentlich ändert.)

Aufgabe 7.14: + Eine Carnot-Wärmekraftmaschine arbeitet zwischen einem Energiespeicher 1 mit der Temperatur $T_1 = 670$ K und einem endlichen Körper der Temperatur $T' = 220$ K. Die Temperatur dieses Körpers wird mittels einer Carnot-Wärmepumpe konstant gehalten. Die Wärmepumpe führt ihre Abwärme einem Energiespeicher 2 mit der Temperatur $T_2 = 270$ K zu und wird mit einem Teil der von der Wärmekraftmaschine verrichteten Arbeit W_{WK} betrieben. Wie groß ist die Prozessnettoarbeit W, die der Wärmepumpe zugeführte Arbeit W_{WP} und die von der Wärmekraftmaschine verrichtete Arbeit W_{WK}, wenn der Wärmekraftmaschine $Q_1 = 100$ kJ Wärme zugeführt werden?

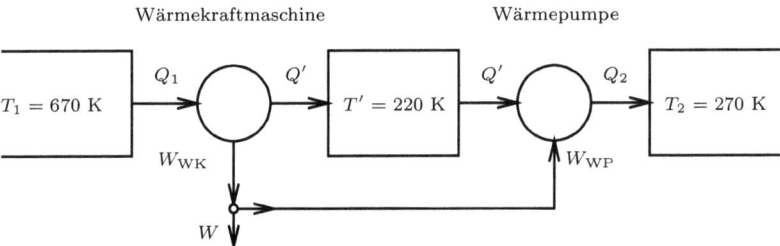

Aufgabe 7.15: Gegeben ist ein Behälter, in dem sich ein ideales Gas (gegebene, konstante Stoffwerte c_p, c_v) der Masse m_0 bei Umgebungstemperatur $T_0 = T_U$ befindet. Die Feder, die den reibungsfrei beweglichen Kolben niederdrückt, besitzt eine lineare Kennlinie ($F = kx$). Die Feder ist entspannt, wenn der Kolben (Kolbenfläche A) am Boden aufliegt. Der Umgebungsdruck und das Gewicht des Kolbens sind zu vernachlässigen.
a.) Wie groß ist L_0?

7.7 Aufgaben

b.) Welche Wärmemenge Q_{01} muss dem Gas zugeführt werden, damit der Kolben bis zur Auslassöffnung in den Zustand 1 hinaufgedrückt wird?

c.) Wieviel Arbeit W_{max} lässt sich aus dem Zylinderinhalt ausgehend vom Zustand 1 maximal gewinnen (Umgebungstemperatur T_U)?

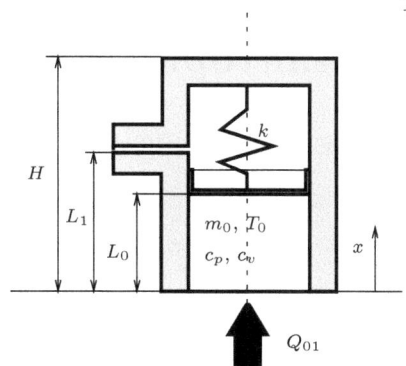

Aufgabe 7.16: Die Dampfturbine eines kalorischen Kraftwerks arbeite zwischen den Temperaturniveaus des Dampferzeugers (mittlere Temperatur: $\vartheta_{DE} = 313\ °C$) und eines flusswassergekühlten Kondensators ($\vartheta_K = 20\ °C$). Die Nutzleistung des Kraftwerks sei $P = 750$ MW. Berechnen Sie:

a) Den maximal möglichen thermischen Wirkungsgrad η_{max} des Kraftwerks und die diesem Wirkungsgrad entsprechende, an das Flusswasser abzuführende Wärme.

b) Wieviel Wärme muss an das Flusswasser abgeführt werden, wenn der tatsächliche Wirkungsgrad des Kraftwerks 60% des Maximalwertes beträgt?

c) Wie groß ist die Temperaturerhöhung des Flusswassers, wenn pro Sekunde 165 m³ Wasser am Kraftwerk vorbeiströmen?

Aufgabe 7.17: Das Arbeitsmittel einer Kaltluftmaschine nimmt Wärme isobar beim Druck $p_0 = 1$ bar auf, wird auf $p_1 = 4$ bar isentrop verdichtet, gibt Wärme isobar ab und expandiert anschließend isentrop auf p_0. Die Kühlraumtemperatur (ϑ_K) beträgt $-10\ °C$ und die Umgebungstemperatur (ϑ_U) 20 °C. Berechnen Sie für jeweils 1 kg Luft

a) die maximale Kälteleistung (= dem Kühlraum entzogene Wärme);
b) die hierzu erforderliche Antriebsarbeit;
c) die dabei an die Umgebung abzuführende Wärme;
d) die Leistungszahl.

Aufgabe 7.18: + Vor dem Einbau in ein Wohnhaus sollen eine konventionelle Zentralheizungsanlage und eine Wärmepumpe hinsichtlich des Bedarfes an Primärenergie miteinander verglichen werden. Beide Anlagen sollen den Heizwärmestrom $\dot{Q}_H = 30$ kW liefern. Während die Zentralheizung mit einem Wirkungsgrad $\eta_{ZH} = 0{,}80$ arbeitet ($\dot{Q}_H = \eta_{ZH}\dot{Q}_B$), wird die zum Betrieb der Wärmepumpe nötige Antriebsleistung P in einem Wärmekraftwerk mit dem Wirkungsgrad $\eta_{KW} = 0{,}36$ erzeugt ($P = \eta_{KW}\dot{Q}_B$), wobei $\dot{Q}_B$ jeweils den bei der Verbrennung des fossilen Brennstoffes frei werdenden Primärenergiestrom angibt. Als Wärmequelle für die Wärmepumpe steht die Umgebung mit $\vartheta_U = 5\ °C$ zur Verfügung. Das Kältemittel R114 durchläuft ausgehend vom Sattdampf bei $0°C$ als Anfangszustand 1 den folgenden Kreisprozess:

1 → 2: irreversible adiabate Kompression auf $p_2 = 3$ bar; $\vartheta_2 = 39{,}7\ °C$; $h_2 = 582{,}9$ kJ/kg;
2 → 3: isobare Wärmeabgabe an Wohnraum bis vollständiger Kondensation des Kältemittels;
3 → 4: adiabate Drosselung;
4 → 1: isobare Wärmezufuhr aus Umgebung bis zum gesättigten Dampfzustand 1.

Auszug aus der Dampftafel des Kältemittels R114:

ϑ [°C]	p [bar]	v' [dm³/kg]	v'' [m³/kg]	h' [kJ/kg]	h'' [kJ/kg]
0	0,896	0,654	0,149	418,55	556,63
35,1	3,000	0,702	0,0482	455,01	579,82

a) Ermitteln Sie den Dampfgehalt und die spezifische Enthalpie nach dem Drosselvorgang.
b) Geben Sie das Verhältnis der spezifischen Volumina vor und nach dem Drosselvorgang an.
c) Welche Wärmemenge bezogen auf 1 kg Arbeitsmedium wird der Umgebung entzogen?
d) Welche Arbeit bezogen auf 1 kg Arbeitsmedium muss vom Verdichter verrichtet werden?
e) Berechnen Sie die Leistungszahl der Wärmepumpe.
f) Wie groß müßte die Leistungszahl mindestens sein, damit der Primärenergieverbrauch für die Wärmepumpe günstiger wäre als für die Zentralheizung?

8 Entropie

8.1 Entropiebegriff und zweiter Hauptsatz

Unter Verwendung des Begriffs der Entropie kann der zweite Hauptsatz folgendermaßen in zwei Teilaussagen formuliert werden:

(1) Für ein geschlossenes System, mit dem ein *reversibler* Prozess ausgeführt wird, ist durch

$$\boxed{S_2 - S_1 = \int_{\substack{1\to 2 \\ \text{rev}}} \frac{d_e Q}{T}} \tag{8.1}$$

die *Entropie* S definiert; sie ist eine *extensive Zustandsgröße*. (Physikalische Einheit: 1 J/K).

(2) Für ein geschlossenes System, mit dem ein *irreversibler* Prozess ausgeführt wird, gilt

$$\boxed{S_2 - S_1 > \int_{\substack{1\to 2 \\ \text{irrev}}} \frac{d_e Q}{T}}. \tag{8.2}$$

Dabei bedeutet T die absolute Temperatur des Energiespeichers, aus dem die Wärme $d_e Q$ dem System zugeführt wird, und die Integrationen sind über den Prozess mit Ausgangszustand 1 und Endzustand 2 zu erstrecken.

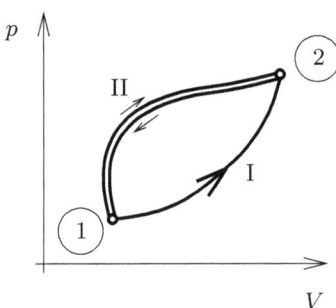

Bild 8.1: Reversible Prozesse I und II (geschlossenes System).

Begründung

Zu (1): Betrachtet man zwei verschiedene, *reversible* Prozesse I und II, die jeder für sich das System vom Zustand 1 in den Zustand 2 überführen (Bild 8.1), so kann man durch Umkehren eines der beiden Prozesse einen reversiblen Kreisprozess konstruieren, für den der Clausius'sche Satz (7.13) die Gleichung

$$\int_{\substack{1\to 2 \\ I}} \frac{d_e Q}{T} + \int_{\substack{2\to 1 \\ II}} \frac{d_e Q}{T} = 0 \tag{8.3a}$$

liefert. Hieraus folgt durch Vertauschen der Integrationsgrenzen

$$\int_{\substack{1\to 2 \\ I}} \frac{d_e Q}{T} = \int_{\substack{1\to 2 \\ II}} \frac{d_e Q}{T}, \tag{8.3b}$$

8.1 Entropiebegriff und zweiter Hauptsatz

d.h. die Integrale sind vom Prozess (Integrationsweg) unabhängig. Die durch (8.1) definierte Größe S hängt daher bei gegebenen Zuständen 1 und 2 nicht vom Prozess ab; sie ist eine *Zustandsgröße*. Da sich die gesamte Wärmezufuhr aus den Wärmezufuhren an Teilsysteme additiv zusammensetzt, ist die Zustandsgröße S *extensiv*.

Zu (2): Führt man das System, nachdem es in einem *irreversiblen* Prozess den Zustand 2 erreicht hat, mit einem *reversiblen* Prozess in den Ausgangszustand 1 zurück, so hat das System insgesamt einen *irreversiblen* Kreisprozess ausgeführt (Bild 8.2). Aus (7.13) folgt

$$\int_{\substack{1\to 2\\\text{irrev}}} \frac{\mathrm{d}_e Q}{T} + \int_{\substack{2\to 1\\\text{rev}}} \frac{\mathrm{d}_e Q}{T} < 0. \tag{8.4}$$

Gemäß (8.1) entspricht das zweite Integral in (8.4) der Entropiedifferenz $S_1 - S_2$, woraus sich (8.2) ergibt.

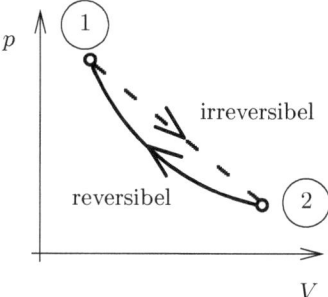

Bild 8.2: Irreversibler Kreisprozess (zusammengesetzt aus einem irreversiblen und einem reversiblen Prozess).

Umformungen

a) Für infinitesimal kleine Zustandsänderungen lassen sich (8.1) und (8.2) als

$$\boxed{\mathrm{d}S = \frac{\mathrm{d}_e Q}{T}} \quad \text{(geschlossenes System, *reversibler* Prozess)} \tag{8.5}$$

bzw.

$$\boxed{\mathrm{d}S > \frac{\mathrm{d}_e Q}{T}} \quad \text{(geschlossenes System, *irreversibler* Prozess)} \tag{8.6}$$

schreiben.

b) Mit m als Masse des Systems ergibt sich die *spezifische Entropie* s aus $s = S/m$. Physikalische Einheit von s: 1 J/kg K.

c) Mit A als Flächeninhalt der Oberfläche einer Flüssigkeit ergibt sich die auf die Flächeneinheit bezogene Entropie zu $s_\sigma = S/A$, s. (8.36b). Physikalische Einheit von s_σ: 1 J/m^2 K.

Beachte:

- Dass durch (8.1) bzw. (8.5) eine *Zustands*größe definiert wird, ist alles andere als trivial – die rechten Gleichungsseiten enthalten ja die *Prozess*größe Wärme!

- *Reversibel-adiabate* Prozesse geschlossener Systeme verlaufen gemäß (8.5) bei konstanter Entropie; diese Prozesse sind *isentrop* (vgl. Abschnitt 5.1.5 und Beispiel 6.5). *Irreversibel-adiabate* Prozesse geschlossener Systeme sind gemäß (8.6) mit *Entropiezunahme* verknüpft; vgl. auch die Beispiele 8.5 bis 8.7.

8.2 $T, S-$ und $T, s-$Diagramm

(1) Für *einfache* Systeme lassen sich thermodynamische Gleichgewichtszustände und quasistatische Prozesse in $T, S-$ oder $T, s-$Diagrammen darstellen.

(2) Für ein geschlossenes einfaches System lässt sich eine *reversible* Wärmezufuhr in einem $T, S-$ oder $T, s-$Diagramm als Fläche darstellen, siehe Bild 8.3. Es gilt

$$Q_{12,\text{rev}} = \int_{S_1}^{S_2} T dS; \qquad q_{12,\text{rev}} = \int_{s_1}^{s_2} T ds. \qquad (8.7)$$

Begründung

Zu (1): Auf Grund des zweiten Hauptsatzes ist die Entropie eine Zustandsgröße (siehe Abschnitt 8.1). Für einfache Systeme genügen definitionsgemäß (siehe Abschnitt 1.8) zwei Zustandsgrößen (hier: T und S oder s), um den thermodynamischen Gleichgewichtszustand festzulegen.

Zu (2): (8.7) folgt aus (8.1) durch Umformung.

Beachte:

- Die Anwendung des $T, S-$Diagramms ist nicht auf $p, V-$Systeme beschränkt; auch andere einfache Systeme, z.B. $T, A-$Systeme (Oberflächenspannung), lassen sich auf diese Weise behandeln.

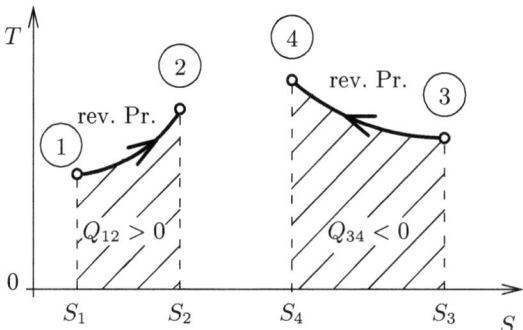

Bild 8.3: Darstellung reversibler Wärmezufuhr als Fläche im $T, S-$Diagramm. (Analog für die Wärmezufuhr pro Masseneinheit, q_{12} bzw. q_{34}, im $T, s-$Diagramm.)

Beispiel 8.1: *Carnotprozess*
Einer Wärmekraftmaschine wird ein Carnot'scher Kreisprozess als Idealisierung zugrunde gelegt (vgl. Abschnitt 7.1.3).

a) Der Kreisprozess ist in einem $T, S-$Diagramm darzustellen.

b) Wie kann der thermische Wirkungsgrad aus dem Diagramm bestimmt werden?

c) Welchen Einfluss hat das Arbeitsmedium auf die Darstellung?

Lösung:

a) siehe Bild 8.4.

b) Die Wärme Q_o, die bei einmaliger, vollständiger Ausführung des reversiblen Kreisprozesses dem System netto zugeführt wird, entspricht dem Inhalt der vom

8.2 T, S– und T, s–Diagramm

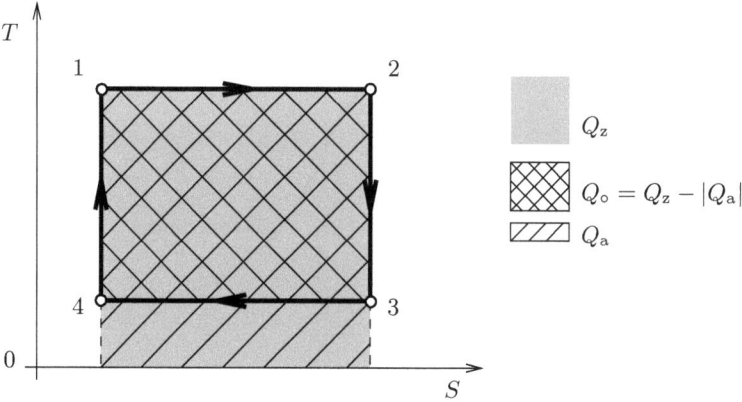

Bild 8.4: Carnot'scher Kreisprozess für Wärmekraftmaschine.

Kreisprozess eingeschlossenen Fläche im T, S–Diagramm. Aus dem ersten Hauptsatz folgt $Q_\circ = |W_\circ|$. Der in (7.2) definierte thermische Wirkungsgrad kann daher als Verhältnis der Flächeninhalte der in Bild 8.4 doppelt schraffierten bzw. gerastert-grauen Flächen bestimmt werden: $\eta = Q_\circ/Q_z$.

c) Keinen.

Beispiel 8.2: *Verdampfungsentropie*
Für einen chemisch reinen Stoff sind die spezifischen Enthalpien der flüssigen und gasförmigen Phasen im Sättigungszustand als Funktion der Temperatur gegeben (vgl. Dampftafeln im Anhang). Man bestimme die Differenz der spezifischen Entropien des Sattdampfes und der siedenden Flüssigkeit (*Verdampfungsentropie*).
Lösung: Da der reversible isobare Verdampfungsvorgang isotherm verläuft (siehe Abschnitt 9.3.2), ergibt sich aus (8.7) mit (5.40) (vgl. Bild 8.5):

$$s'' - s' = r/T = (h'' - h')/T. \tag{8.8}$$

Beispiel 8.3: *Spezifische Entropie von Nassdampf*
Für Nassdampf (Dampf–Flüssigkeits–Gemisch eines chemisch reinen Stoffes) sind im thermodynamischen Gleichgewichtszustand die spezifischen Entropien der Flüssigkeit und des Dampfes als Funktion der Temperatur durch $s'(T)$ und $s''(T)$ gegeben (Dampftafeln, siehe Anhang). Man berechne die spezifische Entropie des Gemisches als Funktion von T mit x als Parameter und stelle die Funktionsbeziehung in einem T, s–Diagramm dar.
Lösung: Wie andere *spezifische* Zustandsgrößen (z.B. v und h) setzt sich auch die *spezifische* Entropie des Gemisches aus den Entropien der Massenanteile der beiden Phasen additiv zusammen, vgl. (1.12) und (5.41):

$$s = (1-x)s' + xs''. \tag{8.9}$$

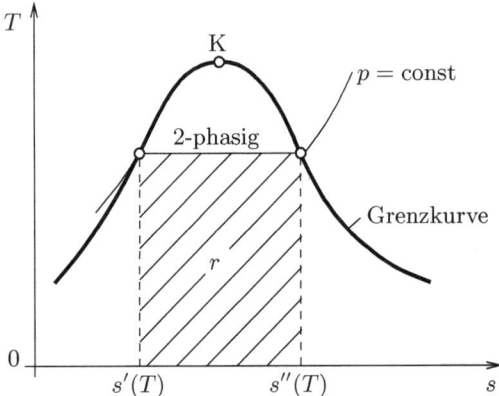

Bild 8.5: Verdampfungsenthalpie r im T, s-Diagramm. (K ... kritischer Punkt.)

Für Linien $x = $ const gilt das in Bild 8.6 dargestellte Hebelgesetz zwischen den Grenzkurven $s = s'(T)$ und $s = s''(T)$, vgl. auch Bild 1.5. Die Linien $x = $ const laufen im kritischen Punkt K zusammen, für den $s'(T) = s''(T)$ wird.

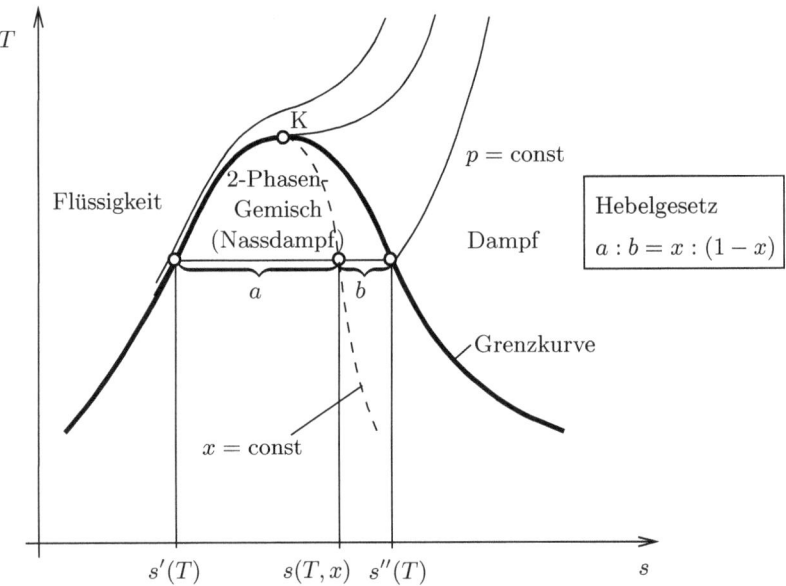

Bild 8.6: T, s–Diagramm für ein System aus Dampf und Flüssigkeit eines reinen Stoffes (Nassdampf) im thermodynamischen Gleichgewicht. (K ... kritischer Punkt.)

Bemerkungen zu Bild 8.6

a) In den einphasigen Bereichen (Dampf bzw. Flüssigkeit) haben die Isobaren im T, s–Diagramm einen positiven Anstieg, weil bei isobarer Wärmezufuhr sowohl Temperatur als auch Entropie zunehmen; vgl. (6.21) und (8.5).

b) Der qualitative Verlauf der Grenzkurve kann bei manchen Stoffen beträchtlich von Bild 8.6 abweichen. Eine Besonderheit, die bei Stoffen mit sehr großen Molmassen auftritt, ist ein

8.3 h, s–Diagramm

Bereich *positiven* Anstiegs des rechten Astes der Grenzkurve (Sattdampf), mit weitreichenden Konsequenzen für das Verhalten solcher Stoffe in technischen Apparaten.

8.3 h, s–Diagramm

(1) Für p, v-Systeme lassen sich thermodynamische Gleichgewichtszustände und quasistatische Prozesse im h, s-Diagramm darstellen.

(2) Im h, s-Diagramm lassen sich als spezifische Enthalpiedifferenz ablesen (Bild 8.7):
   a) *Isobare Wärmezufuhren* pro Masseneinheit, sofern es sich entweder um geschlossene Systeme mit der Volumenänderungsarbeit als einziger Arbeit oder um stationäre Prozesse ohne Verrichtung von technischer Arbeit handelt;
   b) *technische Arbeiten* pro Masseneinheit, sofern es sich um stationäre, adiabate Prozesse handelt.

Begründung

Zu (1): Vgl. Abschnitt 8.2, Begründung zu (1).

Zu (2): Vgl. die Energiebilanzen (5.39) bzw. (5.45) mit $dE/dt = 0$, $\dot{Q} = 0$ und $\dot{H}_{\text{ges}}^{(m)} = \dot{m}\Delta h$.

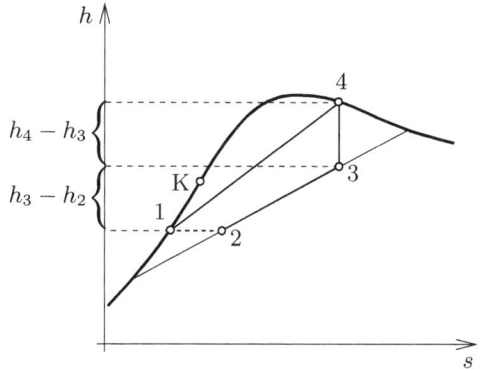

Bild 8.7: h, s–Diagramm für Nassdampf. 1–4, 2–3: $p = $ const und $T = $ const; $q_{23} = h_3 - h_2$; $w_{t,34} = h_4 - h_3$.

8.4 Gibbs'sche Fundamentalgleichung

(1) Für eine quasistatische Zustandsänderung ergibt sich die Entropieänderung dS aus der *Gibbs'schen Fundamentalgleichung*

$$TdS = dU - \sum_i k_i dl_i - \sum_\gamma \mu_\gamma dn_\gamma. \tag{8.10}$$

Dabei bedeuten $k_i \mathrm{d}l_i$ $(i = 1, 2, ...)$ die quasistatischen Arbeiten mit den Arbeitskoeffizienten k_i und den Arbeitskoordinaten l_i. Die Koeffizienten μ_γ vor den Stoffmengenänderungen $\mathrm{d}n_\gamma$ werden als *chemische Potentiale* der Komponenten $\gamma = 1, 2, ...$ bezeichnet.

(2) Im Sonderfall eines geschlossenen p, V–Systems (reinen Stoffes) reduziert sich (8.10) auf

$$\boxed{T\mathrm{d}S = \mathrm{d}U + p\mathrm{d}V = \mathrm{d}H - V\mathrm{d}p\,.} \qquad (8.11)$$

(3) Für die Oberfläche einer Flüssigkeit reduziert sich (8.10) auf

$$T\mathrm{d}S = \mathrm{d}U - \sigma\mathrm{d}A\,. \qquad (8.11\mathrm{a})$$

Bemerkungen

Zu (2): a) Für *reversible* Zustandsänderungen eines p, V–Systems lautet die Energiebilanz

$$\mathrm{d}U = \mathrm{d}_e Q - p\mathrm{d}V\,. \qquad (8.12)$$

Hiermit ergibt sich, dass (8.11) äquivalent zur Entropie–Definitionsgleichung (8.5) ist.

b) Da S eine Zustandsgröße ist, muss

$$\mathrm{d}S = \frac{\mathrm{d}U + p\mathrm{d}V}{T} \qquad (8.13)$$

ein vollständiges Differential sein. Die *absolute Temperatur* T ist daher der *integrierende Nenner* zum (unvollständigen) Differentialausdruck $\mathrm{d}U + p\mathrm{d}V$.

c) Für die Gültigkeit von (8.12) ist notwendig und hinreichend, dass die Zustandsänderung *quasistatisch* ist. Die quasistatische Zustandsänderung eines p, V–Systems erfüllt daher (8.5), d.h. sie ist *reversibel*. Diese Schlussfolgerung gilt allerdings nur, wenn das System als Ganzes eine quasistatische Zustandsänderung ausführt. Bei Beschränkung auf *lokales* thermodynamisches Gleichgewicht (vgl. Abschnitt 1.7.2 und Beispiel 1.8) kann die der Gleichung (8.11) entsprechende Beziehung

$$T\mathrm{d}s = \mathrm{d}u + p\mathrm{d}v = \mathrm{d}h - v\mathrm{d}p \qquad (8.14)$$

lokal auch auf irreversible Prozesse angewandt werden. Zustandsänderungen zufolge Leitung von Wärme oder elektrischem Strom (s. Abschnitt 8.8) seien als Beispiele genannt. (Vgl. jedoch auch die *Ergänzung* am Ende von Abschnitt 1.9.3.)

Zu (1): a) Ausgehend von der Äquivalenz von (8.11) mit der Entropie–Definitionsgleichung (8.5) kann (8.10) als Erweiterung von (8.5) auf offene Systeme mit chemischen Reaktionen aufgefasst werden. Durch diese Erweiterung werden die chemischen Potentiale *definiert*; vgl. auch Abschnitt 8.5.

b) Für $\mathrm{d}n_\gamma$ $(\gamma = 1, 2, ...)$ gelten gemäß Abschnitt 4.2 Bilanzgleichungen der Form $\mathrm{d}n_\gamma = \mathrm{d}_e n_\gamma + \mathrm{d}_i n_\gamma$, wobei $\mathrm{d}_e n_\gamma$ die aus der Umgebung dem (offenen)

8.4 Gibbs'sche Fundamentalgleichung

System zugeführte Stoffmenge [Mole] bedeutet, während $d_i n_\gamma$ die innerhalb des Systems in chemischen Reaktionen erzeugte Stoffmenge darstellt.

c) Die Summation der Beiträge aller Arbeiten ist möglich, weil es sich bei der Entropie um eine extensive Zustandsgröße handelt.

d) Man beachte, dass in der inneren Energie U die Beiträge sämtlicher adiabater Arbeiten gemäß (5.23) zu berücksichtigen sind.

Zu (3): Die Bemerkungen a) und b) zu (2) gelten sinngemäß. Vgl. auch Abschn. 8.6.3.

Beispiel 8.4: *Entropie eines idealen Gases*
Welche Gleichungen beschreiben die Abhängigkeit der spezifischen Entropie eines idealen Gases (allgemein bzw. unter Voraussetzung konstanter spezifischer Wärmekapazitäten) von Temperatur und spezifischem Volumen bzw. Temperatur und Druck?
Lösung: Setzt man (3.2) und (6.23) in (8.11) ein, so ergibt sich nach Integration vom Zustand 1 bis zum Zustand 2 und Division durch die Masse m:

$$s_2 - s_1 = \int_{T_1}^{T_2} \frac{c_v}{T} dT + R \ln \frac{v_2}{v_1} = \int_{T_1}^{T_2} \frac{c_p}{T} dT - R \ln \frac{p_2}{p_1}. \tag{8.15}$$

Für $c_v = $ const und $c_p = $ const lassen sich die Integrale in (8.15) leicht auswerten, mit dem Ergebnis

$$s_2 - s_1 = c_v \ln \frac{T_2}{T_1} + R \ln \frac{v_2}{v_1} = c_p \ln \frac{T_2}{T_1} - R \ln \frac{p_2}{p_1}. \tag{8.16}$$

Beachte:

- In der Gibbs'schen Fundamentalgleichung (8.10) bzw. (8.11) treten ausschließlich Zustandsgrößen auf. Dies hat gegenüber der Entropie–Definitionsgleichung (8.5) den Vorteil, dass durch Integration von (8.10) oder (8.11) *Zustandsgleichungen* für die Entropie gewonnen werden können; als Beispiel vgl. (8.15) und (8.16). Damit lassen sich u.a. Entropieänderungen unabhängig von der Art der Prozesse, welche die Zustandsänderung bewirken, berechnen.

In den folgenden Beispielen 8.5 bis 8.7 werden daher (8.15) und (8.16) angewandt, obwohl die Prozesse nichtstatisch sind und außer der Volumenänderungsarbeit auch eine andere Art von Arbeit (nämlich Wellenarbeit) auftritt. Allerdings wird dabei vorausgesetzt, dass es sich sowohl beim Anfangs– wie beim Endzustand um thermodynamische Gleichgewichtszustände handelt.

Beispiel 8.5: *Propeller im geschlossenen Raum*
In einem Raum mit adiabaten Wänden und konstantem Volumen ist Luft mit der konstanten Masse m eingeschlossen. Die Luft befindet sich anfangs im thermodynamischen Gleichgewichtszustand (Ruhezustand) mit der Temperatur T_1. Dann wird ein im Anfangszustand ruhender Propeller in Drehung versetzt (Bild 5.7). Nach Verrichtung der Wellenarbeit W_{12} wird der Propeller angehalten und die Einstellung eines neuen Gleichgewichtszustands abgewartet. Wie groß ist die Entropieänderung der Luft, wenn die Luft als ideales Gas mit konstanten spezifischen Wärmekapazitäten angesehen werden kann und die Wärmekapazität des Propellers vernachlässigbar ist?
Lösung: Mit (6.25) liefert die Energiebilanz

$$mc_v(T_2 - T_1) = W_{12} > 0. \tag{8.17}$$

Mit $T_2 > T_1$ und $v_2 = v_1$ ergibt sich aus (8.16)

$$S_2 - S_1 = m(s_2 - s_1) = mc_v \ln \frac{T_2}{T_1} > 0. \tag{8.18}$$

Als Folge der *irreversiblen* Umwandlung von Arbeit in innere Energie (dissipativer Prozess) nimmt die Entropie im adiabaten, geschlossenen System zu.

Beispiel 8.6: *Entropieänderung beim Überströmprozess*
Wie groß ist die Änderung der spezifischen Entropie eines idealen Gases, wenn mit dem Gas der in den Beispielen 1.9 und 6.1 beschriebene adiabate Überströmprozess ausgeführt wird?
Lösung: Aus (8.15) folgt mit $T_2 = T_1$ und $v_2 > v_1$

$$s_2 - s_1 = R \ln \frac{v_2}{v_1} > 0. \tag{8.19}$$

Da der Überströmprozess irreversibel ist, ergibt sich eine Entropiezunahme für das adiabate System.

Beispiel 8.7: *Mischungsentropie*
In einem adiabaten Behälter mit dem konstanten Volumen V sind zwei verschiedene ideale Gase (Gaskonstanten R_1, R_2; Massen m_1, m_2) eingeschlossen. Im Ausgangszustand sind die Gase durch eine dünne, gasundurchlässige Membran getrennt und nehmen die Volumina V_1 bzw. V_2 ($V_1 + V_2 = V$) ein (siehe Abschnitt 3.3, Bild 3.1). Sowohl Druck p als auch Temperatur T haben im Ausgangszustand für beide Gase gleiche Werte (mechanisches und thermisches Gleichgewicht). Nach Entfernen der Membran mischen sich die Gase, bis ein thermodynamischer Gleichgewichtszustand erreicht ist. Man berechne die Mischungsentropie, d.i. die Entropiedifferenz $\overline{S} - S$ zwischen Endzustand und Ausgangszustand, und diskutiere das Ergebnis.
Lösung: Für sich allein betrachtet verhält sich jedes der beiden idealen Gase wie in einem adiabaten Überströmprozess (siehe Beispiele 6.1 und 8.6). Die Temperatur T bleibt daher unverändert. Auf Grund des Dalton'schen Gesetzes (3.10) bleibt auch der Druck p unverändert. Da die Entropie eine extensive Zustandsgröße ist, setzt sich $\overline{S} - S$ aus den Entropieänderungen beider Gase additiv zusammen. Mit (8.15) ergibt sich

$$\overline{S} - S = (\overline{S}_1 - S_1) + (\overline{S}_2 - S_2) = m_1 R_1 \ln \frac{V}{V_1} + m_2 R_2 \ln \frac{V}{V_2},$$

und unter Verwendung der idealen Gasgleichung (3.2) folgt

$$\overline{S} - S = \frac{pV}{T} \left(\frac{V_1}{V} \ln \frac{V}{V_1} + \frac{V_2}{V} \ln \frac{V}{V_2} \right) > 0. \tag{8.20}$$

Die Mischungsentropie ist positiv, womit sich der Mischprozess als irreversibel erweist. Es ist bemerkenswert, dass (8.20) weder Gaskonstanten noch spezifische Wärmekapazitäten enthält. Die Mischungsentropie für ideale Gase ist daher unabhängig von den speziellen Eigenschaften der Gase.

8.5 Chemisches Potential

Das *chemische Potential* μ_γ der chemischen Komponente γ ($\gamma = 1, 2, ...$) ist definiert durch

$$\mu_\gamma = -T\left(\frac{\partial S}{\partial n_\gamma}\right)_{U,V,n_{\gamma'}\neq\gamma} \tag{8.21}$$

oder

$$\mu_\gamma = \left(\frac{\partial G}{\partial n_\gamma}\right)_{T,p,n_{\gamma'}\neq\gamma}. \tag{8.22}$$

Dabei bedeutet $G = H - TS$ die freie Enthalpie (Gibbs–Funktion), und die Indizes $U, V, n_{\gamma'\neq\gamma}$ bzw. $T, p, n_{\gamma'\neq\gamma}$ weisen darauf hin, dass U, V bzw. T, p und die Stoffmengen (Mole) aller chemischen Komponenten, ausgenommen γ selbst, bei der Ableitung nach n_γ konstant zu halten sind.

Beachte:
- (8.21) folgt aus der Gibbs'schen Fundamentalgleichung (8.10) durch partielles Ableiten nach n_γ, wobei als einzige Arbeit die Volumenänderungsarbeit $k_1 dl_1 = -p dV$ berücksichtigt wird.
- (8.21) und (8.22) sind äquivalent.

Beweis: Aus $G = H - TS = U + pV - TS$ erhält man unter Verwendung der Gibbs'schen Fundamentalgleichung (8.10) mit $k_1 dl_1 = -pdV$ als einziger Arbeit:

$$dG = \sum_\gamma \mu_\gamma dn_\gamma + Vdp - SdT. \tag{8.23}$$

Mit $dT = 0$, $dp = 0$ und $dn_{\gamma'} = 0$ ($\gamma' \neq \gamma$) ergibt sich $dG = \mu_\gamma dn_\gamma$, woraus (8.22) folgt.

Beispiel 8.8: *Chemisches Potential eines idealen Gases im idealen Gasgemisch*
Das chemische Potential einer Komponente in einem idealen Gasgemisch mit der Temperatur T und dem Gesamtdruck p ist bis auf eine frei bleibende Funktion der Temperatur zu bestimmen.
Lösung: Unter Berücksichtigung der Mischungsentropie (Beispiel 8.7) ergibt sich die Entropie des Gasgemisches zu

$$S = \sum_\gamma n_\gamma \mathcal{S}_\gamma(T,p) - \mathcal{R}\sum_\gamma n_\gamma \ln \frac{n_\gamma}{n}, \tag{8.24}$$

wobei $\mathcal{S}_\gamma(T,p) = \mathcal{M}_\gamma s_\gamma(T,p)$ die molare Entropie des Gases γ bei der Temperatur T und dem *Gesamt*druck p bedeutet. Mit (8.24) erhält man für die freie Enthalpie $G = H - TS$ des Gemisches

$$G = \sum_\gamma n_\gamma \mathcal{G}_\gamma(T,p) + \mathcal{R}T\sum_\gamma n_\gamma \ln \frac{n_\gamma}{n}, \tag{8.25}$$

wobei die molaren freien Enthalpien

$$\mathcal{G}_\gamma(T,p) = \mathcal{H}_\gamma(T) - T\mathcal{S}_\gamma(T,p) = \mathcal{M}_\gamma[h_\gamma(T) - Ts_\gamma(T,p)] \tag{8.26}$$

ebenfalls beim Gesamtdruck p zu ermitteln sind, während die spezifischen und molaren Enthalpien h_γ bzw. $\mathcal{H}_\gamma$ der idealen Gase nur von der Temperatur abhängen (siehe Abschnitt 6.2). Durch partielles Ableiten entsprechend (8.22) folgt aus (8.25)

$$\mu_\gamma = \mathcal{G}_\gamma(T,p) + \mathcal{R}T \ln \frac{n_\gamma}{n}. \tag{8.27}$$

Setzt man noch gemäß (8.26) für $\mathcal{G}_\gamma$ ein und verwendet man (8.15), um die Druckabhängigkeit der spezifischen Entropie zu erfassen, so ergibt sich schließlich das chemische Potential

$$\mu_\gamma = \mathcal{R}T \ln \frac{p n_\gamma}{p_\circ n} + \eta_\gamma(T) \tag{8.28}$$

mit der Temperaturfunktion

$$\eta_\gamma(T) = \mathcal{M}_\gamma \left[h_\gamma(T) - T \left(\int_{T_\circ}^{T} \frac{c_{p\gamma}}{T} \mathrm{d}T + s_\circ \right) \right], \tag{8.29}$$

wobei $s_\circ$ die spezifische Entropie beim unveränderlichen Referenzzustand $T_\circ$, $p_\circ$ bedeutet.

Beachte:

- Das chemische Potential ist keine reine Stoffeigenschaft, sondern hängt auch von der Zusammensetzung des Systems ab.

8.6 Thermodynamische Potentiale und kanonische Zustandsgleichungen

8.6.1 Freie Energie und freie Enthalpie

(1) *Freie Energie (Helmholtz–Funktion)* F und *freie Enthalpie (Gibbs–Funktion)* G sind durch

$$F = U - TS; \qquad G = H - TS \tag{8.30}$$

definiert.

(2) Die *freie Energie* (bzw. *freie Enthalpie*) stellt jenen Betrag der inneren Energie (bzw. Enthalpie) dar, der bei reversibler isotherm–isochorer (bzw. isotherm–isobarer) Prozessführung „frei", d.h. in jede andere Energieform umwandelbar, ist.

Herleitung
Bei isochorer Prozessführung verschwindet die Volumenänderungsarbeit. Andere Arbeiten (z.B. elektrische Arbeit) ergeben sich dann aus der Energiebilanz (5.30) zu $\mathrm{d}_e W = \mathrm{d}U - \mathrm{d}_e Q$, woraus man mit (8.5) und (8.6) unter Beachtung von $T = \mathrm{const}$ die Beziehung $\mathrm{d}_e W \geq \mathrm{d}F$ erhält. Für eine endliche Zustandsänderung gilt daher

$$-W_{12} \leq F_1 - F_2 \quad \text{(isotherm - isochorer Prozess)}, \tag{8.31a}$$

d.h. die *vom* System verrichtete Arbeit $-W_{12}$ ist höchstens gleich der Änderung der freien Energie.

Analog lässt sich die Beziehung

$$-W_{12}^{(t)} \leq G_1 - G_2 \quad \text{(isotherm - isobarer Prozess)} \tag{8.31b}$$

8.6 Thermodynamische Potentiale und kanonische Zustands- gleichungen 131

herleiten, wobei $W_{12}^{(\mathrm{t})}$ in Analogie zur technischen Arbeit (Abschnitt 5.5) die Arbeit vermindert um die Volumenänderungsarbeit darstellt.

Beispiel 8.9: *Verlust an freier Energie und freier Enthalpie beim Mischprozess*
Wie ändern sich die freie Energie und die freie Enthalpie beim isotherm–isobaren Mischen von zwei idealen Gasen entsprechend Bild 3.1, Abschnitt 3.3?
Lösung: Da sich U und H auf Grund der Energiebilanz nicht ändern, kommen die Änderungen der freien Energie und der freien Enthalpie allein durch die Mischungsentropie (Abschnitt 8.4, Beispiel 8.7) zustande. Somit wird

$$\overline{F} - F = -T(\overline{S} - S); \quad \overline{G} - G = -T(\overline{S} - S), \tag{8.32}$$

wobei $\overline{S} - S$ durch (8.20) bestimmt ist. Aus $\overline{S} - S > 0$ folgt $\overline{F} < F, \overline{G} < G$; der irreversible Prozess des Mischens bewirkt also einen Verlust an unbeschränkt umwandelbarer Energie.

8.6.2 Thermodynamische Potentiale und Maxwell'sche Beziehungen

(1) Für die Ableitungen der spezifischen Zustandsgrößen $u, h, f = u - Ts$ und $g = h - Ts$ gelten folgende Beziehungen:

$$\left(\frac{\partial u}{\partial s}\right)_v = \left(\frac{\partial h}{\partial s}\right)_p = T; \tag{8.33a}$$

$$\left(\frac{\partial u}{\partial v}\right)_s = \left(\frac{\partial f}{\partial v}\right)_T = -p; \tag{8.33b}$$

$$\left(\frac{\partial h}{\partial p}\right)_s = \left(\frac{\partial g}{\partial p}\right)_T = v; \tag{8.33c}$$

$$\left(\frac{\partial f}{\partial T}\right)_v = \left(\frac{\partial g}{\partial T}\right)_p = -s. \tag{8.33d}$$

Entsprechende Differentialbeziehungen gelten für U, H, F und G. Diese Zustandsgrößen werden daher *thermodynamische Potentiale* genannt.

(2) Gleichsetzen der gemischten Ableitungen von (8.33a – d) führt zu den *Maxwellschen Beziehungen*

$$\left.\begin{array}{l}\left(\dfrac{\partial T}{\partial v}\right)_s = -\left(\dfrac{\partial p}{\partial s}\right)_v; \quad \left(\dfrac{\partial T}{\partial p}\right)_s = \left(\dfrac{\partial v}{\partial s}\right)_p; \\[2ex] \left(\dfrac{\partial s}{\partial v}\right)_T = \left(\dfrac{\partial p}{\partial T}\right)_v; \quad \left(\dfrac{\partial s}{\partial p}\right)_T = -\left(\dfrac{\partial v}{\partial T}\right)_p.\end{array}\right\} \tag{8.34}$$

Herleitung der Potentialeigenschaft von u
(Herleitung der anderen Potentialeigenschaften analog.) Da u und s Zustandsgrößen sind (erster und zweiter Hauptsatz!), ist $u = u(s, v)$ eine Zustandsgleichung. Vergleicht man das vollständige

Differential

$$du = \left(\frac{\partial u}{\partial s}\right)_v ds + \left(\frac{\partial u}{\partial v}\right)_s dv$$

mit der auf die Masseneinheit bezogenen Gibbs'schen Fundamentalgleichung (8.11), d.h.,

$$du = Tds - pdv,$$

so folgt

$$\left(\frac{\partial u}{\partial s}\right)_v = T; \quad \left(\frac{\partial u}{\partial v}\right)_s = -p. \tag{8.35}$$

8.6.3 Entropie einer Oberfläche

Für Oberflächen von Flüssigkeiten kann man aus der Gibbs'schen Fundamentalgleichung (8.11a) unter Verwendung von (6.50) die zur dritten Gleichung von (8.34) analoge Beziehung

$$\left(\frac{\partial S}{\partial A}\right)_T = -\frac{d\sigma}{dT} \tag{8.36a}$$

herleiten. Mit $S = As_\sigma$ ergibt sich hieraus

$$s_\sigma = -\frac{d\sigma}{dT} = \frac{u_\sigma - \sigma}{T}. \tag{8.36b}$$

Da die Entropie eine extensive Zustandsgröße ist, folgt aus (8.36a), dass $d\sigma/dT < 0$ sein muss.

Beachte:
- Die Entropie der Oberfläche kann für die Irreversibilität von Prozessen mit Flüssigkeitsfilmen maßgebend sein. Beispiel: Um einen ebenen Flüssigkeitsfilm mit freier Oberfläche isotherm zu verdampfen, ist die erforderliche Wärmezufuhr gemäß (6.50) um den Betrag Au_σ kleiner als die Verdampfungsenthalpie der Flüssigkeit. Die Entropieänderung zufolge des Verschwindens der Oberfläche beträgt jedoch nicht $-Au_\sigma/T$, sondern nur $-As_\sigma = -A(u_\sigma - \sigma)/T$. Die Differenz entspricht der Arbeit, die zur isothermen Erzeugung der Oberfläche notwendig ist. Aus (8.6) folgt, dass es sich beim Verschwinden der Filmoberfläche infolge isothermer Verdampfung um einen irreversiblen Prozess handelt. Allerdings ist die Entropieänderung zufolge des Verschwindens der Filmoberfläche meist sehr klein gegen die Entropieänderungen zufolge des Verdampfens der Flüssigkeit. Dies rechtfertigt es i. a., den isothermen quasistatischen Verdampfungsprozess als reversiblen Prozess zu idealisieren.

8.7 Nernst'sches Wärmetheorem (dritter Hauptsatz) und absolute Entropie   133

8.6.4 Kanonische Zustandsgleichungen

(1) Aus einer *kanonischen Zustandsgleichung* lassen sich *alle* thermodynamischen Zustandsgrößen des Systems bestimmen.

(2) Auf Grund der Potentialeigenschaften gemäß (8.33a – d) sind

$$\begin{aligned} u &= u(s,v); & h &= h(s,p); \\ f &= f(T,v); & g &= g(T,p) \end{aligned} \tag{8.37}$$

kanonische Zustandsgleichungen eines p,v–Systems.

8.7 Nernst'sches Wärmetheorem (dritter Hauptsatz) und absolute Entropie

(1) Am absoluten Nullpunkt nehmen die spezifischen Entropien aller im thermodynamischen Gleichgewicht befindlichen reinen Stoffe den Wert null an:

$$\lim_{T \to 0} s(T,p) = 0 \tag{8.38}$$

(*Nernst'sches Wärmetheorem, dritter Hauptsatz*).

(2) Entropiewerte, die ausgehend von der Nullpunktsentropie (8.38) durch Integration der Gibbs'schen Fundamentalgleichung (8.11) ermittelt werden, nennt man *absolute Entropien*.

Beachte:

- Die Nullpunktsentropie ist unabhängig von anderen Zustandsgrößen (p, v, ...), vom Aggregatzustand und von der Kristallmodifikation. Die für ideale Gase hergeleiteten Beziehungen (8.15) und (8.16) verlieren für $T \to 0$ ihre Gültigkeit („Gasentartung").

- Das Nernst'sche Wärmetheorem (8.38) erfordert, dass der Begriff des thermodynamischen Gleichgewichts ohne jede Einschränkung angewandt wird (sog. „ungehemmtes" oder „inneres" Gleichgewicht); „eingefrorene" Zustände oder „gehemmte" Gleichgewichte, wie sie beispielsweise bei Gläsern auftreten, erfüllen (8.38) nicht.

- Bei der Ermittlung der absoluten Entropien sind auch die Entropieänderungen bei eventuellen Phasenumwandlungen (z.B. Verdampfungsentropie) zu berücksichtigen; vgl. Beispiel 8.2.

Ergänzungen

a) Unerreichbarkeit des absoluten Nullpunkts

Auf Grund des Nernst'schen Wärmetheorems schneiden sich die Isobaren eines reinen Stoffes im Ursprung des T,s–Diagramms (Bild 8.8a). Daher ergibt sich für die Annäherung an den absoluten Nullpunkt eine *unendliche* Folge von isothermen und isentropen Prozessen. Wäre hingegen die Nullpunktsentropie vom

Druck abhängig (Bild 8.8b), so könnte der absolute Nullpunkt mit einer *endlichen* Folge von Prozessen erreicht werden.

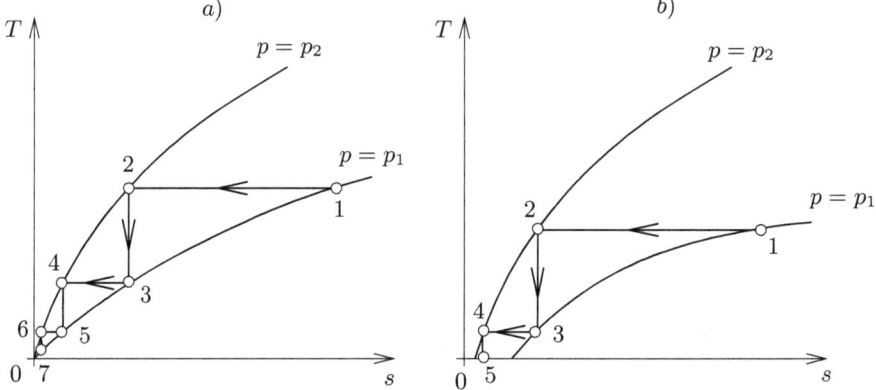

Bild 8.8: Annäherung an den absoluten Nullpunkt mittels einer Folge von isothermen und isentropen Prozessen zwischen zwei Isobaren $p = p_1 = $ const und $p = p_2 = $ const. Absoluter Nullpunkt a) unerreichbar bzw. b) erreichbar.

b) Bedeutung der absoluten Entropie für freie Energie und freie Enthalpie

Bildet man die Differenz der spezifischen freien Energie zwischen zwei Zuständen 1 und 2, so erhält man mit der Definitionsgleichung (8.30)

$$f_2 - f_1 = (u_2 - u_1) - T_2(s_2 - s_1) + (T_1 - T_2)s_1.$$

Sowohl im ersten als auch im zweiten Summanden auf der rechten Gleichungsseite heben sich additive Konstanten bei u bzw. s weg, der dritte Summand würde jedoch unbestimmt bleiben, wenn der Nullpunkt nicht in der absoluten Entropie festgelegt wäre.

c) Entropie und Unordnung

In mikroskopischer Betrachtungsweise ist die Entropie ein Maß für die molekulare Unordnung im System; vgl. Beispiel 8.7 und Bild 3.1: Im gemischten Zustand sind die Moleküle weniger geordnet als im Zustand der Trennung entsprechend ihrer chemischen Zusammensetzung. Quantitativ wird diese Eigenschaft der Entropie in der Boltzmann'schen Beziehung

$$\boxed{S = k \ln \Omega} \tag{8.39}$$

zum Ausdruck gebracht; dabei bedeuten k die *Boltzmann–Konstante* ($k = \mathcal{R}/\mathcal{N} \approx 1{,}38 \cdot 10^{-23}$ J/K) und Ω die *thermodynamische Wahrscheinlichkeit*, d.i. die Anzahl der möglichen Mikrozustände für einen gegebenen Makrozustand des Systems. Unter üblichen Bedingungen ist Ω eine außerordentlich große Zahl, z.B. von der Größenordnung $10^{(10^{26})}$ für 1 m^3 Luft bei 20 °C und 1 bar. Für $T \to 0$ nähert sich jedoch Ω dem Wert 1, so dass das Nernst'sche Theorem (8.38) erfüllt ist.

Beachte:

- Mit (8.6) folgt aus (8.39) d$\Omega > 0$ für irreversible Prozesse mit einem geschlossenen, adiabaten System. Natürliche (irreversible) Prozesse bewirken daher, dass jedes geschlossene, adiabate System einem Zustand größerer molekularer Unordnung zustrebt. Die Entstehung von Leben, die biologische Evolution und auch die Aufrechterhaltung eines quasistationären Zustands eines lebenden Systems erfordern daher, dass das System mit der Umgebung Materie oder Wärme austauscht. Vgl. auch die Erläuterung zu (8.47).

8.8 Entropiebilanz und zweiter Hauptsatz

Durch Verallgemeinerung von (8.5) und (8.6) auf offene Systeme kann der zweite Hauptsatz als *Entropiebilanz* wie folgt formuliert werden:

(1) Die Entropie S ist eine *extensive Zustandsgröße*, deren Änderung durch die Bilanzgleichung

$$\boxed{dS = d_e S + d_i S} \tag{8.40}$$

beschrieben wird.

(2) Die *Entropiezufuhr* aus der Umgebung ist durch

$$\boxed{d_e S = \frac{d_e Q}{T} + d_e^{(m)} S} \tag{8.41}$$

bestimmt. Dabei bedeutet T die absolute Temperatur am Ort der Wärmezufuhr $d_e Q$, während mit $d_e^{(m)} S$ die materielle Entropiezufuhr bezeichnet wird.

(3) Die *Entropieproduktion* $d_i S$ ist niemals negativ; es gilt

$$\boxed{d_i S \geq 0 \text{ für } \left\{ \begin{array}{c} \text{irreversible} \\ \text{reversible} \end{array} \right\} \text{Prozesse.}} \tag{8.42}$$

Auf die Zeit bezogen lautet die Entropiebilanz:

$$\boxed{\frac{dS}{dt} = \dot{S} + \frac{d_i S}{dt}} \tag{8.43}$$

mit dem *Entropiestrom*

$$\boxed{\dot{S} = \frac{\dot{Q}}{T} + \dot{S}^{(m)}} \tag{8.44}$$

und der nicht–negativen *Entropie-Produktionsrate*

$$\boxed{\frac{d_i S}{dt} \geq 0 \text{ für } \left\{ \begin{array}{c} \text{irreversible} \\ \text{reversible} \end{array} \right\} \text{Prozesse.}} \tag{8.45}$$

Dabei bedeutet T die absolute Temperatur am Ort des Wärmestroms $\dot{Q}$, während mit $\dot{S}^{(m)}$ der materielle Entropiestrom bezeichnet wird.

Erläuterungen zu (8.41) und (8.44)
Die materielle Entropiezufuhr $d_e^{(m)}S$ ist mit der Massenzufuhr $d_e m$ durch die Beziehung $d_e^{(m)}S = s^{(m)} d_e m$ verknüpft, wobei $s^{(m)}$ die spezifische Entropie der zugeführten Masse bedeutet. Entsprechend gilt für den materiellen Entropiestrom $\dot{S}^{(m)} = s^{(m)} \dot{m}$, mit $\dot{m}$ als Massenstrom. Ist ein Prozess mit mehr als einem Wärmestrom bzw. mehr als einem Massenstrom verbunden, so sind die Beiträge aller Wärmeströme (den jeweiligen Temperaturen entsprechend) und die Beiträge aller Massenströme (den jeweiligen spezifischen Entropien entsprechend) zu summieren.

Beachte:
- Während die Entropie*änderung* nur von der Zustandsänderung abhängt, ist die Entropie*bilanz* auch vom Prozess abhängig. Wenn also ein und dieselbe Zustandsänderung durch verschiedene Prozesse bewirkt wird, dann können die Entropiebilanzen unterschiedlich sein, obwohl die Entropieänderung dieselbe ist. (Vgl. Beispiel 8.14.)

Sonderfälle

a) *Adiabate, geschlossene Systeme*:
Aus $d_e S = 0$ folgt

$$dS \geq 0 \text{ für } \left\{ \begin{array}{c} \text{irreversible} \\ \text{reversible} \end{array} \right\} \text{Prozesse} \qquad (8.46)$$

(in Übereinstimmung mit den Ergebnissen des Abschnitts 8.1).

b) *Stationäre Prozesse*:
Aus $S = \text{const}$ folgt

$$\dot{S} = -\frac{d_i S}{dt} \leq 0 \text{ für } \left\{ \begin{array}{c} \text{irreversible} \\ \text{reversible} \end{array} \right\} \text{Prozesse.} \qquad (8.47)$$

Erläuterung zu (8.47)
(8.47) zeigt, dass zur Aufrechterhaltung des stationären Zustands eines Systems, in dem irreversible Prozesse ablaufen, ein der Entropieproduktion entsprechender, negativer Entropiestrom erforderlich ist. Dieser Entropiestrom kann durch einen negativen Wärmestrom (Wärmeabgabe) bewirkt werden. Auch durch das Zusammenwirken von zwei (oder mehr als zwei) Massenströmen $\dot{m}_j$ ($j = 1, 2, ...$) unterschiedlicher spezifischer Entropien $s_j^{(m)}$ kann der stationäre Zustand aufrechterhalten werden, wenn die Bedingungen

$$\sum_j s_j^{(m)} \dot{m}_j < 0, \qquad \sum_j \dot{m}_j = 0 \qquad (8.48)$$

erfüllt sind.

Beispiel 8.10: *Entropiebilanz für wärmeleitenden Stab*
Die Stirnflächen eines Stabes sind mit Energiespeichern unterschiedlicher, konstanter Temperaturen T_1 und T_2 ($T_2 < T_1$) in Kontakt, während die Mantelfläche des Stabes

8.8 Entropiebilanz und zweiter Hauptsatz

als adiabat angesehen werden kann (Bild 8.9). Die Erfahrung zeigt, dass auf Grund der Temperaturunterschiede die Wärmeströme $\dot{Q}_1$ und $\dot{Q}_2$ zwischen den Speichern 1 bzw. 2 und dem Stab auftreten. Dieser Prozess heißt Wärmeleitung.[29]

a) Wie groß ist die Entropie–Produktionsrate im stationären Zustand?

b) Welcher Ausdruck ergibt sich für die Entropie–Produktionsrate in erster Näherung, wenn sich T_1 und T_2 nur sehr wenig unterscheiden?

c) Handelt es sich bei der Wärmeleitung um einen reversiblen oder irreversiblen Prozess?

d) Kann im stationären Zustand Wärme vom Speicher niedrigerer Temperatur durch den Stab hindurch in den Speicher höherer Temperatur fließen?

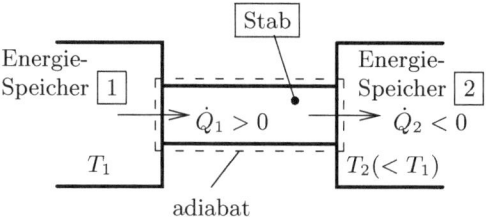

Bild 8.9: Wärmeleitender Stab.

Lösung: Im stationären Zustand gilt $U = $ const und $S = $ const. Damit ergeben sich aus (5.31) bzw. (8.43) und (8.44) die folgenden Bilanzgleichungen.

$$Energiebilanz: \qquad \dot{Q}_1 + \dot{Q}_2 = 0. \tag{8.49}$$

$$Entropiebilanz: \qquad \frac{d_i S}{dt} = -\left(\frac{\dot{Q}_1}{T_1} + \frac{\dot{Q}_2}{T_2}\right). \tag{8.50}$$

(8.49) wird durch $\dot{Q}_1 = \dot{Q}$, $\dot{Q}_2 = -\dot{Q}$ erfüllt. Hieraus folgt:

a)
$$\frac{d_i S}{dt} = \dot{Q}\left(\frac{1}{T_2} - \frac{1}{T_1}\right). \tag{8.51a}$$

b) Mit $T_1 = T$ und $T_2 = T + \Delta T$ ergibt sich durch Reihenentwicklung aus (8.51a)

$$\frac{d_i S}{dt} = -\dot{Q}\frac{\Delta T}{T^2}. \tag{8.51b}$$

c) Da die Entropieproduktion gemäß (8.51a) ungleich null ist, handelt es sich um einen irreversiblen Prozess.

d) Auf Grund des zweiten Hauptsatzes ist eine negative Entropieproduktion ausgeschlossen, vgl. (8.45). Für $T_2 < T_1$ folgt daher aus (8.51a) $\dot{Q} > 0$; d.h. im stationären Zustand kann Wärme nur vom Speicher höherer absoluter Temperatur zum Speicher niedrigerer absoluter Temperatur fließen, niemals umgekehrt.

---

[29] Betr. Entropieproduktion zufolge Wärmestrahlung siehe Aufgabe 11.7.

Diskussion des Ergebnisses (8.51 a,b): Bei technischen Anwendungen ist oft die Aufgabe gestellt, eine bestimmte Wärme mit möglichst kleiner Entropieproduktion (d.h. mit möglichst geringen Abweichungen vom reversiblen Idealprozess) zu übertragen. Aus (8.51a) oder (8.51b) erkennt man, dass aus diesem Grund die Temperaturunterschiede zwischen den Körpern, die an der Wärmeübertragung beteiligt sind, möglichst klein sein sollen. Eine Verringerung der Temperaturunterschiede bei gegebenem Wärmestrom erfordert allerdings eine Vergrößerung der wärmeübertragenden Flächen oder eine (technisch aufwendige) Erhöhung des Wärmestroms pro Flächeneinheit.

Beispiel 8.11: *Entropiebilanz für elektrischen Leiter*
Durch einen elektrischen Leiter fließt auf Grund der elektrischen Potentialdifferenz $\Delta\Phi = \Phi_2 - \Phi_1$ der elektrische Strom I (Bild 8.10). Der elektrische Leiter ist im thermischen Kontakt mit Elektroden gleicher und konstanter Temperatur T, die Mantelfläche des Leiters kann als adiabat angenommen werden.
a) Wie groß ist die Entropie–Produktionsrate im stationären Zustand?
b) Handelt es sich um einen reversiblen oder irreversiblen Prozess?

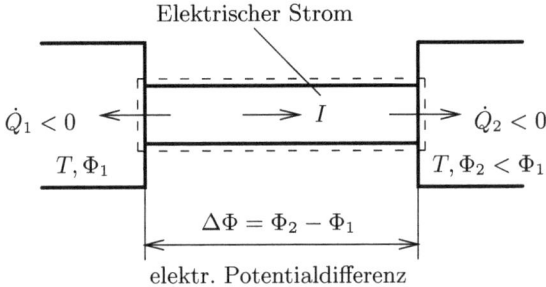

Bild 8.10: Elektrisch leitender Stab.

Lösung: Im stationären Zustand gilt $U = $ const und $S = $ const. Damit ergeben sich aus (5.31) mit (5.11) und aus (8.43) mit (8.44) die folgenden Bilanzgleichungen.

$$Energiebilanz: \quad \dot{Q}_1 + \dot{Q}_2 = I\Delta\Phi < 0. \qquad (8.52)$$

$$Entropiebilanz: \quad \frac{d_i S}{dt} = -\frac{1}{T}(\dot{Q}_1 + \dot{Q}_2). \qquad (8.53)$$

Hieraus folgt:
a)
$$\frac{d_i S}{dt} = -I\frac{\Delta\Phi}{T} > 0. \qquad (8.54)$$

b) Da die Entropieproduktion von null verschieden ist, handelt es sich um einen irreversiblen Prozess.

Beispiel 8.12: *Entropiebilanz für Drosselprozess*
Mit einem idealen Gas wird der in den Beispielen 5.8 und 6.2 beschriebene stationäre, adiabate Drosselprozess ausgeführt.
a) Wie groß ist die Änderung der spezifischen Entropie des Gases?
b) Wie groß ist die Entropieproduktion pro Zeit für gegebenen Massenstrom $\dot{m}_1$ ($\dot{m}_1 > 0$)?

8.8 Entropiebilanz und zweiter Hauptsatz

c) Ist der Prozess reversibel oder irreversibel?

Lösung:

a) Aus (8.15) folgt mit $T_2 = T_1$ und $p_2 < p_1$

$$s_2 - s_1 = R \ln \frac{p_1}{p_2} > 0. \qquad (8.55)$$

b) Mit $S = \text{const}$ und $\dot{Q} = 0$ ergibt sich aus (8.43) und (8.44)

$$\frac{\mathrm{d}_\mathrm{i} S}{\mathrm{d}t} = -\dot{S}^{(m)} = \dot{m}_1 (s_2 - s_1) > 0. \qquad (8.56)$$

c) Da die Entropieproduktion nicht verschwindet, ist der Prozess irreversibel.

Beispiel 8.13: *Entropiebilanz für chemische Reaktion*
Für eine chemische Reaktion in einem geschlossenen System sind die stöchiometrischen Koeffizienten ν_γ der Reaktionsgleichung, die chemischen Potentiale μ_γ der Komponenten $\gamma = 1, 2, \ldots$ und die Reaktionsgeschwindigkeit w gegeben. Wie groß ist die Entropie–Produktionsrate, und welche Bedingung folgt aus dem zweiten Hauptsatz für das Vorzeichen von w?
Lösung: Vergleicht man die Entropiebilanz (8.40) mit der Gibbs'schen Fundamentalgleichung (8.10) und ersetzt man $\mathrm{d}U - \sum_i k_i \mathrm{d}l_i$ entsprechend der Energiebilanz (5.30) durch $\mathrm{d}_e Q$, so ergibt sich unter Verwendung der Stoffbilanz (4.8)

$$\frac{\mathrm{d}_\mathrm{i} S}{\mathrm{d}t} = V w \frac{\mathcal{A}}{T} > 0, \qquad (8.57)$$

wobei

$$\mathcal{A} = -\sum_\gamma (\pm \nu_\gamma) \mu_\gamma \qquad (8.58)$$

die molare *Affinität* der Reaktion bedeutet. Damit die Entropieproduktion positiv ist, müssen w und $\mathcal{A}$ gleiche Vorzeichen haben.

Beispiel 8.14: *Entropiebilanz für quasistatische bzw. nicht-statische Wärmezufuhr*
Einem idealen Gas, das sich in einem Behälter mit konstantem Volumen befindet, wird die Wärme Q_{12} zugeführt, um die Temperatur von T_1 auf T_2 zu erhöhen. Das Gas hat die Masse m. Die isochore spezifische Wärmekapazität c_v kann als konstant angenommen werden. Man berechne die Entropieänderung $\Delta S = S_2 - S_1$, die Entropieproduktion $\Delta_i S$ und die Entropiezufuhr $\Delta_e S$ unter der Voraussetzung eines reversiblen Prozesses bzw. unter der Annahme, dass die Temperatur der Behälterwand plötzlich von T_1 auf T_2 erhöht und anschließend konstant gehalten wird.
Lösung: Aus (8.16) folgt $\Delta S = m c_v \ln(T_2/T_1)$. Die Entropiebilanz kann allgemein zu $\Delta S = \Delta_e S + \Delta_i S$ geschrieben werden. Für den reversiblen Prozess verschwindet die Entropieproduktion $\Delta_i S$, so dass die Entropieänderung zur Gänze durch Entropiezufuhr $\Delta_e S$ bedingt ist, d.h. $\Delta_e S = \Delta S$. Hingegen folgt für die Wärmezufuhr bei konstanter Temperatur T_2 aus (8.41) nach Integration die Beziehung $\Delta_e S = Q_{12}/T_2 = m c_v (1 - T_1/T_2) < \Delta S$, woraus sich die Entropieproduktion zu $\Delta_i S = \Delta S - \Delta_e S = m c_v [\ln(T_2/T_1) + (T_1/T_2) - 1] > 0$ ergibt.

8.9 Clausius–Duhem'sche Ungleichung

(1) Die Entropie–Produktionsrate eines irreversiblen Prozesses lässt sich darstellen als Produkt eines „*thermodynamischen Stroms*" J_k und einer *zugeordneten (korrespondierenden)* „*thermodynamischen Kraft*" X_k, die den thermodynamischen Strom hervorruft.

(2) Finden in einem System mehrere irreversible Prozesse ($k = 1, 2, ...$) gleichzeitig statt, so gilt für die Entropie–Produktionsrate die *Clausius–Duhem'sche Ungleichung*

$$\frac{d_i S}{dt} = \sum_k J_k X_k > 0. \qquad (8.59)$$

Tabelle 8.1: Beispiele für zugeordnete thermodynamische Ströme und Kräfte (Δ... kleine Änderung in Richtung des thermodynamischen Stroms)

Prozess	thermodyn. Strom	thermodyn. Kraft
Wärmeleitung	$\dot{Q}$	$-T^{-2}\Delta T$
elektr. Leitung	I	$-T^{-1}\Delta \Phi$
chem. Reaktion	w	$T^{-1}\mathcal{A}$
Diffusion	$\dot{n}_\gamma = \dot{m}_\gamma / \mathcal{M}_\gamma$	$-\Delta(T^{-1}\mu_\gamma)$
innere Reibung[30]	τ	$T^{-1}\dot{\gamma}$

Bemerkungen

Zu (1): Um „zugeordnete" thermodynamische Kräfte und Ströme zu identifizieren, ist die Entropieproduktion des einzelnen Prozesses zu untersuchen; vgl. die Beispiele von Abschnitt 8.8 und Tabelle 8.1. Laufen jedoch mehrere Prozesse gleichzeitig ab, so kann derselbe Strom von verschiedenen, auch nicht–zugeordneten, Kräften hervorgerufen werden (siehe Abschnitt 10.1).

Zu (2): Die Entropie–Produktionsraten der Einzelprozesse setzen sich *additiv* zur gesamten Entropie–Produktionsrate zusammen, weil die Entropie eine *extensive* Zustandsgröße ist.

Beispiel 8.15: *Gekoppelte chemische Reaktionen*
Für zwei gekoppelte Reaktionen sind die stöchiomentrischen Koeffizienten $\nu_{\gamma k}$ ($k = 1, 2; \gamma = 1, 2, ...$), die Reaktionsgeschwindigkeiten w_k und die chemischen Potentiale μ_γ gegeben. Wie lautet die Clausius–Duhem'sche Ungleichung?
Lösung: Mit (8.57) und (8.58) ergibt sich

$$w_1 \mathcal{A}_1 + w_2 \mathcal{A}_2 > 0, \qquad (8.60)$$

wobei
$$\mathcal{A}_k = -\sum_\gamma (\pm \nu_{\gamma k}) \mu_\gamma \qquad (k = 1, 2). \qquad (8.61)$$

---
[30] Für einfache Scherströmungen mit Schergeschwindigkeit $\dot{\gamma}$ und Schubspannung τ.

Beachte:

- Der zweite Hauptsatz verlangt, dass die *Summe* der Entropie–Produktionsraten irreversibler Prozesse positiv ist; einzelne Summanden können durchaus auch negativ sein, d.h. unterschiedliche Vorzeichen von w und $\mathcal{A}$ aufweisen. Die Kopplung mit anderen Reaktionen erlaubt es daher einer chemischen Reaktion, in eine Richtung fortzuschreiten, die der Wirkung der Affinität dieser Reaktion entgegengesetzt ist. (Derartige Kopplungseffekte haben u.a. für biologische Prozesse große Bedeutung.)

8.10 Fragen

Frage 8.1: Definieren Sie die Entropie formelmäßig.

Frage 8.2: Wie sind die freie Energie F und die freie Enthalpie G definiert?

Frage 8.3: Was versteht man unter einer kanonischen Zustandsgleichung?

Frage 8.4: Geben Sie eine Definitionsgleichung für das chemische Potential μ_γ an.

Frage 8.5: Skizzieren Sie ein T, s-Diagramm für Wasser (flüssig) und Wasserdampf. Zeichnen Sie eine über- und eine unterkritische Isobare ein. Skizzieren und erläutern Sie, wie der Verlauf einer Linie konstanten Dampfgehalts aus dem Verlauf der Grenzkurven des Nassdampfgebietes bestimmt werden kann.

Frage 8.6: Nassdampf expandiert quasistatisch-adiabat vom Druck p_1 und Dampfgehalt x_1 auf den Druck p_2.

a) Mit welcher Formel kann x_2 aus den (in Dampftafeln angegebenen) kalorischen Zustandsgrößen der siedenden Flüssigkeit bzw. des gesättigten Dampfes berechnet werden?

b) Man skizziere die isentrope Expansion von siedendem Wasser bzw. von gesättigtem Wasserdampf im T, s-Diagramm und im p, v-Diagramm. In welchem Gebiet liegen die Endzustände?

Frage 8.7: Wie ändert sich die Entropie eines idealen Gases konstanter Masse:

a) bei einer reversiblen, adiabaten Expansion;

b) bei einer reversiblen, isothermen Expansion?

Frage 8.8: Auch für eine nichtstatische Zustandsänderung $(1 \rightarrow 2)$ kann die Entropieänderung $(S_2 - S_1)$ berechnet werden. Welche grundlegende Eigenschaft der Entropie macht das möglich?

Frage 8.9: Skizzieren Sie einen Carnot'schen Kreisprozess im T, S-Diagramm.

Frage 8.10: Wie lautet die Gibbs'sche Fundamentalgleichung für ein einfaches p, v-System?

Frage 8.11: Wie verhält sich die Entropie eines einfachen p, v-Systems bei einer isobaren Wärmezufuhr?

Frage 8.12: Was ist zu tun, um die Entropie eines geschlossenen Systems konstant zu halten, wenn im System

a) ausschließlich reversible Prozesse;

b) irreversible Prozesse

ablaufen?

Frage 8.13: Wie kann die Entropie eines ruhenden, geschlossenen Systems vermindert werden? Ist die Methode auch wirksam, wenn im System irreversible Prozesse ablaufen? Auf welche Systeme lässt sich die Methode nicht anwenden?

Frage 8.14: Erklären Sie, wie der Betrag der Verdampfungsenthalpie aus dem T, s-Diagramm eines reinen Stoffes ermittelt werden kann.

Frage 8.15: Wie verhält sich die Entropie in einem adiabaten, geschlossenen System?

Frage 8.16: In einem adiabaten, geschlossenen System befindet sich eine Maschine, in der ein irreversibler Kreisprozess mit einem realen Gas abläuft. Hat sich die Entropie

a) des Gases;

b) des gesamten Systems

geändert, nachdem der Kreisprozess genau einmal durchlaufen wurde? Wenn ja, ist sie größer oder kleiner geworden?

Frage 8.17: Wie kann die Entropieänderung für eine nichtstatische Zustandsänderung berechnet werden?

Frage 8.18: Eine Wärmekraftmaschine, eine Kältemaschine und eine Wärmepumpe arbeiten nach dem Carnotprozess. Zeichnen Sie in je ein T,s-Diagramm die Zustandsänderungen der Arbeitsgase der drei Maschinen ein. Geben Sie jeweils den Umlaufsinn an, identifizieren Sie die Temperaturniveaus (T_U = Umgebungs-, T_R = Raum-, T_K = Kühlraum-, T_B = Brennraumtemperatur) und tragen Sie die dem Arbeitsmittel zugeführte bzw. entzogene Wärme (q_z bzw. q_a) ein.

8.11 Aufgaben

Aufgabe 8.1: 1 K überhitzter Wasserdampf mit den Zustandsgrößen $\vartheta_1 = 500\ °C$, $\rho_1 = 40{,}9\ kg/m^3$ soll reversibel-adiabat auf Sättigungszustand (Zustand 2) gebracht werden. Anschließend soll der Sattdampf isotherm in einen Zustand 3 gebracht werden, bei dem sich ein Dampfgehalt von 25% einstellt.
a) Geben Sie die Drücke p_1, p_2, p_3, die Temperaturen ϑ_2, ϑ_3, die Dichten ρ_2, ρ_3 und die ausgetauschte Wärme Q_{23} an.
b) Stellen Sie die beiden Zustandsänderungen und die ausgetauschte Wärme in einem T,s-Diagramm dar.

Aufgabe 8.2: Einem idealen Gas mit konstanten spezifischen Wärmekapazitäten wird pro Masse die Wärme q_{12} zugeführt. Anfangs- und Endzustand sind thermodynamische Gleichgewichtszustände mit gleichem Druck. Berechnen Sie die Änderung, die Produktion und die Zufuhr von spezifischer Entropie:
a) für einen reversiblen Prozess;
b) unter der Voraussetzung, dass die Wärmezufuhr an einer Wand mit einer konstanten Temperatur, die der Endtemperatur des Gases gleich ist, erfolgt.

Aufgabe 8.3: 1 kg überhitzter Wasserdampf (Zustand 1) soll bei konstantem Druck $p_1 = 150$ bar durch Wärmeabfuhr in einen Zustand 2 gebracht werden, in dem ein Dampfgehalt von 50% vorliegt und das Volumen V_2 1/3 des Anfangsvolumens V_1 beträgt.
a) Wie groß sind die Temperatur T_1 und das spezifische Volumen v_1 im Zustand 1?
b) Zeichnen Sie die Zustandsänderung in ein T,s-Diagramm ein.
c) Geben Sie im T,s-Diagramm qualitativ die abzuführende Wärme an.

Aufgabe 8.4: In einem Zylinder mit beweglichem Kolben befinde sich ein Zweiphasengemisch aus flüssigem und dampfförmigem Wasser mit der Gesamtmasse $m = 2$ kg. Im Ausgangszustand beträgt die Temperatur $\vartheta_1 = 150\ °C$ und das Volumen $V_1 = 160\ dm^3$. Das Gemisch wird nun quasistatisch-adiabat auf den Druck $p_2 = 28$ bar komprimiert. Berechnen Sie:
a) die Dampfgehalte x_1, x_2;
b) das Volumen V_2;
c) die Volumenänderungsarbeit W_{12}.
d) Skizzieren Sie den Vorgang in einem T,s-Diagramm.

Aufgabe 8.5: Ein Gemisch aus flüssigem und dampfförmigem Wasser (Anfangszustand: $m_1 = 100$ kg, $T_1 = 393{,}15$ K, $V_1 = 85\ m^3$) wird mit 25 kg siedendem Wasser gleichen Druckes isobar gemischt (Zustand 2). Das gesamte Gemisch wird anschließend reversibel-adiabat bis zum Sättigungszustand komprimiert (Zustand 3). Berechnen Sie:
a) den Dampfgehalt x_2;
b) die Temperatur T_3;
c) die Volumenänderungsarbeit W_{23};
d) die Entropieänderung des Gesamtsystems.

8.11 Aufgaben

Aufgabe 8.6: Berechnen Sie den Dampfgehalt x_2 von Wasser, das ausgehend vom Siedezustand beim Druck $p_1 = 10$ bar auf $p_2 = 1$ bar adiabat gedrosselt wird. Zeigen Sie, dass dieser Prozess irreversibel ist.

Aufgabe 8.7: In einem starren Behälter (Volumen $V = $ const) befindet sich ein Gemisch aus flüssigem und dampfförmigem Wasser. Der folgende Anfangszustand 1 des Wassers ist gegeben: $m_1 = 166$ kg, $m_{D,1} = 83$ kg, $\vartheta_1 = 210$ °C. Durch Wärmeabfuhr wird nun die Temperatur im Behälter abgesenkt. Berechnen Sie:

a) den Druck p_2, die Temperatur ϑ_2 und die spezifische Entropie s_2, nachdem 46% des dampfförmigen Wassers kondensiert sind;

b) die beim Kondensieren abzuführende Wärme Q_{12}.

c) Zeichnen Sie den Prozess $1 \to 2$ in ein T, s- Diagramm ein.

Aufgabe 8.8: In einem adiabaten Behälter befinden sich 2 kg siedendes Wasser mit der Temperatur $\vartheta_1 = 120$ °C. Ein zweiter adiabater Behälter ist evakuiert. Die beiden Behälter werden nun verbunden. Nachdem sich wieder thermodynamisches Gleichgewicht eingestellt hat (Zustand 2), beträgt die Temperatur nur mehr $\vartheta_2 = 110$ °C. Man berechne

a) den Dampfgehalt x_2;

b) das Volumen des zweiten Behälters;

c) die Entropieänderung des Wassers.

Aufgabe 8.9: Überhitzter Wasserdampf ($m = 0{,}5$ kg, $T = 450$ K, $p = 1{,}4$ bar) wird reversibel-isotherm komprimiert, bis sich der Zustand siedender Flüssigkeit einstellt. Einer Dampftafel sind die unten angegebenen Stoffwerte zu entnehmen. Man berechne die abgegebene Wärme und die aufgewendete Arbeit.
Überhitzter Dampf: $T = 450$ K, $p = 1{,}4$ bar, $v = 1{,}49$ m³/kg, $h = 2825{,}6$ kJ/kg, $s = 7{,}6$ kJ/kgK.
Siedende Flüssigkeit: $T = 450$ K, $p = 9{,}3$ bar, $v' = 1{,}12 \cdot 10^{-3}$ m³/kg, $h' = 748$ kJ/kg, $s' = 2{,}0$ kJ/kgK.

Aufgabe 8.10: In einem gut isolierten Dampfkessel ($V = 3$ m³) befindet sich überhitzter Wasserdampf bei einer Temperatur von $\vartheta = 210$ °C und einem Druck von $p = 3{,}4$ bar. Im Falle eines Materialschadens (Riss in der Kesselwand) kann der Dampf aus dem Kessel in die Umgebung ($p_U = 1$ bar) entweichen. Berechnen Sie die Masse des ausgeströmten Dampfes unter den Annahmen, dass keine Wärme zwischen Kesselwand und Kesselinhalt ausgetauscht werden kann und der Druck im Kessel nach dem Ausströmen gleich dem Umgebungsdruck ist.

Aufgabe 8.11: Berechnen Sie die Entropieänderungen von 1 kg Wasser, wenn

a) das Wasser ausgehend von $\vartheta_1 = 20$ °C bei Atmosphärendruck in Dampf mit der Temperatur $\vartheta_4 = 250$ °C umgewandelt wird;

b) das Wasser ausgehend von $\vartheta_1 = 20$ °C bei Atmosphärendruck in Eis mit der Temperatur $\vartheta_4 = -10$ °C umgewandelt wird.

Gegebene Stoffwerte: $c_F = 4{,}2$ kJ/kgK; $c_{Eis} = 2{,}1$ kJ/kgK; $c_{p,Dampf} = a + bT$; $a = 1{,}68$ kJ/kgK; $b = 0{,}552 \cdot 10^{-3}$ kJ/kgK²; $l_0 = 335$ kJ/kg; $r_{100} = 2257$ kJ/kg.

Aufgabe 8.12: In einem Zylinder, der durch einen reibungslosen Kolben verschlossen ist, befindet sich ein ideales Gas mit gegebenen, konstanten spezifischen Wärmekapazitäten. Gegebener Anfangszustand: p_1, V_1, $T_1 = T_U$ (Umgebungstemperatur). Durch eine reversible, isotherme Expansion von p_1 auf den gegebenen Umgebungsdruck p_U soll an der Kolbenstange Arbeit gewonnen werden.

a) Berechnen Sie die im Zylinder enthaltene Gasmasse m.

b) Berechnen Sie die Arbeit W_K.

c) Berechnen Sie die Änderung der Entropie des Gases.

d) Stellen Sie diesen Prozess in einem p, V- und einem T, S-Diagramm dar und zeichnen Sie die zugeführte Wärme und die Arbeit W_K ein.

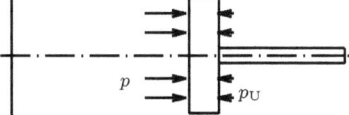

Aufgabe 8.13: Ein ideales Gas konstanter spezifischer Wärmekapazitäten (Masse m, spezielle Gaskonstante R und κ gegeben) wird ausgehend von Umgebungsdruck p_0 und Umgebungstemperatur T_0 auf den Druck p_1 adiabat komprimiert. Die Kompression erfolgt irreversibel. Bei einer reversiblen, adiabaten Kompression wäre der Arbeitsaufwand nur halb so groß. Berechnen Sie:
a) die tatsächlich aufgewendete Arbeit;
b) die Temperatur des Gases im Endzustand;
c) die Entropieänderung des Gases.

Aufgabe 8.14: Eine Maschine mit idealem Gas als Arbeitsmedium (Molmasse $\mathcal{M}$ und Isentropenexponent κ gegeben) arbeitet nach folgendem reversiblen Kreisprozess:
 1 → 2 isobare Expansion;
 2 → 3 adiabate Expansion;
 3 → 1 isotherme Kompression.

a) Zeichnen Sie die Zustandsänderungen in ein p, v- und ein T, s-Diagramm ein.
b) Handelt es sich bei dieser Maschine um eine Wärmekraft- oder eine Kältemaschine?
c) Bei welchen Prozessen wird Wärme abgegeben bzw. aufgenommen?
d) Skizzieren Sie in den Diagrammen die Nettoarbeit und die zu- bzw. abgeführten Wärmen.
e) Berechnen Sie den thermischen Wirkungsgrad als Funktion von T_1 und T_2.

Aufgabe 8.15: Eine Maschine mit einem idealen Gas gegebener, konstanter spezifischer Wärmekapazitäten als Arbeitsmedium arbeitet nach folgendem reversiblen Kreisprozess:
 1→ 2: adiabate Expansion;
 2→ 3: isochore Wärmezufuhr;
 3→ 1: isobare Verdichtung.

a) Zeichnen Sie die Zustandsänderungen ein p, V- und ein T, S-Diagramm ein.
b) Handelt es sich um eine Wärmekraftmaschine oder eine Wärmepumpe?
c) Berechnen Sie für jeden Teilprozess die zu- bzw. abgeführte Wärme.
d) Skizzieren Sie in den Diagrammen die zu- bzw. abgeführte Wärme und die Nettoarbeit.
e) Berechnen Sie die Leistungszahl als Funktion von V_1 und V_2.

Aufgabe 8.16: Eine Maschine mit idealem Gas gegebener konstanter spezifischer Wärmekapazitäten arbeitet nach folgendem reversiblen Kreisprozess:
 1 → 2 adiabate Expansion;
 2 → 3 isotherme Verdichtung;
 3 → 1 isochore Druckerhöhung.

a) Zeichnen Sie den Prozess im p, v- und im T, s-Diagramm ein.
b) Handelt es sich bei dieser Maschine um eine Wärmekraftmaschine oder eine Wärmepumpe?
c) Bei welchen Teilprozessen wird Wärme abgegeben bzw. aufgenommen?
d) Skizzieren Sie in den Diagrammen die Nettoarbeit und die zu- bzw. abgeführten Wärmen.
e) Berechnen Sie den thermischen Wirkungsgrad als Funktion von T_1 und T_2.

Aufgabe 8.17: Vergleichen Sie zwei Wärmekraftmaschinen, die nach folgenden reversiblen Kreisprozessen arbeiten. (Arbeitsmedium: ideales Gas mit konstanten spezifischen Wärmekapazitäten.)

Prozess I:		Prozess II:	
1 → 2:	adiabate Kompression	$1' \to 2$:	isotherme Kompression;
2 → 3:	isobare Expansion;	2 → 3:	isobare Expansion;
3 → 1:	isochore Druckverminderung.	$3 \to 1'$:	isochore Druckverminderung.

a) Stellen Sie beide Prozesse sowohl in einem p, v- als auch in einem T, s-Diagramm dar.
b) Bestimmen Sie mittels des T, s-Diagramms, welcher der beiden Prozesse den größeren thermischen Wirkungsgrad hat.
c) Berechnen Sie den thermischen Wirkungsgrad als Funktion des Verdichtungsverhältnisses V_1/V_2 für den Prozess I.

8.11 Aufgaben

Aufgabe 8.18: Gegebenen sind die spezifischen Wärmekapazitäten c_p und c_v eines idealen Gases.

a) Berechnen Sie ausgehend von der Gibbs'schen Fundamentalgleichung den Anstieg einer Isochoren und einer Isobaren im T, s-Diagramm.
b) Stellen Sie folgenden Kreisprozess sowohl in einem p, v-Diagramm als auch in einem T, s-Diagramm dar.

   $1 \to 2$ isochore Kompression;
   $2 \to 3$ isobare Verdichtung;
   $3 \to 1$ isotherme Entspannung.

c) Ist eine Maschine, die nach diesem Prozess arbeitet, eine Kältemaschine oder eine Wärmekraftmaschine?

Aufgabe 8.19: Eine Maschine mit idealem Gas gegebener konstanter spezifischer Wärmekapazitäten arbeitet nach folgendem Kreisprozess:

   $1 \to 2$ isochore Entspannung;
   $2 \to 3$ isotherme Expansion;
   $3 \to 1$ adiabate Kompression.

a) Zeichnen Sie die Zustandsänderungen im p, v- und im T, s-Diagramm ein.
b) Handelt es sich bei dieser Maschine um eine Wärmekraft- oder eine Kältemaschine?
c) Bei welchen Teilprozessen wird Wärme abgegeben bzw. aufgenommen?
d) Skizzieren Sie in den Diagrammen die Nettoarbeit und die zu- bzw. abgeführten Wärmen.
e) Berechnen Sie die Leistungszahl als Funktion von T_1 und T_2.

Aufgabe 8.20: In einem irreversiblen Kreisprozess durchläuft Wasser ausgehend vom Zustand siedender Flüssigkeit folgende Teilprozesse:

   $1 \to 2$ adiabate Drosselung von $p_1 = 23{,}198$ bar auf $p_2 = 6{,}181$ bar;
   $2 \to 3$ vollständige, isobare Verdampfung;
   $3 \to 4$ reversibel-adiabate Überhitzung bis p_1;
   $4 \to 1$ vollständige, isobare Kondensation.

a) Skizzieren diesen Kreisprozess in einem T, s-Diagramm. Zeichnen Sie die zu- bzw. abgeführten Wärmemengen ein.
b) Berechnen Sie den Dampfgehalt x_2 im Zustand 2.
c) Berechnen Sie die Änderung der spezifischen inneren Energie bei der Zustandsänderung von 1 nach 2.

Aufgabe 8.21: In einem reversiblen Kreisprozess durchläuft Wasser ausgehend vom Zustand siedender Flüssigkeit ($x_1 = 0$, $\vartheta_1 = 300$ °C) die folgenden Teilprozesse:

   $1 \to 2$ isobare Expansion bis zum Zustand gesättigten Dampfes ($x_2 = 1$);
   $2 \to 3$ isentrope Abkühlung auf die Temperatur $\vartheta_3 = 100$ °C;
   $3 \to 4$ isotherme Verdichtung bis x_4;
   $4 \to 1$ adiabate Kompression.

a) Stellen Sie diesen Kreisprozess in p, v- und T, s-Diagrammen dar.
b) Berechnen Sie x_3 und x_4.
c) Berechnen Sie die zu- und abgeführten Wärmen.
d) Berechnen Sie den thermischen Wirkungsgrad.

Aufgabe 8.22: Ein einfacher Kältemaschinenprozess verlaufe wie folgt:

   $1 \to 2$ adiabate Drosselung;
   $2 \to 3$ isobarer Wärmeaustausch;
   $3 \to 4$ isentrope Kompression (Zustand 4: Dampf im Sättigungszustand);
   $4 \to 1$ isobarer Wärmeaustausch (Zustand 1: Flüssigkeit im Sättigungszustand).

a) Zeichnen Sie den Kreisprozess in ein T, s-Diagramm ein.
b) Berechnen Sie die Leistungszahl ε_K des Kreisprozesses.

c) Tragen Sie die zu- und abgeführten Wärmen sowie die dem Kreisprozess netto zugeführte Arbeit in das T, s-Diagramm ein.

d) Wie groß ist die Leistungszahl ε'_K, wenn das Drosselventil durch eine isentrop arbeitende Turbine ersetzt wird?

Aufgabe 8.23: In einer Wärmekraftmaschine durchläuft Wasser ausgehend vom Zustand siedender Flüssigkeit die folgenden reversiblen Zustandsänderungen:

$1 \to 2$ isotherme Verdampfung bis $x_2 = 1$;
$2 \to 3$ isobare Überhitzung bis $T_3 > T_\mathrm{s}(p_3)$;
$3 \to 4$ adiabate Expansion bis zum Sättigungszustand $x_4 = 1$;
$4 \to 5$ isotherme Kondensation bis $x_5 = 0$;
$5 \to 6$ adiabate Kompression bis zum Druck p_1;
$6 \to 1$ isobare Erwärmung bis zum Sättigungszustand $x_1 = 0$.

a) Skizzieren Sie diesen Kreisprozess in einem T, s-Diagramm.

b) Zeichnen Sie zugeführte und abgeführte Wärmen in das T, s-Diagramm ein.

c) Berechnen Sie den thermischen Wirkungsgrad η ($h_1, h_2, \ldots, h_6$ gegeben).

Aufgabe 8.24: + Eine Carnot-Wärmekraftmaschine arbeitet zwischen zwei endlichen Körpern (siehe Skizze) mit den Anfangstemperaturen $T_\mathrm{H,0}$ und $T_\mathrm{C,0}$ ($T_\mathrm{H,0} > T_\mathrm{C,0}$). Die Körper haben die Wärmekapazitäten $C_{p\mathrm{H}}$ und $C_{p\mathrm{C}}$. Im Laufe des Prozesses sinkt die Temperatur T_H, während die Temperatur T_C steigt.

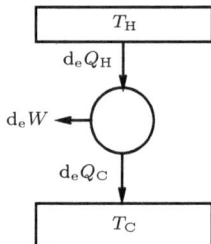

a) Geben Sie die von der Maschine verrichtete Arbeit für eine bestimmte Endtemperatur $T_\mathrm{H,E}$ als Funktion von $T_\mathrm{H,0}$, $T_\mathrm{C,0}$, $C_{p\mathrm{H}}$, $C_{p\mathrm{C}}$, sowie $T_\mathrm{H,E}$ an.

b) Wie groß ist die kleinste erreichbare Temperatur $T_\mathrm{H,min}$?

Aufgabe 8.25: + Zwei identische Körper A und B ($m_\mathrm{A} = m_\mathrm{B} = 10$ kg) mit den konstanten spezifischen Wärmekapazitäten $c = 1{,}1$ kJ/kgK haben die gleiche Anfangstemperatur $\vartheta_0 = 20\,^\circ$C. Eine Carnotmaschine, die einen Kältemaschinenprozess durchläuft, wird nun zwischen die beiden Körper geschaltet und arbeitet so lange, bis die Temperatur des Körpers A auf $\vartheta_\mathrm{A1} = 0\,^\circ$C abgesunken ist. Berechnen Sie unter der Annahme, dass bei einmaligem Durchlaufen des Carnot-Kreisprozesses die Wärmen $\mathrm{d}_e Q_\mathrm{A}$ bzw. $\mathrm{d}_e Q_\mathrm{B}$ reversibel zwischen den Körpern A bzw. B und dem Arbeitsmedium der Carnotmaschine ausgetauscht werden:

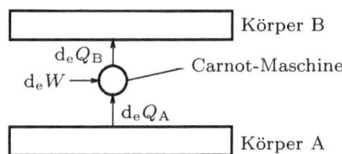

a) die Temperatur ϑ_B1 des Körpers B;

b) die Arbeit W_{01}, die dabei der Carnotmaschine zugeführt werden muss.

Aufgabe 8.26: Gegeben sind zwei Körper (A, B) mit den Wärmekapazitäten $C_\mathrm{A} = C_\mathrm{B} = C$ und den Anfangstemperaturen T_A und T_B. Berechnen Sie (jeweils als Funktion von T_A, T_B und C):

die gemeinsame Endtemperatur T^*;

die bei dem Prozess gewonnene Arbeit W;

die bei dem Prozess erzeugte Entropie,

wenn die beiden Körper

a) durch einen wärmeleitenden Stab;

b) über eine Carnotmaschine

miteinander verbunden sind. Voraussetzung: Reversibler Wärmeaustausch zwischen den Körpern und dem Stab bzw. der Carnotmaschine.

8.11 Aufgaben

Aufgabe 8.27: + Drei Körper (gleiche Wärmekapazitäten) sind mit reversibel arbeitenden Wärmekraft- und Kältemaschinen, die beliebig angeordnet zwischen den Körpern arbeiten können, verbunden. Die Temperaturen der Körper betragen in einem Ausgangszustand $T_A = 300$ K, $T_B = 300$ K und $T_C = 100$ K. Berechnen Sie die Temperaturen der Körper, wenn die Temperatur eines der drei Körper $T^* = 400$ K beträgt.

Aufgabe 8.28: Durch einen Widerstand von 25 Ω ($c_p = 840$ J/kgK; $m = 10$ g) fließt eine Sekunde lang ein elektrischer Strom von 10 A.

a) Berechnen Sie die Entropieänderung des Widerstandes, wenn die gesamte Verlustwärme abgeführt wird.

b) Die Umgebung ist ein sehr großer, mit Luft gefüllter Raum ($\vartheta_U = 27$ °C = const). Berechnen Sie die durch den Widerstand hervorgerufene Entropieänderung der Raumluft.

Anschließend wird der Widerstand thermisch isoliert. Dann fließt wieder eine Sekunde lang ein elektrischer Strom von 10 A durch den Widerstand.

c) Welche Endtemperatur erreicht der Widerstand, wenn seine Anfangstemperatur 27 °C war?

d) Berechnen Sie die Entropieänderung des Widerstands.

e) Berechnen Sie die Entropieänderung des aus Widerstand und Umgebungsluft bestehenden Systems.

Aufgabe 8.29: Gegeben ist ein Gefäß, in dem sich eine Flüssigkeit befindet, die durch einen Rührer mit der Drehzahl n (U/min) und dem Drehmoment M in Bewegung gehalten wird. Dabei soll durch entsprechende Wärmeabfuhr gewährleistet werden, dass die Temperatur im Gefäß konstant bleibt (stationärer Vorgang). Gesucht ist die Entropieproduktion pro Zeiteinheit.

Aufgabe 8.30: + Ein Kupferblock ($V = 1,0 \cdot 10^{-3}$ m³) wird ausgehend von einem Zustand 1 ($T_1 = 100$ K, $p_1 = 1,1$ bar) reversibel-isotherm komprimiert, bis ein Zustand 2 ($p_2 = 130$ bar) erreicht wird. Berechnen Sie die aufzuwendende Arbeit W_{12}, die auszutauschende Wärme Q_{12} sowie die Änderung der inneren Energie des Systems, $U_2 - U_1$. Stoffwerte: $\chi_T = 0,721 \cdot 10^{-11}$ Pa^{-1}, $\beta_p = 50,4 \cdot 10^{-6}$ K^{-1}. Hinweis: Man verwende (8.34).

Aufgabe 8.31: + Eine Speisewasserpumpe eines Kraftwerks pumpt Wasser ($\vartheta = 40$ °C, $p = 0,07$ bar) reversibel-adiabat aus dem Kondensator in den Verdampfer ($p = 70$ bar). Berechnen Sie die Temperaturerhöhung des Wassers und die pro kg Wasser aufzuwendende Arbeit. Stoffwerte: $\rho_W = 0,992$ kg/dm³, $\beta = 378 \cdot 10^{-6}$ K^{-1}, $c_W = 4184$ J/kgK. Hinweis: Man verwende (8.34).

Aufgabe 8.32: Ein Stück Eis (Masse $m_E = 2$ kg, Temperatur $\vartheta_{E,1} = -10$ °C) wird bei konstantem Druck $p_1 = 1$ bar in 6 kg flüssiges Wasser mit der Temperatur $\vartheta_{W,1} = 17$ °C gegeben.

a) Berechnen Sie die Massen von flüssigem Wasser und Eis im Endzustand und geben Sie die Endtemperatur an.

b) Berechnen Sie die Entropieänderung des Gesamtsystems.

Etwaiger Energieaustausch mit der Umgebung kann vernachlässigt werden.

Aufgabe 8.33: Ein Elektromotor, der eine elektrische Leistung P_{el} von 50 kW aufnimmt, hat bei der Umgebungstemperatur $\vartheta_U = 20$ °C einen Wirkungsgrad $\eta = 0,9$. Berechnen Sie die Entropieproduktion pro Zeiteinheit.

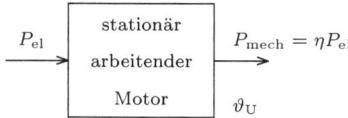

Aufgabe 8.34: Die Schallgeschwindigkeit a_s ist eine Zustandsgröße, die durch die Beziehung $a_s^2 = (\partial p/\partial \rho)_s$ gegeben ist.

a) Bestimmen Sie $a_s = a_s(p, \rho)$ für ein ideales Gases konstanter spezifischer Wärmekapazitäten (gegeben: R, κ) durch Ableiten der Isentropengleichung $p\rho^{-\kappa} = $ const.

b) Berechnen Sie $a_s = a_s(p, T)$ aus dem Resultat von a).

Aufgabe 8.35: In flüssiges Wasser (Masse $m_W = 100$ g, Temperatur $\vartheta = 0$ °C) wird gesättigter Dampf (Masse $m_D = 1$ g, Temperatur $\vartheta = 100$ °C) isobar eingeleitet. Berechnen Sie die Temperatur des Gleichgewichtszustandes und die Entropieänderung des Gesamtsystems.

Aufgabe 8.36:

a) 1 kg flüssiges Wasser mit 0 °C wird mit einem Energiespeicher, der 100 °C beibehält, in Berührung gebracht, bis sich thermisches Gleichgewicht einstellt. Wie groß ist die Entropieänderung des Wassers, die Entropieänderung des Energiespeichers und die Entropieänderung des Universums?
b) Wie groß ist die Entropieänderung des Universums, wenn das Wasser zuerst mit einem Energiespeicher der Temperatur 50 °C und danach erst mit dem Speicher der Temperatur 100 °C in Berührung gebracht wird?
c) Wie könnte das Wasser von 0 °C auf 100 °C nahezu ohne Entropieänderung des Universums erhitzt werden?

Aufgabe 8.37: Drei feste Körper 1, 2 und 3 mit gleicher, konstanter Wärmekapazität C [J/K] können mittels beliebig gekoppelter Wärmekraftmaschinen und Wärmepumpen Energie austauschen. Das aus Körpern und Maschinen bestehende Gesamtsystem ist von der Umgebung vollkommen isoliert. Folgende Zustände sind durch die Körpertemperaturen gegeben:

Zustand 0:	$T_1 = 100$ K	$T_2 = 300$ K	$T_3 = 300$ K
Zustand I:	$T_1 = 200$ K	$T_2 = 200$ K	$T_3 = 300$ K
Zustand II:	$T_1 = 150$ K	$T_2 = 150$ K	$T_3 = 400$ K
Zustand III:	$T_1 = 200$ K	$T_2 = 270$ K	$T_3 = 260$ K
Zustand IV:	$T_1 = 100$ K	$T_2 = 170$ K	$T_3 = 430$ K

a) Welche Zustände I bis IV sind ausgehend vom Zustand 0 erreichbar? (*Hinweis*: Berechnen Sie die Änderung der inneren Energie und der Entropie des aus den drei Körpern bestehenden Systems.)
b) In welcher Reihenfolge können die Zustände 0, I, IV erreicht werden? Begründen Sie Ihre Antwort.

Aufgabe 8.38: Ein Stahlblock (Anfangstemperatur $\vartheta_{St} = 700$ °C, spezifische Wärmekapazität $c_{St} = 460$ J/kgK, Masse $m_{St} = 10$ kg) wird in Wasser ($c_W = 4{,}19$ kJ/kgK) bis zum Erreichen der gemeinsamen Endtemperatur $\vartheta_E = 50$ °C abgeschreckt. Berechnen Sie die Entropieerhöhung ($S_2 - S_1$) des Systems Stahlblock–Wasser für eine Wasseranfangstemperatur von 10 °C.
Hinweis: Berechnen Sie zuerst die Wassermasse!

Aufgabe 8.39: Ein Aluminiumwürfel mit einem Volumen von $V = 5$ l und der Ausgangstemperatur $T_{Al} = 525$ K wird in einem Ölbad mit der Masse $m_{Öl} = 200$ kg und der Ausgangstemperatur $\vartheta_{Öl} = 25$ °C abgekühlt. Gegebene Stoffwerte: $c_{Al} = 0{,}92$ kJ/kgK; $c_{Öl} = 1{,}9$ kJ/kgK.

a) Welche Temperatur T^* stellt sich im thermischen Gleichgewichtszustand ein?
b) Wie groß ist die bei diesem Vorgang produzierte Entropie $\Delta_i S$?

Aufgabe 8.40: + Welche Form muss die Kurvenscheibe eines Schmidt'schen Apparats (vgl. Abschnitt 7.2, Beispiel 7.1) haben, um eine isentrope Zustandsänderung eines idealen Gases mit konstanten spezifischen Wärmekapazitäten zu realisieren?

Aufgabe 8.41: Der in Beispiel 5.4 beschriebene Prozess wird mit einem idealen Gas konstanter spezifischer Wärmekapazitäten adiabat durchgeführt. Bestimmen Sie die Änderung der spezifischen Entropie des Gases und diskutieren Sie das Ergebnis für sehr große Druckänderungen.

9 Thermodynamische Gleichgewichtsbedingungen

9.1 Extremalbedingungen

Abhängig von Nebenbedingungen, die dem System auferlegt werden, ist der thermodynamische Gleichgewichtszustand eines p,V–Systems durch eine der folgenden Extremalbedingungen bestimmt.

(1) Isoliertes System : $\qquad S = S_{\max}.$ \hfill (9.1)

(2) $T = \text{const}, V = \text{const}$: $\qquad F = F_{\min}.$ \hfill (9.2)

(3) $T = \text{const}, p = \text{const}$: $\qquad G = G_{\min}.$ \hfill (9.3)

Dabei bedeutet S die *Entropie*, $F = U - TS$ die *freie Energie* und $G = H - TS$ die *freie Enthalpie*.

Herleitung von (9.1)
Aus (5.30), (8.5) und (8.6), d.i. der erste und der zweite Hauptsatz, folgt mit $d_e W = 0$ und $d_e Q = 0$:
$$U = \text{const}; \qquad dS \geq 0. \tag{9.4}$$
Die Entropie des isolierten Systems nimmt daher zu, bis ihr größtmöglicher Wert erreicht ist. Da der thermodynamische Gleichgewichtszustand eines p,V–Systems durch zwei unabhängige Zustandsgrößen (hier: U, S) festgelegt wird, ist eine weitere Zustandsänderung des isolierten Systems nicht möglich, d.h., das System befindet sich im thermodynamischen Gleichgewicht.

Herleitung von (9.2)
Wegen $V = \text{const}$ verschwindet die Volumenänderungsarbeit. Andere Arbeiten sind bei Annäherung an den thermodynamischen Gleichgewichtszustand ausgeschlossen. Damit folgt aus der Energiebilanz (5.30) $d_e Q = dU$, und aus (8.5) und (8.6) erhält man
$$TdS - dU \geq 0. \tag{9.5}$$
Mit $T = \text{const}$ ergibt sich schließlich
$$dF \leq 0. \tag{9.6}$$
Die freie Energie strebt daher ihrem kleinstmöglichen Wert zu, der den thermodynamischen Gleichgewichtszustand festlegt.

Herleitung von (9.3)
Analog zur Herleitung von (9.2) mit $p = \text{const}$ statt $V = \text{const}$.

Bemerkung
(9.5) scheint der Gibbs'schen Fundamentalgleichung (8.11) zu widersprechen. Letztere ist jedoch auf quasistatische Zustandsänderungen beschränkt, während (9.5) auch nichtstatische Zustandsänderungen einschließt.

9.2 Gleichgewichtsbedingungen für heterogene Systeme

Die chemischen Komponenten γ ($\gamma = 1, 2, ...K$) seien in den Phasen α ($\alpha = 1, 2, ...P$) enthalten. Dann gelten für den Zustand des thermodynamischen Gleichgewichts:

(1) Die *Gleichgewichtsbedingungen* (für $T = \text{const}$, $p = \text{const}$)

$$\mu_\gamma^{(\alpha)} = \mu_\gamma^{(\alpha')} \tag{9.7}$$

$(\gamma = 1, 2, ...K;\ \alpha, \alpha' = 1, 2, ...P;\ \alpha' \neq \alpha)$.

Dabei sind $\mu_\gamma^{(\alpha)}$ und $\mu_\gamma^{(\alpha')}$ die chemischen Potentiale der Komponente γ in der Phase α bzw. α'.

(2) Die *Gibbs'sche Phasenregel*

$$\boxed{N = 2 + K - P} \tag{9.8}$$

mit N als *Freiheitsgrad* des Systems, d.i. die Anzahl der unabhängig veränderlichen intensiven Zustandsgrößen bei konstanter Anzahl P der Phasen.

Herleitung von (9.7)
Mit (8.22) lässt sich das vollständige Differential der freien Enthalpie als

$$dG = \left(\frac{\partial G}{\partial T}\right)_{p, n_\gamma} dT + \left(\frac{\partial G}{\partial p}\right)_{T, n_\gamma} dp + \sum_{\alpha=1}^{P} \sum_{\gamma=1}^{K} \mu_\gamma^{(\alpha)} dn_\gamma^{(\alpha)} \tag{9.9}$$

schreiben. Mit der Gleichgewichtsbedingung (9.3), d.h. $dG = 0$ für $dT = dp = 0$, folgt aus (9.9)

$$\sum_{\alpha=1}^{P} \sum_{\gamma=1}^{K} \mu_\gamma^{(\alpha)} dn_\gamma^{(\alpha)} = 0. \tag{9.10}$$

Diese Bedingung muss für beliebige Stoffmengenänderungen gelten, also auch für den Übertritt der Komponente γ von der Phase α in die Phase $\alpha'(\neq \alpha)$, während die anderen Stoffmengen unverändert bleiben. Mit der Stoffmengenbilanz $dn_\gamma^{(\alpha)} + dn_\gamma^{(\alpha')} = 0$ ergibt sich $(\mu_\gamma^{(\alpha)} - \mu_\gamma^{(\alpha')}) dn_\gamma^{(\alpha)} = 0$, woraus (9.7) folgt.

Herleitung von (9.8)
Im thermodynamischen Gleichgewichtszustand ist die freie Enthalpie eine Funktion von Temperatur, Druck und den Stoffmengen (Molzahlen) aller Komponenten in allen Phasen des Systems. Daher wird der thermodynamische Gleichgewichtszustand durch die folgenden *intensiven* Zustandsgrößen beschrieben: Temperatur, Druck und $(K-1)$ Stoffmengenanteile (Molenbrüche) pro Phase, insgesamt also $2 + (K-1)P$ intensive Zustandsgrößen. Pro Komponente gibt es $(P-1)$ Gleichgewichtsbedingungen (9.7), insgesamt also $K(P-1)$ Gleichungen. Die Differenz aus Anzahl der intensiven Zustandsgrößen und Anzahl der Gleichungen ergibt den Freiheitsgrad N gemäß (9.8).

Beachte:

- Unterschiedliche Kristallformen einer chemischen Komponente sind als voneinander verschiedene Phasen zu behandeln.

  Beispiele: Rhombisch bzw. monoklin kristallisierter Schwefel; Kohlenstoff als Graphit bzw. Diamant; Eismodifikationen I bis VIII von Wasser (I ist „normales" Eis bei niedrigen und mäßig hohen Drücken; die anderen Modifikationen treten bei sehr hohen Drücken [$> 10^3$ bar] auf; IV und VIII sind instabil).

- In einem Kristall müssen die Atome oder Moleküle nicht notwendigerweise in einem periodischen Muster angeordnet sein. Beobachtet wurden auch nach gewissen Regeln geordnete, nicht-periodische Anordnungen, die als *Quasi-Kristalle* bezeichnet werden. Allen gemeinsam ist, dass sie diskrete Beugungsbilder liefern.

- Spezifische Zustandsgrößen werden hier nicht zu den intensiven Zustandsgrößen gerechnet, d.h., sie bleiben bei der Ermittlung des Freiheitsgrades unberücksichtigt.

9.3 Reine Stoffe

Beispiele zur Gibbs'schen Phasenregel

$N = 0$: Tripelpunkt reiner Stoffe (vgl. Abschnitt 9.3.1).

$N = 1$: Zweiphasengleichgewichte reiner Stoffe (Dampf-, Schmelz- und Sublimationsdruckkurven; vgl. Abschnitt 9.3.2).

$N = 2$: Chemisch reine Gase (vgl. Abschnitt 3.2); Zweiphasengleichgewichte von Zweistoffsystemen (vgl. Abschnitt 9.4, wobei trockene Luft unveränderlicher Zusammensetzung wie ein reiner Stoff behandelt wird).

$N = 3$: Gemisch aus zwei chemisch reinen Gasen (vgl. Abschnitt 3.3).

9.3 Reine Stoffe

9.3.1 Dreiphasengleichgewichte (Tripelpunkte)

Gemäß der Gibbs'schen Phasenregel (9.8) sind drei unveränderliche Phasen eines reinen Stoffes nur in einem einzigen Zustand im thermodynamischen Gleichgewicht; dieser Zustand wird *Tripelpunkt* genannt.

Tabelle 9.1: Tripelpunkte einiger Stoffe (nach W. Blanke)

Stoff	T_{TP} [K]	p_{TP} [Pa]
Argon	83,798	68750
Sauerstoff	54,361	147
Stickstoff	63,146	12526
Wasser	273,16	611,2
Wasserstoff	13,958	7193

Beachte:

- Wenn von einem reinen Stoff mehr als eine Kristallform existiert, kann es auch mehr als einen Tripelpunkt geben.

  Für Wasser (mit 8 Eismodifikationen[31]) gibt es 7 verschiedene Tripelpunkte. Nur in einem der Tripelpunkte enthält das System auch Dampf; dieser Tripelpunkt wird für die Festlegung der Kelvin- und Celsius-Temperaturskalen verwendet (siehe Abschnitt 2.4) und liegt bei $T = 273,16$ K ($\vartheta = 0,01°C$) und $p = 6,11 \cdot 10^{-3}$ bar. In allen anderen Tripelpunkten treten Kombinationen von Flüssigkeit und/oder Eismodifikationen auf.

9.3.2 Zweiphasengleichgewichte

Für thermodynamische Gleichgewichtszustände von p,v-Systemen, die aus zwei Phasen (Indizes $^{(1)}$ und $^{(2)}$) eines reinen Stoffes bestehen, gilt:

---

[31] Siehe http://www-c724.uibk.ac.at/

(1) Druck p und Temperatur T sind durch eine Funktionsbeziehung $p = p_\mathrm{s}(T)$ verknüpft; die Funktion $p_\mathrm{s}(T)$ ist eine Eigenschaft des Stoffes und der Aggregatzustände der beiden Phasen (Bild 9.1).

(2) Die *Clausius–Clapeyron–Gleichung*

$$\frac{\mathrm{d}p_\mathrm{s}}{\mathrm{d}T} = \frac{h^{(2)} - h^{(1)}}{T(v^{(2)} - v^{(1)})} \qquad (9.11)$$

verknüpft die Ableitung der Funktion $p_\mathrm{s}(T)$ mit den Differenzen der spezifischen Enthalpien bzw. der spezifischen Volumina beider Phasen.

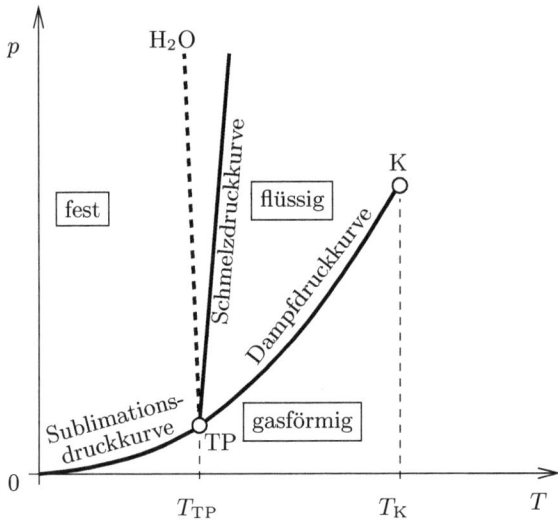

Bild 9.1: p, T–Diagramm eines reinen Stoffes; Sublimationsdruckkurve, Schmelzdruckkurve und Dampfdruckkurve stellen die Funktion $p_s(T)$ für das jeweilige Zweiphasengleichgewicht dar. (TP ... Tripelpunkt; K ... kritischer Punkt; - - - - Schmelzdruckkurve für Wasser).

Beachte:

- Abhängige und unabhängige Variablen können vertauscht werden: Wenn $p = p_\mathrm{s}(T)$ den *Sättigungsdruck* (*Dampfdruck*) in Abhängigkeit von der Temperatur angibt, so stellt die Umkehrfunktion $T = T_\mathrm{s}(p)$ die *Sättigungstemperatur* (*Siedetemperatur*) in Abhängigkeit vom Druck dar.

- Mit steigender Temperatur endet die Dampfdruckkurve im *kritischen Punkt* K. Für Temperaturen, die höher als die *kritische Temperatur* T_K sind, lassen sich flüssige und gasförmige Phasen nicht unterscheiden. Nähert man sich dem kritischen Punkt, so wachsen u.a. der isotherme Kompressibiliätskoeffizient, der isobare Ausdehnungskoeffizient und die isobare spezifische Wärmekapazität über alle Grenzen.[32]

---

[32] Mit der Renormalisierungsgruppen-Theorie konnten für die Zustandsgrößen nahe dem kritischen Punkt universelle Potenzgesetze gefunden werden, die allerdings von Messungen nur mit Einschränkungen bestätigt worden sind (vgl. N. Kurzeja et al., Intl. J. Thermophys. **20** (1999), 531-561).

9.3 Reine Stoffe

Tabelle 9.2: Kritische Zustände ausgewählter Stoffe (nach W. Blanke)

Stoff	T_K [K]	p_K [bar]	ρ_K [kg/m^3]
Argon	150,86	48,98	535,7
Sauerstoff	154,58	50,43	436,1
Stickstoff	126,2	34	314
Wasser	647,3	221,2	317
Wasserstoff	33,24	12,96	30,1

Spezielle Formen der Clausius–Clapeyron–Gleichung

a) *Sättigungs– oder Dampfdruck (Dampf/Flüssigkeit–Gleichgewicht)*:

$$\frac{dp_s}{dT} = \frac{r}{T(v'' - v')} \qquad (9.12)$$

mit $r = h'' - h'$ als Verdampfungsenthalpie. Wegen $r > 0$ und $v'' > v'$ gilt $dp_s/dT > 0$.

b) *Schmelzdruck (Flüssigkeit/Eis–Gleichgewicht)*:

$$\frac{dp_s}{dT} = \frac{l}{T(v^{II} - v^{I})} \,, \qquad (9.13)$$

wobei mit den hochgestellten Indizes I und II die feste bzw. flüssige Phase gekennzeichnet wird und $l = h^{II} - h^{I}$ die Schmelzenthalpie bedeutet. Für „normale" Stoffe folgt aus $l > 0$ und $v^{II} > v^{I}$, dass $dp_s/dT > 0$. Für Wasser gilt jedoch $v^{II} < v^{I}$, woraus sich $dp_s/dT < 0$ ergibt (vgl. Bild 9.1 und Beispiel 9.1). Diese *Anomalie des Wassers* verhindert u.a. das Durchfrieren von Seen, erleichtert das Eislaufen und ermöglicht das „Schneiden" von Eisblöcken mit gewichtsbelasteten Drähten.

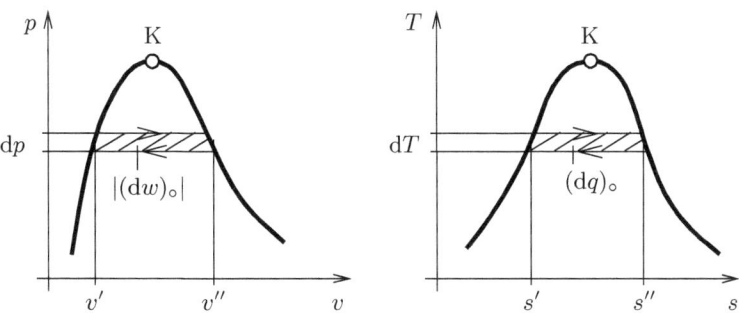

Bild 9.2: Zur Herleitung der Clausius–Clapeyron–Gleichung.

Herleitung der Clausius–Clapeyron–Gleichung
(9.11) kann formal aus der Gleichgewichtsbedingung (9.7) hergeleitet werden. Hier wird eine anschauliche Herleitung mit Hilfe eines Carnotschen Kreisprozesses vorgezogen. Der Kreisprozess

besteht aus den folgenden Teilprozessen (Bild 9.2): Kondensation bei $T = $ const und $p = p_s(T) = $ const; isentrope Kompression mit infinitesimalen Druck– und Temperaturzunahmen dp bzw. dT; Verdampfen bei $p + dp = $ const und $T + dT = $ const; isentrope Expansion auf den Ausgangszustand. Aus der Energiebilanz folgt, dass die bei einer einmaligen Durchführung des Kreisprozesses netto verrichtete Arbeit dem Betrag nach gleich der dabei netto zugeführten Wärme sein muss: $|(dw)_\circ| = (dq)_\circ$. Arbeit und Wärme können im p, v– bzw. T, s–Diagramm als Flächeninhalte bestimmt werden (Bild 9.2). Unter Vernachlässigung von kleinen Termen höherer Ordnung ergibt sich

$$(v'' - v')dp = (s'' - s')dT,$$

woraus mit (8.8) die Clausius–Clapeyron–Gleichung (9.12) folgt. Da für die Gleichgewichte zwischen flüssigen und festen bzw. gasförmigen und festen Phasen analoge Kreisprozesse betrachtet werden können, lässt sich das Ergebnis dieser Herleitung zu (9.11) verallgemeinern.

Beispiel 9.1: *Anomalie des Wassers*
Für Eis und flüssiges Wasser im thermodynamischen Gleichgewicht bei $0\,°C$ sind die folgenden Stoffwerte gegeben: $v^I = 1{,}09\,\text{dm}^3/\text{kg}$; $v^{II} = 1{,}00\,\text{dm}^3/\text{kg}$; $h^I = 300\,\text{kJ/kg}$; $h^{II} = 630\,\text{kJ/kg}$.

a) Man bestimme dp_s/dT.

b) Ein Schlittschuh wird mit der Masse $m = 40\,\text{kg}$ belastet; die Kontaktfläche mit dem Eis beträgt $A = 3\,\text{mm}^2$ (Unebenheiten!). Um welchen Betrag ändert sich die Schmelztemperatur?

Lösung:

a) Mit $T = 273\,\text{K}$ und $l = h^{II} - h^I$ ergibt sich aus (9.13)

$$dp_s/dT = -134\;\text{bar/K}. \tag{9.14}$$

b) Mit $F = mg$ ($g = 9{,}81\,\text{m/s}^2$) erhält man gegenüber dem Atmosphärendruck eine Druckerhöhung $\Delta p = F/A = 1308$ bar. Ersetzt man näherungsweise den Differentialquotienten durch den Differenzenquotienten, so ergibt sich aus (9.14)

$$\Delta T \approx \Delta p \left(\frac{dp_s}{dT}\right)^{-1} = -9{,}8\,\text{K}.$$

Beispiel 9.2: *Dampfdruckkurve*
Welcher Zusammenhang zwischen Dampfdruck und Temperatur ergibt sich, wenn man näherungsweise annimmt, dass die Verdampfungsenthalpie konstant ist, der Dampf sich wie ein ideales Gas verhält und das spezifische Volumen der flüssigen Phase gegenüber jenem der Dampfphase vernachlässigt werden kann? In welchem Diagramm erscheint dieser Zusammenhang als Gerade?
Lösung: Mit den genannten Näherungen ergibt sich aus (9.12) die Differentialgleichung

$$\left(\frac{dp_s}{dT}\right) = C_1 \frac{p_s}{T^2}, \qquad C_1 = \frac{r}{R} = \text{const},$$

mit der Lösung

$$\ln p_s = -\frac{C_1}{T} + C_2, \tag{9.15}$$

wobei C_2 eine Integrationskonstante bedeutet. Die Dampfdruckkurve erscheint in die-

9.3 Reine Stoffe

ser Näherung als Gerade, wenn der Logarithmus des Dampfdrucks über dem reziproken Wert der absoluten Temperatur aufgetragen wird (Bild 9.3).

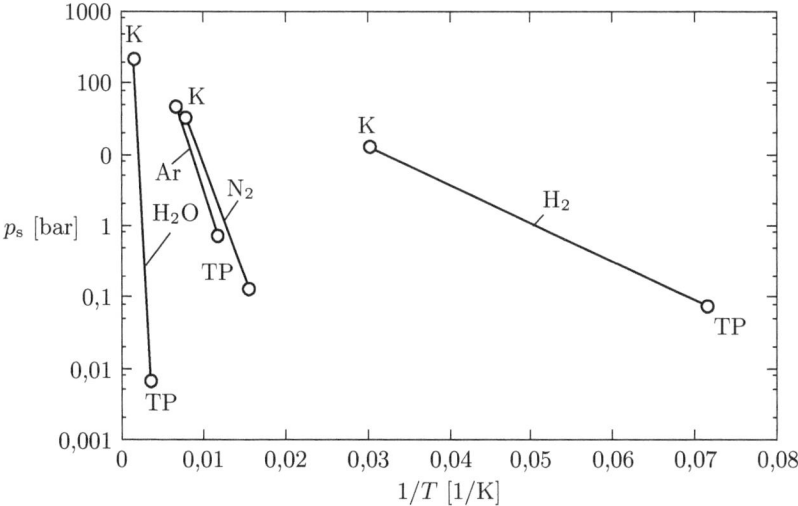

Bild 9.3: Dampfdruckkurven einiger Stoffe im log p_s, 1/T-Diagramm (Werte nach W. Blanke).

Ergänzung: Einfluss der Oberflächenspannung

Für stark gekrümmte Phasengrenzflächen (z.B. sehr kleine Tropfen und Blasen) kann die Oberflächenspannung die Gleichgewichtsbeziehungen zwischen Druck und Temperatur wesentlich beeinflussen. In diesem Fall muss der Inhalt der Oberfläche als zusätzliche unabhängige Variable eingeführt werden (p, V, A–System). Aus den Gleichgewichtsbedingungen für die chemischen Potentiale erhält man für den *Dampfdruck* p_d an einem Tropfen oder in einer Blase mit dem Durchmesser d die *Kelvin'sche Gleichung*

$$\ln \frac{p_d}{p_s} = \pm \frac{4\sigma}{d} \frac{v'}{RT}, \qquad (\text{+ für Tropfen, − für Blasen}),$$

wobei p_s den Sättigungsdruck für eine ebene Grenzfläche (d.h. ohne Wirkung der Oberflächenspannung), v' das spezifische Volumen der Flüssigkeit im Sättigungszustand und R die spezielle Gaskonstante des betrachteten Stoffes bedeuten. In der *Flüssigkeit* ist der Druck an der Grenzfläche um den Betrag $4\sigma/d$ größer (Tropfen) bzw. kleiner (Blase) als der Dampfdruck p_d, vgl. Bild 5.8.

9.3.3 p, v–Diagramm eines reinen Stoffes

Um die Gleichgewichtszustände eines reinen Stoffes zu beschreiben, werden in ein p, v–Diagramm die *Grenzkurven* zwischen den Ein– und Zweiphasenbereichen sowie die *Isothermen* eingetragen (Bild 9.4).

Bemerkungen zu Bild 9.4

a) In den einphasigen Bereichen haben die Isothermen im p,v–Diagramm einen negativen Anstieg, weil bei isothermer Expansion das Volumen zunimmt, während der Druck abnimmt.

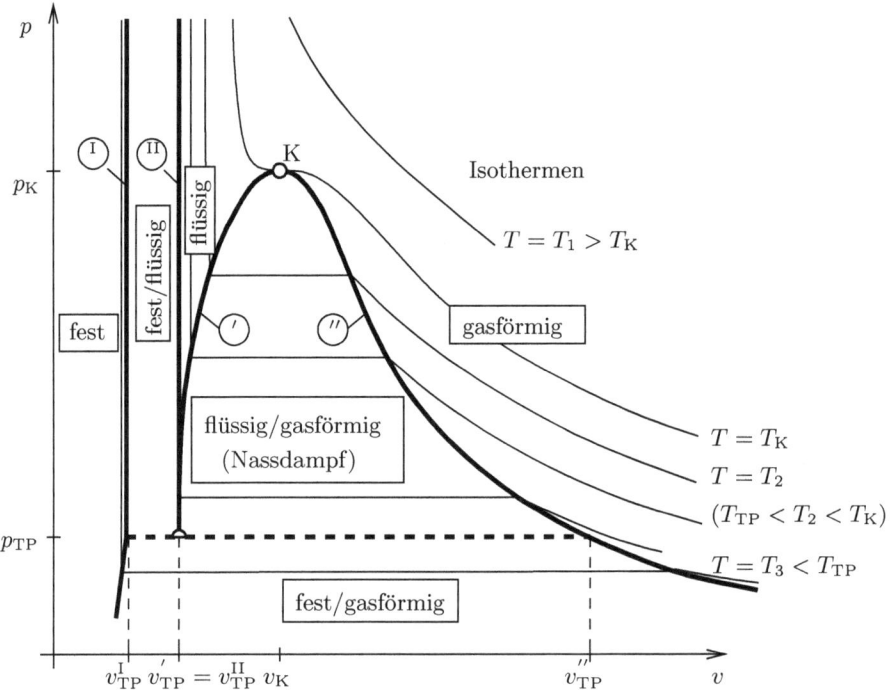

Bild 9.4: p,v–Diagramm eines reinen Stoffes (ausgenommen Wasser)[33]. (K ... kritischer Punkt; —— Grenzkurven; —— Isothermen; ▪ ▪ ▪ ▪ Tripellinie.)

b) In den zweiphasigen Bereichen werden oft Linien konstanter Massenverhältnisse eingetragen, vgl. Bild 1.5.

c) Auf der Tripellinie herrscht Dreiphasengleichgewicht mit unbestimmten Massenanteilen der festen, flüssigen und gasförmigen Phasen. Es gilt $x_{\text{fe}} v_{\text{TP}}^{\text{I}} + x_{\text{fl}} v_{\text{TP}}' + x_{\text{g}} v_{\text{TP}}'' = v$ mit $x_{\text{fe}} + x_{\text{fl}} + x_{\text{g}} = 1$, wobei die Indizes fe, fl und g auf die feste, flüssige bzw. gasförmige Phase verweisen und $v_{\text{TP}}' = v_{\text{TP}}^{\text{II}}$ ist.

9.3.4 Metastabile Zustände

(1) Metastabile Zustände sind stabil bezüglich infinitesimal kleiner Störungen, aber instabil bezüglich einer endlich großen Störung.

---

[33] Für Wasser würde sich ein p,v–Diagramm mit mehrfach überdeckten Bereichen ergeben. Übersichtlicher ist die räumliche Darstellung in einem p, v, T–Diagramm.

9.3 Reine Stoffe

(2) Bei festen Werten von Temperatur und Volumen ist die freie Energie in einem metastabilen Zustand größer als der Minimalwert $F_{\min}$, durch den der (stabile) Gleichgewichtszustand bestimmt ist.

Beispiele für metastabile Zustände

Bezeichnung des Zustands	Art der Abweichung vom thermodyn. Gleichgewicht	Bedeutung von $p_s(T)$
überhitzte Flüssigkeit	$p < p_s(T)$	Dampfdruck
unterkühlter Dampf	$p > p_s(T)$	Dampfdruck
unterkühlte Flüssigkeit (Glas, amorpher Festkörper)	$p > p_s(T)$	Schmelzdruck

Überhitzte Flüssigkeiten treten u. a. bei nicht-statischen Verdampfungsprozessen auf, weil die Wärmeleitung zur Grenzfläche, an der die Verdampfungsenthalpie aufgebracht werden muss, einen Temperaturgradienten erfordert. *Unterkühlte Dämpfe* werden bei rascher Expansion, z. B. in Düsen, beobachtet; der Übergang zum (lokalen) thermodynamischen Gleichgewicht erfolgt dann bei hinreichender Unterkühlung meist in sehr raschen Zustandsänderungen, die Kondensationsstöße genannt werden. *Gläser* entstehen u. a. bei sehr rascher Abkühlung von Schmelzen. Bei lokaler Erwärmung eines Glases kann der Übergang in den kristallinen Gleichgewichtszustand in Form einer Kristallisationswelle erfolgen, die sich, von der frei werdenden Schmelzenthalpie getrieben, rasch durch das Glas ausbreitet („explosive Kristallisation").

Diskussion metastabiler Zustände am Beispiel der Van–der–Waals–Gleichung

Gemäß (3.22) sind die Isothermen $T = $ const Kurven dritten Grades in einem p, v–Diagramm, vgl. Bild 9.5. Die *kritische Isotherme* $T = T_K$ hat einen Wendepunkt mit horizontaler Tangente (*kritischer Punkt*). Für $T < T_K$ liegen die Isothermen teilweise im Zweiphasengebiet. Die Sättigungszustände A′ (gesättigte oder siedende Flüssigkeit) und A″ (Sattdampf) können mit Hilfe der *Maxwell'schen Flächenregel* gefunden werden: A′ und A″ müssen auf jener horizontalen Geraden $p = $ const liegen, die mit der Kurve dritten Grades zwei *flächengleiche* Abschnitte A′BDA′ und A″CDA″ bildet (Bild 9.5). Für eine unveränderliche Temperatur $T < T_K$ und ein spezifisches Volumen v im Bereich $v' < v < v''$ (d.h. unterhalb der Sättigungskurve im p, v–Diagramm, Bild 9.5) sind die folgenden Zustände zu unterscheiden.

Kurve in Bild 9.5	Bezeichnung	Stabilität
Gerade A′A″	Nassdampf	stabil
A′B	überhitzte Flüssigkeit	metastabil
BDC	—	instabil [34]
CA″	unterkühlter Dampf	metastabil

---

[34] Auf dem Kurvenast BDC wäre eine isotherme Verdichtung (Verringerung des spezifischen Volumens) mit einer Druck*abnahme* verknüpft; dies widerspricht der Stabilitätsbedingung für thermodynamisches Gleichgewicht.

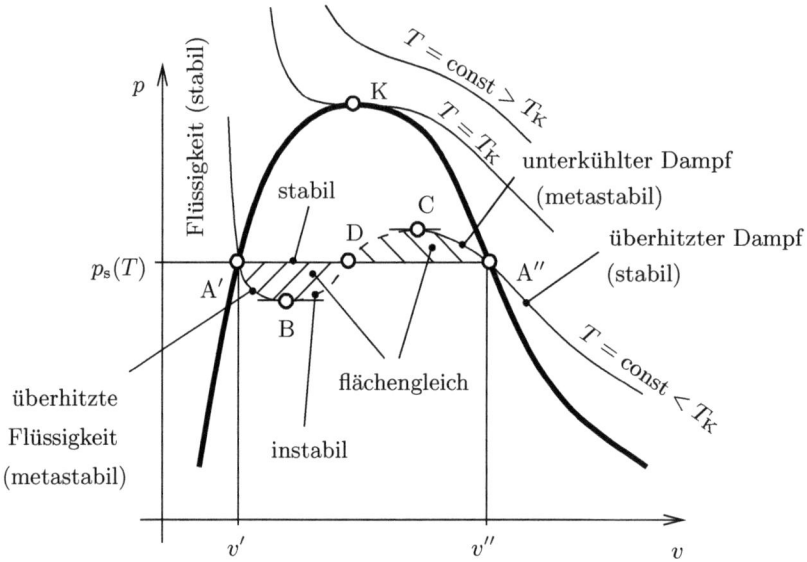

Bild 9.5: p,v–Diagramm mit Isothermen für die Van–der–Waals'sche Zustandsgleichung.

Herleitung der Maxwell'schen Flächenregel
Da der reversible Kreisprozess A'A''CDBA' zur Gänze bei *derselben* Temperatur verläuft, folgt aus (7.8), dass der thermische Wirkungsgrad null sein muss; es darf daher bei einem Durchlauf netto keine Arbeit abgegeben werden. Da weiters die Arbeit im p,v–Diagramm als Fläche abzulesen ist (vgl. Abschnitt 5.1.1), müssen die beiden Flächenteile dem Betrag nach gleich sein.

9.4 Mehrstoffsysteme

9.4.1 Feuchte Luft (feuchte Gase)

Feuchte Luft ist ein Gemisch aus trockener Luft und Wasser. *Trockene* Luft ist ein Gemisch aus Gasen ($N_2, O_2, Ar, \ldots$), die im interessierenden Temperaturbereich nicht kondensieren.

Die folgenden Gleichungen lassen sich auch auf andere Gemische aus nicht–kondensierenden Gasen und einem kondensierbaren Dampf anwenden, wenn die entsprechenden Stoffwerte (Molmassen, Stättigungsdruck u.s.w.) eingesetzt werden.

Definitionen

(1)   Wassergehalt $\boxed{x = m_\mathrm{W}/m_\mathrm{L},}$ (9.16)

wobei $x = x_\mathrm{D} + x_\mathrm{F} + x_\mathrm{E},$ (9.17)

mit $x_\mathrm{D} = m_\mathrm{D}/m_\mathrm{L},\ x_\mathrm{F} = m_\mathrm{F}/m_\mathrm{L},\ x_\mathrm{E} = m_\mathrm{E}/m_\mathrm{L}.$ (9.18)

9.4 Mehrstoffsysteme

(2)   Relative Feuchte $\varphi = p_D/p_s$.   (9.19)

(3)   Sättigungsgrad $\psi = x_D/x_s$.   (9.20)

Hierin bedeuten:

m_L, m_W, m_D, m_F, m_E ... Masse von trockener Luft, Wasser, Wasserdampf, flüssigem Wasser, Eis;

$p_s = p_s(\vartheta)$ ... Sättigungsdruck des Wassers bei der Temperatur ϑ [°C]; [35]

p_D ... Partialdruck des Wasserdampfes ($p_D \leq p_s$);

p ... (Gesamt–) Druck;

$x_s = x_s(\vartheta, p)$ ... Wassergehalt im Sättigungszustand, siehe (9.22).

Beachte:

- Abweichend von den bei anderen Gemischen üblichen Definitionen werden bei feuchter Luft die Massen der Komponenten nicht auf die Gesamtmasse sondern auf die Masse der trockenen Luft bezogen. (Vorteilhaft bei vielen Anwendungen, z.B. Trocknungsprozessen, siehe Beispiel 9.3!)
- Für $x < x_s$ gilt $x_D = x$, $x_F = x_E = 0$. Für $x \geq x_s$ gilt $x_D = x_s$, $x_F + x_E = x - x_s$.

Beziehungen zwischen Wassergehalt und Partialdrücken

$$x_D = \frac{\mathcal{M}_W}{\mathcal{M}_L} \frac{p_D}{p - p_D}; \qquad (9.21)$$

$$x_s = x_{D,s} = \frac{\mathcal{M}_W}{\mathcal{M}_L} \frac{p_s(\vartheta)}{p - p_s(\vartheta)}, \qquad (9.22)$$

mit $\mathcal{M}_W/\mathcal{M}_L = 0{,}622$ als Verhältnis der Molmassen von Wasser und trockener Luft.

Herleitung von (9.21) und (9.22)
Bei den in den meisten Anwendungen (Klimatechnik, Meteorologie) vorkommenden Temperaturen ist der Sättigungsdruck des Wassers so klein, dass der Wasserdampf (ebenso wie die trockene Luft) als ideales Gas mit konstanten spezifischen Wärmekapazitäten angesehen werden kann. Mit p_D als Partialdruck des Wasserdampfes und $p - p_D$ als Partialdruck der trockenen Luft erhält man aus (3.11)

$$x_D = \frac{m_D}{m_L} = \frac{\rho_D}{\rho_L} = \frac{p_D \mathcal{M}_W / \mathcal{R}T}{(p - p_D)\mathcal{M}_L/\mathcal{R}T} = \frac{\mathcal{M}_W}{\mathcal{M}_L} \frac{p_D}{p - p_D},$$

d.i. (9.21). Im Sättigungszustand der feuchten Luft ist der Partialdruck des Wasserdampfes gleich dem Sättigungsdruck des Wassers bei gleicher Temperatur. Daher ist in (9.21) $p_D = p_s$ zu setzen, um $x_D = x_{D,s} = x_s$ zu erhalten. Dies liefert (9.22).

Spezifische Enthalpie [36] *der feuchten Luft*

$$\boxed{h_{1+x} = (c_{pL} + x_D c_{pD} + x_F c_{pF} + x_E c_{pE})\vartheta + x_D r_0 - x_E l_0.} \qquad (9.23)$$

---

[35] Der Einfluss des Gesamtdrucks (d.h. der Anwesenheit der trockenen Luft) auf den Sättigungsdruck des Wassers ist i.a. vernachlässigbar.

[36] Betreffend Dichte der feuchten Luft siehe Abschnitt 3.3, Beispiel 3.2.

Hierin bedeuten:

$h_{1+x} = H/m_\text{L}$ ... spezifische Enthalpie der feuchten Luft, bezogen auf 1kg *trockene* Luft;

ϑ ... Temperatur in °C;

$c_{p\text{L}}$, $c_{p\text{D}}$, $c_{p\text{F}}$, $c_{p\text{E}}$ ... konstante spezifische Wärmekapazitäten für trockene Luft, Wasserdampf, flüssiges Wasser, Eis;

r_0, l_0 ... Verdampfungsenthalpie, Schmelzenthalpie des Wassers, jeweils bei 0 °C.

Tabelle 9.3: Stoffwerte für feuchte Luft (nach H.D. Baehr)

spezifische Wärmekapazitäten				Verdampfungs- enthalpie	Schmelz- enthalpie
trockene Luft	Wasserdampf	flüssiges Wasser	Eis		
$c_{p\text{L}}$	$c_{p\text{D}}$	$c_{p\text{F}}$	$c_{p\text{E}}$	r_0	l_0
kJ/kg °C	kJ/kg °C	kJ/kg °C	kJ/kg °C	kJ/kg	kJ/kg
1,00	1,86	4,19	2,05	2502	333

Herleitung von (9.23): Ausgehend von

$$H = m_\text{L} h_\text{L} + m_\text{D} h_\text{D} + m_\text{F} h_\text{F} + m_\text{E} h_\text{E} \tag{9.24}$$

nimmt man konstante spezifische Wärmekapazitäten an, legt die Nullpunkte für die spezifischen Enthalpien der trockenen Luft und des flüssigen Wassers bei 0 °C fest, und berücksichtigt in h_D bzw. h_E die Verdampfungs– und Schmelzenthalpien.

Gleichgewichtszustände der feuchten Luft im h_{1+x}, x-*Diagramm*

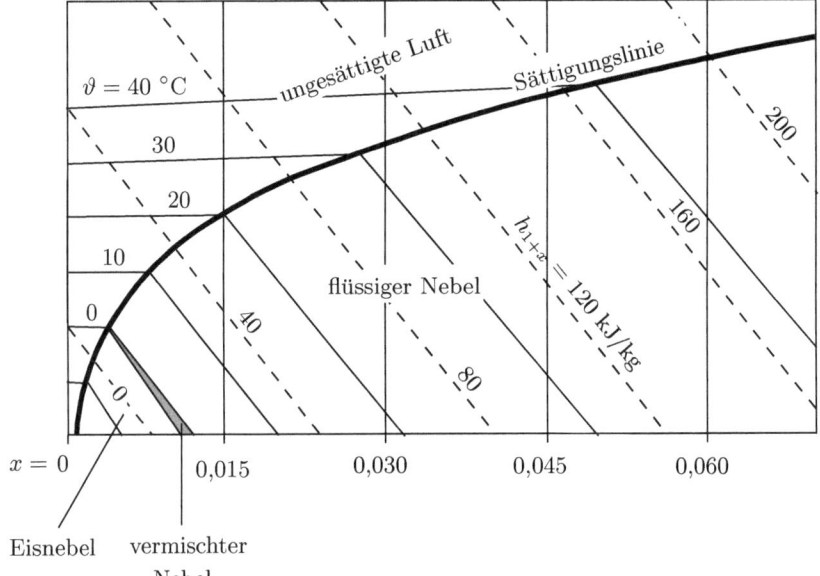

Bild 9.6: Auszug aus dem h_{1+x}, x–Diagramm für feuchte Luft ($p = 1$ bar).

9.4 Mehrstoffsysteme

Beachte:

- Ein h_{1+x}, x–Diagramm für feuchte Luft gilt für einen bestimmten, konstanten Wert des Druckes p. Das Diagramm ändert sich mit p, weil gemäß (9.22) die Sättigungskurve von p abhängt.

- Um schleifende Schnitte zu vermeiden, wird für das h_{1+x}, x–Diagramm im Allgemeinen ein nicht-orthogonales (schiefwinkeliges) Koordinatensystem verwendet, siehe Bild 9.6.

- Die Sättigungskurve für $p = 1$ bar hat bei $0\,°\mathrm{C}$ einen Knick, weil $p_\mathrm{s}(\vartheta)$ für das Dampf/Flüssigkeit–Gleichgewicht einen anderen Verlauf hat als für das Dampf/Eis–Gleichgewicht (vgl. die Dampfdruckkurve mit der Sublimationsdruckkurve im p, T–Diagramm, Bild 9.1, oder die Clausius–Clapeyron–Gleichungen (9.12) und (9.13) unter Beachtung von $l_0 \neq r_0$).

- Für $p = 1$ bar verzweigt sich die Isotherme $\vartheta = 0\,°\mathrm{C}$ an der Sättigungskurve. Die beiden Äste schließen den dreiphasigen Bereich des vermischten Nebels ein. (Für Luft als 1 Komponente liefert die Gibbs'sche Phasenregel (9.8) $N = 1$, d.h. bei gegebenem Druck kann die Temperatur nicht mehr frei gewählt werden.) Betreffend die verschiedenen Bereiche im h_{x+1}, x–Diagramm vgl. Tabelle 9.4.

Tabelle 9.4: Bereiche im h_{1+x}, x–Diagramm für feuchte Luft ($p = 1$ bar)

Bereich	Zustand des Wassers	Wassergehalt
ungesättigte Luft	ungesättigter (überhitzter) Dampf	$x = x_\mathrm{D} < x_\mathrm{s}$
gesättigte Luft	Sattdampf	$x = x_\mathrm{D} = x_\mathrm{s}$
flüssiger Nebel	Sattdampf + flüssiges Wasser, $\vartheta \geq 0\,°\mathrm{C}$	$x = x_\mathrm{D} + x_\mathrm{F}$, $x_\mathrm{D} = x_\mathrm{s}$
Eisnebel	Sattdampf + Eis, $\vartheta \leq 0\,°\mathrm{C}$	$x = x_\mathrm{D} + x_\mathrm{E}$, $x_\mathrm{D} = x_\mathrm{s}$
vermischter Nebel	Sattdampf + flüssiges Wasser + Eis, $\vartheta = 0\,°\mathrm{C}$	$x = x_\mathrm{D} + x_\mathrm{F} + x_\mathrm{E}$, $x_\mathrm{D} = x_\mathrm{s}$

Beispiel 9.3: *Trocknungsprozess*
Ausgehend vom Zustand $\vartheta_1 = 40\,°\mathrm{C}$, $x_1 = 0{,}03$ wird feuchte Luft auf $\vartheta_2 = 20\,°\mathrm{C}$ gekühlt, das Kondensat entnommen und die feuchte Luft wieder auf $40\,°\mathrm{C}$ erwärmt.

a) Der Prozess ist in das h_{1+x}, x–Diagramm einzuzeichnen.

b) Bei welcher Temperatur wird der Sättigungszustand erreicht (*Taupunkt*)?

c) Wie groß ist der Wassergehalt im Endzustand?

d) Welche Wärme muss pro kg trockene Luft zu- bzw. abgeführt werden?

Lösung:

a) Bild 9.7.

b) $\vartheta = 31{,}4\,°\mathrm{C}$.

c) $x_4 \approx 0{,}015 < x_1$.

d) Wegen $p = $ const ergibt sich $q_{12} = h^{(2)}_{1+x} - h^{(1)}_{1+x} = -58{,}2$ kJ/kg und $q_{34} = h^{(4)}_{1+x} - h^{(3)}_{1+x} = +21{,}6$ kJ/kg.

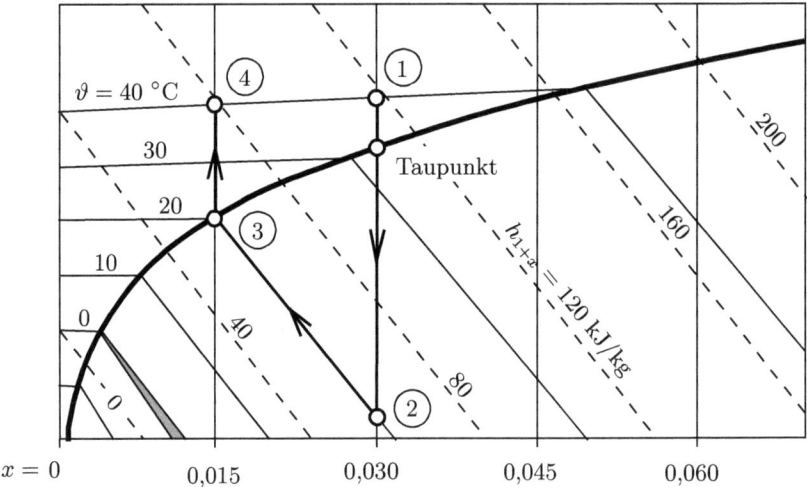

Bild 9.7: Trocknungsprozess im h_{1+x}, x–Diagramm ($p = 1$ bar).

Beispiel 9.4: *Mischprozess*

Zwei feuchte Luftströme unterschiedlicher Zustände $\left(x_1, h_{(1+x),1} \text{ bzw. } x_2, h_{(1+x),2}\right)$ werden in einer Kammer gemischt (Bild 9.8). Die Massenströme der trockenen Anteile der Luft seien $\dot{m}_1$ und $\dot{m}_2$. Der Prozess sei stationär und die Strömungsgeschwindigkeiten seien hinreichend klein, um Druckänderungen vernachlässigen zu können.

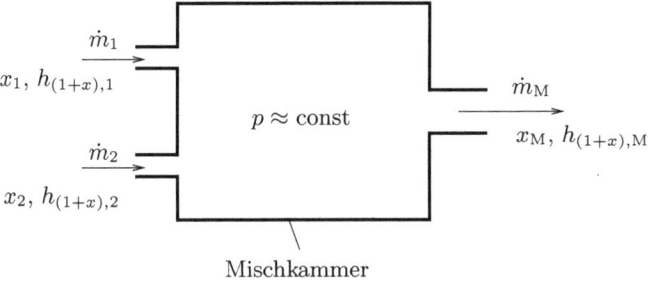

Bild 9.8: Mischen von zwei feuchten Luftströmen.

Man berechne den Wassergehalt x_M und die spezifische Enthalpie $h_{(1+x),\mathrm{M}}$ der Mischung, skizziere die Bestimmung des Zustands der Mischung im h_{1+x}, x–Diagramm und zeige an einem Beispiel, dass durch isobares Mischen von zwei ungesättigten Luftströmen Nebel entstehen kann.

9.4 Mehrstoffsysteme

Lösung: Aus der Massenbilanz für die trockene Luft,

$$\dot{m}_1 + \dot{m}_2 + \dot{m}_M = 0, \qquad (9.25)$$

und der Massenbilanz für das Wasser,

$$\dot{m}_1 x_1 + \dot{m}_2 x_2 + \dot{m}_M x_M = 0, \qquad (9.26)$$

erhält man durch Eliminieren von $\dot{m}_M$:

$$x_M = \frac{\dot{m}_1 x_1 + \dot{m}_2 x_2}{\dot{m}_1 + \dot{m}_2}. \qquad (9.27)$$

Analog ergibt sich aus der Energiebilanz für den isobaren Prozess:

$$h_{(1+x),M} = \frac{\dot{m}_1 h_{(1+x),1} + \dot{m}_2 h_{(1+x),2}}{\dot{m}_1 + \dot{m}_2}. \qquad (9.28)$$

Gemäß (9.27) und (9.28) liegt im h_{1+x}, x-Diagramm der Zustandspunkt der Mischung $(x_M, h_{(1+x),M})$ auf der Verbindungsgeraden der Punkte $(x_1, h_{(1+x),1})$ und $(x_2, h_{(1+x),2})$ in Abständen, die durch das „Hebelgesetz" $a:b = \dot{m}_2 : \dot{m}_1$ bestimmt sind (Bild 9.9).

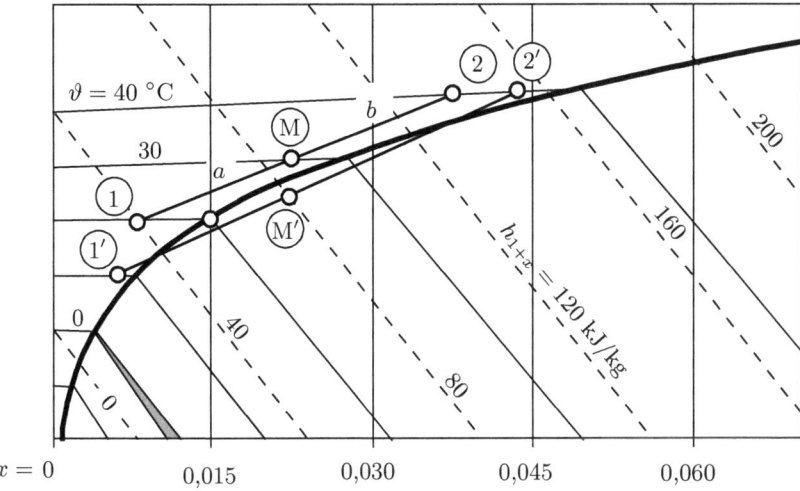

Bild 9.9: Isobarer Mischprozess im h_{1+x}, x-Diagramm ($p = 1$ bar). Hebelgesetz: $a:b = \dot{m}_2 : \dot{m}_1$. Nebelbildung durch Mischen von zwei ungesättigten Luftströmen 1' und 2'.

9.4.2 Verdampfungsgleichgewichte binärer Gemische

Wenn im interessierenden Druck- und Temperaturbereich beide Komponenten eines Zweistoffsystems (binären Gemisches) verdampfen bzw. kondensieren können, werden die Gleichgewichtszustände u.a. in folgenden Diagrammen dargestellt.

(1) *Siedediagramm*: T, x_1-Diagramm für $p = $ const (Bild 9.10a).
(2) *Dampfdruckdiagramm*: p, x_1-Diagramm für $T = $ const (Bild 9.10b).

x_1... Konzentration (Massenanteil, Molanteil) der Komponente 1

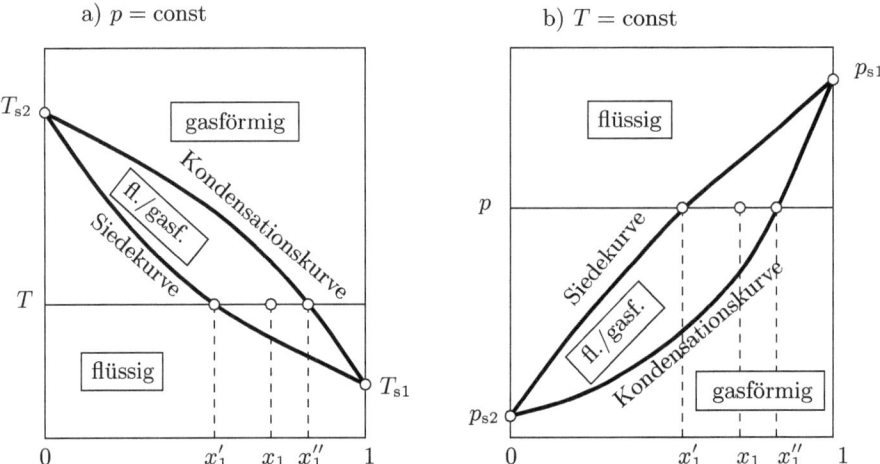

Bild 9.10: a) Siedediagramm und b) Dampfdruckdiagramm eines vollständig löslichen binären Gemisches ohne azeotropen Punkt (Beispiel: Wasser + Methanol). Indizes 1, 2... Komponenten 1, 2; T_s, p_s... Siedetemperatur, Dampfdruck (einer reinen Komponente); x'_1, x''_1... Konzentrationen der Komponente 1 in der flüssigen bzw. gasförmigen Phase des Zweiphasensystems.

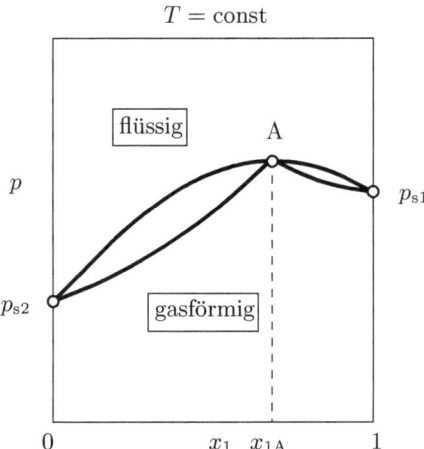

Bild 9.11: Dampfdruckdiagramm eines vollständig löslichen binären Gemisches mit azeotropem Punkt A (Beispiel: Wasser + Äthanol). Bezeichnungen wie in Bild 9.10.

Beachte:

- Für $x_1 = 0$ und $x_1 = 1$ zeigt das Siedediagramm die Siedepunkte, das Dampfdruckdiagramm die Dampfdrücke der reinen Komponenten 2 bzw. 1.

- Das Zweiphasengebiet flüssig/gasförmig wird von *Siedekurve* und *Kondensationskurve* (*Taukurve*) begrenzt. Im Zweiphasengebiet haben Flüssigkeit und Dampf im Allgemeinen verschiedene Konzentrationen x'_1 bzw. x''_1.

- Dampfdruckmaxima (Siedepunktminima) und Dampfdruckminima (Siedepunktmaxima) werden *azeotrope Punkte* genannt (Bild 9.11); in diesen Punkten haben flüssige Phase und Gasphase gleiche Zusammensetzung (Konzentration) x_{1A}.

9.4 Mehrstoffsysteme

9.4.3 Schmelzgleichgewichte binärer Gemische

Wenn im interessierenden Druck- und Temperaturbereich beide Komponenten eines Zweistoffsystems (binären Gemisches) schmelzen bzw. gefrieren können, werden die Gleichgewichtszustände u.a. in einem *Schmelzdiagramm* (T, x_1-Diagramm für $p = $ const, mit x_1 als Konzentration [Massenanteil, Molanteil] der Komponente 1) dargestellt (siehe Bild 9.12).

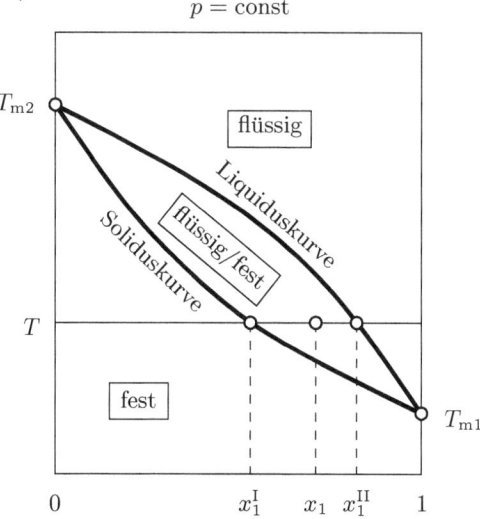

Bild 9.12: Schmelzdiagramm eines binären Gemisches mit vollständiger Löslichkeit im festen und flüssigen Zustand (Beispiel: Silber + Gold). Indizes 1, 2... Komponenten 1, 2; T_m... Schmelztemperatur (einer reinen Komponente); x_1^I, x_1^{II}... Konzentrationen in der festen bzw. flüssigen Phase des Zweiphasensystems.

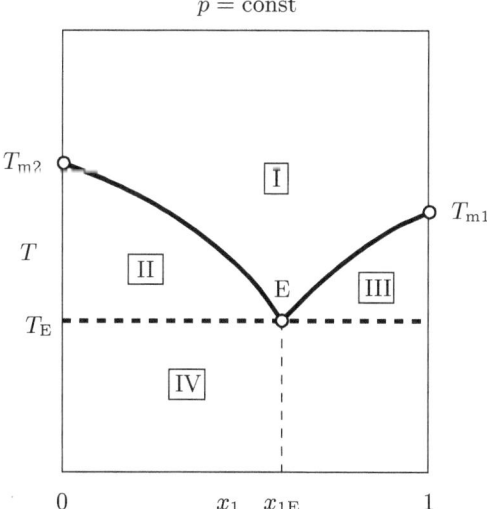

Bild 9.13: Schmelzdiagramm eines binären Gemisches mit vollständiger Löslichkeit im flüssigen Zustand, aber ohne Löslichkeit im festen Zustand (Beispiel: Blei + Silber). E ... eutektischer Punkt; I ... flüssige Lösung; II, III ... flüssige Lösung und Kristalle der reinen Komponente 2 bzw. 1; IV ... Zweiphasengemisch aus Kristallen der reinen Komponenten 1 und 2; x_{1E} ... Konzentration des Eutektikums.

Beachte:

- Für $x_1 = 0$ und $x_1 = 1$ zeigt das Schmelzdiagramm die Schmelzpunkte der reinen Komponenten 2 bzw. 1.

- Das Zweiphasengebiet flüssig/fest wird von der *Liquiduskurve* und der *Soliduskurve* begrenzt. Im Zweiphasengebiet haben kristalline Phase und flüssige Lösung im Allgemeinen verschiedene Konzentrationen x_1^I bzw. x_1^II.

- Bei binären Gemischen mit beschränkter Löslichkeit oder ohne Löslichkeit im festen Zustand treten Gleichgewichtszustände mit drei Phasen (flüssige Lösung und zwei Kristallarten) auf; diese Zustände werden *eutektische Punkte* genannt (Bild 9.13). Die Kristallmischung, die an einem eutektischen Punkt auskristallisiert, bezeichnet man als *Eutektikum*.

9.5 Fragen

Frage 9.1: Wie lautet die Clausius-Clapeyron-Gleichung
a) für Verdampfen;
b) für Schmelzen?

Frage 9.2: Skizzieren Sie qualitativ die Sublimations-, Schmelz- und Dampfdruckkurven von Wasser in der Nähe des Tripelpunktes. Worin äußert sich (auch in der Skizze!) die Anomalie des Wassers?

Frage 9.3: Skizzieren Sie ein p, v-Diagramm für Wasser(flüssig)-Wasserdampf. Geben Sie den kritischen Punkt, eine überkritische und eine unterkritische Isotherme an.

Frage 9.4: Skizzieren Sie qualitativ den Verlauf der Dampfdruckkurve und erläutern Sie, welcher thermodynamische Zusammenhang dadurch beschrieben wird.

Frage 9.5: Wie heißen die dimensionslosen Größen, die für feuchte Luft die Nähe zum Sättigungszustand charakterisieren?

Frage 9.6: Feuchte Luft ($\varphi < 1$) wird bis zum Taupunkt abgekühlt. Wie nennt man den zu diesem Zustand gehörigen Partialdruck des Wasserdampfes?

Frage 9.7: Erklären Sie den Begriff Partialdruck und geben Sie das Gesetz von Dalton an.

Frage 9.8: Wie lautet die Formel zur Berechnung der spezifischen Enthalpie feuchter Luft? Erklären Sie die physikalische Bedeutung der vorkommenden Größen.

9.6 Aufgaben

Aufgabe 9.1: Bei welcher Temperatur gefriert Wasser unter einem Druck von 10 bar? Gegeben sind der Tripelpunkt ($T_\mathrm{TP} = 273,16$ K, $p_\mathrm{TP} = 6,112$ mbar) und die konstanten Stoffwerte $\rho_\mathrm{fl} = 998$ kg/m^3, $\rho_\mathrm{fest} = 916$ kg/m^3 sowie $l = 333,4$ kJ/kg.

Aufgabe 9.2: Einem Behälter mit unterkühltem Wasser ($p = 1$ bar, $\vartheta = -5$ °C) wird ein sehr kleiner Eiskristall (die Masse des Eiskristalls ist zu vernachlässigen) als Kristallisationskeim beigegeben. Berechnen Sie unter der Annahme, dass die Behälterwände adiabat sind, den Anteil des Wassers (in Prozent), das gefriert. Gegebene Stoffwerte: $l_0 = 333,4$ kJ/kg, $c_\mathrm{W} = 4,22$ kJ/kgK (Mittelwert zwischen -5 °C und 0 °C).

Aufgabe 9.3: + Unter den vereinfachenden Annahmen, dass sich Dampf bei geringen Drücken wie ein ideales Gas verhält und die Dichte der Flüssigkeit bzw. des Feststoffes viel größer als die Dichte des Dampfes ist, lässt sich die Clausius-Clapeyron-Gleichung zu

$$\frac{\mathrm{d}p}{\mathrm{d}T} = \frac{pr}{T^2 R}$$

9.6 Aufgaben

vereinfachen. Berechnen Sie, bei welcher Temperatur T_{TP} und bei welchem Druck p_{TP} der Tripelpunkt von Ammoniak liegt, wenn von der Dampfdruckkurve (1) und der Sublimationsdruckkurve (2) je ein Punkt aus Messungen bekannt ist:
Punkt (1): $p_1 = 0{,}7$ bar; $\vartheta_1 = -41{,}65\ °C$.
Punkt (2): $p_2 = 0{,}01$ bar; $\vartheta_2 = -94{,}53\ °C$.
Für die Verdampfungsenthalpie r_1 und die Sublimationsenthalpie r_2 können näherungsweise die konstanten Werte $r_1 = 1497$ kJ/kg, $r_2 = 1832$ kJ/kg verwendet werden. Die spezielle Gaskonstante für Ammoniakdampf ist $R = 488{,}2$ J/kgK.

Aufgabe 9.4: Berechnen Sie das Verhältnis (V_A/V_B) der Volumina von 1 kg trockener Luft A ($\mathcal{M}_L = 29$ kg/kmol) und 1 kg feuchter Luft B ($x = 0{,}01$; $\mathcal{M}_{H_2O} = 18$ kg/kmol) mit dem Gesamtdruck $p = 1$ bar und der Temperatur $\vartheta = 20\ °C$.

Aufgabe 9.5: Frischluft ($m_L = 2$ kg, $\psi_1 = 0{,}8$, $\vartheta_1 = 20\ °C$, $p_1 = 1$ bar, $\mathcal{M}_L = 29$ kg/kmol) wird durch Wasserabscheidung teilweise getrocknet, wobei nach der Trocknung $p_2 = p_1$ und $\vartheta_2 = \vartheta_1$ gilt. Anschließend wird die Luft auf $p_3 = 2p_1$ quasistatisch-isotherm komprimiert, so dass gesättigte feuchte Luft erhalten wird.

a) Berechnen Sie $x_2 = x_3$.
b) Wieviel Wasser muss beim Trocknungsvorgang abgeschieden werden?
c) Welche Arbeit W verrichtet der Kompressor? (Wasseranteil in Arbeit vernachlässigbar!)

Aufgabe 9.6: Feuchte Luft A und feuchte Luft B werden bei $p = 1$ isobar gemischt (Mischung M).
A: $m_A = 1$ kg (trockene Luft); $\vartheta_A = 6\ °C$; $\psi = 0{,}9$
B: $h_B = 100$ kJ/kg

Als Ergebnis dieses Prozesses liegt gesättigte feuchte Luft mit $x_M = 0{,}018$ vor. Berechnen Sie:

a) x_A und h_A;
b) ϑ_M und h_M;
c) m_B und x_B.

Aufgabe 9.7: Feuchte Luft ($\psi_1 = 0{,}9$, $\vartheta_1 = 20\ °C$, $p_1 = 1$ bar, $m_L = 5$ kg) soll auf $\psi_3 = 0{,}6$ und $\vartheta_3 = \vartheta_1$ getrocknet werden. Die Trocknung kann auf 2 verschiedene Arten erfolgen:
Prozess I:
    Isobare Abkühlung auf ϑ_2;
    Entnahme des Kondensats;
    Erwärmung auf $\vartheta_3 = \vartheta_1$.

Prozess II:
    Isotherme Kompression auf p_2;
    Entnahme des Kondensats;
    isotherme Entspannung auf $p_3 = p_1$.

Berechnen Sie:

a) den Wassergehalt x der feuchten Luft in den Zuständen 1 und 3;
b) die Kondensatmasse, die entnommen werden muss;
c) die Temperatur ϑ_2, bis zu der die feuchte Luft im Prozess I abgekühlt werden muss;
d) den Druck p^*, bei dem sich im Prozess II erstmals Kondensat bildet;
e) den Druck p_2, auf den die feuchte Luft im Prozess II verdichtet werden muss.

Aufgabe 9.8: Gegeben ist feuchte Luft im Ausgangszustand: $\vartheta_1 = 21\ °C$, $p_1 = 1$ bar, $x = 1{,}4\,x_s$, $m_L = 2$ kg.

a) Berechnen Sie die Masse m_F des flüssigen Wassers und die spezifische Enthalpie $h_{1+x}^{(1)}$ im Ausgangszustand.
b) Welche Wärme Q_{12} muss isobar zugeführt werden, damit der Sättigungszustand erreicht wird?

Aufgabe 9.9: Feuchte Luft ($m_L = 30$ kg, $p = 1$ bar, $\vartheta_1 = 23\ °C$, $\varphi_1 = 0{,}85$) wird quasistatisch-isobar abgekühlt, so dass $m_F = 300$ g Kondensat ausfällt.

168   9 Thermodynamische Gleichgewichtsbedingungen

a) Berechnen Sie den Wassergehalt x_1 sowie den Flüssigkeits- und Dampfgehalt $x_{F,2}$ bzw. $x_{D,2}$ nach dem Abkühlen.

b) Berechnen Sie ϑ_2 und geben Sie an, wieviel Wärme entzogen werden muss.

Aufgabe 9.10: Zwei Wohnräume mit den Grundflächen $A_1 = 25$ m^2 bzw. $A_2 = 16$ m^2 und der gemeinsamen Raumhöhe $h = 2{,}5$ m werden durch Öffnen einer Tür miteinander in Kontakt gebracht. Vor dem Öffnen der Tür beträgt im ersten Raum die relative Luftfeuchtigkeit $\varphi_1 = 90\%$ bei einer Temperatur von $\vartheta_1 = 25$ °C, während im zweiten Raum die relative Luftfeuchtigkeit $\varphi_2 = 60\%$ bei einer Temperatur von $\vartheta_2 = 16$ °C herrscht. Der Druck ist in beiden Räumen $p = 1$ bar, die Zufuhr von Umgebungsluft auf Grund der Dichteänderung beim Mischvorgang ist zu vernachlässigen. Berechnen Sie

a) für jeden der Räume vor dem Öffnen der Tür: die Partialdrücke der trockenen Luft bzw. des Dampfes, die Masse der trockenen Luft, den Dampfgehalt und die spezifische Enthalpie;

b) für den thermodynamischen Gleichgewichtszustand, der sich nach dem Öffnen der Tür einstellt: den Dampfgehalt, die spezifische Enthalpie und die Temperatur.

Aufgabe 9.11: Im Ausgangszustand teilt eine adiabate Wand einen adiabaten Zylinder in zwei Kammern A und B, die mit feuchter Luft gefüllt sind. Der konstante Druck beträgt $p = 1$ bar.
A: $\vartheta_A = 20$ °C; $h_{1+x,A} = 40$ kJ/kg; $m_{A,\text{tr}} = 24$ kg
B: $\vartheta_B = 40$ °C; $x_B = 37$ g/kg; $m_{B,\text{tr}} = 23$ kg

a) Tragen Sie die beiden Zustände A und B in das h_{1+x}, x-Diagramm ein.

Die adiabate Trennwand wird nun entfernt.

b) Zeichnen Sie den Mischungspunkt M in das h_{1+x}, x-Diagramm ein und bestimmen Sie aus dem Diagramm die Gemischtemperatur ϑ_M und die Kondensatmasse m_W.

c) Berechnen Sie die spezifische Enthalpie $h_{1+x}^{(M)}$ des Gesamtsystems.

Aufgabe 9.12: In einem durch einen Kolben abgeschlossenen Zylinder befindet sich feuchte Luft mit der Temperatur $\vartheta_1 = 20$ °C und der relativen Feuchtigkeit $\varphi_1 = 0{,}6$. Ausgehend vom Druck $p_1 = 1$ bar wird die feuchte Luft isotherm komprimiert, bis sich ein Endzustand $x_2 = 1{,}1\, x_s$ einstellt. Berechnen Sie den Enddruck p_2.

Aufgabe 9.13: Feuchter Luft mit einer Temperatur von 40 °C und einem Sättigungsgrad von 40% wird die Wärme $Q = 20$ MJ ohne Wassergehaltsänderung entzogen, wobei die Masse der trockenen Luft $m_L = 500$ kg beträgt. Der Druck beträgt $p = 1$ bar.

a) Zeichnen Sie den Vorgang in das h_{1+x}, x-Diagramm ein und beurteilen Sie das Ergebnis.

b) Bestimmen Sie näherungsweise die sich einstellende Temperatur und die verbleibende Menge an Wasserdampf mit Hilfe des h_{1+x}, x-Diagramms. In welchem Aggregatzustand wird Wasser ausgeschieden?

Aufgabe 9.14: Da das Kühlwasser zum Kühlen einer Dampfkraftanlage nicht ausreicht, wird der gegebene Frischwasser-Massenstrom $\dot{m}_W$ in einem Kühlturm rückgekühlt, wobei Wasser verdunstet. Die Frischluft hat die Temperatur $\vartheta_{L,1}$ und die relative Feuchtigkeit φ_1. Die Abluft verlässt den Kühlturm mit der Temperatur $\vartheta_{L,2}$ und der relativen Feuchtigkeit φ_2. Die entsprechenden Sättigungsdrücke sind $p_{s,1}$ und $p_{s,2}$, und der Luftdruck beträgt p. Die Wassertemperaturen beim Kühlturmeintritt bzw. -austritt sind $\vartheta_{W,1}$ und $\vartheta_{W,2}$.

a) Berechnen Sie die Erhöhung des Wassergehaltes der feuchten Luft $(x_2 - x_1)$.

b) Welche Luftmenge ist zur Kühlung des Wassers notwendig, und wie groß ist der Verdunstungsverlust $\dot{m}_{W,V}$?

c) Berechnen Sie $\dot{m}_{W,V}$, wenn folgende Daten gegeben sind:

$\dot{m}_W = 800$ kg/h $p = 1{,}025$ bar
$\vartheta_{W,2} = 27$ °C $\vartheta_{L,1} = 15$ °C $\varphi_1 = 0{,}75$ $p_{s,1} = 17{,}04$ mbar
$\vartheta_{W,1} = 37$ °C $\vartheta_{L,2} = 24$ °C $\varphi_2 = 0{,}97$ $p_{s,2} = 30{,}99$ mbar

Aufgabe 9.15: Eine Sauna ($V = 5$ m^3) wird ausgehend von $\vartheta_1 = 20$ °C, $\varphi_1 = 0{,}3$ auf $\vartheta_2 = 95$ °C isobar ($p = 1$ bar) aufgeheizt.

a) Welche relative Luftfeuchtigkeit φ_2 und welcher Sättigungsgrad ψ_2 wird dabei erreicht?

9.6 Aufgaben

b) Berechnen Sie die Masse der trockenen Luft m_L, die sich im Zustand 2 in der Sauna befindet.

c) Welche relative Feuchtigkeit φ_3 stellt sich ein, wenn dem Raum beim Aufguß 0,3 Liter Wasser zugeführt werden, wobei die Temperatur auf $\vartheta_3 = 92\ ^\circ$C sinkt? (Annahme: isobare Zustandsänderung.)

Aufgabe 9.16: Gegeben ist feuchte Luft mit der Gesamtmasse $m = 5$ kg im Ausgangszustand 1: $\vartheta_1 = 23\ ^\circ$C, $p_1 = 1$ bar, $x_1 = 1{,}009 x_s$.

a) Welche Wärme Q_{12} muss isobar zugeführt werden, damit der Sättigungszustand erreicht wird?

b) Anschließend expandiert die Luft quasistatisch-isotherm auf $p_3 = 0{,}7$ bar. Welche Volumenänderungsarbeit wird dabei verrichtet, und wie groß ist φ_3?

Aufgabe 9.17: Feuchte Luft ($m_L = 5$ kg, $p_1 = 1$ bar, $\vartheta_1 = 25\ ^\circ$C) wird isotherm auf $p_2 = 3$ bar komprimiert. Dabei fallen $m_K = 15$ g Kondensat aus und werden abgeschieden. Danach expandiert die Luft isotherm wieder auf p_1. Man berechne die relative Luftfeuchtigkeit φ vor und nach der Trocknung.

Aufgabe 9.18: + Feuchte Luft (Ausgangszustand: $p = 1$ bar, $\psi = 0{,}07$, $\vartheta = 50\ ^\circ$C) soll mittels Wassereinspritzung isobar abgekühlt werden.

a) Wie weit kann die feuchte Luft abgekühlt werden, wenn das eingespritzte Wasser die Temperatur 20 $^\circ$C hat und man Nebelbildung gerade noch verhindern will?

b) Welche Wassermasse ist für diesen Zweck pro Kilogramm trockene Luft erforderlich?

Aufgabe 9.19: Ein Strom feuchter Luft (Gesamtvolumenstrom $\dot{V} = 2$ m^3/s) wird aus einem Zustand 1 ($\varphi_1 = 0{,}8$, $\vartheta_1 = 25\ ^\circ$C, $p_1 = 1$ bar) in einem Luftvorwärmer auf einen Zustand 2 ($\vartheta_2 = 50\ ^\circ$C, $p_2 = 1$ bar) erwärmt. Bestimmen Sie:

a) die Taupunkttemperatur der feuchten Luft im Zustand 1;

b) den Wärmebedarf zum Aufheizen;

c) die relative Feuchtigkeit φ_2.

Aufgabe 9.20: In einem Zylinder, der mit einem reibungsfrei beweglichen Kolben verschlossen ist, befindet sich im Ausgangszustand trockene Luft mit der Temperatur $\vartheta = 25\ ^\circ$C, dem Druck $p = 1$ bar und dem Volumen $V_1 = 0{,}5$ m^3. Es wird nun $m_W = 1$ g flüssiges Wasser mit der Temperatur $\vartheta = 25\ ^\circ$C eingespritzt. Man berechne die Mischtemperatur und den Sättigungsgrad ψ unter der Annahme einer isobaren Zustandsänderung.

Aufgabe 9.21: Feuchte Luft ($m_L = 50$ kg, $x_1 = 2 \cdot 10^{-3}$) soll durch das Zerstäuben von Wasser ($\vartheta_W = 40\ ^\circ$C) isobar ($p = 1$ bar) in einen Zustand 2 ($\vartheta_M = 18\ ^\circ$C, $\varphi_M = 0{,}6$) übergeführt werden. Welche Anfangstemperatur muss die Luft haben? Wie groß ist die zerstäubte Wassermasse?

Aufgabe 9.22: Beim Tanken eines Autos wird ein gasförmiges Luft/Kohlenwasserstoff-Gemisch aus dem Tank in die Umgebung verdrängt. Berechnen Sie:

a) die pro Liter getankten Benzins freigesetzte Masse an gasförmigem Kohlenwasserstoff, wenn die Temperatur im Tank konstant 20 $^\circ$C und der Druck 1 bar beträgt;

b) das Volumen flüssigen Benzins, dem diese Dampfmasse entspricht;

c) das spezifische Volumen des gasförmigen Luft/Kohlenwasserstoff-Gemischs im Tank.

Annahmen:

Benzin sei reines Oktan.

Das Luft/Kohlenwasserstoff-Gemisch sei ein gesättigtes ideales-Gas/Dampf-Gemisch.

Molmasse Oktan: $\mathcal{M}_{Oktan} = 114$ kg/kmol
Dichte flüssigen Oktans: $\varrho_F = 0{,}7$ kg/l
Dampfdruck von Oktan bei 20 $^\circ$C: $p_s = 0{,}0137$ bar

10 Phänomenologische Gleichungen für irreversible Prozesse

10.1 Allgemeine Formulierungen

Vorbemerkung: Betreffend grundlegende Begriffe siehe Abschnitte 1.9.3 und 8.9.

(1) Die Abhängigkeit der thermodynamischen Ströme J_k ($k = 1, 2, ...$) von den thermodynamischen Kräften X_k wird durch *phänomenologische Gleichungen* beschrieben.

(2) *Lineare* phänomenologische Gleichungen haben die Form

$$J_k = \sum_i L_{ik} X_i \quad (i, k = 1, 2, ...), \tag{10.1}$$

wobei die *phänomenologischen Koeffizienten* L_{ik} vom thermodynamischen Zustand, jedoch nicht von den thermodynamischen Kräften, abhängen dürfen.

(3) Für die phänomenologischen Koeffizienten gelten die *Onsager'schen Symmetrierelationen*

$$L_{ik} = L_{ki} \quad (i, k = 1, 2, ...; \; i \neq k). \tag{10.2}$$

Beachte:

- Die phänomenologischen Koeffizienten L_{kk} beschreiben die Abhängigkeit der Ströme J_k von den *zugeordneten* Kräften X_k (vgl. Abschnitt 8.9). Beispiele: Wärmeleitfähigkeit bzw. Wärmeleitwiderstand; elektrische Leitfähigkeit bzw. elektrischer (Ohm'scher) Widerstand. Die phänomenologischen Koeffizienten L_{ik} ($i \neq k$) hingegen beschreiben *Kopplungseffekte*. Beispiele: Peltier–Koeffizient, Seebeck–Koeffizient; siehe Abschnitt 10.2.

- Um die Gültigkeit der Onsager–Relationen (10.2) zu gewährleisten, müssen die thermodynamischen Kräfte und Ströme derart gewählt werden, dass sich die Entropieproduktion genau in der Form (8.59) darstellt.

- Damit die Entropieproduktion gemäß (8.59) stets positiv ist, muss der quadratische Ausdruck

$$\sum_{i,k} L_{ik} X_i X_k$$

positiv-definit sein. Hieraus folgt einerseits, dass $L_{kk} > 0$ (für alle k) sein muss; andererseits ergeben sich hieraus obere Grenzen für die Absolutbeträge der Kopplungskoeffizienten L_{ik} ($i \neq k$), vgl. Abschnitt 10.2.

Im Rahmen der makroskopischen Thermodynamik stellen die Onsager'schen Symmetrierelationen ein zusätzliches, aus den Hauptsätzen nicht herleitbares, Grundgesetz dar. In der mikroskopischen Theorie sind die Onsager–Relationen eine Folge der Invarianz der mikroskopischen Elementarprozesse, d.h. der Bewegungsgleichungen der Einzelteilchen (Atome, Moleküle, ...), gegenüber der Zeitumkehr-Transformation $t \to -t$. Aus dieser Herleitung folgt auch, dass die Onsager–Relationen in der Form $L_{ik}(B) = L_{ki}(-B)$ zu schreiben sind, wenn die phänomenologischen Koeffizienten von einem äußeren Magnetfeld B abhängen. Analog sind Coriolis–Kräfte zu behandeln.

Ergänzung: Systeme mit Gedächtnis
Die phänomenologischen Gleichungen stellen in der Regel Funktionsbeziehungen dar. Funktionen reichen jedoch im Allgemeinen nicht aus, um das Verhalten von Systemen mit *Gedächtnis* zu erfassen. Beispielsweise werden Fließeigenschaften von Flüssigkeiten mit Gedächtnis durch phänomenologische Gleichungen von der Form

$$\tau(t) = \underset{t'=0}{\overset{\infty}{\mathcal{F}}} \left[\dot{\gamma}(t - t') \right] \tag{10.3}$$

beschrieben, wobei $\tau(t)$ die Schubspannung zur Zeit t, $\dot{\gamma}(t-t')$ die Schergeschwindigkeit zur Zeit $t - t'$ ($t' > 0$), und $\mathcal{F}$ ein *Funktional* bedeuten. Durch das Funktional wird der Einfluss der um das Zeitintervall t' zurückliegenden Werte von $\dot{\gamma}$ auf den zur aktuellen Zeit t auftretenden Wert von τ erfasst. Handelt es sich speziell um eine Flüssigkeit mit *exponentiell schwindendem Gedächtnis*, so kann das Funktional als

$$\tau(t) = \frac{\mu}{t_r} \int_0^\infty \dot{\gamma}(t - t') e^{-t'/t_r} dt', \tag{10.4a}$$

mit μ als Viskosität und t_r als „Relaxationszeit", geschrieben werden. Die Integralbeziehung (10.4a) lässt sich mit der Substitution $t - t' = \bar{t}$, $dt' = -d\bar{t}$ durch Ableiten nach t in die Differentialgleichung

$$t_r \frac{d\tau(t)}{dt} + \tau(t) = \mu \dot{\gamma}(t) \tag{10.4b}$$

überführen. Durch diese phänomenologische Gleichung wird das visko-elastische Verhalten des so genannten *Maxwell–Körpers* beschrieben.

10.2 Thermoelektrische Prozesse

Vorbemerkung: Betrachtet werden Körper (Stäbe, Drähte), die sowohl wärmeleitfähig als auch elektrisch leitfähig sind. Der Einfachheit halber wird nur *eindimensionale* Leitung behandelt. (In einem zwei– oder dreidimensionalen Prozess wären die thermodynamischen Ströme und Kräfte als vektorielle Größen zu behandeln.)

(1) Lineare phänomenologische Gleichungen:

$$\dot{Q} = -L_{11} \frac{\Delta T}{T^2} - L_{12} \frac{\Delta \Phi}{T}; \tag{10.5a}$$

$$I = -L_{21} \frac{\Delta T}{T^2} - L_{22} \frac{\Delta \Phi}{T}. \tag{10.5b}$$

(2) Onsager–Relation:

$$L_{12} = L_{21}. \tag{10.6}$$

Beachte:

- Es werden sehr *kleine* Temperaturdifferenzen ($\Delta T/T \ll 1$) in einem wärmeleitenden und elektrisch leitenden Stab vorausgesetzt; vgl. Abschnitt 8.8, Beispiel 8.10 und Abschnitt 8.9, Tabelle 8.1.

Ergänzung: Lokale Gültigkeit der linearen phänomenologischen Gleichungen
Wenn größere Temperaturdifferenzen auftreten, verlieren die Gleichungen (10.5a,b) für den Leiter als Ganzes zwar ihre Gültigkeit, sie lassen sich aber auf infinitesimal kleine Leiterelemente (Länge dx) anwenden. Dementsprechend ersetzt man in (10.5a,b) die endlichen Differenzen ΔT und $\Delta\Phi$ durch die Differentialquotienten dT/dx bzw. $d\Phi/dx$ und definiert die (auf die Längeneinheit bezogenen) phänomenologischen Koeffizienten als temperaturabhängige lokale Werte. Für den Leiter endlicher Abmessungen ergibt sich dann der Zusammenhang zwischen thermodynamischen Kräften und Strömen durch Integration der Differentialbeziehungen.

Sonderfälle

a) *Verschwindende Temperaturdifferenz*
   Aus (10.5a, b) folgt für $\underline{\Delta T = 0}$:

$$I = -\Delta\Phi/R_\Omega; \tag{10.7}$$

$$\dot{Q} = k_\mathrm{P} I, \tag{10.8}$$

mit dem Ohm'schen Widerstand $R_\Omega = T/L_{22}$ und dem Peltier–Koeffizienten $k_\mathrm{P} = L_{12}/L_{22}$. (10.7) ist das *Ohm'sche Gesetz*. (10.8) zeigt, dass ein elektrischer Strom einen Wärmestrom bei verschwindenden Temperaturunterschieden hervorruft (*Peltier–Effekt*).

b) *Verschwindender elektrischer Strom*
   Aus (10.5a, b) folgt für $\underline{I = 0}$:

$$\dot{Q} = -\Delta T/R_\mathrm{W}; \tag{10.9}$$

$$\Delta\Phi = -k_\mathrm{S}\Delta T, \tag{10.10}$$

mit dem Wärmeleitwiderstand $R_\mathrm{W} = T^2(L_{11} - L_{12}^2/L_{22})^{-1}$ und dem Seebeck–Koeffizienten $k_\mathrm{S} = L_{21}/L_{22}T$. (10.9) entspricht dem *Fourier'schen Wärmeleitungsgesetz*, der Kehrwert des Wärmeleitwiderstands ist proportional zur *Wärmeleitfähigkeit*. (10.10) zeigt, dass eine Temperaturdifferenz mit einer elektrischen Potentialdifferenz bei verschwindendem Strom verknüpft ist (*Seebeck-Effekt*).

Beachte:

- Auf Grund der Onsager–Relationen (10.6) besteht zwischen dem Peltier–Koeffizienten und dem Seebeck–Koeffizienten eines Materials die Beziehung

$$k_\mathrm{P} = k_\mathrm{S} T. \tag{10.11}$$

10.2 Thermoelektrische Prozesse

- Eliminiert man aus den phänomenologischen Gleichungen (10.5a) und (10.5b) die Potentialdifferenz $\Delta\Phi$, so erhält man unter Verwendung der Onsager–Relation (10.6) die Beziehung

$$\dot{Q} = k_\mathrm{P} I - \Delta T / R_\mathrm{W},$$

d.h. für gegebenen elektrischen Strom und gegebene Temperaturdifferenz setzt sich der Wärmestrom aus einem Beitrag zufolge des Peltier–Effekts und einem Beitrag zufolge Wärmeleitung additiv zusammen.

- Aus (8.59) ergibt sich

$$\frac{\mathrm{d}_\mathrm{i} S}{\mathrm{d}t} = L_{11}\left(\frac{\Delta T}{T^2}\right)^2 + 2L_{12}\left(\frac{\Delta T}{T^2}\right)\left(\frac{\Delta\Phi}{T}\right) + L_{22}\left(\frac{\Delta\Phi}{T}\right)^2. \quad (10.12)$$

Damit die Entropieproduktion für beliebige Werte der thermodynamischen Kräfte positiv ist, müssen die phänomenologischen Koeffizienten den Bedingungen $L_{11} > 0$, $L_{22} > 0$, $L_{11} L_{22} > L_{12}^2$ genügen. Hieraus folgt $R_\Omega > 0$ und $R_\mathrm{W} > 0$, während weder das Vorzeichen noch der Betrag von k_P (und k_S) einer Beschränkung unterliegen.

Tabelle 10.1: Seebeck-Koeffizienten ausgewählter Materialkombinationen bei 270 K (nach M.W. Zemansky)

Materialkombination		$k_\mathrm{S}^{(A)} - k_\mathrm{S}^{(B)}$
A	B	[μV/K]
Fe	Cu	13,7
Sb	Bi	109
$\mathrm{Bi_2Te_3(p)}$	$\mathrm{Bi_2Te_3(n)}$	423

Beispiel 10.1: *Thermoelement*
An einem Thermoelement (Bild 10.1) wird bei verschwindendem Strom die elektrische Spannung $U_\mathrm{A,B}$ gemessen. Die Referenztemperatur T_R und die Differenz der

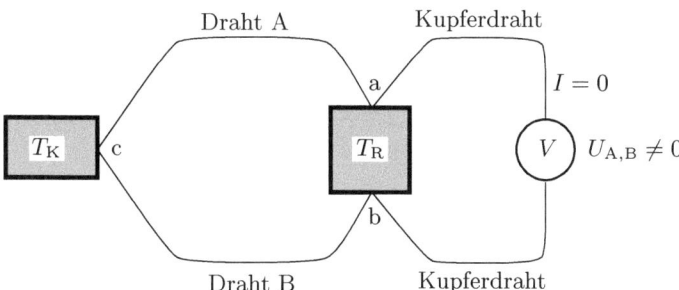

Bild 10.1: Prinzipskizze eines Thermoelements.

Seebeck–Koeffizienten $k_\mathrm{S}^{(A)}$ und $k_\mathrm{S}^{(B)}$ der Leitermaterialien A bzw. B ist bekannt und kann als konstant angenommen werden (siehe Tabelle 10.1). Welchen Wert hat die Körpertemperatur T_K?

Lösung: Aus (10.10) ergeben sich die folgenden Potentialdifferenzen zwischen den Kontaktstellen a und c bzw. b und c:

$$\Phi_a - \Phi_c = k_S^{(A)}(T_K - T_R);$$

$$\Phi_b - \Phi_c = k_S^{(B)}(T_K - T_R).$$

Subtrahiert man diese Gleichungen voneinander, so erhält man mit $\Phi_a - \Phi_b = U_{A,B}$

$$T_K = T_R + \frac{U_{A,B}}{k_S^{(A)} - k_S^{(B)}}. \tag{10.13}$$

Beispiel 10.2: *Peltier–Element*

Ein Peltier–Element (Bild 10.2) ist an eine Stromquelle unveränderlicher Spannung $U_{A,B}$ angeschlossen. Es entzieht einem Kühlraum bei der Temperatur $T_K = $ const den Wärmestrom $\dot{Q}_{A,B}$. Die Wärmeabgabe erfolgt bei der höheren Temperatur $T_H = $ const. Für die Halbleiter A und B sind die elektrischen Widerstände $R_\Omega^{(A)}$ und $R_\Omega^{(B)}$, die Wärmeleitwiderstände $R_W^{(A)}$ und $R_W^{(B)}$ sowie die Peltier–Koeffizienten $k_P^{(A)}$ und $k_P^{(B)}$ bei der Temperatur T_K gegeben, wobei die Beziehungen $R_\Omega^{(A)} = R_\Omega^{(B)} = R_\Omega > 0$, $R_W^{(A)} = R_W^{(B)} = R_W > 0$ und $-k_P^{(A)} = k_P^{(B)} = k_P > 0$ gelten. Elektrische Widerstände und Wärmeleitwiderstände der Metallelektroden sind gegenüber jenen der Halbleiter zu vernachlässigen. Der Berechnung sollen die linearen phänomenologischen Gleichungen (10.5a,b) mit konstanten Koeffizienten zugrunde gelegt werden.

a) Welche Kühlleistung $\dot{Q}_{A,B}$ erbringt das Peltier–Element, und welcher Strom I wird dabei aufgenommen? Unter welcher Voraussetzung kann die Wärmeleitung in den Halbleitern vernachlässigt werden, und welcher Zusammenhang zwischen $\dot{Q}_{A,B}$ und I ergibt sich hieraus näherungsweise?

b) Wie groß ist die Leistungszahl ε_K?

c) Welche Auswirkung hat die Verwendung von (10.5a) auf die Energiebilanz? Welche (notwendige) Bedingung muss die Leistungszahl erfüllen, um die Verwendung von (10.5a) zu rechtfertigen?

d) Welche Materialeigenschaften der Halbleiter sind vorteilhaft, um hohe Leistungszahlen zu erzielen?

e) Bei welcher optimalen Spannung wird für ein gegebenes Element bei festen Temperaturen ein Maximum der Leistungszahl erreicht?

f) In welchem Grenzfall ergibt sich für die Leistungszahl der Carnot'sche Wert?

Lösung:

a) Zunächst werden die phänomenologischen Koeffizienten L_{ik} ($i,k = 1,2$) durch die gegebenen, in (10.7), (10.8) und (10.9) eingeführten Größen R_Ω, k_P und R_W ausgedrückt. Mit $T = T_K$ erhält man

$$L_{11} = \frac{T_K^2}{R_W} + \frac{T_K}{R_\Omega}k_P^2; \qquad L_{12} = \frac{T_K}{R_\Omega}k_P; \qquad L_{22} = \frac{T_K}{R_\Omega}.$$

10.2 Thermoelektrische Prozesse

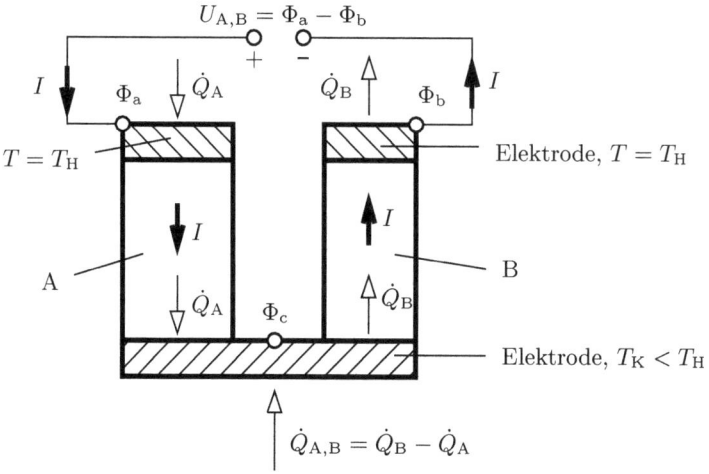

Bild 10.2: Prinzipskizze eines Peltier–Elements.

Schreibt man dann (10.5a) und (10.5b) jeweils für jeden der beiden Halbleiter an und addiert bzw. subtrahiert man die einander entsprechenden Gleichungen, so ergibt sich

$$I = \frac{U_{A,B}}{2R_\Omega} - \frac{k_P}{T_K R_\Omega}(T_H - T_K); \qquad (10.14a)$$

$$\dot{Q}_{A,B} = \frac{k_P U_{A,B}}{R_\Omega} - 2\left(\frac{1}{R_W} + \frac{k_P^2}{T_K R_\Omega}\right)(T_H - T_K). \qquad (10.14b)$$

Die Wärmeleitung in den Halbleitern kann vernachlässigt werden, wenn $(1/R_W) \ll (k_P^2/T_K R_\Omega)$. Mit dieser Näherung folgt aus (10.14a) und (10.14b)

$$\dot{Q}_{A,B} \approx 2k_P I = (k_P^{(B)} - k_P^{(A)})I. \qquad (10.14c)$$

b) Aus (10.14a,b) erhält man die Leistungszahl

$$\varepsilon_K = \frac{\dot{Q}_{A,B}}{I U_{A,B}} = \varepsilon_{K,c} K\left(1 - \frac{K\varphi}{1-K}\right), \qquad (10.15a)$$

mit

$$K = \frac{2k_P(T_H - T_K)}{U_{A,B} T_K}, \qquad \varphi = \frac{T_K R_\Omega}{k_P^2 R_W} \qquad (10.15b)$$

und

$$\varepsilon_{K,c} = \frac{T_K}{T_H - T_K} \qquad (10.15c)$$

als dem Carnot'schen Wert der Leistungszahl.

c) Die Verwendung von (10.5a) hat zur Folge, dass der Wärmestrom in einem Halbleiter ortsunabhängig ist, so dass Wärmezufuhr und Wärmeabgabe den gleichen Betrag haben. Das bedeutet, dass in der Energiebilanz die elektrische Leistung („Joule'sche Wärme") gegen die vom Peltiereffekt hervorgerufenen Wärmeströme vernachlässigt wird. Aus der Definition der Leistungszahl folgt als notwendige Bedingung $\varepsilon_K \gg 1$.

d) Um hohe Leistungszahlen zu erzielen, sind gemäß (10.15a,b) große Werte des Peltierkoeffizienten und des Wärmeleitwiderstands, jedoch kleine Werte des elektrischen Widerstands der Halbleiter vorteilhaft.

e) Aus $\partial \varepsilon_K / \partial K = 0$ erhält man

$$U_{A,B}^{(\mathrm{opt})} = \frac{2k_P(T_H - T_K)}{K_{\mathrm{opt}} T_K} \qquad (10.15d)$$

mit

$$K_{\mathrm{opt}} = 1 - \left(\frac{\varphi}{1+\varphi}\right)^{\frac{1}{2}}. \qquad (10.15e)$$

f) Mit $K = K_{\mathrm{opt}}$ ergibt sich für $\varphi \to 0$ aus (10.15a) der Carnot'sche Wert der Leistungszahl. Allerdings ist dieser Grenzfall gemäß (10.14a,b) mit verschwindendem Strom und verschwindender Kälteleistung verknüpft.

Beispiel 10.3: *Thomson–Wärmestrom*

Welche Energiezufuhr pro Zeit verursacht ein elektrischer Strom I, wenn die Enden des leitenden Stabes auf unterschiedlichen Temperaturen T bzw. $T + \Delta T$ ($\Delta T \neq 0$) gehalten werden? (*Hinweis:* Man beachte die Temperaturabhängigkeit des Seebeck-Koeffizienten!)

Lösung: Die gesamte Energiezufuhr pro Zeit setzt sich additiv aus der elektrischen Arbeit $\dot{W}_{el}$ und den ein- bzw. ausströmenden Wärmen $\dot{Q}_{P,\mathrm{ein}}$ und $\dot{Q}_{P,\mathrm{aus}}$ infolge des Peltier-Effekts zusammen. Drückt man die elektrische Potentialdifferenz $\Delta \Phi$ mittels der phänomenologischen Gleichung (10.5b) durch die gegebenen Größen I und ΔT aus und verwendet man die Definitionsgleichungen für den Ohm'schen Widerstand R_Ω und den Seebeck-Koeffizienten k_S (s.o.), so ergibt sich die elektrische Arbeit pro Zeit zu

$$\dot{W}_{el} = -I\Delta\Phi = R_\Omega I^2 + k_S I \Delta T\,.$$

Für die Differenz aus ein- und ausströmenden Wärmen zufolge des Peltier-Effekts ergibt eine Taylor-Entwicklung für kleine Temperaturdifferenzen

$$\dot{Q}_{P,\mathrm{ein}} - \dot{Q}_{P,\mathrm{aus}} = [k_P(T) - k_P(T+\Delta T)]\,I = -\frac{dk_P}{dT} I\Delta T\,.$$

Da zwischen dem Seebeck-Koeffizienten k_S und dem Peltier-Koeffizienten k_P die Beziehung $k_P = k_S T$ besteht, folgt

$$\dot{W}_{el} + \dot{Q}_{P,\mathrm{ein}} - \dot{Q}_{P,\mathrm{aus}} = R_\Omega I^2 - T\frac{dk_S}{dT} I\Delta T\,.$$

Der erste Term auf der rechten Seite dieser Gleichung ist unabhängig von der Richtung des elektrischen Stroms immer positiv und entspricht der an einem (isothermen) elektrischen Widerstand irreversibel verrichteten Arbeit, vgl. (5.12a). Der zweite Term wechselt bei Umkehr des elektrischen Stroms sein Vorzeichen und stellt einen reversiblen Beitrag zur Energiebilanz des Stabes dar. Der Ausdruck $T(dk_S/dT)\,I\Delta T$ wird *Thomson–Wärmestrom* genannt, $T dk_S/dT$ wird als *Thomson–Koeffizient* bezeichnet.

10.3 Chemische Reaktionen

(1) Die phänomenologischen Gleichungen für chemische Reaktionen sind im Allgemeinen *nichtlinear*.

(2) Für einfache (nicht–zusammengesetzte) Reaktionen lässt sich der Zusammenhang zwischen Reaktionsgeschwindigkeit w und Affinität $\mathcal{A}$ im Allgemeinen durch Gleichungen der Form

$$w = \vec{w} - \overleftarrow{w} = \vec{w}\left(1 - e^{-\mathcal{A}/\mathcal{R}T}\right) \tag{10.16}$$

darstellen. Dabei sind $\vec{w}$ und $\overleftarrow{w}$ die Reaktionsgeschwindigkeiten der Vorwärts– bzw. Rückwärtsreaktionen; $\vec{w}$ hängt vom theromdynamischen Zustand (Temperatur, Druck, Konzentrationen der chemischen Komponenten), jedoch nicht von der Affinität ab.

Beachte:

- (10.16) ergibt $w = 0$ für $\mathcal{A} = 0$, d.i. der chemische Gleichgewichtszustand, für den gemäß (8.57) die Entropieproduktion verschwindet.
- In der Nähe des chemischen Gleichgewichtszustands ist $\mathcal{A}/\mathcal{R}T \ll 1$, und (10.16) kann durch die *lineare* phänomenologische Gleichung

$$w = \vec{w}\,\frac{\mathcal{A}}{\mathcal{R}T} \tag{10.17}$$

angenähert werden.

Beispiel 10.4: *Ammoniak–Synthese*
Die chemische Kinetik liefert für die Reaktion $N_2 + 3H_2 \rightleftharpoons 2NH_3$ die folgenden Beziehungen für die Vorwärts– bzw. Rückwärtsreaktionsgeschwindigkeiten:

$$\vec{w} = \vec{k}\, y_{N_2} y_{H_2}^3; \qquad \overleftarrow{w} = \overleftarrow{k}\, y_{NH_3}^2, \tag{10.18}$$

mit y_γ als Stoffmengenanteil der chemischen Komponente γ, vgl. (3.5), und $\vec{k}$, $\overleftarrow{k}$ als Reaktionsgeschwindigkeitskonstanten der Vorwärts– bzw. Rückwärtsreaktion. Man zeige die Gültigkeit der phänomenologischen Gleichung (10.16).
Lösung: Mit (8.28) für das chemische Potential eines idealen Gases erhält man

$$w = \vec{w} - \overleftarrow{w} = \vec{w}\left[1 - C(\overleftarrow{k}/\vec{k})e^{-\mathcal{A}/\mathcal{R}T}\right], \tag{10.19}$$

wobei $\mathcal{A} = -(2\mu_{NH_3} - \mu_{N_2} - 3\mu_{H_2})$ die Affinität gemäß (8.58) darstellt und C eine von T und p abhängige Konstante bedeutet. Aus der Gleichgewichtsbedingung $w = 0$ für $\mathcal{A} = 0$ folgt $C(\overleftarrow{k}/\vec{k}) = 1$, woraus sich (10.16) ergibt.

10.4 Fragen

Frage 10.1: Wie lauten die Onsager-Relationen? Geben Sie ein Beispiel an.

Frage 10.2: Warum müssen

a) beim Thermoelement;
b) beim Peltierelement

zwei verschiedene Leitermaterialien verwendet werden?

Frage 10.3: An welche Voraussetzung thermischer Art ist die Definition des Ohm'schen Widerstands gebunden?

Frage 10.4: An welche Voraussetzung elektrischer Art ist die Definition des Wärmeleitwiderstands gebunden?

Frage 10.5: Welcher Zusammenhang besteht für einfache chemische Reaktionen zwischen der Reaktionsgeschwindigkeit w und der Affinität $\mathcal{A}$?

Frage 10.6: Unter welcher Voraussetzung sind die phänomenologischen Gleichungen für chemische Reaktionen näherungsweise linear?

10.5 Aufgaben

Aufgabe 10.1: Welches Ergebnis erhält man aus (10.16) für die Reaktionsgeschwindigkeit am Beginn einer chemischen Reaktion, d.h. wenn noch keine Reaktionsprodukte vorhanden sind?

Aufgabe 10.2: Ein Kühlschrank soll unter Ausnutzung des Peltier-Effekts betrieben werden. Wie viele Peltier-Elemente Fe-Cu, Sb-Bi bzw. $Bi_2Te_3(p)$-$Bi_2Te_3(n)$ sind mindestens notwendig, um bei einer Temperatur von 270 K und einem Strom von 10 A einen Peltier-Wärmestrom von 10 W zu erzeugen?

Aufgabe 10.3: Ein Ohm'scher Widerstand (R_0) ist an ein Seebeck-Element angeschlossen (siehe Skizze). Dem Seebeck-Element wird Wärme bei der gegebenen Temperatur T_H = const zugeführt, die Wärmeabgabe erfolgt bei der ebenfalls gegebenen Temperatur T_K = const. Für die Halbleiter A und B sind die elektrischen Widerstände $R_\Omega^{(A)} = R_\Omega^{(B)} = R_\Omega$, die Wärmeleitwiderstände $R_W^{(A)} = R_W^{(B)} = R_W$ und die Seebeck-Koeffizienten $k_S^{(A)} = -k_S^{(B)} = k_S > 0$ bei der Temperatur T_H gegeben. Elektrische Widerstände und Wärmeleitwiderstände der Metallelektroden sind gegenüber jenen der Halbleiter zu vernachlässigen. Der Berechnung können die linearen phänomenologischen Gleichungen (10.5a,b) mit konstanten Koeffizienten zugrunde gelegt werden.

a) Welcher elektrische Strom fließt durch das Gerät?
b) Wie groß ist der thermische Wirkungsgrad des Seebeck-Elements?
c) Für welchen Verbraucherwiderstand R_0 nimmt der Wirkungsgrad eines gegebenen Seebeck-Elements bei festen Temperaturen T_H und T_K einen Maximalwert an?
d) Welche Materialeigenschaften der Halbleiter sind vorteilhaft, um hohe Wirkungsgrade zu erzielen?
e) In welchem Grenzfall ergibt sich für den thermischen Wirkungsgrad der Carnot'sche Wert?

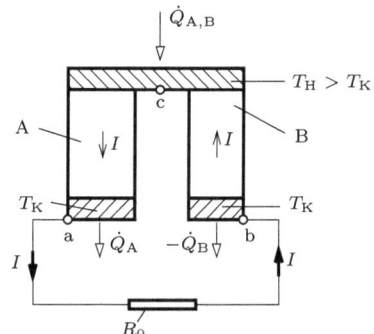

11 Wärmestrahlung

11.1 Definition und Eigenschaften

(1) Als *Wärmestrahlung* bezeichnet man den Prozess des Energietransports durch elektromagnetische Wellen, die von Körpern auf Grund ihrer Temperatur ausgesandt werden.

(2) Wärmestrahlung transportiert Energie mit *Lichtgeschwindigkeit* entlang von Linien, die *Strahlen* genannt werden.

(3) In Gasen unterscheidet sich die Lichtgeschwindigkeit in der Regel nur geringfügig von der Lichtgeschwindigkeit im Vakuum, c.

(4) Wenn keine anderen Voraussetzungen getroffen werden, wird im Folgenden stets angenommen, dass die Lichtgeschwindigkeit konstant ist und die Strahlen gerade sind.

Beachte:

- Anders als der molekulare Prozess der Wärmeleitung kann der Energietransport durch Wärmestrahlung auch im Vakuum stattfinden.

- Bei der Wärmestrahlung gibt es keine grundsätzliche Beschränkung der Wellenlänge oder Frequenz der elektromagnetischen Wellen. Neben dem sichtbaren Wellenlängenbereich des Lichts haben auch die langwelligen Bereiche des Infrarots und die kurzwelligen Bereiche des Ultravioletts große Bedeutung für den Energietransport durch Wärmestrahlung.

- Die Entstehung elektromagnetischer Strahlung auf Grund von Prozessen, die nicht thermischer Art sind, gehört nicht zum Gebiet der Wärmestrahlung. Beispiele sind das Leuchten von Glühwürmchen durch chemische Lumineszenz und die elektrische Entladung in Leuchtstofflampen.

11.2 Strahlungsintensität

(1) Zur Quantifizierung des Energietransports durch Wärmestrahlung dient die *Strahlungsintensität*.

(2) Gegeben sei ein Punkt P im Raum, ein von P ausgehender Richtungseinheitsvektor $\vec{\ell}$, ein Raumwinkelelement $d\Omega$,[37] das $\vec{\ell}$ enthält, und ein auf $\vec{\ell}$ normales Flächenelement dA', das P enthält (Bild 11.1). Betrachtet werden Strahlen, die durch dA' hindurchgehen und Richtungsvektoren haben, die innerhalb von $d\Omega$ liegen. Die Energie, die in einem infinitesimal kleinen Zeitintervall $(t, t+dt)$ von allen derartigen Strahlen in einem infinitesimal kleinen Wellenlängeninter-

---

[37] Der (dimensionslose) Raumwinkel ist definiert durch den Inhalt einer Fläche auf einer Kugel mit dem Radius $r = 1$ (Einheitskugel).

vall $(\lambda, \lambda + d\lambda)$ oder Frequenzintervall $(\nu, \nu + d\nu)$ transportiert wird, sei $d_e E_\lambda$ bzw. $d_e E_\nu$. Die *spektralen Strahlungsintensitäten* I_λ und I_ν sind dann definiert durch die Gleichungen

$$I_\lambda = \frac{d_e E_\lambda}{dt \, dA' \, d\Omega \, |d\lambda|} \; ; \quad I_\nu = \frac{d_e E_\nu}{dt \, dA' \, d\Omega \, |d\nu|} \, . \tag{11.1}$$

Die spektralen Strahlungsintensitäten stellen daher die Energie dar, die pro Zeit, Fläche, Raumwinkel und Wellenlänge bzw. Frequenz transportiert wird. I_λ hat die Einheit $1 \, \text{W/m}^3$, die Einheit von I_ν ist $1 \, \text{Ws/m}^2$.

(3) Zwischen I_λ und I_ν besteht die Beziehung

$$\boxed{\lambda I_\lambda = \nu I_\nu} \, . \tag{11.2}$$

(4) Die *Intensität* (präziser: *Gesamtintensität*) I ergibt sich zu

$$\boxed{I = \int_0^\infty I_\lambda \, d\lambda = \int_0^\infty I_\nu \, d\nu} \, . \tag{11.3}$$

Hieraus folgt mit (11.1)

$$I = \frac{d_e E}{dt \, dA' \, d\Omega} \, . \tag{11.4}$$

Die Gesamtintensität stellt gemäß (11.4) die Energie dar, die von den Strahlen aller Wellenlängen bzw. aller Frequenzen pro Zeit, Fläche und Raumwinkel transportiert wird. Die Einheit von I ist $1 \, \text{W/m}^2$.

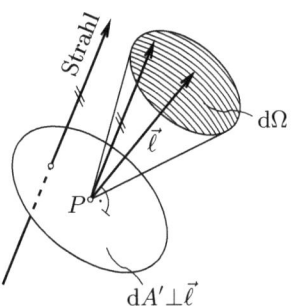

Bild 11.1: Zur Definition der Strahlungsintensität in einem Punkt P für die Richtung $\vec{\ell}$.

Herleitung von (11.2)
Zwischen Wellenlänge und Frequenz elektromagnetischer Wellen besteht die Beziehung

$$\boxed{\lambda \nu = c.} \tag{11.5}$$

Logarithmieren von (11.5) und Differenzieren ergibt mit $c = $ const die Differentialbeziehung

$$\frac{d\lambda}{\lambda} + \frac{d\nu}{\nu} = 0 \, . \tag{11.6}$$

Da in Wellenlängen- und Frequenzintervallen, die einander entsprechen, der gleiche Energiebetrag transportiert wird, gilt $d_e E_\lambda = d_e E_\nu$, woraus sich mit (11.1) $I_\lambda |d\lambda| = I_\nu |d\nu|$ ergibt. Mit (11.6) erhält man hieraus (11.2).

Beachte:

- Die spektrale Strahlungsintensität und die Intensität der Gesamtstrahlung sind *skalare*, i. a. von Ort (Ortsvektor $\vec{x}$), Zeit t und Richtung $\vec{\ell}$ abhängige Größen, d.h. $I_\nu = I_\nu(\vec{x}, t, \vec{\ell})$ und $I = I(\vec{x}, t, \vec{\ell})$.

11.3 Strahlungsfluss

(1) Unter (Gesamt-)*Strahlungsfluss*[38] versteht man die Wärmestromdichte zufolge Wärmestrahlung.[39] Die auf die Einheit der Wellenlänge oder Frequenz bezogene Wärmestromdichte in einem infinitesimalen Wellenlängenintervall $(\lambda, \lambda + d\lambda)$ bzw. Frequenzintervall $(\nu, \nu + d\nu)$ ergibt den *spektralen Strahlungsfluss*.

(2) Der *skalare Strahlungsfluss* $\dot{q}_n$ durch ein Flächenelement dA mit dem Normalen-Einheitsvektor $\vec{n}$ ergibt sich aus dem *Strahlungsfluss-Vektor* $\vec{\dot{q}}$ als skalares Produkt $\dot{q}_n = \vec{\dot{q}} \cdot \vec{n}$, s. Bild 11.2. Analoge Beziehungen gelten für die spektralen Strahlungsflüsse.

3) Der Gesamt-Strahlungsfluss ergibt sich aus den spektralen Strahlungsflüssen durch Integration über den gesamten Wellenlängen- bzw. Frequenzbereich. Für die vektoriellen Flüsse gilt daher

$$\boxed{\vec{\dot{q}} = \int_0^\infty \vec{\dot{q}}_\lambda \, d\lambda = \int_0^\infty \vec{\dot{q}}_\nu \, d\nu \, .} \qquad (11.7)$$

Analoge Beziehungen gelten für die skalaren Strahlungsflüsse.

4) Der Gesamt-Strahlungsfluss und die spektralen Strahlungsflüsse ergeben sich aus den Beiträgen der Strahlungsintensität bzw. der spektralen Strahlungsintensitäten aller Richtungen durch Integration über den gesamten Raumwinkelbereich 4π:[40]

$$\boxed{\vec{\dot{q}}_\lambda = \int_{4\pi} I_\lambda \vec{\ell} \, d\Omega \, ; \; \vec{\dot{q}}_\nu = \int_{4\pi} I_\nu \vec{\ell} \, d\Omega \, ; \; \vec{\dot{q}} = \int_{4\pi} I \vec{\ell} \, d\Omega \, .} \qquad (11.8)$$

Begründung für (11.8):
Die Gleichungen (11.8) können als Definitionsgleichungen für die spektralen Strahlungsfluss-Vektoren bzw. den Gesamt-Strahlungsfluss-Vektor aufgefasst werden. Dass der so definierte Vektor $\vec{\dot{q}}$ die in Punkt (2) geforderte Eigenschaft hat, lässt sich zeigen, indem man für jede Strahlrichtung $\vec{\ell}$ das Flächenelement dA auf die Normalebene zu $\vec{\ell}$ projiziert, s. Bild 11.3. Dies ergibt das Flächenele-

---

[38] Wenn Verwechslungen auszuschließen sind, wird der Zusatz „Gesamt-" weggelassen.
[39] Um den Strahlungsfluss von anderen Wärmestromdichten, z. B. zufolge Wärmeleitung, zu unterscheiden, wird oft der Index R (für *Radiation*) verwendet. Da in diesem Abschnitt eine Verwechslungsgefahr kaum besteht, wird der Einfachheit halber dieser Index weggelassen.
[40] Der Wert 4π entspricht dem Flächeninhalt der Einheitskugel.

ment dA'. Gemäß (11.4) wird von allen Strahlen mit Richtungen innerhalb des Raumwinkelements dΩ die Energie $I\,\mathrm{d}A'\mathrm{d}\Omega$ pro Zeit durch das Flächenelement dA' transportiert. Wegen der Projektion ist dies aber auch die Energie, die durch das Flächenelement dA transportiert wird, so dass sich auf die Fläche dA bezogen die Energiestromdichte $I\,\mathrm{d}A'\mathrm{d}\Omega/\mathrm{d}A$ ergibt. Mit $\mathrm{d}A'/\mathrm{d}A = (\vec{\ell}\cdot\vec{n})$ folgt

$$\dot{q}_n = \int\limits_{4\pi} I(\vec{\ell}\cdot\vec{n})\mathrm{d}\Omega\,, \tag{11.9}$$

und aus (11.8) ergibt sich $\dot{q}_n = \vec{\dot{q}}\cdot\vec{n}$ in Übereinstimmung mit Punkt (2).[41]

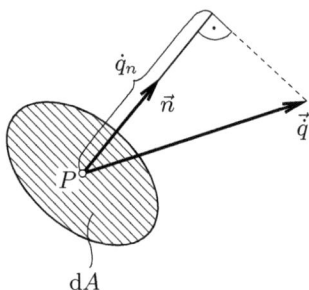

Bild 11.2: Der skalare Strahlungsfluss $\dot{q}_n$ durch ein Flächenelement dA als Projektion des Strahlungsfluss-Vektors $\vec{\dot{q}}$ auf die Flächennormale.

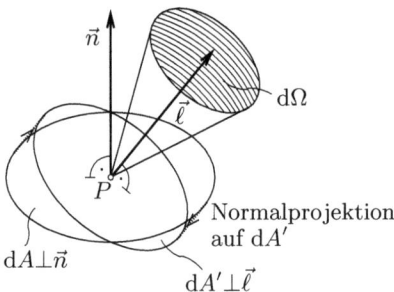

Bild 11.3: Zur Erläuterung des Beitrags der Strahlungsintensität für die Richtung $\vec{\ell}$ zum Strahlungsfluss durch ein Flächenelement dA.

Beachte:

- Für einen gegebenen Punkt P im Raum erreicht der Strahlungsfluss seinen Maximalwert $|\vec{\dot{q}}|$ für jenes, den Punkt P enthaltende Flächenelement, das normal auf den Vektor $\vec{\dot{q}}$ steht.

---

[41] Da es sich bei $\vec{\ell}$ und $\vec{n}$ um Einheitsvektoren handelt, ist das skalare Produkt $(\vec{\ell}\cdot\vec{n})$ gleich dem Kosinus des Winkels, den der Strahl mit der Flächennormalen einschließt. (11.9) oder eine äquivalente Formulierung wird daher in der Literatur mitunter als „*Lambert'sches Kosinus-Gesetz*" bezeichnet, obwohl es sich dabei nicht um ein Naturgesetz, sondern lediglich um ein Ergebnis der Projektion von Flächenelementen handelt.

11.3 Strahlungsfluss

- In einem kartesischen Koordinatensystem x, y, z ergibt die Komponente $\dot{q}_x$ die Wärmestromdichte durch ein Flächenelement in einer Ebene normal auf die x-Achse. Analoge Beziehungen gelten für die Komponenten $\dot{q}_y$ und $\dot{q}_z$.

- Strahlungsfluss-Vektor $\vec{\dot{q}}$ und Strahlungsintensität I haben die gleiche *Einheit*, nämlich 1 W/m². Während I eine richtungsabhängige skalare Größe ist, ist $\vec{\dot{q}}$ ein von der Richtung unabhängiger Vektor, d.h. $\vec{\dot{q}} = \vec{\dot{q}}(\vec{x}, t)$.

Ergänzung
Die Berechnung der Raumwinkel-Integrale in (11.8) oder (11.9) erfolgt am besten unter Verwendung von Kugelkoordinaten (räumlichen Polarkoordinaten), s. Bild 11.4:

$$\int_{4\pi} \ldots d\Omega \;=\; \int_{\theta=0}^{\pi} \int_{\varphi=0}^{2\pi} \ldots \sin\theta \, d\varphi \, d\theta \,. \tag{11.10}$$

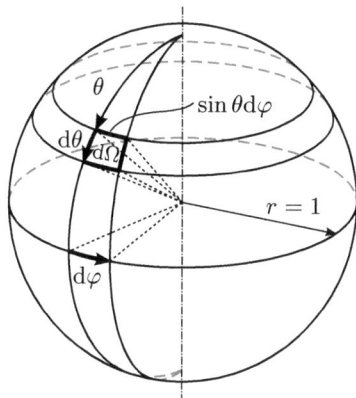

Bild 11.4: Das Raumwinkel-Element dΩ in Kugelkoordinaten r, θ, φ mit $r = 1$ (nach F. Bošnjaković, 1972).

Beispiel 11.1: *Strahlende ebene Wand*
Die von einer ebenen Wand austretende Strahlung sei von der Richtung unabhängig[42], während die auftreffende Strahlung verschwindend klein sei, d. h. $I = I_0 = $ const für $0 \leq \theta < \pi/2$, $I = 0$ für $\pi/2 < \theta \leq \pi$ (Bild 11.5)[43]. Man bestimme den skalaren Strahlungsfluss an der Wand und den Strahlngsfluss-Vektor.
Lösung: Die Auswertung des Integrals in (11.9) in Kugelkoordinaten, mit $(\vec{\ell} \cdot \vec{n}) = \cos\theta$, ergibt

$$\dot{q}_n = \pi I_0 \,. \tag{11.11}$$

---

[42] Diese Annahme ist für Wände, die nahezu schwarz sind (s. Abschnitt 11.8), meist realistisch, bei Wänden mit höherem Reflexionsvermögen wird jedoch oft eine starke Richtungsabhängigkeit der austretenden Strahlungsintensität beobachtet.
[43] Um die vom Richtungs-Einheitsvektor $\vec{\ell}$ abhängige, *skalare* Größe I anschaulich darzustellen, wird in einem Polardiagramm der *Vektor* $I\vec{\ell}$ als Funktion von θ dargestellt.

Aus Symmetriegründen folgt

$$\vec{q} = \dot{q}_n \vec{n} = \pi I_0 \vec{n}.\tag{11.12}$$

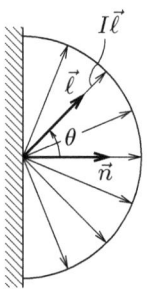

Bild 11.5: Strahlende ebene Wand.

11.4 Planck'sches Strahlungsgesetz

(1) Im Zustand des vollständigen thermodynamischen Gleichgewichts[44] gilt für die spektrale Strahlungsintensität die folgende, als *Planck'sches Strahlungsgesetz* bezeichnete Funktionsbeziehung:

$$\boxed{I_\nu = I_\nu^*(\nu, T) = B_\nu(T)\,,}\tag{11.13}$$

mit der *Planck'schen Funktion* (s. Bild 11.6)[45]

$$B_\nu(T) = \frac{2h\nu^3}{c^2} \frac{1}{e^{h\nu/kT} - 1}.\tag{11.14}$$

Hierin bedeutet h das Planck'sche Wirkungsquantum, k die Boltzmann-Konstante und c die Vakuum-Lichtgeschwindigkeit.

(2) Mit (11.2) ergibt sich die folgende alternative Formulierung des Planck'schen Strahlungsgesetzes (vgl. Bild 11.6):

$$I_\lambda = I_\lambda^*(\lambda, T) = B_\lambda(T) \quad \text{mit} \quad B_\lambda(T) = \frac{2hc^2}{\lambda^5} \frac{1}{e^{hc/\lambda kT} - 1}.\tag{11.15}$$

---

[44] Falls das gesamte, aus dem Strahlungsfeld und eventuellen gasförmigen, flüssigen oder festen Körpern bestehende System im thermodynamischen Gleichgewicht ist, spricht man zur Verdeutlichung von *vollständigem thermodynamischen Gleichgewicht*, obwohl der Zusatz *vollständig* auch als überflüssig angesehen werden könnte, vgl. Abschn. 1.7.1.

[45] Das Symbol B kommt aus dem Englischen und steht für „*Black-body radiation*", vgl. Abschnitt 11.8.

11.4 Planck'sches Strahlungsgesetz

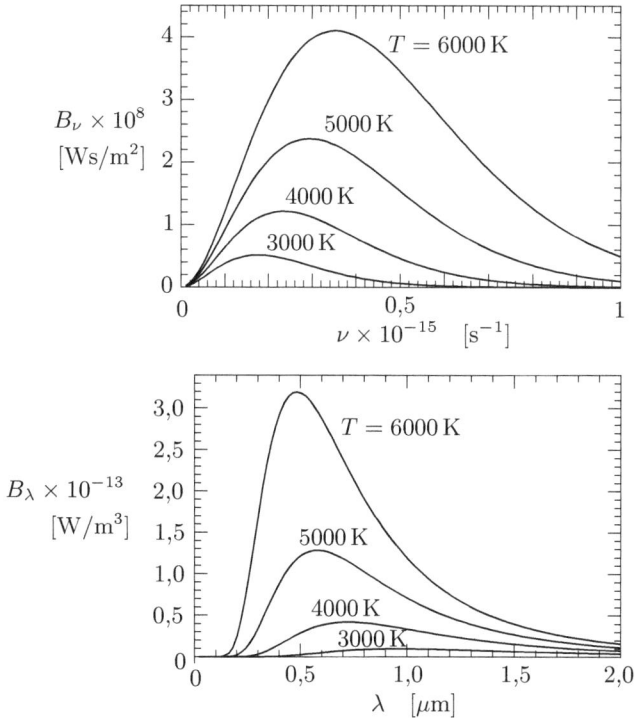

Bild 11.6: Die Planck'schen Funktionen B_ν und B_λ.

Bemerkung zur Herleitung des Planck'schen Strahlungsgesetzes:
Das Planck'sche Strahlungsgesetz kann aus den Grundgesetzen der Quantentheorie hergeleitet werden. Max Plancks ursprünglicher Argumentation folgend kann man aber auch das Strahlungsgesetz selbst als physikalisches Grundgesetz auffassen und hieraus auf die Notwendigkeit der Existenz von Energiequanten schließen.

Beachte:

- h, k und c sind universelle Naturkonstanten. Sie haben annähernd die Werte $h = 6{,}626.10^{-34}$ Js; $k = 1{,}381.10^{-23}$ J/K; $c = 2{,}998.10^8$ m/s.

- Hier und in allen folgenden Abschnitten dieses Kapitels wird der Zustand des vollständigen thermodynamischen Gleichgewichts durch * gekennzeichnet.

- Da die Strahlungsintensität gemäß (11.13) bzw. (11.15) für alle Strahlrichtungen denselben Wert hat, verschwindet der Wärmestrom, d.h. $\vec{q}_* \equiv 0$, , wie es im Zustand des thermodynamischen Gleichgewichts sein muss.

- Aus (11.14) bzw. (11.15) ergibt sich:
  1) B_ν/T^3 ist eine Funktion von (ν/T) allein;
  2) B_λ/T^5 ist eine Funktion von (λT) allein;

  s. Bild 11.7. Hieraus folgt das *Wien'sche Verschiebungsgesetz* (Abschnitt 11.5) und das *Stefan-Boltzmann'sche Strahlungsgesetz* (Abschnitt 11.6).

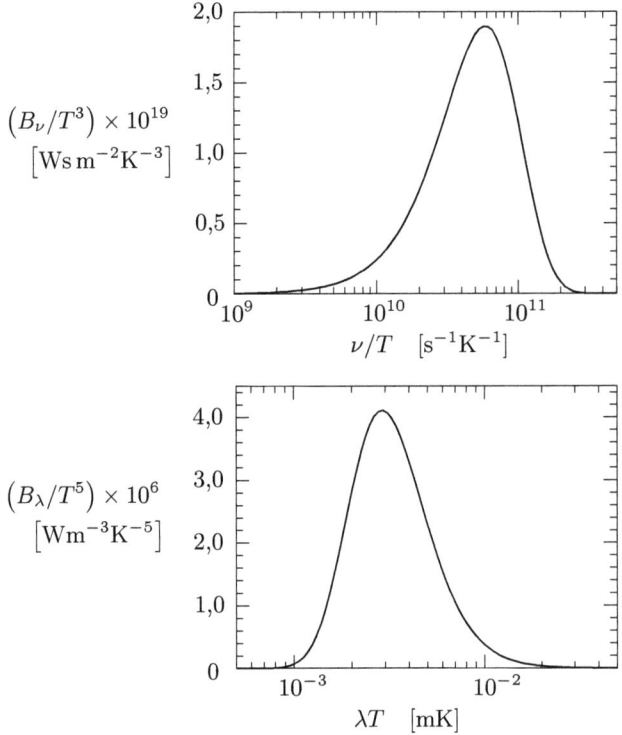

Bild 11.7: Die parameterfreien Funktionen B_ν/T^3 und B_λ/T^5.

11.5 Wien'sches Verschiebungsgesetz

(1) Betrachtet man die Frequenz ν als unabhängige Variable und die Temperatur T als Parameter, so hat die spektrale Strahlungsintensität $I_\nu^*(\nu,T)$ ein Maximum bei einer Frequenz ν, die proportional zur Temperatur ist:

$$\boxed{\nu/T = (\nu/T)_m = 5{,}88 \cdot 10^{10} \text{ (sK)}^{-1}.} \tag{11.16}$$

D. h., mit steigender Temperatur verschiebt sich das Maximum der spektralen Strahlungsintensität $I_\nu^*(\nu,T)$ zu höheren Frequenzen.

(2) Betrachtet man die Wellenlänge λ als unabhängige Variable und die Temperatur T als Parameter, so hat die spektrale Strahlungsintensität $I_\lambda^*(\lambda,T)$ ein Maximum bei einer Wellenlänge λ, die invers proportional zur Temperatur ist:

$$\boxed{\lambda T = (\lambda T)_m = 2{,}90 \cdot 10^{-3} \text{ mK}.} \tag{11.17}$$

D. h., mit steigender Temperatur verschiebt sich das Maximum der spektralen Strahlungsintensität $I_\lambda^*(\lambda,T)$ zu niedrigeren Wellenlängen.

11.6 Strahlungsgesetz von Stefan und Boltzmann

Beachte:

- (11.16) und (11.17) ergeben sich aus $(\partial B_\nu/\partial \nu)_T = 0$ bzw. $(\partial B_\lambda/\partial \lambda)_T = 0$, wobei die Zahlenwerte auf 2 Dezimalstellen gerundet wurden.

- Entsprechend (11.2) gilt $\lambda B_\lambda = \nu B_\nu$. Daher liegen die Maxima von B_λ und B_ν *nicht* bei derselben Wellenlänge bzw. Frequenz, was sich darin ausdrückt, dass $(\lambda T)_m (\nu/T)_m = \lambda_m \nu_m \neq c$, abweichend von der Bedingung (11.5) für einander entsprechende Wellenlängen und Frequenzen.

Anwendungsbeispiel: *Treibhauseffekt*
Die von der Sonne emittierte Strahlung stammt aus einem Gebiet nahe der Sonnenoberfläche, wo eine Temperatur von etwa 5800 K herrscht (vgl. Beispiel 11.5). Gemäß (11.17) liegt das Intensitätsmaximum bei einer Wellenlänge von ungefähr 0,5 μm, also im sichtbaren Bereich; vgl. auch Aufgabe 11.3. Für sichtbares Licht ist Fensterglas gut durchlässig. Das einfallende Sonnenlicht gelangt daher durch Glasfenster nahezu ungeschwächt ins Innere von Räumen. Anderseits emittieren die Wände und Körper im Inneren der Räume bei Raumtemperatur (293 K) die maximale Intensität bei einer Wellenlänge von ca. 10 μm, also im infraroten Bereich. Diese Strahlung wird von Fensterglas stark absorbiert und durch Konvektion zumindest teilweise der Raumluft zugeführt. Dieser *Treibhauseffekt* ist in Treibhäusern (Gewächshäusern), Wintergärten etc. erwünscht, bei der Klimatisierung von Bauten mit Glasfassaden meist unerwünscht. Da es auch in der Erdatmosphäre Schichten gibt, die für Sonnenlicht gut durchlässig sind, infrarote Strahlung jedoch abhängig von der chemischen Zusammensetzung mehr oder weniger stark absorbieren, kann der Treibhauseffekt Einfluss auf das Klima der Erde haben.

11.6 Strahlungsgesetz von Stefan und Boltzmann

Im Zustand des vollständigen thermodynamischen Gleichgewichts hat die Gesamt-Intensität den Wert

$$I^* = \frac{\sigma}{\pi} T^4. \tag{11.18}$$

Die universelle Naturkonstante σ wird *Stefan-Boltzmann-Konstante* genannt.[46] Auf 3 Dezimalstellen gerundet ist $\sigma = 5,670 \cdot 10^{-8}$ W/m²K⁴.

Herleitungen

1) *Aus dem Planck'schen Strahlungsgesetz (11.13) mit (11.14)*:

$$I^* = \int_0^\infty B_\nu d\nu = \frac{2h}{c^2}\left(\frac{kT}{h}\right)^4 \int_0^\infty \frac{z^3}{e^z - 1} dz = \frac{\sigma}{\pi} T^4 \quad \text{mit} \quad \sigma = \frac{2\pi^5 k^4}{15 h^3 c^2}. \tag{11.19}[47]$$

2) *Aus dem zweiten Hauptsatz*:
Man verwendet die kalorische Zustandsgleichung

---
[46] Das Auftreten von π an dieser Stelle hat historische Gründe, die mit der Herleitung aus dem zweiten Hauptsatz zusammen hängen.
[47] Das Integral kann mittels Reihenentwicklungen gelöst werden - oder mit *Mathematica*.

$$U_R = 3p_R V \qquad (11.20)$$

eines mit Strahlung gefüllten Raumes im Zustand des vollständigen thermodynamischen Gleichgewichts.[48] Dabei bedeuten U_R die innere Energie der Strahlung, $p_R = p_R(T)$ den Strahlungsdruck, und V das Volumen. Der zweite Hauptsatz erfordert nun, dass die kalorische Zustandsgleichung (11.20) der Beziehung (6.3) entspricht. Das liefert die Differentialgleichung $dp_R/dT = 4p_R/T$ mit der Lösung $p_R = CT^4$. Aus der Proportionalität von Strahlungsdruck und Strahlungsintensität folgt (11.18), wobei σ ebenso wie die Integrationskonstante C im Rahmen der (makroskopischen) Thermodynamik unbestimmt bleibt und durch Messungen zu ermitteln ist.

Beachte:

- Gemäß dem Stefan-Boltzmann'schen Strahlungsgesetz nimmt der Strahlungsenergietransport mit steigender Temperatur sehr stark zu. Aber auch bei mäßig hohen Temperaturen oder sogar bei Zimmertemperatur kann der Beitrag der Wärmestrahlung zur gesamten Wärmeübertragung beträchtlich sein; Beispiele hierzu sind die Heizkörper („Radiatoren") einer Warmwasserheizung und übliche Hausfenster (Doppelverglasung).

- Während es bei der Wärmeleitung auf den Temperatur*gradienten* (Temperaturdifferenz pro Länge) ankommt, ist für Wärmestrahlung das Temperatur*niveau* maßgebend.

11.7   Absorption, Streuung und Emission in materiellen Systemen

(1) Im Inneren von materiellen (ein- oder mehrphasigen) Systemen kann sich die Intensität der Strahlung zufolge *Absorption*, *Streuung* und *Emission* ändern. Die Emission setzt sich aus *spontaner Emission* und *induzierter Emission* zusammen. Falls das betrachtete Volumenelement dV des materiellen Systems im lokalen thermodynamischen Gleichgewicht ist, kann die induzierte Emission als negative Absorption aufgefasst werden.[49]

(2) Die Änderung der spektralen Intensität auf einem vom Strahl zurückgelegten Wegelement dr (Bild 11.8) wird durch die folgende *Strahlungstransport-Gleichung* beschrieben:

$$dI_\nu = \bigl[e_\nu + s_\nu J_\nu - (a_\nu + s_\nu)I_\nu\bigr]dr \,. \qquad (11.21)$$

Dabei bedeuten e_ν den spektralen Emissionskoeffizienten, s_ν den spektralen Streukoeffizienten, J_ν die spektrale Streuquellfunktion und a_ν den spektralen

---

[48] Unter Verzicht auf eine strenge Herleitung sei auf die Analogie zum einatomigen idealen Gas verwiesen. Hierfür liefert die kinetische Gastheorie $U = \tfrac{3}{2}RT = \tfrac{3}{2}pV$, s. Tabelle 6.2, wobei die innere Energie U der Summe der kinetischen Energien $\tfrac{1}{2}m_M c_M^2$ aller Moleküle mit der Masse m_M und der Geschwindigkeit c_M entspricht. Gemäß Einsteins Gleichung für die Äquivalenz von Masse und Energie fehlt im Ausdruck für die Energie der Photonen der Faktor 1/2, während der für den Druck verantwortliche Impuls bei Gasmolekülen und Photonen formal gleich zu ermitteln ist, nämlich aus Masse mal Geschwindigkeit. Dies erklärt das Fehlen des Faktors 1/2 in (11.20) beim Vergleich mit der kalorischen Zustandsgleichung des einatomigen idealen Gases.

[49] Der Laser ist ein wichtiges Beispiel für ein System, in dem diese vereinfachte Behandlung der induzierten Emission *nicht* möglich ist.

11.7 Absorption, Streuung und Emission in materiellen Systemen

Absorptionskoeffizienten, der auch den negativen Beitrag der induzierten Emission enthält.[50]

(3) Die spektrale *Streuquellfunktion* J_ν lässt sich mit Hilfe einer Phasenfunktion $P_\nu(\vec{\ell}' \to \vec{\ell})$ darstellen als

$$J_\nu = \frac{1}{4\pi} \int_{4\pi} P_\nu(\vec{\ell}' \to \vec{\ell}) I_\nu(\vec{\ell}') \, \mathrm{d}\Omega'. \qquad (11.22)$$

Dabei ist $P_\nu(\vec{\ell}' \to \vec{\ell}) \, \mathrm{d}\Omega/4\pi$ die Wahrscheinlichkeit für die Streuung eines mit der Richtung $\vec{\ell}'$ im Raumwinkelelement $\mathrm{d}\Omega'$ ankommenden Strahls in das Raumwinkelelement $\mathrm{d}\Omega$, das die Richtung $\vec{\ell}$ enthält (Bild 11.8). Für isotrope Streuung ist $P_\nu(\vec{\ell}' \to \vec{\ell}) \equiv 1$.

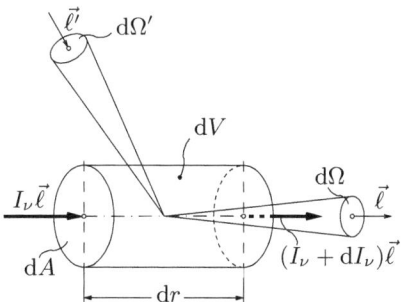

Bild 11.8: Zur Änderung der Strahlungsintensität in einem Volumenelement $\mathrm{d}V = \mathrm{d}A\mathrm{d}r$.

Beachte:

- Der spektrale Emissionskoeffizient hat die Einheit $1\ \mathrm{Ws/m^3}$, während die spektralen Absorptions- und Streukoeffizienten die Einheit $1\ \mathrm{m^{-1}}$ haben.
- Bei der Streuung handelt es sich um eine Richtungsänderung des Strahls. Zur Intensitätsänderung liefert die Streuung *in* die betrachtete Richtung einen positiven Beitrag, die Streuung *aus* der betrachteten Richtung einen negativen.
- Für ein vom Strahl zurückgelegtes Wegelement $\mathrm{d}r$ ist die Abnahme der Strahlungsintensität zufolge Absorption, induzierter Emission und Streuung *aus* der betrachteten Richtung $\vec{\ell}$ in alle anderen Richtungen proportional zu $\mathrm{d}r$ und zur Strahlungsintensität selbst.
- Die von einem Volumenelement $\mathrm{d}V$ spontan emittierte Strahlungsenergie ist proportional zu $\mathrm{d}V$.
- Die spektralen Absorptions- und Emissionskoeffizienten sind i. a. stark frequenzabhängig. Die Annahme eines „grauen Mediums", das sich durch einen von der

---

[50] Alle Koeffizienten sind hier auf das Volumen bezogen. In der Literatur findet man auch auf die Masse bezogene Koeffizienten gleichen Namens.

Frequenz unabhängigen Absorptionskoeffizienten auszeichnet, ist daher selten gerechtfertigt.

- In einphasigen Systemen ist der Beitrag der Streuung zum Energietransport meist vernachlässigbar. Andrerseits spielt Streuung in Gemischen aus Partikeln und Gasen oder Flüssigkeiten oft eine wichtige Rolle.

- Um die Intensitätsänderung über endlich große Entfernungen zu berechnen, muss (11.21) entlang des jeweiligen Strahls integriert werden.

Ergänzung
Die Frequenzabhängigkeit des Absorptionskoeffizienten ist durch die atomaren und molekularen Prozesse bestimmt. Im wichtigen Beispiel eines Gases hoher Temperatur liefern folgende Prozesse Beiträge zur Absorption von Wärmestrahlung:
- Anregung innerer Freiheitsgrade von Atomen und Molekülen;
- Photo-Ionisation;
- Wechselwirkung zwischen freien Elektronen und Ionen (Bremsstrahlung).

Der erstgenannte Prozess führt zu Absorptionslinien und Absorptionsbändern im Spektrum, die beiden anderen Prozesse liefern Beiträge zum sog. kontinuierlichen Spektrum.

11.8 Absorption, Reflexion und Emission an Wänden

Vorbemerkungen
In der hier durchgeführten *makroskopischen* Beschreibung von Strahlungsprozessen versteht man unter „Wand" die an ein Strahlungsfeld angrenzende Oberfläche (Grenzfläche) eines für Wärmestrahlung undurchlässigen festen Körpers. Hingegen wäre in einer *mikroskopischen* Beschreibung zu berücksichtigen, dass sich Strahlungsprozesse wie „Absorption oder Emission an Wänden" in einer oberflächennahen Schicht von der Dicke einiger Moleküldurchmesser abspielen. Grundsätzlich sind die Definitionen und Sätze dieses Abschnitts nicht auf feste Körper beschränkt; sie können auch auf Oberflächen von strahlungsundurchlässigen Flüssigkeiten angewandt werden, wenn auf gewisse Besonderheiten (Wellen, Turbulenz, etc.) Bedacht genommen wird.

11.8.1 Absorbierte, reflektierte und emittierte spektrale Strahlung

(1) Eine Wand kann Wärmestrahlung *absorbieren, reflektieren* und *emittieren*.

(2) *Spektrales Absorptionsvermögen* (spektrale Absorptionszahl) α_ν und *spektrales Reflexionsvermögen* (spektrale Reflexionszahl) ρ_ν einer Wand werden als Verhältnis des absorbierten bzw. reflektierten spektralen Strahlungsflusses, $\dot{q}_{\nu,a}$ bzw. $\dot{q}_{\nu,r}$, zum einfallenden spektralen Strahlungsfluss $\dot{q}_{\nu,\text{ein}}$ definiert:

$$\boxed{\alpha_\nu = \dot{q}_{\nu,a}/\dot{q}_{\nu,\text{ein}} \; ; \quad \rho_\nu = \dot{q}_{\nu,r}/\dot{q}_{\nu,\text{ein}} \; .} \tag{11.23}$$

Dabei enthält das Absorptionsvermögen unter der Voraussetzung lokalen thermodynamischen Gleichgewichts[51] den negativen Beitrag der induzierten Emission.

(3) Eine Wand, welche einfallende Strahlung jeder Frequenz zur Gänze absorbiert, wird *schwarze Wand* genannt. Die schwarze Wand ist daher durch die folgenden Gleichungen definiert:

---

[51] Der Begriff des *lokalen thermodynamischen Gleichgewichts* (Abschn. 1.7.2) bezieht sich bei Strahlungsproblemen auf die zum System gehörenden Körper und „Wände", während das Strahlungsfeld selbst mit den Körpern bzw. Wänden nicht im *thermischen* Gleichgewicht zu sein braucht, das System als Ganzes somit nicht notwendigerweise im thermodynamischen Gleichgewicht ist.

11.8 Absorption, Reflexion und Emission an Wänden

$$\boxed{\alpha_\nu \equiv 1, \quad \rho_\nu \equiv 0 \quad \text{für alle } \nu.} \tag{11.24}$$

(4) Das *spektrale Emissionsvermögen* (die spektrale Emissionszahl) wird definiert als das Verhältnis des tatsächlich spontan emittierten spektralen Strahlungsflusses $\dot{q}_{\nu,e}$ zu dem spektralen Strahlungsfluss $\dot{q}_{\nu,e,S}$, den eine schwarze Wand im gleichen thermodynamischen Zustand emittieren würde:

$$\boxed{\epsilon_\nu = \dot{q}_{\nu,e}/\dot{q}_{\nu,e,S}\,.} \tag{11.25}$$

(5) Eine *schwarze Wand* im lokalen thermodynamischen Gleichgewicht emittiert *in alle Richtungen* die spektrale Intensität

$$\boxed{I_{\nu,e,S} = B_\nu(T_w)\,,} \tag{11.26}$$

mit B_ν als Planck'scher Funktion gemäß (11.14), woraus sich der emittierte spektrale Strahlungsfluss zu

$$\boxed{\dot{q}_{\nu,e,S} = \pi B_\nu(T_w)} \tag{11.27}$$

ergibt. Dabei bedeutet T_w die Wandtemperatur, die im lokalen thermodynamischen Gleichgewicht nicht notwendigerweise gleich der Temperatur der Strahlung ist.

Begründung zu (11.26) und (11.27):
Im *vollständigen* thermodynamischen Gleichgewicht hätte auch die Strahlung die Temperatur T_w, und die spektrale Strahlungsintensität wäre nach dem Planck'schen Strahlungsgesetz für alle Richtungen gleich $B_\nu(T_w)$. Da die schwarze Wand keine Strahlung reflektiert, muss die von der Wand austretende Strahlung zur Gänze von der spontanen Emission stammen. Nun hängt die spontane Emission nur von den thermodynamischen Eigenschaften und dem thermodynamischen Zustand der Wand ab, nicht jedoch von der auftreffenden Strahlung. Im *lokalen* thermodynamischen Gleichgewicht emittiert daher die Wand so, *als ob* sie im vollständigen thermodynamischen Gleichgewicht wäre, also mit der Intensität gemäß (11.26). Aus einer zu (11.11) analogen Beziehung für die spektralen Größen folgt (11.27).

Beachte:

- Aus praktischen Gründen werden zur Charakterisierung der Strahlungseigenschaften von Wänden die *Absolutbeträge* der Strahlungsflüsse verwendet und die *Richtung* der Strahlungsflüsse durch *Indizes* („ein" und „a" zur Wand gerichtet, „r" und „e" von der Wand weg gerichtet) angegeben.

- α_ν, ρ_ν und ε_ν sind dimensionslose Größen.

- Die Strahlungseigenschaften von Wänden sind i. a. richtungsabhängig. Daher handelt es sich bei den oben definierten Größen α_ν, ρ_ν und ε_ν um Mittelwerte über die einfallenden Strahlen aller Richtungen (*hemisphärische Mittelwerte*).

- Für eine *strahlungsundurchlässige Wand* ist die Summe aus absorbierter Strahlungsenergie und reflektierter Strahlungsenergie gleich der einfallenden Strahlungsenergie. Unter der Voraussetzung, dass bei der Reflexion die Frequenz erhalten bleibt, folgt hieraus

$$\boxed{\alpha_\nu + \rho_\nu = 1\,.} \tag{11.28}$$

- Aus (11.25) folgt, dass $\varepsilon_\nu \equiv 1$ für eine *schwarze Wand*.

- Spektrale Absorptions-, Reflexions- und Emissionsvermögen auf der Basis der Wellenlänge können analog zu (11.23)-(11.25) definiert werden. Für einander entsprechende Wellenlängen und Frequenzen, d. h. für Wellenlängen und Frequenzen, welche die Bedingung $\lambda \nu = c$ erfüllen, gilt $\alpha_\lambda = \alpha_\nu$, $\rho_\lambda = \rho_\nu$ und $\varepsilon_\lambda = \varepsilon_\nu$.

- Bei der Reflexion eines Strahls ändert sich i. a. die Richtung. Grenzfälle sind die *spiegelnde* Reflexion, bei der für einen Strahl beliebiger Richtung der Austrittswinkel gleich dem Einfallswinkel ist, und die *diffuse* Reflexion, bei welcher der Austrittswinkel mit dem Einfallswinkel nicht korreliert (also „zufällig") ist.[52]

11.8.2 Absorbierte, reflektierte und emittierte Gesamtstrahlung

(1) Gesamt-Absorptionsvermögen (Gesamt-Absorptionszahl) $\overline{\alpha}$, Gesamt-Reflexionsvermögen (Gesamt-Reflexionszahl) $\overline{\rho}$ und Gesamt-Emissionsvermögen (Gesamt-Emissionszahl) $\overline{\varepsilon}$ werden durch folgende Gleichungen definiert:

$$\overline{\alpha} = \frac{\int_0^\infty \alpha_\nu \dot{q}_{\nu,\text{ein}} d\nu}{\int_0^\infty \dot{q}_{\nu,\text{ein}} d\nu} = \frac{\dot{q}_\text{a}}{\dot{q}_\text{ein}} \; ; \; \overline{\rho} = \frac{\int_0^\infty \rho_\nu \dot{q}_{\nu,\text{ein}} d\nu}{\int_0^\infty \dot{q}_{\nu,\text{ein}} d\nu} = \frac{\dot{q}_\text{r}}{\dot{q}_\text{ein}} \; ; \; \overline{\varepsilon} = \frac{\int_0^\infty \varepsilon_\nu \dot{q}_{\nu,\text{e,S}} d\nu}{\int_0^\infty \dot{q}_{\nu,\text{e,S}} d\nu} = \frac{\dot{q}_\text{e}}{\dot{q}_\text{e,S}}.$$
(11.29)

(2) Eine *schwarze* Wand ($\overline{\alpha} = 1, \overline{\rho} = 0, \overline{\varepsilon} = 1$) im lokalen thermodynamischen Gleichgewicht emittiert in alle Richtungen die Gesamtintensität

$$\boxed{I_\text{e,S} = \frac{\sigma}{\pi} T_\text{w}^4.}$$
(11.30)

Mit (11.11) ergibt sich hieraus für den emittierten Strahlungsfluss:

$$\boxed{\dot{q}_\text{e,S} = \sigma T_\text{w}^4.}$$
(11.31)

(3) Für eine *graue* Wand, deren spektrales Absorptions-, Reflexions- und Emissionsvermögen von der Frequenz unabhängig sind, gilt

$$\overline{\alpha} = \alpha_\nu = \alpha \; ; \; \overline{\rho} = \rho_\nu = \rho \; ; \; \overline{\varepsilon} = \varepsilon_\nu = \varepsilon.$$
(11.32)

Begründung zu (11.30): Analog zur Begründung von (11.26), oder durch Integration von (11.26) über alle Frequenzen.

Beachte:

- Bei $\overline{\alpha}, \overline{\rho}$ und $\overline{\varepsilon}$ handelt es sich, ebenso wie bei den entsprechenden spektralen Größen, um *hemisphärische Mittelwerte*.

---

[52] Spiegelnde Reflexion setzt hinreichend glatte Oberflächen voraus, diffuse Reflexion wird an rauen Oberflächen beobachtet.

11.8 Absorption, Reflexion und Emission an Wänden

- Die Mittelung über die Frequenz gemäß (11.29) erfolgt gewichtet. Bei Absorptions- und Reflexionsvermögen wird der *einfallende* spektrale Strahlungsfluss als Gewichtsfunktion verwendet, beim Emissionsvermögen hingegen der von einer *schwarzen Wand emittierte* spektrale Strahlungsfluss. Entsprechend ist $\overline{\varepsilon}$ eine vom thermodynamischen Zustand (Temperatur) abhängige Materialeigenschaft der Wand, während $\overline{\alpha}$ und $\overline{\rho}$ zusätzlich vom Spektrum der einfallenden Strahlung abhängen.

Beispiel 11.2: *Strahlungsaustausch zwischen planparallelen Wänden*[53]
Zwei unendlich große, ebene, parallele Wände haben die konstanten Temperaturen T_1 bzw. T_2, wobei $T_2 < T_1$. Die Absorptions- und Emissionsvermögen der Wände seien $\overline{\alpha}_1$ und $\overline{\varepsilon}_1$ bzw. $\overline{\alpha}_2$ und $\overline{\varepsilon}_2$.
a) Welche Wärme fließt pro Zeit und Fläche von der Wand 1 zur Wand 2 ?
b) Wie lautet das Ergebnis für zwei schwarze Wände?

Lösung:
a) Alle Strahlen, die von einer der beiden Wände ausgehen, treffen auf die andere, gegenüber liegende, Wand. Von dem Strahlungsfluss $\dot{q}_{e,1}$, der von der Wand 1 emittiert wird, wird daher $\overline{\alpha}_2 \dot{q}_{e,1}$ von der Wand 2 absorbiert, während vom reflektierten Betrag $\overline{\rho}_2 \dot{q}_{e,1}$ an der Wand 1 der Teil $\overline{\alpha}_1$, also pro Zeit und Fläche die Energie $\overline{\alpha}_1 \overline{\rho}_2 \dot{q}_{e,1}$, absorbiert wird. Der Rest wird wieder reflektiert, u. s. w., so dass schließlich vom emittierten Strahlungsfluss $\dot{q}_{e,1}$ der Betrag $\dot{q}_{e,1} \overline{\alpha}_1 \overline{\rho}_2 [1 + \overline{\rho}_1 \overline{\rho}_2 + (\overline{\rho}_1 \overline{\rho}_2)^2 + ...] = \dot{q}_{e,1} \overline{\alpha}_1 \overline{\rho}_2 [1 - \overline{\rho}_1 \overline{\rho}_2]^{-1}$ re-absorbiert wird. Andererseits wird von dem von der Wand 2 emittierten Strahlungsfluss $\dot{q}_{e,2}$ der Betrag $\dot{q}_{e,2} \overline{\alpha}_2 \overline{\rho}_1 [1 - \overline{\rho}_1 \overline{\rho}_2]^{-1}$ re-absorbiert. Verwendet man noch die Beziehungen $\dot{q}_{e,i} = \overline{\varepsilon}_i \sigma T_i^4$ und $\overline{\rho}_i = 1 - \overline{\alpha}_i$, $i = 1, 2$, so liefert die Bilanz der Strahlungsenergie das Ergebnis

$$\dot{q} = \frac{\sigma(\overline{\varepsilon}_1 \overline{\alpha}_2 T_1^4 - \overline{\varepsilon}_2 \overline{\alpha}_1 T_2^4)}{\overline{\alpha}_1 + \overline{\alpha}_2 - \overline{\alpha}_1 \overline{\alpha}_2}. \tag{11.33}$$

b) Im Sonderfall *schwarzer Wände*, d.h. $\overline{\alpha}_i = \overline{\varepsilon}_i = 1$ für $i = 1, 2$, vereinfacht sich (11.33) zu

$$\dot{q} = \sigma(T_1^4 - T_2^4). \tag{11.34}$$

Beispiel 11.3: *Strahlungsaustausch zwischen einem Körper mit konvexer schwarzer Oberfläche und einer schwarzen Umgebung*
Ein fester Körper mit einer schwarzen Oberfläche, die überall konvex ist und die konstante Temperatur T_1 hat, ist vollständig umgeben von einer schwarzen Wand mit der konstanten Temperatur T_2. Wie groß ist die Wärme, die vom Körper pro Zeit abgegeben oder aufgenommen wird?
Lösung: Da die Oberfläche des Körpers überall konvex ist, erreichen alle von dieser Oberfläche emittierten Strahlen direkt die Umgebungswand, während alle auf der Oberfläche auftreffenden Strahlen von der Umgebungswand kommen. Für einen Beobachter in einem beliebigen Punkt auf der konvexen Oberfläche des Körpers erscheint

---
[53] Planparallele Wände können näherungsweise als unendlich groß angesehen werden, wenn ihre Längsausdehnung sehr groß gegen ihren Abstand voneinander ist. Außerdem wird bei diesem Beispiel ebenso wie bei den beiden nachfolgenden Beispielen vorausgesetzt, dass Materie, die sich eventuell zwischen den Wänden befindet, keinen Einfluß auf die Strahlung hat.

das Strahlungsfeld also wie im Fall von planparallelen Ebenen, s. Beispiel 11.2. Die vom Körper pro Zeit *abgegebene* Wärme ist daher gleich $\dot{Q}_1 = A_1\sigma(T_1^4 - T_2^4)$, mit A_1 als Flächeninhalt der Körperoberfläche. Für $T_1 < T_2$ ist $\dot{Q}_1$ negativ, dem Körper wird pro Zeit die Wärme $|\dot{Q}_1|$ zugeführt.

Ergänzung: Sichtfaktoren
Zur Berechnung des Strahlungsaustausches zwischen schwarzen Wänden beliebiger Form werden oft sog. Sichtfaktoren verwendet. Steht eine schwarze Wand, deren Temperatur T_1 auf der ganzen Fläche A_1 konstant ist, mit einer schwarzen Wand der konstanten Temperatur T_2 im Strahlungsaustausch, so macht man für die von der Wand 1 pro Zeit abgegebene Strahlungsenergie den Ansatz $\dot{Q}_1 = \sigma(T_1^4 - T_2^4)A_1\phi_{1-2}$ und nennt ϕ_{1-2} den Sichtfaktor der Wand 2 aus der Sicht der Wand 1. Bei den Sichtfaktoren handelt es sich um rein geometrische Größen, die sich aus den Formen der Wände und ihrer geometrischen Anordnung ergeben. Beispielsweise folgt aus dem Ergebnis des Beispiels 11.3, dass $\phi_{1-2} = 1$ und (wegen $|\dot{Q}_1| = |\dot{Q}_2|$) $\phi_{2-1} = A_1/A_2$.

Beispiel 11.4: *Strahlungsschutzschirm*
Zwischen zwei planparallelen schwarzen Wänden (konstante Temperaturen T_1 bzw. T_2) befindet sich eine dünne, ebene, beidseitig schwarze Metallfolie. Wie groß ist der Strahlungsfluss im stationären Zustand?
Lösung: Da die Folie dünn ist und Metalle gute Wärmeleiter sind, kann angenommen werden, dass der Temperaturunterschied zwischen Vorder- und Rückseite der Folie gegenüber der Temperaturdifferenz zwischen den Wänden vernachlässigbar klein ist. Im stationären Zustand ist die Temperatur der Folie konstant, und der Strahlungsfluss zwischen Wand 1 und Folie ist gleich dem Strahlungsfluss zwischen Folie und Wand 2, d.h. $\dot{q} = \sigma(T_1^4 - T_F^4) = \sigma(T_F^4 - T_2^4)$ mit T_F als Temperatur der Folie. Hieraus folgt $T_F^4 = \frac{1}{2}(T_1^4 + T_2^4)$ und $\dot{q} = \frac{1}{2}\sigma(T_1^4 - T_2^4)$. Obwohl die Folie schwarz ist, behindert sie den Strahlungsaustausch zwischen den Wänden derart, dass der Strahlungsfluss auf die Hälfte des Wertes ohne Folie reduziert wird.

Selbstverständlich kann die Wirkung eines solchen Strahlungsschutzschirms wesentlich verstärkt werden, wenn ein Material mit geringem Absorptionsvermögen und entsprechend hohem Reflexionsvermögen verwendet wird, s. Aufgabe 11.2.

11.9 Kirchhoff'sche Strahlungsgesetze

11.9.1 Kirchhoff'sches Gesetz für Strahlung in materiellen Systemen

Für Wärmestrahlung im Inneren eines materiellen Systems, dessen Volumenelemente sich im *lokalen thermodynamischen Gleichgewicht* befinden, besteht zwischen dem spektralen Emissionskoeffizienten und dem spektralen Absorptionskoeffizienten die Beziehung

$$\boxed{e_\nu = a_\nu B_\nu(T)\,.} \tag{11.35}$$

Herleitung
Im vollständigen thermodynamischen Gleichgewicht ist die spektrale Intensität richtungsunabhängig und gleich dem Planck'schen Wert, siehe (11.13). Für diesen Zustand, der mit * gekennzeichnet wird, ergibt sich aus der Strahlungstransport-Gleichung (11.21) die Beziehung $0 = e_\nu^* - a_\nu^* B_\nu(T)$. Da es sich bei den spektralen Emissions- und Absorptionskoeffizienten um Materialeigenschaften handelt, die nur vom thermodynamischen Zustand der Materie, nicht jedoch vom Strahlungsfeld abhängen, gilt für lokales thermodynamisches Gleichgewicht $e_\nu = e_\nu^*$ und $a_\nu = a_\nu^*$. Aus der o. a. Beziehung zwischen e_ν^* und a_ν^* folgt (11.35).

11.9 Kirchhoff'sche Strahlungsgesetze

Beachte:

- Unter Vernachlässigung von Streuung und Verwendung des Kirchhoff'schen Strahlungsgesetzes (11.35) reduziert sich (11.21) zu der für *lokales thermodynamisches Gleichgewicht* gültigen Strahlungstransport-Gleichung

$$\boxed{dI_\nu = a_\nu (B_\nu - I_\nu)\, dr\,.} \tag{11.36}$$

- Starke Abweichungen vom lokalen thermodynamischen Gleichgewicht treten u. a. in Gasströmungen hoher Geschwindigkeiten (Raumfahrt) und in Strömungen von Gemischen aus Gasen und festen Partikeln auf.

Optische Dicke, Grenzfälle:
Die relative Bedeutung der Absorption für die Intensitätsänderung wird durch die *optische Dicke* $a_\nu L$ beschrieben, wobei L eine charakteristische geometrische Länge des Systems darstellt. Folgende Grenzfälle sind zu unterscheiden:

- $a_\nu L \ll 1$ für alle ν (*optisch dünnes* Strahlungsfeld): Der Einfluss der Absorption auf die im Inneren des Systems emittierte Strahlung ist sehr klein, so dass die von einem Volumenelement pro Volumen, Zeit und Frequenz abgegebene Energie näherungsweise gleich der in alle Richtungen emittierten Strahlungsenergie, also gleich $4\pi a_\nu B_\nu$ ist[54], wobei lokales thermodynamisches Gleichgewicht vorausgesetzt wird. Nach Integration über alle Frequenzen ergibt sich die pro Volumen und Zeit abgegebene Energie zu $4 a_\mathrm{P} \sigma T^4$, wobei der *Planck'sche Mittelwert* des Absorptionskoeffizienten zu

$$a_\mathrm{P} = \frac{\int_0^\infty a_\nu B_\nu \, d\nu}{\int_0^\infty B_\nu \, d\nu} = \frac{\pi}{\sigma T^4} \int_0^\infty a_\nu B_\nu \, d\nu \tag{11.37}$$

definiert ist. Eine notwendige, meist auch hinreichende, Bedingung für „optisch dünn" ist $a_\mathrm{P} L \ll 1$.

- $a_\nu L \gg 1$ für alle ν (*optisch dickes* Strahlungsfeld): Aus einer Abschätzung der Größenordnungen der Terme in der Strahlungstransportgleichung (11.36) folgt, dass $I_\nu \approx B_\nu(T)$. Die spektrale Strahlungsintensität ist demnach näherungsweise richtungsunabhängig und, wie die Planck'sche Funktion, nur von der Temperatur abhängig. Dies führt zu einem Energietransport, der analog zur Wärmeleitung ist. Die fiktive Wärmeleitfähigkeit ergibt sich zu $k_\mathrm{R} = 16\sigma T^3 / 3 a_\mathrm{R}$, wobei der *Rosseland'sche Mittelwert* des Absorptionskoeffizienten durch die Beziehung

$$a_\mathrm{R}^{-1} = \frac{\int_0^\infty a_\nu^{-1} (dB_\nu/dT)\, d\nu}{\int_0^\infty (dB_\nu/dT)\, d\nu} = \frac{\pi}{4\sigma T^3} \int_0^\infty a_\nu^{-1} (dB_\nu/dT)\, d\nu \tag{11.38}$$

definiert ist. Eine notwendige, meist auch hinreichende, Bedingung für „optisch dick" ist $a_\mathrm{R} L \gg 1$.

---

[54] Der Einfluss *äußerer* Strahlungsquellen auf das System wird dabei nicht berücksichtigt.

Beispiel 11.5 *Photosphäre der Sonne*
Man bestimme näherungsweise die Temperaturverteilung in der Nähe der Sonnenoberfläche und berechne die Helligkeitstemperatur T_H (d. i. die Temperatur, die eine schwarze Wand haben müsste, um den gleichen Strahlungsfluss zu emittieren).
Lösung: Wegen ihrer Größe ist die Sonne optisch dick. Die austretende Strahlung kommt daher aus einer Schicht, deren Dicke sehr klein gegen den Radius der Sonne ist. Diese Schicht, die *Photosphäre* genannt wird, kann daher näherungsweise als eben angenommen werden. Entsprechend den in der ebenen Schicht zurückgelegten, unterschiedlichen Wegen der Strahlen ist die Strahlungsintensität in der Photosphäre stark richtungsabhängig. Um diese Anisotropie näherungsweise zu berücksichtigen, nehmen wir an, dass die Gesamt-Strahlungsintensität I für die Hemisphären der ein- bzw. austretenden Richtungen unterschiedliche, jedoch jeweils konstante, Werte hat (sog. *Schwarzschild-Approximation*): $I = I_1 = $ const für $0 \leq \Theta < \pi/2$, $I = I_2 = $ const für $\pi/2 < \Theta \leq \pi$, wobei $\Theta = 0$ die Richtung der radial zum Sonnenmittelpunkt gerichteten x–Achse angibt. Die über alle Richtungen gemittelte Intensität ist dann $I_m = \frac{1}{2}(I_1 + I_2)$, und für den skalaren Strahlungsfluss erhält man analog zu Beispiel 11.1 die Beziehung $\dot{q} = \pi(I_1 - I_2)$. Für die Änderung der Gesamt-Strahlungsintensität ergibt sich durch Integration der Strahlungstransport-Gleichung (11.36) über alle Frequenzen die Differentialgleichung

$$\frac{\mathrm{d}I}{\mathrm{d}x}\cos\Theta = \bar{a}\left(\frac{\sigma}{\pi}T^4 - I\right), \tag{11.39}$$

mit $\bar{a}$ als Mittelwert (vorteilhaft: Rosseland'scher Mittelwert) von a_ν über alle Frequenzen. Trägt man in diese Gleichung den obigen Ansatz für I ein und mittelt man über jede der beiden Richtungshemisphären, so erhält man Differentialgleichungen für I_1 bzw. I_2, die sich zu dem folgenden Gleichungssystem kombinieren lassen:

$$\frac{\mathrm{d}\dot{q}}{\mathrm{d}x} = 4\bar{a}(\sigma T^4 - \pi I_m)\,; \tag{11.40}$$

$$\frac{\mathrm{d}I_m}{\mathrm{d}x} = -\frac{\bar{a}}{\pi}\dot{q}\,. \tag{11.41}$$

Da die auf die Sonne auftreffende Wärmestrahlung, die aus dem Weltraum kommt, für die Energiebilanz vernachlässigbar ist, wird an der Sonnenoberfläche $I_1 = 0$ gesetzt. Hieraus ergibt sich die Randbedingung $\dot{q} = -2\pi I_m$ für $x = 0$. Im stationären Zustand ist der Strahlungsfluss konstant, und aus (11.40) folgt $I_m = (\sigma/\pi)T^4$. Mit dieser Beziehung liefert die Randbedingung als erstes Ergebnis

$$\dot{q} = -2\sigma T_0^4\,, \quad T_H = 2^{1/4}T_0\,, \tag{11.42}$$

d.h., die Helligkeitstemperatur T_H ist um ca. 20% größer als die Oberflächen-Temperatur T_0.[55] Mit dem aus Messungen bekannten Wert $|\dot{q}| = $ 1,4 kW/m^2 ergibt sich $T_H \approx$ 5800 K. Als zweites Ergebnis erhält man aus der Integration von (11.41) die Temperaturverteilung zu

$$T = T_0(1 + 2\tau)^{1/4}\,, \tag{11.43}$$

---
[55] Eine exakte Lösung des Problems liefert $4/\sqrt{3}$ anstelle von 2 in (11.42).

11.9 Kirchhoff'sche Strahlungsgesetze

wobei die *optische Tiefe* τ durch die Beziehung $d\tau = \overline{a}\,dx$ mit $\tau = 0$ bei $x = 0$ definiert ist. Gemäß (11.43) und (11.42) tritt die Helligkeitstemperatur bei $\tau = 1/2$, also in der „optischen Mitte" der Photosphäre auf.[56]

11.9.2 Kirchhoff'sches Strahlungsgesetz für Wände

Für Wände im *lokalen thermodynamischen Gleichgewicht* ist das spektrale Emissionsvermögen gleich dem spektralen Absorptionsvermögen, d.h.

$$\boxed{\varepsilon_\nu = \alpha_\nu\,.} \tag{11.44}$$

Herleitung
Im *vollständigen* thermodynamischen Gleichgewicht ist die spektrale Intensität richtungsunabhängig und gleich dem Planck'schen Wert $B_\nu(T)$. Aus der Energiebilanz $\dot{q}_{\nu,\mathrm{e}} = \dot{q}_{\nu,\mathrm{a}}$ folgt mit (11.23)-(11.27) die Beziehung $\varepsilon_\nu^* = \alpha_\nu^*$, wobei der Zustand des vollständigen thermodynamischen Gleichgewichts wieder mit * gekennzeichnet wird. Da es sich beim spektralen Emissionsvermögen ebenso wie beim spektralen Absorptionsvermögen um Materialeigenschaften handelt, die nur vom thermodynamischen Zustand der Wand, nicht jedoch vom Strahlungsfeld abhängen, gilt die Gleichheit von ε_ν und α_ν auch für *lokales* thermodynamisches Gleichgewicht.

Beachte:

- Im *vollständigen* thermodynamischen Gleichgewicht gilt für die Gesamtstrahlung die Beziehung $\overline{\varepsilon}^* = \overline{\alpha}^*$. Für eine Wand im *lokalen* thermodynamischen Gleichgewicht ist jedoch i. a. $\overline{\varepsilon} \neq \overline{\alpha}$; es ist zwar $\varepsilon_\nu = \alpha_\nu$, die Gewichtsfunktionen in den Definitionsgleichungen (11.29) für $\overline{\varepsilon}$ bzw. $\overline{\alpha}$ sind jedoch verschieden, wenn $I_\nu \neq B_\nu$. Nur für eine *graue* Wand mit frequenzunabhängigen Werten von ε_ν und α_ν ergibt sich im lokalen thermodynamischen Gleichgewicht stets $\overline{\varepsilon} = \overline{\alpha}$. *Näherungsweise* kann die Beziehung $\overline{\varepsilon} \approx \overline{\alpha}$ manchmal verwendet werden, wenn die Temperaturunterschiede zwischen den am Strahlungsaustausch beteiligten Wänden so klein sind, dass sich das Spektrum der von einer Wand emittierten Strahlung nur wenig vom Spektrum der absorbierten Strahlung unterscheidet.

Beispiel 11.6: *Temperatur einer Platte im Sonnenlicht.*
Eine Platte aus gegebenem Material sei dem Sonnenlicht ausgesetzt. Die ebene Plattenoberfläche sei normal auf die Lichtstrahlen, so dass der einfallende Strahlungsfluss gleich der bekannten Solarstrahlung $\dot{q}_{\mathrm{ein}} = 1{,}4\ \mathrm{kW/m^2}$ ist. Die Temperatur der Umgebung sei so klein, dass die von der Umgebung emittierte Strahlung gegen die Solarstrahlung vernachlässigt werden kann; vgl. jedoch Aufgabe 11.4. Wärmeübertragung durch Konvektion und Wärmeleitung sei ebenfalls vernachlässigbar; vgl. jedoch Aufgabe 11.5. Welche Plattentemperatur stellt sich im stationären Zustand ein?
Lösung: Die Energiebilanz für die Platte verlangt, dass im stationären Zustand $\dot{q}_{\mathrm{e}} =$

---

[56] Wäre die Sonne ein fester Körper mit schwarzer Oberfläche, würde sie als gleichmäßig helle Scheibe erscheinen. Die Anisotropie der Strahlungsintensität in der Photosphäre bewirkt jedoch eine „Verdunkelung" am Rand der Sonnenscheibe. Nimmt man den Mittelwert $\frac{1}{2}(I_1 + I_2) = I_{\mathrm{m}}$ als grobe Näherung für die in Richtung $\theta = \pi/2$ austretende Gesamt-Strahlungsintensität, so ergibt sich auf der Basis der Schwarzschild-Approximation eine Rand-Verdunkelung von 50%. Das entspricht in etwa den beobachteten Werten.

$\dot q_{\mathrm a}$. Mit $\dot q_{\mathrm e}=\overline\varepsilon\sigma T_{\mathrm P}^4$ und $\dot q_{\mathrm a}=\overline\alpha \dot q_{\mathrm{ein}}$ folgt für die Plattentemperatur

$$T_{\mathrm P}=(\overline\alpha/\overline\varepsilon)^{1/4}(\dot q_{\mathrm{ein}}/\sigma)^{1/4}\,, \qquad (11.45)$$

wobei $(\dot q_{\mathrm{ein}}/\sigma)^{1/4}\approx 400$ K. Ob die Platte ein großes oder kleines Gesamt-Absorptionsvermögen hat, ist also unwesentlich, es kommt nur auf das *Verhältnis* des Gesamt-Absorptionsvermögens zum Gesamt-Emissionsvermögen an.[57] Ist die Plattenoberfläche schwarz oder grau, so gilt $\overline\alpha/\overline\varepsilon=1$. Dass für unterschiedliche Materialien (z. B. Holz und blankes Aluminium) verschiedene stationäre Plattentemperaturen beobachtet werden, liegt also daran, dass das Kirchhoff'sche Gesetz zwar für die spektralen Größen gilt, nicht jedoch für die gemittelten Größen, die mit den unterschiedlichen Spektren der einfallenden ($T=T_{\mathrm{solar}}\approx 5800$ K) bzw. emittierten Strahlung ($T=T_{\mathrm P}$) zu gewichten sind.

Abschätzung: Aus dem Wien'schen Gesetz (11.17) folgt $\lambda_{\mathrm{m,ein}}=\lambda_{\mathrm m}(T_{\mathrm{solar}})\approx 0{,}5\mu$m (im sichtbaren Wellenlängenbereich) und $\lambda_{\mathrm m}(T_{\mathrm P})\approx 10\mu$m (Infrarot). Das spektrale Absorptionsvermögen von elektrischen Nichtleitern (Holz, Kork, ...) hat charakteristischerweise kleine Werte ($\sim 0{,}1$) im sichtbaren Wellenlängenbereich und Werte nahe an 1 für infrarote Strahlung. Blanke Metalloberflächen hingegen zeichnen sich durch kleine Werte ($\sim 0{,}1$) des spektralen Absorptionsvermögen im Infraroten aus und weisen mäßig große Werte ($\sim 0{,}3$) im Sichtbaren auf. Diese Materialeigenschaften führen zu $\overline\alpha/\overline\varepsilon<1$ für elektrische Nichtleiter, während $\overline\alpha/\overline\varepsilon>1$ für blanke Metalloberflächen. Dem Sonnenlicht ausgesetzte, ansonsten isolierte, blanke Metallplatten haben daher im stationären Zustand eine höhere Temperatur als elektrische Nichtleiter.

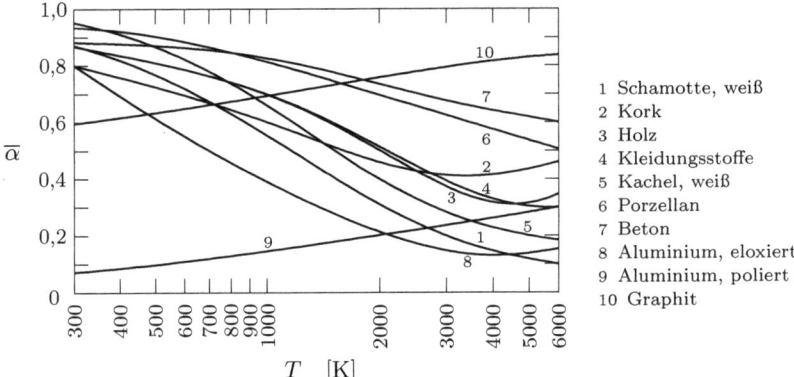

Bild 11.9: Gesamt-Absorptionsvermögen $\overline\alpha$ von Wänden bei Raumtemperatur $T_{\mathrm w}\approx 300$ K, wenn die einfallende Strahlung von schwarzen oder grauen Strahlungsquellen mit der Temperatur T stammt [nach *W. Sieber*, Z. techn. Physik **22** (1941), 130-135]. Für $T=300$ K liefert das Diagramm neben $\overline\alpha$ auch das Gesamt-Emissionsvermögen $\overline\varepsilon$ der Wände bei $T_{\mathrm w}\approx 300$ K.[58]

---

[57] Wenn die Platte durch Konvektion oder Wärmeleitung so stark gekühlt wird, dass die Emission für die Energiebilanz unbedeutend ist, kommt es jedoch nur auf den Wert von $\overline\alpha$ an, vgl. Frage 11.8.

[58] Wenn Strahlungsquelle und Wand gleiche Temperatur haben, sind die Gewichtsfunktionen $\dot q_{\nu,\mathrm{ein}}$ und $\dot q_{\nu,\mathrm e,\mathrm S}$ in (11.29) einander gleich, und das Kirchhoff'sche Gesetz liefert $\overline\varepsilon=\overline\alpha$.

Auswertung mit Diagramm (Bild 11.9): Für $T = 5800$ K entnimmt man, beispielsweise, $\overline{\alpha} \approx 0,3$ für blankes Aluminium und $\overline{\alpha} \approx 0,35$ für Holz, also annähernd gleich große Werte! Bei $T = 300$ K liest man jedoch $\overline{\varepsilon} = \overline{\alpha} \approx 0,07$ für blankes Aluminium und $\overline{\varepsilon} = \overline{\alpha} \approx 0,85$ für Holz ab. Aus diesen Werten ergibt sich für den Koeffizienten in (11.45) $(\overline{\alpha}/\overline{\varepsilon})^{1/4} \approx 0,8$ für Holz und $(\overline{\alpha}/\overline{\varepsilon})^{1/4} \approx 1,4$ für blankes Aluminium.

11.10 Fragen

Frage 11.1: Welche fundamentale Strahlungsgrößen sind Vektoren?

Frage 11.2: Welche fundamentale Strahlungsgrößen sind richtungsabhängig?

Frage 11.3: Welche Strahlungsgesetze können aus dem Planck'schen Strahlungsgesetz hergeleitet werden?

Frage 11.4: Warum hat der Emissionskoeffizient eine andere physikalische Dimension als der Absorptionskoeffizient?

Frage 11.5: Welcher Streuprozess liefert einen positiven Beitrag zur Intensitätsänderung, welcher einen negativen?

Frage 11.6: Warum ist i. a. das Gesamt-Emissionsvermögen nicht gleich dem Gesamt-Absorptionsvermögen?

Frage 11.7: Warum ist die sichtbare Farbe des Heizkörpers einer Warmwasserheizung für seine Funktion unwesentlich?

Frage 11.8: Welche Bedingung muss die Temperatur einer Platte, die dem Sonnenlicht ausgesetzt ist, erfüllen, damit die Emission vernachlässigbar ist?

11.11 Aufgaben

Aufgabe 11.1: Die von einer Kugel mit dem Radius R ausgehende Strahlung hat für alle Richtungen dieselbe Intensität I_0 = const (s. Bild). Wie groß ist der auf ein Flächenelement dA auftreffende Strahlungsfluss, wenn die Entfernung des Flächenelements vom Kugelmittelpunkt gleich r ist und
a) das Flächenelement normal auf die von einem Punkt des Flächenelements zum Kugelmittelpunkt führende Gerade ist;
b) der Normalenvektor des Flächenelements mit der zum Kugelmittelpunkt führenden Geraden den Winkel θ_0 einschließt.

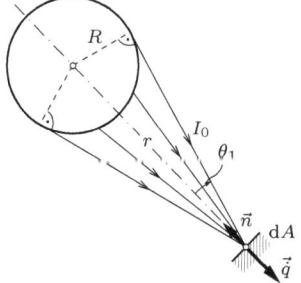

Aufgabe 11.2: Zwischen zwei planparallelen schwarzen Wänden mit konstanten Temperaturen T_1 bzw. T_2 wird ein Strahlungsschutzschirm mit den Strahlungseigenschaften $\overline{\varepsilon}_S = \overline{\alpha}_S < 1$ eingefügt. Auf welchen Bruchteil wird der Strahlungsfluss reduziert?

Aufgabe 11.3: Wie groß ist der Anteil des sichtbaren Lichts (Wellenlängen von $\lambda_1 = 0,35\,\mu$m bis $\lambda_2 = 0,75\,\mu$m) an der Wärmestrahlungsenergie, die insgesamt von der Sonne bei $T \approx 5800$ K abgegeben wird?

Aufgabe 11.4: In einem sehr großen Raum mit nahezu schwarzen Wänden (Temperatur $T_w = 293$ K) befindet sich eine schwarze Platte, die dem Sonnenlicht, das durch eine Öffnung in einer der Wände eintritt, ausgesetzt ist. Der lichte Querschnitt der Öffnung sei von der Größenordnung der Plattenfläche A_P und somit sehr klein gegen die Wandflächen. Die ebene Plattenoberfläche sei normal auf die Lichtstrahlen, so dass der einfallende Strahlungsfluss gleich dem Solar-Strahlungsfluss $\dot{q}_{ein} = 1,4$ kW/m² ist. Wärmeübertragung durch Konvektion und Wärmeleitung sei vernachlässigbar. Man bestimme die Plattentemperatur im stationären Zustand und vergleiche mit dem Ergebnis, das man bei Vernachlässigung der Strahlung, die von der Umgebung emittiert wird, erhalten würde.

Aufgabe 11.5: Wie Beispiel 11.6, aber mit zusätzlicher Wärmestromdichte $\dot{q}_{\text{conv}}$ zufolge Konvektion an der Plattenoberfläche. Gegeben ist die Nußelt-Zahl $\text{Nu} = \dot{q}_{\text{conv}} D / k (T_{\text{P}} - T_\infty)$, mit D als Durchmesser der kreiszylindrischen Platte, k als Wärmeleitfähigkeit der Umgebungsluft und T_∞ als Umgebungstemperatur. Hinweis: Man linearisiere die Gleichung für T_{P} durch Entwicklung in eine Taylorreihe für kleine Temperaturdifferenzen $T_{\text{P}} - T_\infty$.

Aufgabe 11.6: Wie lautet die Energiebilanz für einen kreiszylindrischen elektrischen Lichtbogen (Durchmesser D, Länge L), der zwischen ebenen Elektroden mit der elektrischen Potentialdifferenz $\Delta \Phi$ und dem elektrischen Strom I „brennt"? Der Lichtbogen sei optisch dünn, die Temperatur des Gases im ganzen Lichtbogen annähernd konstant.

Aufgabe 11.7: Ein Körper mit der Oberflächentemperatur T_{O} überträgt auf die umgebende Wand mit der Temperatur T_{U}, $T_{\text{U}} < T_{\text{O}}$, pro Zeit die Strahlungsenergie $\dot{Q}$. Wie groß ist die Entropieproduktion pro Zeit?

Aufgabe 11.8: Ein kreiszylindrischer Glühdraht mit dem Durchmesser d und der Länge l hat im stationären Zustand die elektrische Leistung P. Die Temperatur des Drahtes ist unter der Voraussetzung zu bestimmen, dass die erzeugte Wärme zur Gänze durch Strahlung abgegeben wird. Die absolute Temperatur der Umgebung sei sehr viel kleiner als die absolute Temperatur des Drahtes, dessen Gesamt-Emissionsvermögen $\bar{\varepsilon}$ bekannt ist.

Aufgabe 11.9: Zur Bestimmung des Emissionskoeffizienten e_ν und des Absorptionskoeffizienten a_ν einer Flamme wird die spektrale Strahlungsintensität auf einem Strahl, der die Flamme auf einer Strecke der Länge L durchdringt, gemessen. Es werden Messungen mit bzw. ohne eine äußere Strahlungsquelle gemacht. Ausgehend von der Intensität $I_{\nu 0}$ der äußeren Strahlungsquelle ergibt sich nach Durchtritt durch die Flamme die Intensität $I_{\nu 1}$, während ohne die äußere Strahlungsquelle die Intensität $I_{\nu 2}$ gemessen wird.

a) Die Koeffizienten e_ν und a_ν sind unter der Voraussetzung, dass die Flamme homogen ist, zu bestimmen.

b) Wie kann unter der Annahme, dass in der Flamme lokales thermodynamisches Gleichgewicht herrscht, die Temperatur der Flamme aus den Messwerten bestimmt werden?

12 Technische Anwendungen der Thermodynamik

12.1 Thermische Strömungsmaschinen

Thermische Strömungsmaschinen werden zumeist stationär von einem Arbeitsfluid durchströmt. Sie sind dazu geeignet, als Arbeitsmaschinen potentielle und innere Energie über die kinetische Energie des strömenden Fluids in mechanische Rotationsenergie umzuwandeln (z.B. Gas- und Dampfturbinen). Als Kraftmaschinen vermögen sie eine Energieumwandlung in die umgekehrte Richtung (z.B. Verdichter).

12.1.1 Adiabate Gas- und Dampfturbinen

(1) Annahmen:
 - adiabat, da mit Wärmedämmung versehen, um thermische Verluste zu vermeiden;
 - potentielle Energie des Arbeitsfluids vernachlässigbar, da Dichte gering.

(2) Ausgehend von der Anwendung des 1. Hauptsatzes auf stationäre Strömungsprozesse $q_{12} + w_{t12} = h_2 - h_1 + (v_2^2 - v_1^2)/2 + g(z_2 - z_1)$ wird die auf den Massenstrom bezogene Eigenarbeit (statische Arbeit) definiert als

$$w_{t12}^e = w_{t12} - \frac{1}{2}(v_2^2 - v_1^2). \tag{12.1}$$

Sie ist jener Teil der mechanischen Arbeit, der aus thermischer Energie gewonnen wird (der Rest stammt aus der Änderung der kinetischen Energie).
Trennen der technischen Arbeit in ihre reversiblen und irreversiblen Anteile liefert

$$w_{t12}^e = \int_1^2 v\,dp + \psi_{12} - \frac{1}{2}(v_2^2 - v_1^2). \tag{12.2}$$

(3) Damit die Maschine Nutzarbeit abgeben kann ($w_{t12} < 0$), muss $dp > 0$ sein, denn die Dissipationsenergie ψ_{12} ist stets positiv. Es gilt

$$p_2 < p_1 \qquad \text{und} \qquad s_2 \geq s_1. \tag{12.3}$$

(4) Leistung der Maschine an der Welle:

$$P_T = |\dot{W}_{t12}| = \dot{m}\,|w_{t12}|. \tag{12.4}$$

Ergänzungen:
Im h,s–Diagramm (Bild 12.1 rechts) kann die kinetische Energie als Strecke dargestellt werden. Damit kann auch die technische Arbeit der Turbine als Strecke abgelesen werden:

$$-w_{t12} = h_1 - h_2 + \frac{1}{2}(v_1^2 - v_2^2) = h_{1+} - h_{2+}. \tag{12.5}$$

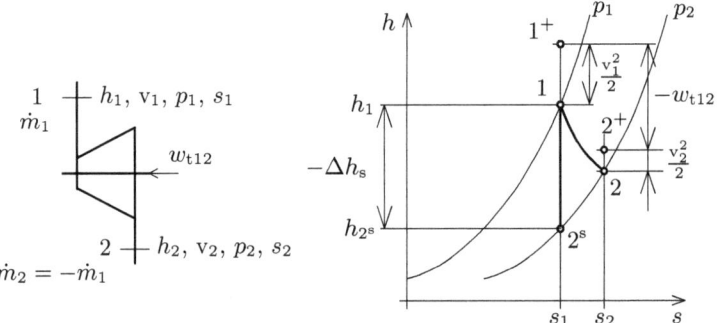

Bild 12.1: Adiabate Turbine (stationärer Prozess).

Vergleich mit einer idealen Turbine:
Die maximale technische Arbeit erzielt ein reversibler Prozess mit einer Turbinenaustrittsgeschwindigkeit von 0 m/s, d.h.

$$(-w_{t12^s})_{rev} = h_1 + \frac{1}{2}v_1^2 - h_{2^s} = -\Delta h_s + \frac{1}{2}v_1^2 \qquad (12.6)$$

mit $-\Delta h_s$ als isentropem Enthalpiegefälle.

Innerer Wirkungsgrad einer Turbine:

$$\eta_{iT} = \frac{-w_{t12}}{(-w_{t12^s})_{rev}} = \frac{h_{1^+} - h_{2^+}}{-\Delta h_s + \frac{1}{2}v_1^2}. \qquad (12.7)$$

Ist die kinetische Energie gegenüber dem Enthalpiegefälle klein, wird der Unterschied zwischen innerem und isentropem Wirkungsgrad vernachlässigbar:

$$\eta_{sT} = \frac{h_1 - h_2}{h_1 - h_{2^s}} = \frac{-\Delta h}{-\Delta h_s} \approx \frac{-w_{t12}}{(-w_{t12^s})_{rev}} = \eta_{iT}. \qquad (12.8)$$

Ist die Eintrittstemperatur, das Druckverhältnis und der isentrope Wirkungsgrad gegeben, folgt die technische Arbeit (unter Vernachlässigung der kinetischen Energie und der Annahme c_p = const) aus

$$w_{t12} = \eta_{sT}\, w_{t12^s} = \eta_{sT}\, c_p\, T_1 \left[\left(\frac{p_2}{p_1}\right)^{\frac{\kappa-1}{\kappa}} - 1\right], \qquad (12.9)$$

bei bekannten Zuständen am Ein- und Austritt sowie obigen Annahmen aus

$$w_{t12} = h_2 - h_1 = c_p\,(T_2 - T_1). \qquad (12.10)$$

Die Austrittstemperatur der reversibel adiabaten Expansion folgt aus den Isentropenbeziehungen (Beispiel 6.5), die einer irreversibel adiabaten Expansion aus (12.10).

Isentrope Wirkungsgrade von ausgeführten Turbinen:
Dampfturbinen: ca. 0.8
Gasturbinen: 0.85 bis 0.95

12.1.2 Adiabate Verdichter

(1) Annahmen:
- adiabat (Wärmeabgabe wäre gewünscht, siehe Abschn. 12.1.3, ist ohne spezielle Kühler jedoch vernachlässigbar gering);
- potentielle Energie des Arbeitsfluids vernachlässigbar, da Dichte gering.

(2) Die dem Fluid zugeführte technische Arbeit folgt aus dem 1. Hauptsatz für stationäre Strömungsprozesse zu

$$w_{t12} = h_2 - h_1 + \frac{1}{2}(v_2^2 - v_1^2) = h_{2+} - h_{1+}. \tag{12.11}$$

(3) Leistung, die der Rotor eines Turboverdichters dem Fluid zuführt:

$$P_V = \dot{W}_{t12} = \dot{m}\, w_{t12}. \tag{12.12}$$

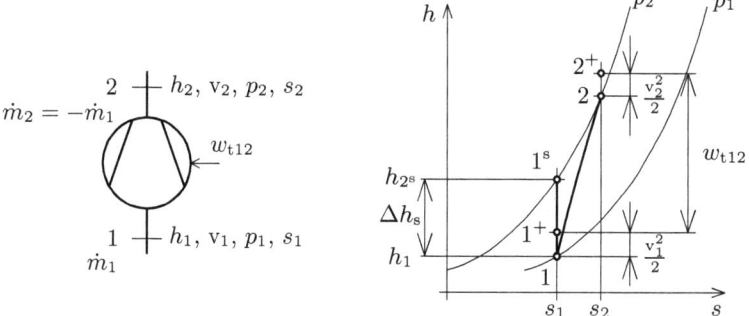

Bild 12.2: Adiabater Verdichter (stationärer Prozess).

Ergänzung: Vergleich mit einem idealen Verdichter
Von allen adiabaten Verdichtungsprozessen benötigt der isentrope Prozess mit der Geschwindigkeit 0 m/s am Austritt den kleinsten Aufwand an technischer Arbeit:

$$(w_{t12^s})_{\text{rev}} = h_{2^s} - h_1 - \frac{1}{2}v_1^2 = \Delta h_s - \frac{1}{2}v_1^2. \tag{12.13}$$

Innerer Wirkungsgrad eines Verdichters:

$$\eta_{iV} = \frac{(w_{t12^s})_{\text{rev}}}{w_{t12}} = \frac{\Delta h_s - \frac{1}{2}v_1^2}{h_{2+} - h_{1+}}. \tag{12.14}$$

Unter Vernachlässigung der kinetischen Energie kann der *isentrope Wirkungsgrad* zur Beurteilung des Verdichters herangezogen werden:

$$\eta_{sV} = \frac{h_{2^s} - h_1}{h_2 - h_1} = \frac{\Delta h_s}{\Delta h} \approx \frac{(w_{t12^s})_{\text{rev}}}{w_{t12}} = \eta_{iV}. \tag{12.15}$$

Ist die Eintrittstemperatur, das Druckverhältnis und der isentrope Wirkungsgrad gegeben, folgt die auf den Massenstrom bezogene *technische Arbeit* (unter Vernachlässigung der kinetischen Energie und unter der Annahme $c_p = \text{const}$) aus

$$w_{t12} = \frac{w_{t12^s}}{\eta_{sV}} = \frac{1}{\eta_{sV}} c_p T_1 \left[\left(\frac{p_2}{p_1}\right)^{\frac{\kappa-1}{\kappa}} - 1 \right], \tag{12.16}$$

bei bekannten Zuständen am Ein- und Austritt und obigen Annahmen aus (12.10). Die Austrittstemperatur der reversibel adiabaten Kompression folgt aus den Isentropenbeziehungen (Beispiel 6.5), die einer irreversibel adiabaten Kompression aus (12.10).

Isentrope Wirkungsgrade von ausgeführten Turboverdichtern: 0,8 bis 0,9

12.1.3 Nichtadiabate Verdichtung

Vorbemerkungen
Unter Vernachlässigung der kinetischen Energie ist die zur Verdichtung eines Fluids von einem Ausgangszustand auf einen bestimmten Enddruck mindestens notwendige auf den Massenstrom bezogene *technische Arbeit*

$$(w_{t12})_{\text{rev}} = \int_1^2 v\,dp. \tag{12.17}$$

Bei adiabater Verdichtung wird sich die Temperatur des Fluids erhöhen. Gelingt es, während der Verdichtung dem Prozess Wärme zu entziehen, wird die erforderliche technische Arbeit kleiner (Bild 12.3 links). Die auf den Massenstrom bezogene *abzuführende Wärme* erhält man (Bild 12.3 rechts) aus

$$-(q_{12})_{\text{rev}} = -\int_1^2 T\,ds. \tag{12.18}$$

Der günstigste Prozess ist somit die reversible isotherme Verdichtung mit $T = T_1 = T_{2^*}$. (Die Temperatur im Verlauf der Verdichtung unter T_1 absenken zu wollen, macht keinen Sinn, da dann für die Wärmeübertragung ein Energiedepot mit einer Temperatur $T < T_1$ notwendig wäre.)

(1) Die auf den Massenstrom bezogene technische Arbeit für die reversible isotherme Verdichtung ist

$$(w_{t12^*})_{\text{rev}} = \int_1^{2^*} v(p, T_1)\,dp, \tag{12.19}$$

für ideale Gase

$$(w_{t12^*})_{\text{rev}} = RT_1 \int_1^{2^*} \frac{dp}{p} = RT_1 \ln\left(\frac{p_{2^*}}{p_2}\right). \tag{12.20}$$

(2) Die auf den Massenstrom bezogene abzuführende Wärme ist

$$-(q_{12^*})_{\text{rev}} = -T_1 \int_1^2 ds = -T_1(s_{2^*} - s_1), \tag{12.21}$$

für ideale Gase

$$-(q_{12^*})_{\text{rev}} = RT_1 \int_1^{2^*} \frac{dp}{p} = RT_1 \ln\left(\frac{p_{2^*}}{p_2}\right). \tag{12.22}$$

(3) Für irreversibel arbeitende gekühlte Verdichter (und Verdichter, die 2* nicht erreichen) folgt die auf den Massenstrom bezogene technische Arbeit aus

$$w_{t12} = h_2 - h_1 - q_{12}. \tag{12.23}$$

(4) Isothermer Wirkungsgrad:

$$\eta_{\vartheta V} = \frac{(w_{t12^*})_{\text{rev}}}{w_{t12}}. \tag{12.24}$$

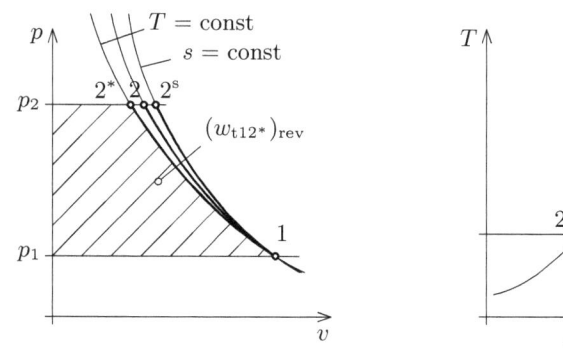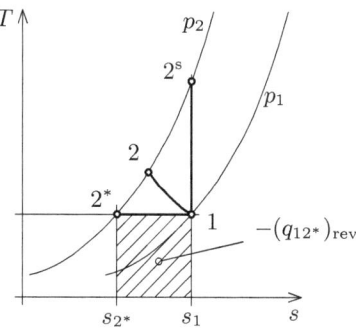

Bild 12.3: Nichtadiabate Verdichtung.

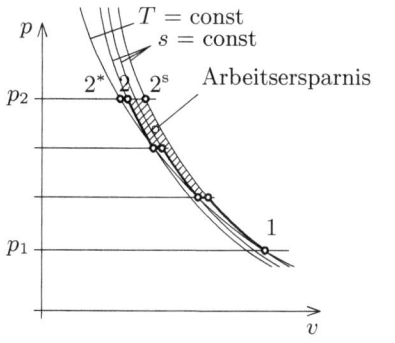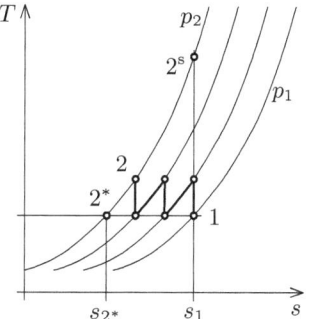

Bild 12.4: Dreistufige isentrope Verdichtung mit isobarer Zwischenkühlung.

Bemerkung
In der praktischen Ausführung kann die gewünschte isotherme Verdichtung durch eine mehrstufige Verdichtung mit Zwischenkühlung angenähert werden (Bild 12.4). Die Arbeitsersparnis gegenüber einer isentropen Verdichtung ist schraffiert hervorgehoben.

12.2 Kreisprozesse von Kolbenmaschinen

Im Folgenden werden *Hubkolbenmaschinen* behandelt. Auskopplung der mechanischen Energie mittels Kurbeltrieben.
Verbrennungskraftmaschinen: Energiezufuhr durch Freisetzung chemisch gebundener Energie im Inneren der Maschine, Abfuhr von thermischer Energie durch Ladungs-

wechsel (Austausch des Arbeitsmediums).
Stirlingmotoren: Einkopplung der thermischen Energie in den Kreisprozess mittels Wärmetauscher, Auskopplung analog.

12.2.1 Reale Kreisprozesse von Verbrennungskraftmaschinen

Unterscheidung nach Verdichtungsverhältnis und Zündung:
Ottomotor: Verdichtungsverhältnis 10 bis 12, Fremdzündung (Zündkerze);
Dieselmotor: Verdichtungsverhältnis 16 bis 20, Selbstzündung.

Beide Arten können als *Zweitakt-* oder *Viertaktmotoren* ausgeführt sein.
Viertakt-Prinzip: eigener Kolbenhub sorgt für das Ausschieben der Verbrennungsprodukte und das Ansaugen von Frischluft (zwei Umdrehungen der Kurbelwelle je Arbeitszyklus);
Zweitakt-Prinzip: Ladungsaustausch über Aus- (AS) und Einlassschlitze (ES) im Bereich des Kolbenumkehrpunktes (eine Umdrehung der Kurbelwelle je Arbeitszyklus).

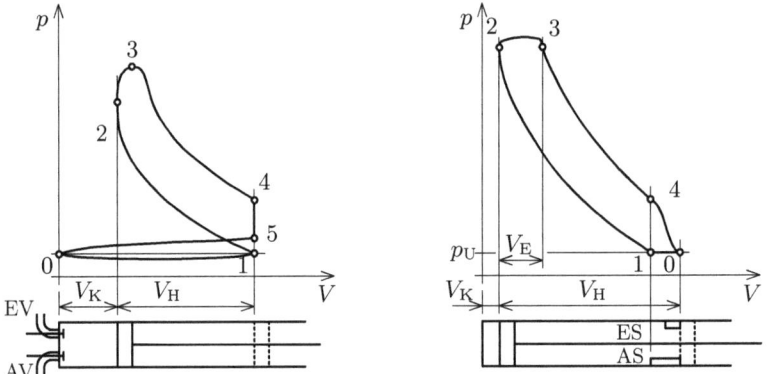

Bild 12.5: Indikatordiagramm eines Viertakt-Otto-Motors und eines Zweitakt-Diesel-Motors (p_U...Umgebungsdruck, V_H...Hubvolumen, V_K...Kompressionsvolumen, V_E...Einspritzvolumen, EV...Einlassventil, AV...Auslassventil, ES...Einlassschlitz, AS...Auslassschlitz).

Der gemessene Druckverlauf, über dem Zylindervolumen aufgetragen, ergibt ein *Indikatordiagramm* (Bild 12.5), bei dem das Ringintegral der Nutzarbeit entspricht.

Idealisierungen:
Für einfache thermodynamische Betrachtungen werden die Kreisprozesse von Verbrennungskraftmaschinen durch Kreisprozesse geschlossener Systeme idealisiert. Das Arbeitsmedium wird als ideales Gas angenommen. Die Energiefreisetzung bei der Verbrennung wird als Wärmezufuhr modelliert, die Abfuhr der Verbrennungsgase und das Laden des Zylinders mit frischer Luft wird als Wärmeabfuhr modelliert. Kompression und Expansion werden reversibel adiabat (isentrop) angenommen.

12.2.2 Idealisierter Kreisprozess eines Dieselmotors

(1) Zustandsänderungen (Bild 12.6)
   1 - 2 reversibel adiabate (isentrope) Kompression
   2 - 3 isobare Wärmezufuhr
   3 - 4 reversibel adiabate (isentrope) Expansion
   4 - 1 isochore Wärmeabfuhr

(2) Charakteristische Größen:
   Hubvolumen $\quad V_H = V_1 - V_2 \quad$ (12.25)
   Kompressionsvolumen $\quad V_K = V_2 \quad$ (12.26)
   Einspritzvolumen $\quad V_E = V_3 - V_2 \quad$ (12.27)
   Verdichtungsverhältnis $\quad \epsilon = V_1/V_2 = (V_K + V_H)/V_K \quad$ (12.28)
   Einspritzverhältnis $\quad \varphi = V_3/V_2 = (V_K + V_E)/V_K \quad$ (12.29)

(3) Annahmen: $c_p = \text{const}$, $c_v = \text{const}$, $m = \text{const}$ (Masse, die sich während eines Arbeitszyklus im Zylinder befindet)

(4) je Zyklus
   zugeführte Wärme $\quad Q_z = Q_{23} = m\,c_p\,(T_3 - T_2) \quad$ (12.30)
   abgeführte Wärme $\quad Q_a = Q_{41} = m\,c_v\,(T_1 - T_4) \quad$ (12.31)
   Nutzarbeit $\quad W_\circ = -Q_z - Q_a \quad$ (12.32)

(5) Leistung je Zylinder:[59]
   2-takt Motor $\quad P = |W_\circ|\,n = |W_\circ|\,\omega/(2\,\pi) \quad$ (12.33)
   4-takt Motor $\quad P = |W_\circ|\,n/2 = |W_\circ|\,\omega/\pi \quad$ (12.34)

(6) Thermischer Wirkungsgrad:
$$\eta_{\text{th}} = 1 - \frac{1}{\kappa}\frac{T_4 - T_1}{T_3 - T_2} = 1 - \frac{1}{\kappa\,\epsilon^{\kappa-1}}\frac{\varphi^\kappa - 1}{\varphi - 1} \qquad (12.35)$$

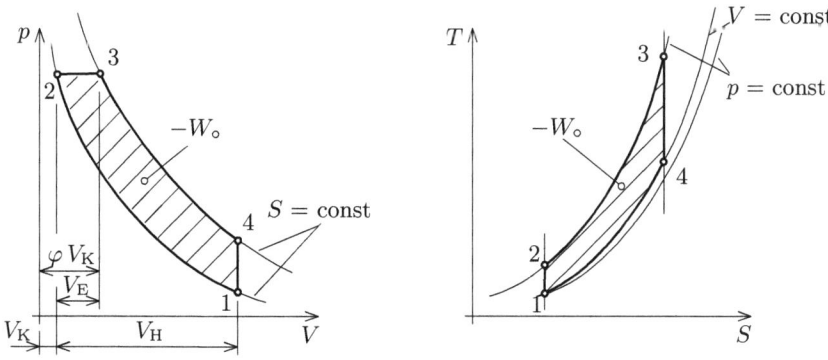

Bild 12.6: Idealisierter Kreisprozess eines Dieselmotors.

---

[59] n ... Dehzahl; ω ... Winkelgeschwindigkeit

12.2.3 Idealisierter Kreisprozess eines Ottomotors

(1) Zustandsänderungen (Bild 12.7)
   1 - 2 reversibel adiabate (isentrope) Kompression
   2 - 3 isochore Wärmezufuhr
   3 - 4 reversibel adiabate (isentrope) Expansion
   4 - 1 isochore Wärmeabfuhr

(2) Charakteristische Größen und Annahmen analog zu Abschnitt 12.2.2

(3) je Zyklus
   zugeführte Wärme $\quad Q_z = Q_{23} = m\,c_v\,(T_3 - T_2)$ \hfill (12.36)
   abgeführte Wärme $\quad Q_a = Q_{41} = m\,c_v\,(T_1 - T_4)$ \hfill (12.37)

(4) Nutzarbeit und Leistung analog zu Abschnitt 12.2.2

(5) Thermischer Wirkungsgrad:

$$\eta_{\text{th}} = 1 - \frac{T_4 - T_1}{T_3 - T_2} = 1 - \frac{T_1}{T_2} = 1 - \epsilon^{1-\kappa} = 1 - \left(\frac{p_1}{p_2}\right)^{\frac{\kappa-1}{\kappa}} \qquad (12.38)$$

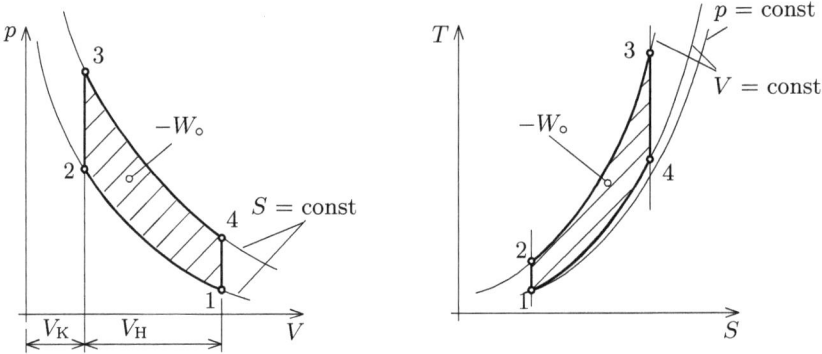

Bild 12.7: Idealisierter Kreisprozess eines Ottomotors.

12.2.4 Seiliger-Kreisprozess

Vorbemerkung
Der Seiliger-Kreisprozess ist ein idealisierter Kreisprozess, der es erlaubt, reale Prozesse in Verbrennungskraftmaschinen (Bild 12.5) besser anzunähern, als es reine Otto- oder Diesel-Idealisierungen vermögen.

(1) Zustandsänderungen (Bild 12.8)
   1 - 2 reversibel adiabate (isentrope) Kompression
   2 - 3 isochore Wärmezufuhr

3 - 4 isobare Wärmezufuhr
4 - 5 reversibel adiabate (isentrope) Expansion
5 - 1 isochore Wärmeabfuhr

(2) Charakteristische Größen und Annahmen analog zu Abschnitt 12.2.2
Drucksteigerungsverhältnis $\psi = p_3/p_2$ \hfill (12.39)

(3) Thermischer Wirkungsgrad:
$$\eta_{\text{th}} = 1 - \frac{\epsilon^{1-\kappa}(\psi\varphi^\kappa - 1)}{\psi - 1 + \kappa\psi(\varphi - 1)} \quad (12.40)$$

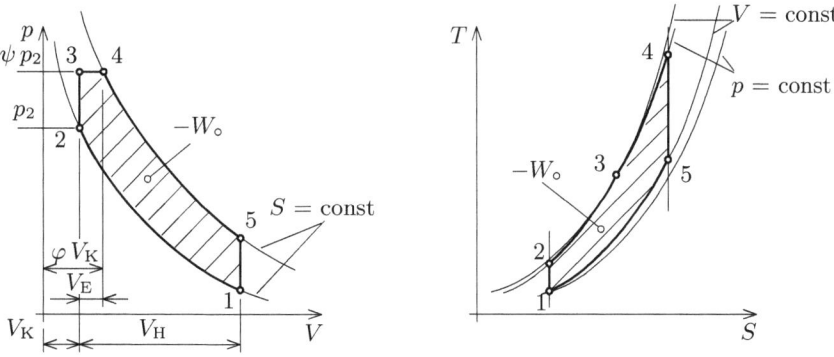

Bild 12.8: Seiliger Kreisprozess.

12.2.5 Idealisierter Kreisprozess eines Stirlingmotors

Vorbemerkungen
– Arbeitsmedium: gasförmig
– System: geschlossen

(1) Zustandsänderungen (Bild 12.9), Kolbenstellungen und Beladungszustand des Regenerators (Speicher von innerer Energie) (Bild 12.10, links)
1 - 2 isotherme Wärmeabfuhr, Zufuhr von Arbeit
2 - 3 isochore Verdichtung, Regenerator wird entladen
3 - 4 isotherme Wärmezufuhr, Abfuhr von Arbeit
4 - 1 isochore Expansion, Regenerator wird beladen

(2) Charakteristische Größen und Annahmen analog zu Abschnitt 12.2.2
Temp. der Wärmezufuhr $\quad T_z = T_3 = T_4$ \hfill (12.41)
Temp. der Wärmeabfuhr $\quad T_a = T_1 = T_2$ \hfill (12.42)

(3) je Zyklus
zugeführte Wärme $\quad Q_z = Q_{34} = m\,T_z \ln(V_4/V_3)$ \hfill (12.43)
mit Regen. ausgetauscht $\quad Q_{23} = -Q_{41} = m\,c_v\,(T_3 - T_2)$ \hfill (12.44)
abgeführte Wärme $\quad Q_a = Q_{12} = m\,T_a \ln(V_2/V_1)$ \hfill (12.45)

Nutzarbeit $\qquad W_\mathrm{o} = -Q_\mathrm{z} - Q_\mathrm{a}$ \hfill (12.46)

(4) Therm. Wirkungsgrad: $\qquad \eta_\mathrm{th} = \eta_\mathrm{c} = 1 - \frac{T_\mathrm{a}}{T_\mathrm{z}}$ \hfill (12.47)

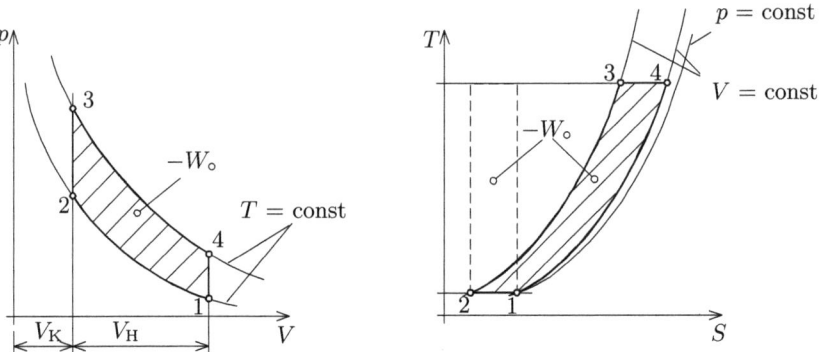

Bild 12.9: Idealisierter Kreisprozess eines Stirlingmotors.

Bemerkungen

- Kreisprozesse von realen Stirlingmotoren (Bild 12.10, rechts) weichen erheblich von idealen Stirling-Kreisprozessen ab.
- Temperatur der Wärmezufuhr relativ niedrig, da die thermische Energie mittels Wärmetauscher eingekoppelt werden muss. Temperatur der Wärmeabfuhr relativ hoch, da die abzuführende thermische Energie mittels Wärmetauscher ausgekoppelt werden muss.
- Vorteil gegenüber Verbrennungskraftmaschinen: beliebige Primärenergiequelle verwendbar, da nur Wärme eingekoppelt wird.
- Einsatzgebiete: kleine, dezentrale Blockheizkraftwerke; Solarstromerzeugung in Verbindung mit Punktkonzentratoren; Sonderanwendungen in U-Booten und in der Raumfahrt (da sie keine Luft benötigen); Wärmepumpe.

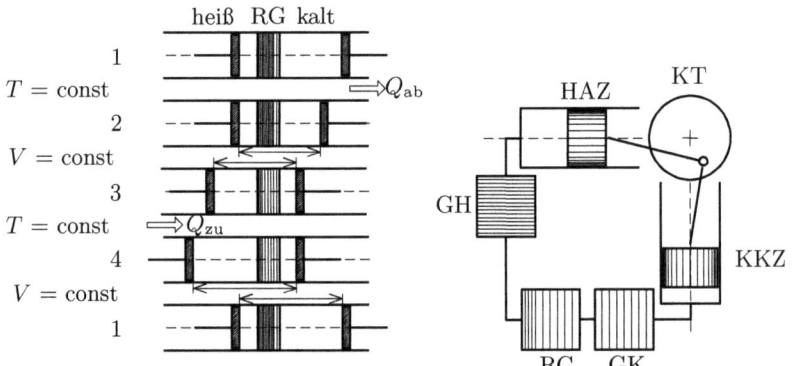

Bild 12.10: Links: Kolbenstellung und Regeneratorbeladung in den Eckpunkten eines idealisierten Stirling-Kreisprozesses; rechts: Prinzipskizze eines einfachen realen Stirlingmotors - Alpha Typ (KT ... Kurbeltrieb, HAZ ... heißer Arbeitszylinder, GH ... Gaserhitzer, RG ... Regenerator, GK ... Gaskühler, KKZ ... kalter Kompressorzyliinder).

12.3 Kreisprozesse von Wärmekraftanlagen

Vorbemerkung

In Wärmekraftanlagen werden Kreisprozesse durch Hintereinanderschalten von einzelnen Aggregaten realisiert. In den Aggregaten herrschen stationäre Strömungsprozesse (ausgenommen beim Anfahren, bei Lastwechseln und beim Abfahren). Der Austrittszustand des Arbeitsmediums aus einem Aggregat ist gleich dem Eintrittszustand in das folgende. Als Arbeitsmedium sind prinzipiell alle fluiden Substanzen möglich. Sie sollen einen vorteilhaften Kreisprozess realisieren lassen, möglichst ungefährlich und reichlich verfügbar sein.
Bedeutendste Vertreter: Gaskraft- und Dampfkraftanlagen.

12.3.1 Einfache Kreisprozesse bei Gaskraftanlagen

Geschlossene Gaskraftanlage (Bild 12.11 links)
(1) Arbeitsmedium: beliebiges gasförmiges Medium
(2) Anlagenteile (Arbeitsweise, Funktion)
 – Gasverdichter (möglichst reversibel adiabat, sorgt für gewünschtes Druckverhältnis zwischen Hoch- und Niederdruckseite, benötigt technische Arbeit)
 – Wärmetauscher, hochdruckseitig - Gaserhitzer (möglichst isobar, zur Einkopplung der thermischen Energie bei hohem Temperaturniveau)
 – Gasturbine (möglichst reversibel adiabat, hält Druckverhältnis aufrecht, liefert technische Arbeit)
 – Wärmetauscher, niederdruckseitig - Gaskühler (möglichst isobar, thermische Energie wird bei niedrigem Temperaturniveau aus dem Kreisprozess ausgekoppelt)
(3) Gasverdichter und Gasturbine sind in der Regel direkt auf einer Welle angeordnet. Der Überschuss an Nutzenergie wird über diese Welle an einen Generator abgeführt.

Offene Gaskraftanlage (Bild 12.11 rechts)
(1) Arbeitsmedium: Luft bzw. Verbrennungsgas
(2) Anlagenteile (Arbeitsweise, Funktion)
 – Luftverdichter (möglichst reversibel adiabat, bringt Luft auf den gewünschten Druck)
 – Brennkammer (möglichst isobar, Brennstoff (flüssig oder gasförmig) wird mit Luft vermischt, es findet eine Verbrennungsreaktion statt, bei der die chemisch gebundene Energie des Brennstoffes freigesetzt und in innere Energie umgewandelt wird)
 – Gasturbine (möglichst reversibel adiabat, hält Druckverhältnis aufrecht, liefert technische Arbeit)

(3) Das entstandene Abgas wird nach der Gasturbine der Umgebung zugeführt; diese schließt den Kreisprozess.

(4) Luftverdichter und Gasturbine sind in der Regel direkt auf einer Welle angeordnet. Der Überschuss an Nutzenergie wird entweder über diese Welle an einen Generator abgeführt, oder fällt in Form von kinetischer Energie des Abgasstroms an (Strahltriebwerk).

Idealisierter Kreisprozess: **Joule-** oder **Braytonprozess**

(1) Zustandsänderungen (Bild 12.12)

  1 - 2^s reversibel adiabate (isentrope) Verdichtung
  2^s - 3 isobare Wärmezufuhr
  3 - 4^s reversibel adiabate (isentrope) Expansion
  4^s - 1 isobare Wärmeabfuhr

(2) Charakteristische Größen:
  Druckverhältnis $\quad\quad \pi = p_2/p_1$ \hfill (12.48)

(3) Annahmen: $c_p = $ const

(4) Zustands- und Prozessgrößen:
Austrittstemperaturen bei isentroper Verdichtung und Expansion, Beispiel 6.5.
Technische Arbeit von Verdichter und Turbine, Abschnitt 12.1.1.
  Zugeführte Wärme $\quad\quad q_{23} = c_p(T_3 - T_{2^s})$ \hfill (12.49)
  Kreisprozessarbeit $\quad\quad w_\mathrm{o} = w_{t12^s} + w_{t34^s}$ \hfill (12.50)

(5) Therm. Wirkungsgrad: $\quad\quad \eta_\mathrm{th} = |w_\mathrm{o}|/q_{23}$ \hfill (12.51)

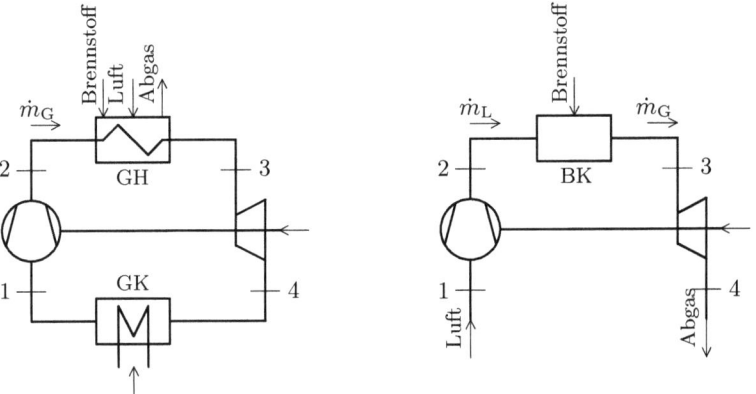

Bild 12.11: Blockschaltbilder einer geschlossenen und einer offenen Gaskraftanlage (GV ... Gasverdichter; GH ... Gaserhitzer; GT ... Gasturbine; GK ... Gaskühler; LV ... Luftverdichter; BK ... Brennkammer).

Beachte:

- Verdichtung und Expansion in realen Gaskraftanlagen können jeweils als adiabat mit entsprechenden Isentropenwirkungsgraden behandelt werden. Technische Arbeiten und Austrittstemperaturen sind analog zu Abschnitt 12.1.1 bzw. Abschnitt 12.1.2 zu berechnen.

12.3 Kreisprozesse von Wärmekraftanlagen

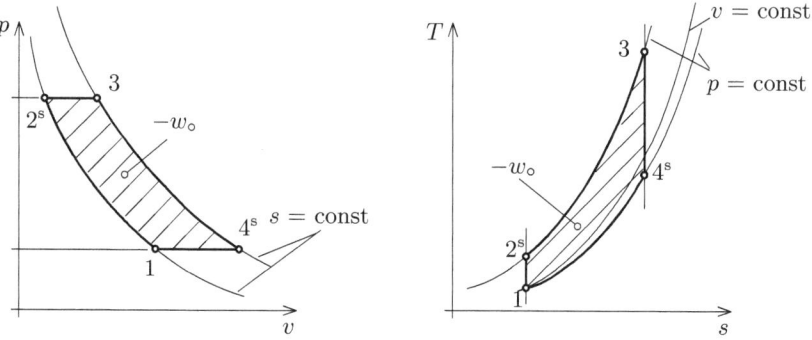

Bild 12.12: $p,v-$ und T,s-Diagramm des Joule-Kreisprozesses.

12.3.2 Verbesserte Gaskraftprozesse

(1) Mit Rekuperator (Gegenstrom-Wärmetauscher), s. Bild 12.13.

(2) Mit zusätzlicher mehrstufiger Rückkühlung und Zwischenerhitzung (Bild 12.14 links), Annäherung an Ericsonprozess (Bild 12.14 rechts).

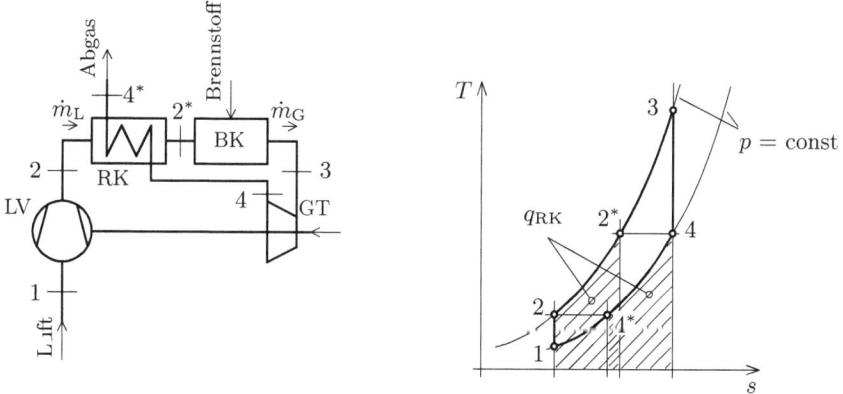

Bild 12.13: Durch einen Rekuperator (RK) verbesserter Gaskraftprozess.

Erläuterungen

Zu (1): In einem *Rekuperator* wird die innere Energie des Abgases genutzt, um die Luft nach der Verdichtung aufzuheizen. Bei idealisierten Bedingungen ($\Delta T \to 0$ im Rekuperator) kann das Abgas von 4 auf 4* abgekühlt werden, während die Luft von 2 auf 2* aufgeheizt wird. Die dem Prozess zuzuführende, auf den Massenstrom bezogen Wärme wird bei gleicher Nutzarbeit um q_{RK} reduziert.

Zu (2): Zusätzliche Verbesserungen werden durch *stufenweise Rückkühlung* bei der Verdichtung und *stufenweise Zwischenüberhitzung* bei der Expansion erzielt (Bild 12.14 links). Je mehr Stufen bei Verdichtung und Expansion gewählt werden, desto besser kann eine isotherme Kompression bzw. eine isotherme Expansion angenähert werden. Bei theoretisch unendlicher Stufenzahl erhält man den **Ericsonprozess**, welcher Carnot-Wirkungsgrad aufweist (Bild 12.14 rechts).

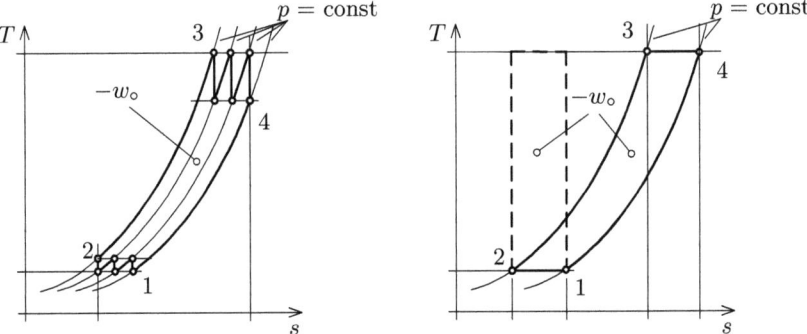

Bild 12.14: Links: T,s–Diagramm eines Gaskraftprozesses mit Rekuperator, mehrstufig gekühlter Verdichtung und mehrstufiger Expansion mit Zwischenerhitzung; rechts: Ericsonprozess.

12.3.3 Kreisprozess einer einfachen Dampfkraftanlage

Idealisierter Kreisprozess: **Rankineprozess**

(1) Zustandsänderungen des Rankineprozesses (Bild 12.15, rechts)
   1 - 2 reversibel adiabate (isentrope) Druckerhöhung in der Speisewasserpumpe
   2 - 3 isobare Erwärmung, Verdampfung und Überhitzung im Dampferzeuger
   3 - 4 reversibel adiabate (isentrope) Entspannungn in der Dampfturbine - idealer Weise liegt Punkt 4 auf der Taulinie (Grenzkurve zwischen Zweiphasengebiet und Dampfgebiet)
   4 - 1 isobare Wärmeabgabe im Kondensator bis zur vollständigen Kondensation

(2) Definition der thermodynamischen Mitteltemperatur der Wärmezufuhr:
   Für die isobare Wärmezufuhr gilt entspechend des ersten Hauptsatzes $q_{23} = h_3 - h_2$. Mit $d_e q = T\,ds$ ergibt sich die thermodynamische Mitteltemperatur der Wärmezufuhr (Bild 12.16, links) zu

$$T_m = \frac{h_3 - h_2}{s_3 - s_2} \qquad (12.52)$$

(3) Bei geringer Differenz der Temperaturen zwischen Kondensator und Umgebung erhält man den thermischen Wirkungsgrad des Dampfkraftprozesses zu

$$\eta_{th} = 1 - \frac{T_U}{T_m} \qquad (12.53)$$

welcher dem Carnot-Wirkungsgrad zwischen den Temperaturniveaus T_m und T_U entspricht.

Der Kreisprozess des Wassers bei der Dampfkraftanlage:
(1) Die auf den Massenstrom bezogene Nutzarbeit des Kreisprozesses ergibt sich unter Anwendung des ersten Haupsatzes aus der Summe der technischen Ar-

12.3 Kreisprozesse von Wärmekraftanlagen

beiten von Speisewasserpumpe und Dampfturbine, bzw. aus der Summe der im Dampferzeuger und im Kondensator übertragenen Wärmen

$$w_\mathrm{o} = w_\mathrm{t12} + w_\mathrm{t34} = q_{23} + q_{41} \qquad (12.54)$$

und erscheint beim idealisierten Prozess ($h_2 = h_{2^\mathrm{s}}$; $h_4 = h_{4^\mathrm{s}}$) im T, s–Diagramm als die durch die Linien der Zustandsänderungen begrenzte Fläche (Bild 12.15 rechts).

(2) Die auf den Massenstrom bezogene technische Arbeit einer adiabat angenommenen Speisewasserpumpe beträgt

$$w_\mathrm{t12} = h_2 - h_1 = \frac{h_{2^\mathrm{s}} - h_1}{\eta_\mathrm{sSP}} \approx \frac{v_1(p_2 - p_1)}{\eta_\mathrm{sSP}}. \qquad (12.55)$$

Da im Zustand 1 Wasser im Siedezustand vorliegt und das flüssige Wasser nahezu inkompressibel ist, kann die technische Arbeit einer reversibel adiabat arbeitenden Pumpe in guter Näherung als isochore Zustandsänderung aufgefasst werden.

(3) Im Dampferzeuger zugeführte, auf den Massenstrom bezogene Wärme:

$$q_{23} = h_3 - h_2. \qquad (12.56)$$

(4) Auf den Massenstrom bezogene technische Arbeit der Dampfturbine:

$$w_\mathrm{t34} = h_4 - h_3 = \eta_\mathrm{sSP}(h_{4^\mathrm{s}} - h_3). \qquad (12.57)$$

Bei reversibler adiabater Entspannung auf den Kondensatordruck erhält man mit Hilfe der Entropie im Zustand 3 die Entropie im Zustand 4^s ($s_{4^\mathrm{s}} = s_3$). Die Enthalpie im Zustand 4^s fogt aus

$$h_{4^\mathrm{s}} - h'(p_1) = T_\mathrm{s}(p_1)\left[s_{4^\mathrm{s}} - s'(p_1)\right], \qquad (12.58)$$

bzw. über den Dampfmassenanteil aus

$$x_{4^\mathrm{s}} = \frac{s_{4^\mathrm{s}} - s'(p_1)}{s''(p_1) - s'(p_1)} = \frac{h_{4^\mathrm{s}} - h'(p_1)}{h''(p_1) - h'(p_1)}. \qquad (12.59)$$

(5) Im Kondensator übertragene, auf den Massenstrom bezogene Wärme:

$$q_{41} = h_1 - h_4. \qquad (12.60)$$

Ergänzung:
Im Vergleich zu den Gaskraftprozessen ist beim Dampfkraftprozess die für die Druckerhöhung aufzuwendende Arbeit w_t12 sehr klein gegenüber jener, die bei der Entspannung gewonnen werden kann, d. i. $|w_\mathrm{t34}|$. Im Unterschied zu den Verbrennungskraftmaschinen und den offenen Gaskraftanlagen wird bei Dampfkraftanlagen die thermische Energie über Wärmetauscher in den Kreisprozess eingekoppelt. Die Wärmeabgabe im Kondensator erfolgt bei konstanter Temperatur, wodurch die mittlere Temperatur der Wärmeabgabe durch entsprechend große Wärmetauscherflächen und geeignete Wahl des Kondensatordrucks p_KO sehr nahe an die Umgebungstemperatur herangeführt werden kann, was geringe Exergieverluste einbringt. Die im Kondensator abgegebene Wärme erscheint im T, s–Diagramm als Fläche unter der Linie der Zustandsänderung 4-1. Die Wärmezufuhr

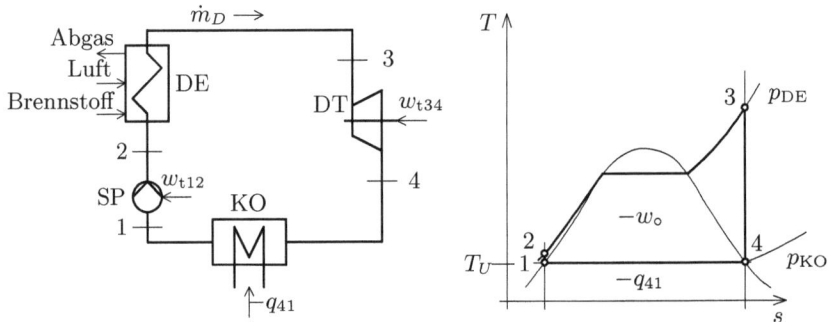

Bild 12.15: Blockschaltbild einer einfachen Dampfkraftanlage und T, s–Diagramm des Rankineprozesses (SP ... Speisewasserpumpe; DE ... Dampferzeuger; DT ... Dampfturbine; KO Kondensator).

(im Dampferzeuger) erfolgt ebenfalls über Wärmetauscherflächen. Die thermische Energie wird üblicherweise bereitgestellt, indem ein Brennstoff mit Luftsauerstoff unter Freisetzung der chemisch gebundenen Energie oxidiert, wodurch Abgas mit entsprechend hoher Temperatur entsteht. Die Trennung des Mediums, das die Energie bereitstellt, vom Arbeitsmedium im Kreisprozess hat den Vorteil, dass auch minderwertige Energieträger, wie Kohle, Biomasse und sogar Müll, eingesetzt werden können. Nachteilig ist jedoch, dass die gesamte Energie in Form von Wärme durch den Werkstoff des Wärmetauschers transportiert werden muss. Um einen hohen thermischen Wirkungsgrad des Kreisprozesses zu erhalten, sollte die mittlere Temperatur der Wärmezufuhr möglichst hoch sein. Diese wird durch die Festigkeit des Wärmetauscherwerkstoffs, der hohem Druck und hoher Temperatur ausgesetzt ist, limitiert.

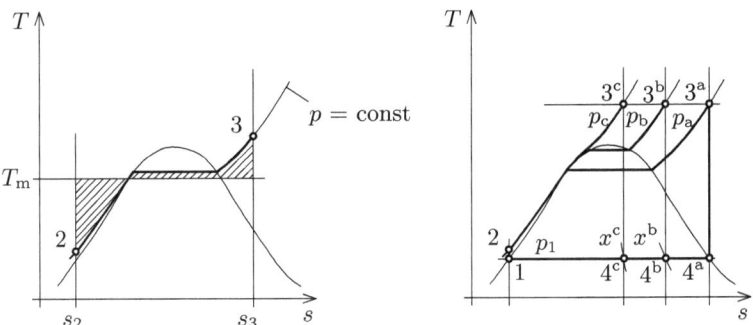

Bild 12.16: Links: Thermodynamische Mitteltemperatur der Wärmezufuhr; rechts: Verbesserungen am Dampfkraftprozess.

12.3.4 Verbesserte Kreisprozesse bei Dampfkraftanlagen

Vorbemerkung

Ziel der Verbesserung eines Kreisprozesses ist es, das Verhältnis von Nutzarbeit (eingeschriebene Fläche des Kreisprozesses) zur zugeführten Wärme (Fläche unter der Linie der Wärmezufuhr im T, s–Diagramm) zu erhöhen.

Prozessverbesserung durch
(1) Erhöhung der Mitteltemperatur der Wärmezufuhr (Bild 12.16),
(2) Anzapfvorwärmung,
(3) Zwischenüberhitzung (Bild 12.17),

12.3 Kreisprozesse von Wärmekraftanlagen

(4) Senkung der Mitteltemperatur der Wärmeabfuhr.

(5) Wichtige Prozessgrößen (auf den Massenstrom bezogen):

Zugeführte Wärme	$q_{zu} = q_{DE} + q_{Z\ddot{U}} = q_{23} + q_{45}$	(12.61)
Abgeführte Wärme	$q_{KO} = q_{61}$	(12.62)
Von den Dampfturbinen abgegebene Arbeit	$w_{DT} = w_{t34} + w_{t56}$	(12.63)
Speisewasserpumpenarbeit	$w_{SP} = w_{t12}$	(12.64)

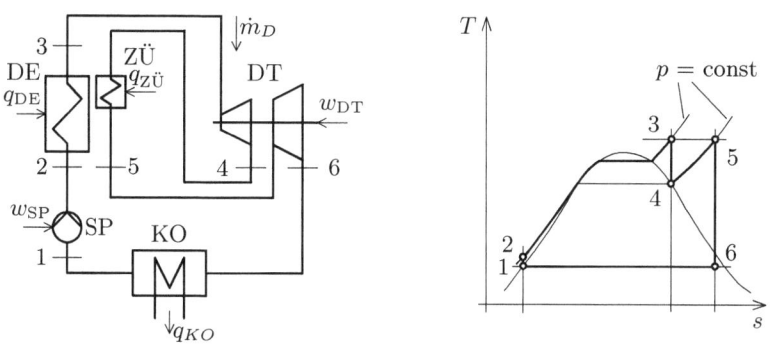

Bild 12.17: Dampfkraftprozess mit Zwischenüberhitzung
(SP ... Speisewasserpumpe, DE ... Dampferzeuger, ZÜ ... Zwischenüberhitzer, DT ... Dampfturbine, KO ... Kondensator).

Erläuterungen

Zu (1): Eine *Erhöhung der Mitteltemperatur der Wärmezufuhr* kann durch Erhöhung der Endtemperatur der Wärmezufuhr und / oder durch Wärmezufuhr bei einem höheren Systemdruck erreicht werden. Die Endtemperatur der Wärmezufuhr (Punkt 3 in Bild 12.16, links) ist durch den Werkstoff begrenzt. Die Auswirkung der Wärmezufuhr bei höheren Drücken und konstanter Endtemperatur ist in Bild 12.16, rechts dargestellt. Man erkennt, dass diese Maßnahme zwar die Mitteltemperatur der Wärmezufuhr erhöht, aber zu geringerem Dampfgehalt (Erhöhung der Endnässe) am Austritt der Dampfturbine führt. Ein zu hoher Anteil an flüssigem Wasser (das in Tropfenform auftritt) in den Endstufen einer Dampfturbine führt zur Abrasion der Beschaufelung, da die Wassertropfen aufgrund der höheren Massenträgheit dem Dampfstrom nicht exakt folgen und daher auf die Schaufeln aufschlagen. Abhilfe schafft die Ausführung des Dampfkraftprozesses mit einer Zwischenüberhitzung, siehe (3).

Zu (2): Bei der *Anzapfvorwärmung* wird Dampf bei geeignetem Temperaturniveau aus der Dampfturbine entnommen und seine Verdampfungsenthalpie in einem Wärmetauscher genutzt, um das Speisewasser nach der Speisewasserpumpe auf ein höheres Temperaturniveau zu bringen. Wenngleich apparativ aufwendiger, ist diese Maßnahme analog der Verbesserung des Gaskraftprozesses mittels Rekuperator zu sehen (Bild 12.13).

Zu (3): In den Dampferzeuger ist ein *Zwischenüberhitzer* integriert, die Dampfturbine ist in eine Hochdruck- und eine Niederdruckturbine geteilt (Bild 12.17, links). Die Entspannung in der Hochdruckturbine erfolgt (idealisierter Weise reversibel adiabat) auf den Zwischendruck, wobei der Zustand 4 im Bereich der Taulinie liegt. Der Dampf wird in den Zwischenüberhitzer geführt und dort auf eine ähnliche Endtemperatur wie ursprünglich gebracht (Zustand 5). Die Expansion in der Niederdruckturbine erfolgt (idealisierter Weise reversibel adiabat) auf den Kondensatordruck, wobei der Zustand 6 nahe an der Taulinie liegt. Durch diese Maßnahme wird die thermodynamische Mitteltemperatur der Wärmezufuhr erhöht, die Problematik zu großer Endnässe jedoch umgangen. Wird der Kreisprozess für noch höhere Drücke ausgelegt (auch Dampferzeuger, die bei überkritischen Drücken arbeiten, sind Stand der Technik), sind 2 oder 3 Zwischenüberhitzer erforderlich.

Zu (3): Die Temperatur der Wärmeabfuhr ist begrenzt durch die Umgebungstemperatur.

12.4 Kreisprozesse mit verbesserter Primärenergienutzung

12.4.1 Kreisprozesse einer Gas- und Dampfkraftanlage

Vorbemerkung
Kombinierte Gas- und Dampfkraftanlagen (GuD-Anlagen) verbinden die Vorteile der Gaskraftanlagen (Mitteltemperatur der Wärmezufuhr sehr hoch) mit jenen der Dampfkraftanlagen (Mitteltemperatur der Wärmeabgabe nahe an der Umgebungstemperatur). Bei GuD-Anlagen (Bild 12.18, links) ist der Gaskraftanlage ein sogenannter *Abhitzekessel* nachgeschaltet, in welchem die innere Energie der nach der Gasturbine noch heißen Abgase weitgehend genutzt werden kann, indem die Energie zum Betrieb eines Dampfkraftprozesses bereitgestellt wird. Für den Dampfkraftprozess stellt somit der Abhitzekessel den Dampferzeuger dar.

(1) Zustandsänderungen, idealisiert (Bild 12.18, rechts):
– des Gases:
1 - 2 reversibel adiabate (isentrope) Verdichtung in der Gasturbine
2 - 3 isobare Erwärmung des Gases in der Brennkammer
3 - 4 reversibel adiabate (isentrope) Entspannungn in der Gasturbine
4 - 5 isobare Wärmeabgabe an das Wasser (Gegenstromwärmetauscher)
5 - 1 die Umgebung schließt isobar den Gaskraftprozess
– des Wassers:
6 - 7 reversibel adiabate (isentrope) Druckerhöhung in der Speisewasserpumpe
7 - 8 isobare Erwärmung, Verdampfung und Überhitzung im Dampferzeuger
8 - 9 reversibel adiabate (isentrope) Entspannung in der Dampfturbine
9 - 6 isobare Wärmeabgabe im Kondensator bis zur vollständigen Kondensation

12.4 Kreisprozesse mit verbesserter Primärenergienutzung

(2) Energiebilanz im Dampferzeuger:

$$\dot{m}_{WD}(h_8 - h_7) = \dot{m}_{AG}(h_4 - h_5). \tag{12.65}$$

(3) Thermischer Wirkungsgrad:

$$\eta_{th} = \frac{\dot{m}_{AG}|(h_2 - h_1) + (h_4 - h_3)| + \dot{m}_D|(h_7 - h_6) + (h_9 - h_8)|}{\dot{m}_{AG}(h_3 - h_2)}. \tag{12.66}$$

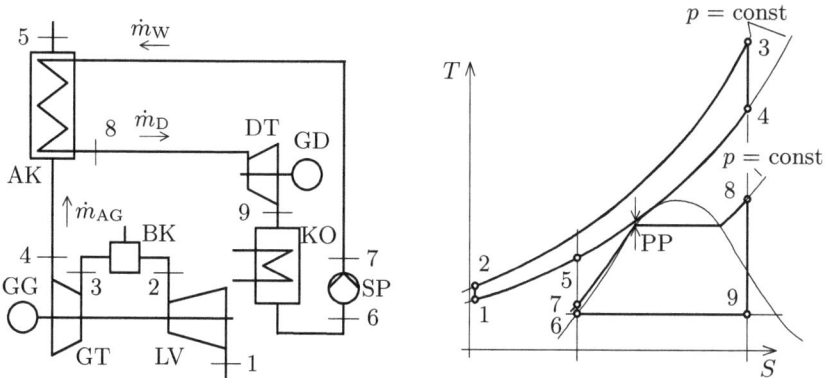

Bild 12.18: Einfache kombinierte Gas- und Dampfkraftanlage
(LV ... Luftverdichter, BK ... Brennkammer, GT ... Gasturbine, GG ... Generator der Gasturbine, AK ... Abhitzekessel, SP ... Speisewasserpumpe, DT ... Dampfturbine, GD ... Generator der Dampfturbine, KO ... Kondensator, PP ... Pinch-Point).

Bemerkungen

- Um hohe Wirkungsgrade zu erreichen, muss die GuD-Anlage dahingehend optimiert werden, dass die Austrittstemperatur des Abgases (Zustand 5) möglichst niedrig liegt und die Temperaturdifferenzen für die Wärmeübertragung im Abhitzekessel möglichst gering gehalten werden, da diese Exergieverluste zur Folge haben. Eine Einschränkung folgt jedoch aus der Tatsache, dass entsprechend des 2. Hauptsatzes in jedem Abschnitt des Abhitzekessels die Temperatur des Abgases höher als jene des Wassers (flüssig und/oder dampfförmig) sein muss. Dies führt zu einem Punkt geringster Temperaturdifferenz zwischen Abgas und Wasser, welcher *Pinch Point* (PP) genannt wird.

- Eine Annäherung an die Abkühlkurve des Abgases gelingt durch verschachtelte Schaltung von mehreren Dampfkraftprozessen mit unterschiedlichen Systemdrücken. In realen Anlagen werden bis zu 3 Druckniveaus eingesetzt.

- Mit optimierten GuD-Anlagen können heute *thermische Wirkungsgrade* bis zu 60% erreicht werden.

- Nachteil von GuD-Anlagen: Es ist ein hochwertiger Brennstoff (flüssig oder gasförmig) erforderlich.

12.4.2 Kreisprozess einer Kraft-Wärme-Kopplung

Vorbemerkung
Wird für ein industrielles Verfahren, oder auch zu Heizzwecken, thermische Energie bzw. Wärme benötigt, wird häufig Wasserdampf als Energieträger verwendet. Wird neben Prozesswärme auch mechanische Energie (elektrische Energie) am Standort benötigt, ist es zweckmäßig, dem Heizprozess einen Kraftwerksprozess zu überlagern. Man spricht dann von *Kraft-Wärme-Kopplung*, oder auch *Heizkraftwerk* (HKW) (Bild 12.19).

(1) Komponenten (Funktion) (Bild 12.19, links)
 – Speisepumpe (bringt das Arbeitsmedium auf Dampferzeugerdruck)
 – Dampferzeuger (produziert überhitzten Dampf)
 – Dampfturbine (produziert technische Arbeit)
 – Heizwärmeverbraucher (Senke für innere Energie)
 – Kondensatbehälter (Druckhalteeinrichtung)

(2) Zustandsänderungen, idealisiert (Bild 12.19, rechts)
 1 - 2 reversibel adiabate (isentrope) Druckerhöhung
 2 - 3 isobare Wärmezufuhr
 3 - 4 reversibel adiabate (isentrope) Expansion
 4 - 5 isobare Wärmeabfuhr
 5 - 1 isobares Schließen des Kreisprozesses

(3) Wichtige Prozessgrößen (auf den Massenstrom bezogen):

Pumpenarbeit	$w_{t12} = v'(p_1)\,(p_2 - p_1)/\eta_{sP}$	(12.67)
zugeführte Wärme	$q_{23} = h_3 - h_2$	(12.68)
technische Arbeit	$w_{t34} = h_4 - h_3$	(12.69)
Nutzwärme	$q_{34} = h_4 - h'(p_1)$	(12.70)

Bemerkungen

- Die Dampfturbine ist als Gegendruckturbine ausgeführt, in welcher der überhitzte Dampf aus dem Dampferzeuger auf das Druckniveau und damit auch das Temperaturniveau des Heizwärmeverbrauchers entspannt wird.

- Im Heizwärmeverbraucher wird das Wasser unter Wärmeabgabe vollständig kondensiert. Damit kann bei einer Kraft-Wärme-Kopplung die bei reiner Stromproduktion im Kondensator an die Umgebung abgegebene Wärme auch als Nutzwärme vom Heizwärmeverbraucher verwendet werden.

- Werden Heizkraftwerke wärmegeführt gefahren, das bedeutet, nur in dem Maß in Betrieb genommen, als Heizwärme benötigt wird, kann elektrische Energie mit sehr hohem Wirkungsgrad erzeugt werden, da keine Kondensationsverluste zu Buche schlagen.

- Die Darstellung des Prozesses im T,s–Diagramm (Bild 12.19 rechts) lässt erkennen, dass die Nutzarbeit w_o der Kraft-Wärme-Kopplung deutlich geringer ist, als diese bei reiner Stromproduktion wäre, bei der man das Kondensatortemperaturniveau an das Umgebungstemperaturniveau heranführen und nur die Wärme $T_U(s_4 - s_5)$ an die Umgebung abführen würde. $T_U(s_4 - s_5)$ stellt die Anergie der Wärme dar. Das bedeutet, das Bereitstellen von Heizwärme (Prozesswärme) mittels einer Kraft-Wärme-Kopplung ist thermodynamisch gleichbedeutend mit dem Betrieb des Kraftwerks zur reinen Stromproduktion und der verbraucherseitigen Verwendung eines Stromanteils zum Betrieb einer Wärmepumpe, bei der die Anergie der Wärme aus der Umgebung genommen wird.

- Es gibt noch weitere Möglichkeiten, eine Kraft-Wärme-Kopplung zu realisieren, beispielsweise indem man Anzapfdampf aus der Dampfturbine dem Heizwärmeverbraucher zuführt.

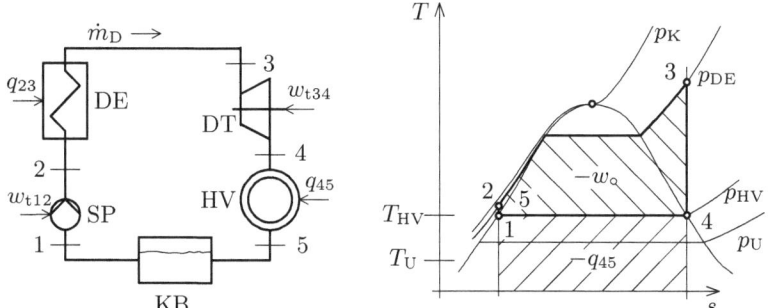

Bild 12.19: Heizkraftwerk (SP ... Speisepumpe, DE ... Dampferzeuger, DT ... Dampfturbine, HV ... Heizwärmeverbraucher, KB ... Kondensatbehälter).

12.5 Kreisprozesse zur Kälte- bzw. Wärmebereitstellung

12.5.1 Kreisprozess von einfachen Kompressionskältemaschinen bzw. Kompressionswärmepumpen

(1) Arbeitsmedium: Kältemittel, das im Einsatzbereich einen Phasenwechsel vollführt

(2) Zustandsänderungen des einfachen, idealisierten Prozesses (Bild 12.20, rechts)
  1 - 2 reversibel adiabate (isentrope) Verdichtung
  2 - 3 isobare Rückkühlung und vollständige Kondensation
  3 - 4 irreversibel adiabate (isenthalpe) Entspannung in der Drossel
  4 - 1 isobare Wärmezufuhr bis zur vollständigen Verdampfung

(3) Wichtige Zustands- und Prozessgrößen:
Verdichtungsendtemperatur T_2,
technische Arbeit des Verdichters w_{t12}, s. Aufgabe 12.14.

(4) Leistungszahlen (Güte) der Kreisprozesse:
Kältemaschine $\quad\quad\quad\quad \epsilon_{thKM} = q_{41}/w_{t12}$ \hfill (12.71)
Wärmepumpe $\quad\quad\quad\quad \epsilon_{thWP} = |q_{23}|/w_{t12}$ \hfill (12.72)

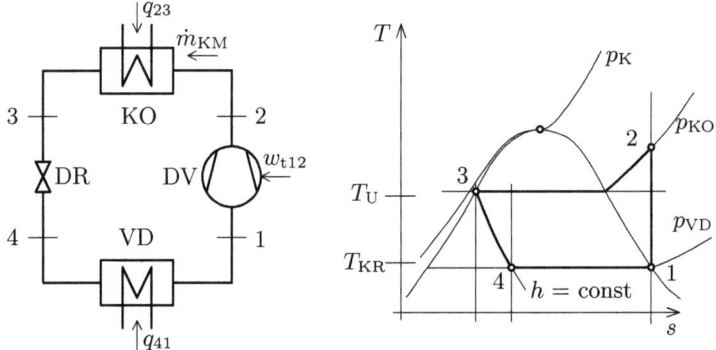

Bild 12.20: Kaltdampf-Kompressionskältemaschine (DV ... Dampfverdichter, KO ... Kondensator, DR ... Drossel, VD ... Verdampfer).

Bemerkung

- Eine Verbesserung des Kreisprozesses kann beispielsweise durch einen Rekuperator erfolgen, der nach dem Kondensator Wärme entzieht und diese nach dem Verdampfer zuführt. Dadurch kann die Nutzwärme deutlich erhöht werden.

12.5.2 Kreisprozess von Gaskältemaschinen bzw. Gaswärmepumpen

(1) Arbeitsmedium: gasförmig

(2) Zustandsänderungen des einfachen, idealisierten Prozesses (Bild 12.21, rechts)
 1 - 2 reversibel adiabate (isentrope) Verdichtung
 2 - 3 isobare Wärmeabgabe an die Umgebung bis Erreichen von T_U
 3 - 4 isobare Wärmeabgabe im Gegenstromwärmetauscher
 4 - 5 reversibel adiabate (isentrope) Entspannung in der Turbine
 5 - 6 isobare Wärmeaufnahme aus dem Kühlraum
 6 - 1 isobare Wärmeaufnahme im Gegenstromwärmetauscher

(3) Wichtige Zustands- und Prozessgrößen:
 s. Abschnitt 12.1 Thermische Strömungsmaschinen

(4) Leistungszahlen der Kreisprozesse:
 Kältemaschine $\quad \epsilon_{thKM} = q_{56}/(w_{t12} + w_{t45})$ (12.73)
 Wärmepumpe $\quad \epsilon_{thWP} = |q_{23}|/(w_{t12} + w_{t45})$ (12.74)

Beachte:

- Im Unterschied zu Kompressionskältemaschinen bzw. -wärmepumpen treten bei Gaskältemaschinen bzw. -wärmepumpen auch bei idealisiert angenommenen Prozessen höhere Temperaturdifferenzen bei der Wärmeabgabe (ZÄ 2-3) und bei der Wärmeaufnahme (ZÄ 5-6) auf, wenn dieser Austausch zu Medien konstanter Temperatur erfolgt. Es ist daher mit höheren Exergieverlusten zu rechnen.

12.6 Heiz- und Kühlprozesse

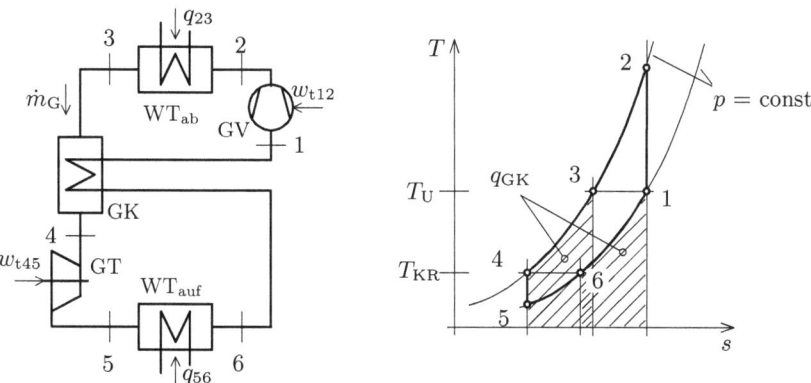

Bild 12.21: Gaskältemaschine (GV ... Gasverdichter, WT$_{ab}$ ... Wärmetauscher zur Wärmeabgabe, GK ... Gegenstromwärmetauscher, GT ... Gasturbine, WT$_{auf}$ ... Wärmetauscher zur Wärmeaufnahme).

12.6 Heiz- und Kühlprozesse

12.6.1 Exergie-Anergie-Fluss Diagramme

(1) Energieströme können in Sankey-Diagrammen[60] visualisiert werden.

(2) Zur Visualisierung der Qualität der Energieströme und der Qualitätsverluste der Energieströme in Apparaten werden Sankey-Diagramme erweitert und die Energieströme entsprechend (7.11) in einen Exergie- und einen Anergieanteil aufgeteilt.

12.6.2 Exergie-Anergie-Fluss durch eine Wand

(1) Befindet sich zwischen zwei Systemen A und B mit den Temperaturen $T_A > T_B$ eine diatherme Wand, so fließt bei stationären Bedingungen ein Wärmestrom $\dot{Q}_{AB}$.

(2) Der Wärmedurchgang setzt sich aus dem Wärmeübergang vom System A auf die Wand, der Wärmeleitung durch die Wand und dem Wärmeübergang von der Wand auf das System B zusammen.

(3) Exergie-Anergie-Aufteilung des Wärmestroms (Bild 12.22):
 – System A:
 Exergiestrom $\quad \dot{E}_{QA} = (1 - T_U/T_A)\dot{Q}_{AB}$ (12.75)
 Anergiestrom $\quad \dot{B}_{QA} = (T_U/T_A)\dot{Q}_{AB}$ (12.76)
 – System B:
 Exergiestrom $\quad \dot{E}_{QB} = (1 - T_U/T_B)\dot{Q}_{AB}$ (12.77)
 Anergiestrom $\quad \dot{B}_{QB} = (T_U/T_B)\dot{Q}_{AB}$ (12.78)

---

[60] Sankey-Diagramme sind Pfeildiagramme zur Darstellung von Flüssen. Die Pfeile zeigen immer in Flussrichtung; die Breite der Pfeile ist proportional dem Betrag der Flüsse.

(4) Die Änderung der Exergie des Wärmestroms zwischen System A und System B ist der Exergieverluststrom (= Anergieproduktionsstrom)

$$\dot{E}_{\text{VAB}} = T_{\text{U}} \frac{T_{\text{A}} - T_{\text{B}}}{T_{\text{A}} T_{\text{B}}} \dot{Q}_{\text{AB}} \qquad (12.79)$$

Beachte:

- $(T_{\text{A}}, T_{\text{B}}) > T_{\text{U}}$: Der Exergiestrom fließt in Richtung des Wärmestroms, da $(1 - T_{\text{U}}/T) > 0$ (Bild 12.22, links). Der Exergieverluststrom verringert den Exergiestrom und erhöht den Anergiestrom entsprechend.

- $(T_{\text{A}}, T_{\text{B}}) < T_{\text{U}}$: Der Exergiestrom fließt gegen die Richtung des Wärmestroms, da $(1 - T_{\text{U}}/T) < 0$ (Bild 12.22, rechts). Der Exergieverluststrom verringert den Exergiestrom und erhöht den Anergiestrom, welcher jedoch in die andere Richtung fließt.

- Der Anergiestrom fließt immer in gleicher Richtung wie der Wärmestrom und wird durch die Exergieverlustströme stets vergrößert. Der Exergiestrom fließt immer in Richtung Umgebung, er wird stets durch die Exergieverlustströme verringert.

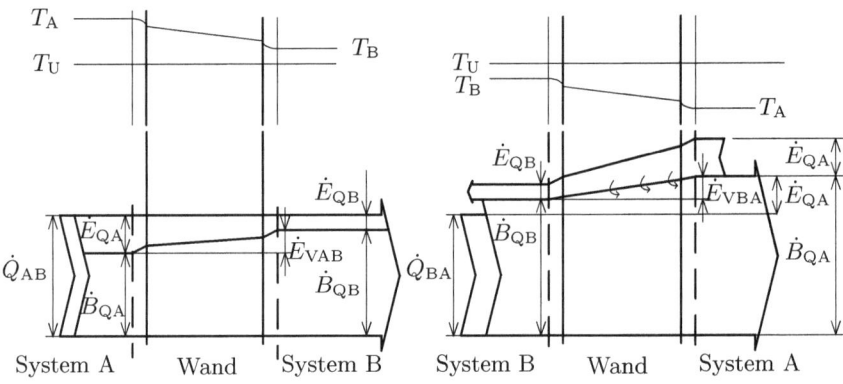

Bild 12.22: Exergie-Anergie-Fluss duch eine Wand, inkl. schematischem Temperaturverlauf im oberen Bildteil. Links: $(T_{\text{A}}, T_{\text{B}}) > T_{\text{U}}$; rechts $(T_{\text{A}}, T_{\text{B}}) < T_{\text{U}}$.

12.6.3 Stationäres Heizen

Vorbemerkung

Soll ein Raum auf konstanter Temperatur gehalten werden, muss diesem ein Wärmestrom zugeführt werden, der den Verlustwärmestrom an die Umgebung abdeckt. Die Temperatur, bei der die Wärme zugeführt wird, bestimmt den erforderlichen Exergieanteil. Die Wärmezufuhr kann, thermodynamisch am günstigsten, durch eine reversible Wärmepumpe realisiert werden.

12.6 Heiz- und Kühlprozesse

Wirkungsweise der reversiblen Wärmepumpe (Bild 12.23):

(1) WP entnimmt der Umgebung bei Umgebungstemperatur T_U den Wärmestrom $\dot{Q}_U$ (= Anergiestrom $\dot{B}_U$).

(2) WP gibt den Wärmestrom um die mechanische Leistung P_{rev} (reiner Exergiestrom $\dot{E}_{QR}$) vergrößert in den Raum ab. Der in den Raum abgegebene Wärmestrom besitzt eine Exergie-Anergie-Aufteilung entspechend der Raumtemperatur T_R.

(3) Der Wärmestrom geht als Verlustwärmestrom $\dot{Q}_{RU}$ an die Umgebung, wobei sein Exergieanteil $\dot{E}_{QR}$ in infolge des Wärmedurchgangs zur Gänze in Anergie umgewandelt wird.

(4) Der bei Umgebungstemperatur in die Umgebung tretende Wärmestrom stellt wieder einen reinen Anergiestrom dar.

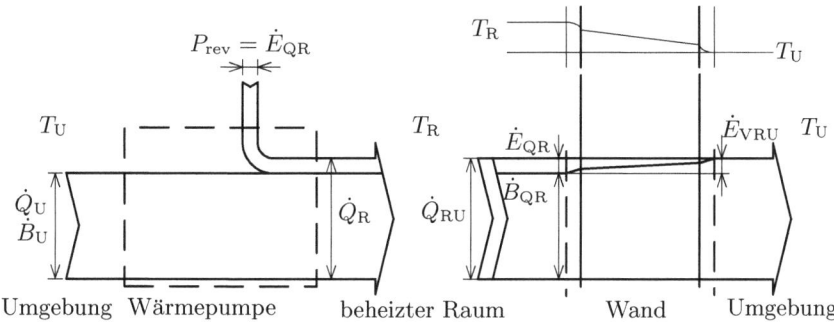

Bild 12.23: Exergie-Anergie-Fluss beim Heizen mit einer reversiblen Wärmepumpe.

Beachte:

- Durch verbesserte Wärmedämmung der Wand kann der Verlustwärmestrom $\dot{Q}_{RU}$ verringert werden. Die Tatsache, dass in der Wand ein Exergieverlust entsteht, bleibt jedoch bestehen.

Wirkungsweise der realen Wärmepumpe (Bild 12.24):

(1) Analog zur reversiblen WP, jedoch wird in der WP ein Exergieverluststrom $\dot{E}_{VWP}$ produziert.

(2) Da bei gleichem Verlustwärmestrom $\dot{Q}_{RU}$ und gleicher Raumtemperatur T_R dem Raum der gleiche Wärmestrom $\dot{Q}_R$ mit der gleichen Exergie-Anergie-Aufteilung zugeführt werden muss, vergrößert sich die notwendige Leistung der Wärmepumpe um $\dot{E}_{VWP}$ und der aus der Umgebung genommene Wärmestrom $\dot{Q}_U$ verringert sich im selben Maße.

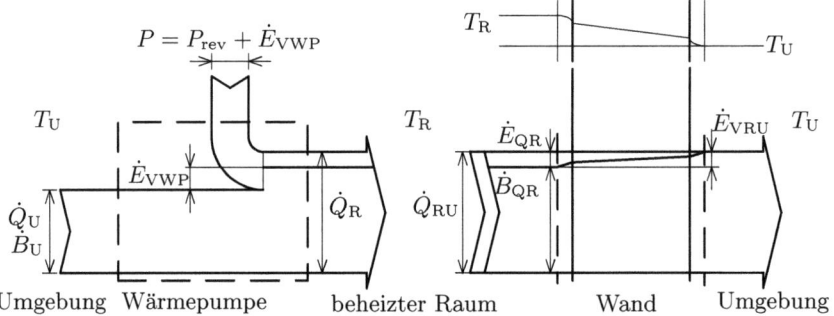

Bild 12.24: Exergie-Anergie-Fluss beim Heizen mit einer irreversiblen Wärmepumpe.

Wirkungsweise der Elektroheizung (Bild 12.25):
(1) Die gesamte notwendige Energie, um den Verlustwärmestrom zu decken, wird in Form von elektrischer Energie (reine Exergie) aufgebracht.
(2) Da für die gewünschte Raumtemperatur die dem Raum zugeführte Wärme eine bestimmte Exergie-Anergie-Aufteilung benötigt, ist der Exergieverlust in der Heizung entspechend groß: $\dot{E}_{\mathrm{VEH}} = \dot{B}_{\mathrm{QR}}$.

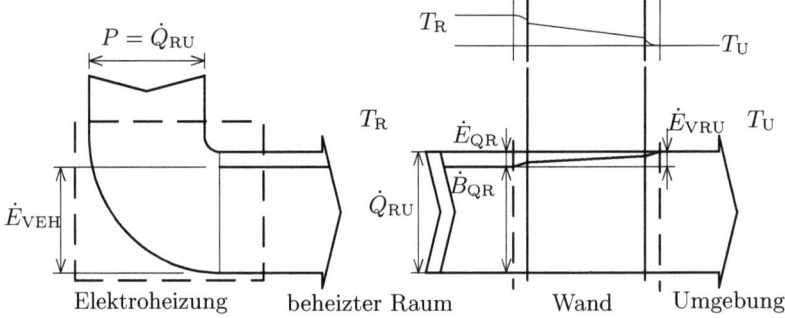

Bild 12.25: Exergie-Anergie-Fluss beim Heizen mit einer Elektroheizung.

12.6.4 Stationäres Kühlen

Wirkungsweise der realen Kälteanlage (Bild 12.26):
(1) Aufgrund der Temperaturdifferenz $T_{\mathrm{U}} - T_{\mathrm{KR}}$ strömt Wärme von der Umgebung durch die Wand in den gekühlten Raum.
(2) Dem aus der Wand in den gekühlten Raum tretenden Wärmestrom muss ein Exergiestrom (entsprechend dem Temperaturverhältnis $T_{\mathrm{U}}/T_{\mathrm{KR}}$) entgegengerichtet sein, der in der Wand in Anergie umgewandelt wird.
(3) Die Kälteanlage muss diesen Exergiestrom decken und den Anergiestrom $\dot{B}_{\mathrm{QKR}}$ aus dem gekühlten Raum aufnehmen.
(4) Die Kälteanlage gibt den Anergiestrom aus dem gekühlten Raum $\dot{B}_{\mathrm{QKR}}$, ver-

12.7 Fragen

größert um den Exergieverluststrom in der Kälteanlage $\dot{E}_{VKA}$ als Anergiestrom $\dot{B}_{QKAU}$ (= Wärmestrom $\dot{Q}_{KAU}$) an die Umgebung ab.

(5) Die Kälteanlage benötigt die Leistung $P = \dot{E}_{QKR} + \dot{E}_{VKA}$.

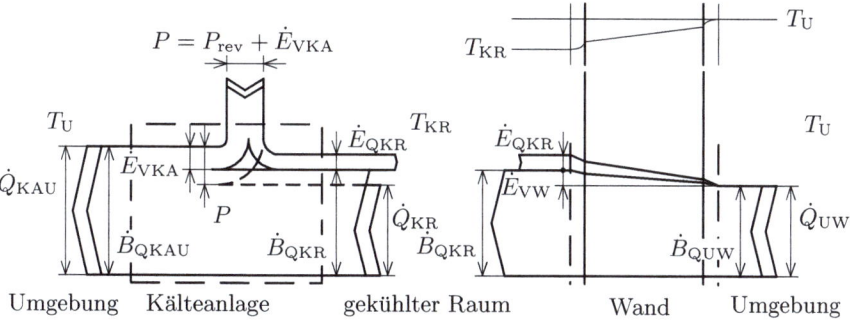

Bild 12.26: Exergie-Anergie-Fluss beim Kühlen mit einer irreversiblen Kälteanlage.

12.7 Fragen

Frage 12.1: Wie ist die Eigenarbeit einer Turbine definiert?

Frage 12.2: Welche Verdichtung benötigt den geringsten Aufwand an technischer Arbeit?

Frage 12.3: Wodurch unterscheiden sich geschlossene und offene Gaskraftanlagen?

Frage 12.4: Welche einfachen Möglichkeiten der Steigerung des thermischen Wirkungsgrads gibt es bei Gaskraftanlagen?

Frage 12.5: Wie ist die thermodynamische Mitteltemperatur der Wärmezufuhr bei Dampfkraftprozessen definiert?

Frage 12.6: Wie ergibt sich die auf den Massenstrom bezogene Nutzarbeit eines Dampfkraftprozesses?

Frage 12.7: Welche einfachen Möglichkeiten der Steigerung des thermischen Wirkungsgrads gibt es bei Dampfkraftanlagen? Wodurch ergeben sich Limitierungen?

Frage 12.8: Vor- / Nachteile von GuD-Anlagen?

Frage 12.9: Wie nennt man den Punkt kleinster Temperaturdifferenz im Dampferzeuger einer GuD-Anlage?

Frage 12.10: Wann werden Kraft-Wärme-Kopplungsanlagen eingesetzt?

Frage 12.11: Wodurch unterscheiden sich Wärmepumpe und Kältemaschine?

Frage 12.12: Wie unterscheiden sich Kompressionskälteanlagen von Gaskälteanlagen?

12.8 Aufgaben

Aufgabe 12.1: Eine adiabate Gasturbine entspannt einen Massenstrom Abgas $\dot{m}_G = 60\,\mathrm{kg/s}$ (ideales Gas mit temperaturunabhängig angenommenen Stoffwerten: $R_{iG} = 287\,\mathrm{J/kgK}$; $\kappa = 1{,}4$) vom Zustand 1 $p_1 = 22\,\mathrm{bar}$, $\vartheta_1 = 1400\,°\mathrm{C}$ auf den Zustand 2 $p_2 = 1\,\mathrm{bar}$, $\vartheta_2 = 460\,°\mathrm{C}$

a) Wie groß sind die auf den Massenstrom bezogene technische Arbeit und die Leistung?
b) Wie groß ist der isentrope Wirkungsgrad?

Aufgabe 12.2: Eine adiabate Gegendruck-Dampfturbine entspannt einen Massenstrom Dampf $\dot{m}_D = 36\,\mathrm{t/h}$ vom Zustand 1 $p_1 = 150\,\mathrm{bar}$, $\vartheta_1 = 440\,°\mathrm{C}$ auf den Zustand 2 $p_2 = 1{,}4\,\mathrm{bar}$, $\vartheta_2 = 170\,°\mathrm{C}$.

a) Wie groß sind die auf den Massenstrom bezogene technische Arbeit und die Leistung?
b) Wie groß ist der isentrope Wirkungsgrad?

Hinweis: Die erforderlichen Zustandsgrößen sind den Tabellen im Anhang zu entnehmen. Für die Zustände an der Siede- und an der Taulinie bei p_2 ist eine lineare Interpolation vorzunehmen.

Aufgabe 12.3: Luft (ideales Gas mit temperaturunabhängig angenommenen Stoffwerten: $R_{iG} = 287$ J/kgK; $\kappa = 1{,}4$) wird mit einem adiabaten Verdichter vom Umgebungszustand ($p_1 = 1$ bar; $\vartheta_1 = 25\,°\mathrm{C}$) auf einen Druck von $p_2 = 25$ bar gebracht. Der isentrope Verdichterwirkungsgrad ist $\eta_{sV} = 0{,}75$.
a) Wie groß ist die erforderliche, auf den Massenstrom bezogene technische Arbeit?
b) Wie hoch ist die Verdichteraustrittstemperatur?
c) Wie groß ist die irreversibel produzierte spezifische Entropie?

Aufgabe 12.4: Luft (ideales Gas mit temperaturunabhängig angenommenen Stoffwerten: $R_{iG} = 287$ J/kgK; $\kappa = 1{,}4$) werde mit einem reversibel isotherm arbeitenden Verdichter vom Umgebungszustand ($p_1 = 1$ bar; $\vartheta_1 = 25\,°\mathrm{C}$) auf einen Druck von $p_2 = 25$ bar gebracht.
a) Wie groß ist die erforderliche, auf den Massenstrom bezogene technische Arbeit?
b) Wie groß ist die auf den Massenstrom bezogene abzuführende Wärme?

Aufgabe 12.5: Mit einem idealen Gas konstanter spezifischer Wärmekapazitäten wird ein idealisierter Ottokreisprozess (Bild 12.7) durchgeführt. Wie hängt der thermische Wirkungsgrad vom Verdichtungsverhältnis $\varepsilon = V_1/V_2$ ab?

Aufgabe 12.6: Mit einem idealen Gas konstanter spezifischer Wärmekapazitäten wird ein idealisierter Ottokreisprozess (Bild 12.7) durchgeführt. Wie hängt das Druckverhältnis $\pi = p_2/p_1$ vom Verdichtungsverhältnis $\varepsilon = V_1/V_2$ ab?

Aufgabe 12.7: Im Zylinder einer Maschine, die nach dem in Bild 12.6 skizzierten idealisierten Dieselprozess arbeitet, muss die Temperatur der Verbrennungsluft (ideales Gas konstanter spezifischer Wärmekapazitäten, $\kappa = 1{,}4$) durch Kompression bis zur Zündtemperatur des Kraftstoffes erhöht werden.
a) In welchem Verhältnis muss das Volumen des Verdichtungsraums V_2 des Zylinders zum gesamten Zylinderinhalt $V_1 = 20$ l stehen, damit die Zündtemperatur von $\vartheta_2 = 650\,°\mathrm{C}$ erreicht wird, wenn die Temperatur der Luft zu Beginn der Kompression $\vartheta_1 = 100\,°\mathrm{C}$ ist und die Verdichtung isentrop verläuft?
b) Wie groß ist der Enddruck p_2, wenn $p_1 = 1$ bar ist?
c) Wieviel Arbeit wird für die Kompression der Luft benötigt?

Aufgabe 12.8: Von einem idealisierten Dieselprozess (Bild 12.6) mit einem idealen Gas konstanter spezifischer Wärmekapazitäten als Arbeitsmedium sind der Druck p_1 und die Temperatur ϑ_1 bekannt.
a) Berechnen Sie die Dichte der angesaugten Luft.
b) Wie groß ist das Expansionsverhältnis $\varphi = V_3/V_2$, wenn durch die Verbrennung eine Wärmemenge q_{23} zugeführt wird und das Verdichtungsverhältnis $\varepsilon = V_1/V_2$ gegeben ist?
c) Berechnen Sie die Drücke p_2 und p_4.
d) Berechnen Sie die Temperaturen T_2, T_3 und T_4.

Zahlenwerte: $q_{23} = 2700$ kJ/kg; $p_1 = 1$ bar; $\vartheta_1 = 70\,°\mathrm{C}$; $\varepsilon = 21$; $c_p = 1{,}134$ kJ/kgK; $\kappa = 1{,}4$.

Aufgabe 12.9: Ein idealisierter Dieselprozess (Bild 12.6) arbeite mit einem idealen Gas mit temperaturunabhängigen Stoffwerten ($R_{iG} = 287$ J/kgK; $\kappa = 1{,}4$). Gegeben seien das Hubvolumen $V_H = 2$ l, das Verdichtungsverhältnis $\varepsilon = 16$, das Einspritzverhältnis $\varphi = 3$ und der Ausgangszustand ($p_1 = 1$ bar; $T_1 = 300$ K).
a) Wie groß sind die Volumina und die Temperaturen in den Punkten 1 bis 4?
b) Wie groß sind die auf die Masse bezogene zugeführte Wärme und die auf die Masse bezogene Nutzarbeit?
c) Wie groß ist der thermische Wirkungsgrad?

12.8 Aufgaben

Aufgabe 12.10: Der adiabate Verdichter einer Gaskraftanlage ($\eta_{sV} = 0.80$) saugt Luft (ideales Gas mit temperaturunabhängig angenommenen Stoffwerten: $R_{iG} = 287$ J/kgK; $\kappa = 1.4$) aus der Umgebung (Zustand 1: $p_1 = 1$ bar, $\vartheta_1 = 25°$C) an und bringt sie auf den Zustand 2 ($p_2 = 23$ bar). In der anschließenden Brennkammer, die als isobare Wärmezufuhr betrachtet werden kann, wird das Gas auf $\vartheta_1 = 1300°$C aufgeheizt. In der adiabaten Turbine ($\eta_{sT} = 0.95$) wird das Gas schließlich wieder auf den Ausgangsdruck entspannt ($p_4 = p_1 = 1$ bar).

a) Wie groß ist der thermische Wirkungsgrad der Anlage?
b) Wie groß ist der erforderliche Luftvolumenstrom, wenn die Gaskraftanlage eine Leistung von $P_{GKA} = 37$ MW liefern soll?

Aufgabe 12.11: Die irreversibel adiabat arbeitende Speisewasserpumpe eines einfachen Dampfkraftprozesses mit einem isentropen Wirkungsgrad von $\eta_{sSp} = 0.7$ bringt das Kondensat (Zustand 1 Bild 12.15) vom Kondensatordruck (entspechend einer Siedetemperatur von $\vartheta_{sKO} = 40°$C) auf den Druck im Dampferzeuger $p_{DE} = 130$ bar.

a) Wie groß ist die erforderliche, auf den Massenstrom bezogene technische Arbeit?
b) Wie hoch ist die Temperatur am Austritt aus der Speisewasserpumpe?

Hinweis: Die erforderlichen Zustandsgrößen sind den Tabellen im Anhang zu entnehmen.

Aufgabe 12.12: Eine Dampfturbine entspannt überhitzten Dampf (Zustand 3: $p_3 = 130$ bar, $\vartheta_3 = 500°$C) mit einem isentropen Wirkungsgrad $\eta_{sT} = 0.85$ auf Zustand 4 mit einem Kondensatordruck, der einer Siedetemperatur von $\vartheta_{sKO} = 40°$C entspricht.

a) Wie groß ist die auf den Dampfmassenstrom bezogene technische Arbeit der Dampfturbine?
b) Wie groß ist der Dampfgehalt am Austritt der Dampfturbine?

Hinweis: Die erforderlichen Zustandsgrößen sind den Tabellen im Anhang zu entnehmen.

Aufgabe 12.13: Eine Dampfkraftanlage sei mit einer Speisewasserpumpe entsprechend Aufgabe 12.11 und einer Dampfturbine entsprechend Aufgabe 12.12 ausgestattet.

a) Wie groß ist der thermische Wirkungsgrad?
b) Wie groß ist die im Kondensator an die Umgebung abgegebene auf den Dampfmassenstrom bezogene Wärme?

Aufgabe 12.14: Eine Kompressionskältemaschine arbeitet mit dem Kältemittel R134a. Der Verdampferdruck beträgt $p_{VD} = 2$ bar, der Kondensatordruck beträgt $p_{KO} = 9$ bar. Der irreversibel adiabat arbeitende Verdichter hat einen isentropen Wirkungsgrad von $\eta_{sV} = 0.75$. Er bringt das Kältemittel vom Eintrittszustand (Verdampferdruck p_{VD}, $x = 1$) auf den Kondensatordruck p_{KO}.

a) Wie groß sind Temperatur und spezifische Enthalpie am Verdichteraustritt?
b) Wie groß ist die erforderliche, auf den Kältemittelmassenstrom bezogene technische Arbeit des Verdichters?

Auszug aus der Dampftafel[61] *(überhitzter Bereich):*

| p | ϑ | v | h | s |
bar	°C	dm³/kg	kJ/kg	kJ/kgK
9	40	23,375	422,32	1,7283

Weitere erforderliche Zustandsgrößen sind der Dampftafel im Anhang zu entnehmen.

Aufgabe 12.15: Eine Kompressionskältemaschine arbeitet mit einem Kältemittel, den Druckniveaus und dem Verdichter nach Aufgabe 12.14.

a) Wie groß sind die in den Maschinenkomponenten übertragenen, auf den Kältemittelmassenstrom bezogenen Energien?
b) Wie groß sind die in den Maschinenkomponenten zufolge Irreversibilitäten produzierten, auf den Kältemittelmassenstrom bezogenen Entropien? Die Entropieproduktion zufolge der Wärmeübertragung in den Wärmetauschern soll mitberücksichtigt werden. Die Temperatur der Wärmeabgabe an die Umgebung: $\vartheta_U = 30°$C, die der Wärmeaufnahme aus dem Kühlraum: $\vartheta_{KR} = -8°$C, jeweils konstant für den Prozess der Wärmeübertragung.

---
[61] nach W. Wagner, ThermoFluids Vers. 1.0 (1.0.0), Springer 2005

c) Wie groß ist die Leistungszahl der Kältemaschine?
d) Wie groß sind der erforderliche Kältemittelmassenstrom sowie die erforderliche mechanische Antriebsleistung, wenn die Maschine eine Kälteleistung von $\dot{Q}_K = 15\,\text{kW}$ aufweisen soll?

Hinweis: Die erforderlichen Zustandsgrößen sind den Tabellen im Anhang zu entnehmen.

Aufgabe 12.16: Eine idealisiert angenommene Gaskältemaschine nach Bild 12.21 arbeitet mit Luft (ideales Gas mit temperaturunabhängig angenommenen Stoffwerten: $R_L = 287\,\text{J/kgK}$; $\kappa = 1{,}4$). Sie arbeitet zwischen den Druckniveaus $p_1 = 1\,\text{bar}$ und $p_2 = 5\,\text{bar}$, sie nimmt Wärme aus einem gekühlten Raum $\vartheta_{KR} = -50\,°\text{C}$ auf und gibt Wärme an die Umgebung $\vartheta_U = 20\,°\text{C}$ ab.

a) Wie groß sind die Austrittstemperaturen von Verdichter und Turbine?
b) Wie groß sind die während des Kreisprozesses dem Luftmassenstrom zugefhrte Arbeiten und Wärmen (bezogen auf den Luftmassenstrom)?
c) Wie groß sind die in den Maschinenkomponenten zufolge Irreversibilitäten produzierten Entropien (bezogen auf den Luftmassenstrom)?
d) Wie groß ist die Leistungszahl der Kältemaschine?

Aufgabe 12.17: Zu Heizwecken wird einem Raum ein Wärmestrom bei einer Temperatur von $\vartheta_R = 22\,°\text{C}$ zugeführt. Die Umgebungstemperatur beträgt $\vartheta_U = 0\,°\text{C}$.

a) Wie groß ist der Exergieanteil im Wärmestrom?
b) Wie groß ist der Anergieanteil im Wärmestrom?

Aufgabe 12.18: In der Überhitzerheizfläche eines Abhitzekessel nach einer Gasturbine wird vom Abgas $\vartheta_{AG} = 600\,°\text{C}$ ein Wärmestrom auf den Dampf $\vartheta_D = 540\,°\text{C}$ übertragen. Umgebungstemperatur: $\vartheta_U = 20\,°\text{C}$. Wie groß ist der auf den Wärmestrom bezogene Exergieverluststrom?

Antworten und Lösungen

Zu Kapitel 1

Frage 1.1: Eine Zustandsgröße beschreibt quantitativ eine makroskopische Eigenschaft eines Systems. Beispiele für thermodynamische Zustandsgrößen sind die Dichte ρ, der Druck p und die Temperatur T.

Frage 1.2: Eine intensive Zustandsgröße bleibt bei einer gedachten Teilung des Systems gleich, während eine extensive Zustandsgröße sich aus der Summe der Zustandsgrößen der Teilsysteme ergibt. Spezifische Zustandsgrößen sind auf die Masseneinheit bezogene extensive Zustandsgrößen. T und p sind intensive, V und m extensive Zustandsgrößen, v ist eine spezifische Zustandsgröße, während $\dot{m}$ eine Prozessgröße darstellt.

Frage 1.3: Reversible Prozesse können ohne bleibende Veränderung im System und seiner Umgebung rückgängig gemacht werden.

Frage 1.4: Eine quasistatische Zustandsänderung besteht aus einer Folge von thermodynamischen Gleichgewichtszuständen.

Frage 1.5:
a) nichtstatisch, irreversibel; b) quasistatisch, reversibel; c) quasistatisch, reversibel; d) quasistatisch, irreversibel; e) quasistatisch, irreversibel; f) nichtstatisch, irreversibel.

Frage 1.6: Ein thermodynamisches System ist derjenige abgegrenzte Raum, auf den sich die thermodynamische Untersuchung bezieht.

Frage 1.7: Ein geschlossenes System enthält stets dieselbe Materie, während bei einem offenen System ein Massenaustausch mit der Umgebung möglich ist. Für ein isoliertes System ist jegliche Wechselwirkung mit der Umgebung ausgeschlossen.

Frage 1.8: Die mittlere freie Weglänge ist die Strecke, die ein Teilchen zwischen zwei aufeinander folgenden Zusammenstößen im Mittel zurücklegt.

Frage 1.9: Der thermodynamische Zustand eines einfachen Systems lässt sich durch die Angabe von zwei Zustandsgrößen eindeutig festlegen.

Frage 1.10: Ein System, dessen Zustandsgrößen sich nicht ändern, wenn das System von seiner Umgebung isoliert wird, befindet sich im Zustand thermodynamischen Gleichgewichts.

Frage 1.11: Wenn jedes infinitesimal kleine Teilsystem für sich im Zustand des thermodynamischen Gleichgewichts ist, spricht man von lokalem thermodynamischen Gleichgewicht. Das Gesamtsystem muss jedoch keineswegs im thermodynamischen Gleichgewicht sein.

Frage 1.12: Überströmprozess; Volumenänderung eines Gases zufolge eines mit Schallgeschwindigkeit bewegten Kolbens.

Frage 1.13: Eine Phase ist ein homogener (Teil-)Bereich eines (heterogenen) Systems.

Aufgabe 1.1:
Die Zeit zwischen zwei Reflexionen des Moleküls j an der Wand a beträgt $\Delta t = 2l/|c_{jx}|$.
Für die Impulsänderung bei idealer Reflexion erhält man $\Delta I_j = 2m_M|c_{jx}|$, wobei m_M die Masse des Moleküls bedeutet.
Summieren über alle Moleküle und Anwendung des Impulssatzes führt auf
$p_a = F_{\text{Wand}}/l^2 = \sum_{j=1}^{N} 2m_M|c_{jx}|/l^2 \Delta t = m_M \sum_{j=1}^{N} |c_{jx}|^2/V$.
Mittelung über alle Wände ergibt schließlich $p = (p_a + p_b + p_c)/3 = m_M \sum_{j=1}^{N} |c_j|^2/3V = 2E_{\text{tr}}/3V$, wobei E_{tr} die translatorische kinetische Energie aller Gasmoleküle bedeutet.

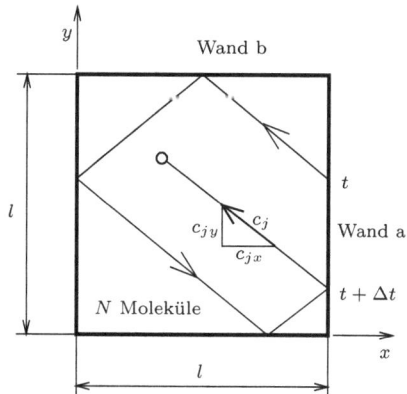

Aufgabe 1.2: $m = 2{,}07 \cdot 10^{-8}$ kg; $3{,}12 \cdot 10^{18}$ Heliumatome
Aufgabe 1.3: $V_{D,1}/V_{D,2} = 0{,}98$
Aufgabe 1.4: ca. 1000. Antwort auf Zusatzfrage: $\frac{1}{4}$.

Zu Kapitel 2

Frage 2.1: Systeme, die ihren Zustand nicht ändern, wenn sie über eine diatherme Wand in Verbindung gebracht werden, sind im thermischen Gleichgewicht.

Frage 2.2:
a) Sinnvoll, da sich *thermisches* Gleichgewicht auf zwei oder mehr als zwei Systeme bezieht.
b) Nicht sinnvoll, da sich *thermodynamisches* Gleichgewicht auf ein System für sich allein bezieht.

Frage 2.3:

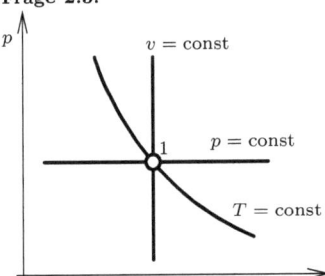

Frage 2.4: Verschiedene Systeme haben dann, und nur dann, die gleiche Temperatur, wenn sie sich im thermischen Gleichgewicht befinden.

Aufgabe 2.1:
a) $p^{**}V^{**}$; $p(V-nb)$; $p^*V^*(1-nb^*/V^*)^{-1}$
b) $p(V-nb) = p^*V^*(1-nb^*/V^*)^{-1}$

Aufgabe 2.2:

p_F [mm Hg]	1000,00	750,00	500,00	250,00
ϑ [K]	419,38	419,43	419,46	419,57

$$T = T_F \lim_{p_F \to 0} \frac{p}{p_F} = 419{,}6 \text{ K}$$

Zu Kapitel 3

Frage 3.1: $\beta_p = \frac{1}{v}\left(\frac{\partial v}{\partial T}\right)_p = -\frac{1}{\rho}\left(\frac{\partial \rho}{\partial T}\right)_p$; $\chi_T = -\frac{1}{v}\left(\frac{\partial v}{\partial p}\right)_T = \frac{1}{\rho}\left(\frac{\partial \rho}{\partial p}\right)_T$

Bei der Messung von β_p muss der Druck konstant gehalten werden, während bei der Messung von χ_T die Temperatur konstant gehalten werden muss.

Frage 3.2: Für Luft bei Zimmertemperatur kann die ideale Gasgleichung als thermische Zustandsgleichung verwendet werden.

Frage 3.3:
$f(p,v,T) = 0$

Aufgabe 3.1: Mechanisches Gleichgewicht: $F_A = F_G \Rightarrow \rho_F = \rho_K$

$$\frac{d\rho}{\rho} = -\beta dT \Rightarrow \rho = \rho_1 e^{-\beta(\vartheta-\vartheta_1)}; \quad \frac{\rho_{F,1}}{\rho_{K,1}} = e^{(\beta_F-\beta_K)(\vartheta_c-\vartheta_1)}; \quad \vartheta_c = \vartheta_1 + \frac{\ln(\rho_{K,1}/\rho_{F,1})}{\beta_K - \beta_F}$$

Aufgabe 3.2: $p_1 = p_0 + [\beta_p(T_1 - T_0) - \ln V_1/V_0]/\chi_T = 417{,}5$ bar

Aufgabe 3.3: a) $p_2 = 94{,}3$ bar; b) $\Delta v = 2{,}7 \cdot 10^{-8}$ m^3/kg

Aufgabe 3.4: $v = v(T,p) = \frac{3}{4}aT^4 - bp + $ const

Aufgabe 3.5: $\beta_p = R\left(pv - \frac{a}{v} + 2\frac{ab}{v^2}\right)^{-1}$; $\chi_T = (v-b)\left(pv - \frac{a}{v} + 2\frac{ab}{v^2}\right)^{-1}$

Aufgabe 3.6:

$$\beta_p = \frac{1}{v}\left(\frac{\partial v}{\partial T}\right)_p = \frac{1}{v}\frac{R}{p} = \frac{R}{RT+pb} = \left[T\left(1+\frac{pb}{RT}\right)\right]^{-1}$$

$$\chi_T = -\frac{1}{v}\left(\frac{\partial v}{\partial p}\right)_T = \frac{1}{v}\frac{RT}{p^2} = RT/(RTp + bp^2) = \left[p\left(1+\frac{bp}{RT}\right)\right]^{-1}$$

Antworten und Lösungen 233

Aufgabe 3.7:
a) 6010 m³; b) 32400 N; c) 3230 m³; d) $m_{H_2} = 265$ kg, $m_{He} = 530$ kg.
Aufgabe 3.8: $\Delta F_A = -37700$ N
Aufgabe 3.9: Im kritischen Punkt muss gelten

$$\left(\frac{\partial p}{\partial v}\right)_T = 0; \qquad \left(\frac{\partial^2 p}{\partial v^2}\right)_T = 0.$$

Damit erhält man

a) $\dfrac{p_K V_K}{\mathcal{R} T_K} = \dfrac{3}{8}$ bzw. b) $\left[\dfrac{p}{p_K} + 3\left(\dfrac{v}{v_K}\right)^{-2}\right]\left(3\dfrac{v}{v_K} - 1\right) = 8\dfrac{T}{T_K}$. Da diese Gleichung keinerlei Stoffwerte mehr enthält, genügen korrespondierende Zustände verschiedener Stoffe derselben (Van-der-Waals'schen) Zustandsgleichung.

Aufgabe 3.10:

$$\mathcal{M}_R = 28{,}78 \text{ kg/kmol}; \qquad \mathcal{M}_L = 28{,}92 \text{ kg/kmol}; \qquad \Rightarrow \qquad \mathcal{M}_{Gas} = 28{,}89 \text{ kg/kmol}$$
$$\dot{V} = 13{,}4 \text{ m}^3/\text{s}$$

Aufgabe 3.11:

$$x_{N_2} = \left(\frac{1}{\mathcal{M}} - \frac{1}{\mathcal{M}_{O_2}}\right)\left(\frac{1}{\mathcal{M}_{N_2}} - \frac{1}{\mathcal{M}_{O_2}}\right)^{-1} = 0{,}734; \qquad x_{O_2} = 1 - x_{N_2} = 0{,}266$$

Aufgabe 3.12:
a) $\mathcal{V}_A = \mathcal{R}T_A/p_A = 8{,}12$ l/mol; $\mathcal{V}_B = \mathcal{R}T_B/p_B = 8{,}4$ l/mol
b) $n_A = V_A/\mathcal{V}_A = 369$ mol; $\qquad n_B = 309$ mol
c) $N_A = n_A \mathcal{N} = 2{,}22 \cdot 10^{26}$; $\qquad N_B = 1{,}86 \cdot 10^{26}$
d) $\mathcal{M} = (m_A + m_B)(n_A + n_B)^{-1} = 29{,}5$ kg/kmol

Aufgabe 3.13:
a) Kräftegleichgewicht am Kolben liefert $p_1 = p_U + g(m_S N_1 + m_K)/A_K$, wobei N_1 die Anzahl der Stahlkugeln ist. Mit $m_S = 4\rho\pi r^3/3$ erhält man $p_1 = 1{,}984$ bar.
b) $m_L = V_1 p_1 \mathcal{M}_L/\mathcal{R}T = 4{,}71$ g
Anzahl der Mole (*Stoffmenge*) $n = m_L/\mathcal{M}_L = 0{,}163$ mol
c) $\Delta N = N_1 - N_2 = N_1 - [A_K(p_2 - p_U)/g - m_K]/m_S = 258$
d) $p_3 = p_U + m_K g/A_K = 1{,}01$ bar
Aufgabe 3.14: $p_2 = p_1 La(e^{aL} - 1)^{-1}$
Aufgabe 3.15: a) $\vartheta_{A,2} = 222{,}4$ °C; b) $\Delta n_A/n_A = -20\%$
Aufgabe 3.16: $T_2/T_1 = 8/3$
Aufgabe 3.17:
a) $x_1 = 4{,}95 \cdot 10^{-3}$; $m_{D,1} = 14{,}85$ kg
b) $x_2 = 6{,}84 \cdot 10^{-4}$, $m_{D,2} = 2{,}05$ kg,
$m_{Kon} = m_{D,1} - m_{D,2} = 12{,}8$ kg
c) s. Diagramm

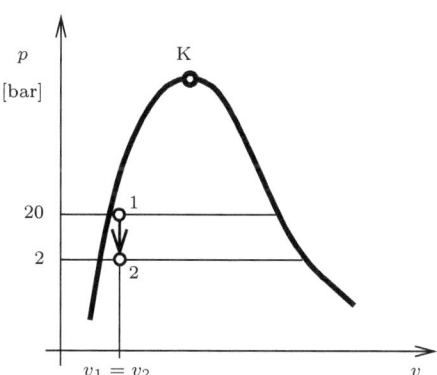

Aufgabe 3.18:
a) $\mathcal{M}_{C_4H_{10}} = 58$ kg/kmol; $m_A = \dfrac{1}{2}\dfrac{V}{v' + x_A(v'' - v')}$; $m_B = \dfrac{1}{2}\dfrac{p_B V}{R_L T}$
b) $p_F = p_D + p_L$; $x = 2x_A + \dfrac{v'}{v'' - v'}$; $p = T_U(m_A x R_D + m_B R_L)/[V - m_A(1-x)v']$
c) $x_A < \dfrac{1}{2}\left[1 - \dfrac{v'}{v'' - v'}\right] \approx \dfrac{1}{2}$
d) $p_{ges} = p_D + p_L = T_U(m_A R_D + m_B R_L)/V$

Aufgabe 3.19:
$V_{G2} = V_{G1} p_{G1}/p_{G2}$; $p_{F2}(z) - p_{F1}(z) = g\rho_{F,\,ref}H - (p_{G1} - p_{G2})$ mit $\rho_{F\,ref} = \rho_{F1}(z_{Boden})$, wobei:
a) Aus $V_{G2} = V_{G1}$ folgt $p_{G2} = p_{G1}$.
b) $p_{G1} - p_{G2} = (p_{G1}/2)\left[1 + K + C - \sqrt{(1 + K + C)^2 - 4K}\right]$, mit $C = V_{G1}/\chi_T p_{G1} V_{F1}$ und $K = g\rho_{F,\,ref} H/p_{G1}$. Für $C \to 0$ ergibt sich $p_{G1} - p_{G2} \to g\rho_{F,\,ref}H$ und $[p_{F2}(z) - p_{F1}(z)]/g\rho_{F,\,ref}H \to 0$, d.h., für hinreichend *kleine* Blasen ändert sich der Druck in der *Flüssigkeit* nicht. Für $C \to \infty$ ergibt sich $(p_{G1} - p_{G2})/p_{G1} \to 0$, d.h., für hinreichend *große* Blasen ändert sich der Druck in der *Blase* nicht; dies entspricht Fall a).

Zu Kapitel 4

Frage 4.1: $dm = d_e m$ bzw. auf die Zeiteinheit bzogen $dm/dt = \dot{m}$
Frage 4.2: $dm_\gamma = d_e m_\gamma + d_i m_\gamma$ bzw. auf die Zeiteinheit bezogen $dm_\gamma/dt = \dot{m}_\gamma + d_i m_\gamma/dt$
$(\gamma = 1, 2, \ldots)$, mit $\sum_\gamma d_i m_\gamma = 0$ bzw. $\sum_\gamma d_i m_\gamma/dt = 0$

Aufgabe 4.1: 42,9 kg Luft pro Stunde
Aufgabe 4.2:
a) $4{,}0 \cdot 10^7$ kg/Jahr
b) $8{,}6 \cdot 10^9$ kg/Jahr, das entspricht etwa 200 Kraftwerken des hier betrachteten Typs.

Zu Kapitel 5

Frage 5.1: $H = U + pV$; $dH = d_e Q + V dp$
Frage 5.2: $d_e W = F dx$
Frage 5.3:
a) $dU = d_e Q + d_e W$
b) $dU = d_e Q - p dV$
Frage 5.4: Mit dem ersten Hauptsatz $dE = d_e W + d_e Q + d_e^{(m)} E$ wird die Wärme Q definiert.
Frage 5.5: $dU/dt = \dot{W}_t + \dot{Q} + \dot{H}_{ges}^{(m)}$, wobei $H_{ges} = H + E_{pot} + E_{kin}$
Frage 5.6: $d_e W = 2\sigma L dx$
Frage 5.7: $r = h'' - h'$. Im kritischen Punkt gilt $h'' = h'$, woraus $r = 0$ folgt.

Aufgabe 5.1: Dem System wird Arbeit zugeführt. $\dot{W} = F v$
Aufgabe 5.2: a) $W_{12} = 0$; b) $W_{12} = p(V_1 - V_2)$; c) $W_{12} = mRT \ln(V_1/V_2)$; d) $W_{12} = U_2 - U_1$.
Aufgabe 5.3: 2 Lösungsvarianten:
a) Eintragen der Meßpunkte in ein p, V-Diagramm und Bestimmung der Fläche unter der entstehenden Kurve ergibt $W_{16} \approx -63$ kJ.
b) In einer doppelt-logarithmischen Skala lassen sich die Meßpunkte durch eine Ausgleichsgerade verbinden. Diese Ausgleichsgerade wird durch die Polytropengleichung $pV^n = \text{const}$ beschrieben. Man erhält $n \approx 1{,}2$ und damit

$$W_{16} = \frac{p_1 V_1}{n-1}\left[\left(\frac{V_6}{V_1}\right)^{1-n} - 1\right] \approx -64 \text{ kJ}.$$

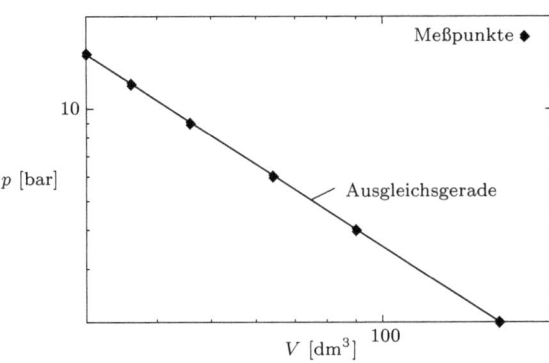

Antworten und Lösungen

Aufgabe 5.4:
a) $w_{12} = RT \ln \dfrac{v_1 - b}{v_2 - b} = RT \ln \left(\dfrac{\rho_2}{\rho_1} \dfrac{1 - b\rho_1}{1 - b\rho_2} \right)$

b) $w_{12} = RT \left[\ln \dfrac{v_1}{v_2} + B \left(\dfrac{1}{v_1} - \dfrac{1}{v_2} \right) \right] = RT \left[\ln \dfrac{\rho_2}{\rho_1} + B(\rho_1 - \rho_2) \right]$

Aufgabe 5.5: Als Beispiel seien eine isotherme bzw. die Kombination einer isobaren und einer isochoren Zustandsänderung betrachtet. Für den ersten Fall erhält man $W_{12} = mRT_1 \ln(v_1/v_2)$, während im zweiten Fall $W_{12} = mRT_1(1 - v_2/v_1)$ gilt. Die beiden Ausdrücke sind nur dann gleich, wenn Anfangs- und Endzustand zusammenfallen ($v_1 = v_2$). Anschaulich ist eine Darstellung in einem p,v-Diagramm (vgl. Aufgabe 8.18).

Aufgabe 5.6:
a) $m = 22{,}34$ g; $v_0 = 2{,}238$ m^3/kg
b) $T_{B,1} = 310{,}9$ K
c) $W_{A,01} = -Q_{A,01} = -2859$ J;
$W_{B,01} = -2805$ J; $Q_{B,01} = 0$
d) $W_{A,12} = 6019$ J; $W_{B,12} = 6034$ J;
$W_{B,12} > W_{A,12}$
e) s. Diagramm

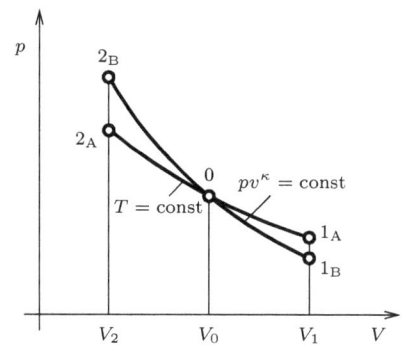

Aufgabe 5.7:
a) $V_{A,1} = \dfrac{m_A R T_{A,1}}{p_{A,1}}$; $\quad V_{B,1} = \dfrac{m_B R T_{B,1}}{p_{B,1}}$

b) isentrop: $W_B = \dfrac{p_{B,1} V_{B,1}}{\kappa - 1} \left[\left(1 - \dfrac{\Delta V_A}{V_{B,1}} \right)^{1-\kappa} - 1 \right]$

c) $p_{B,2} = p_{A,2}$; $\quad T_{A,2} = \dfrac{p_{B,1}(V_{A,1} + \Delta V_A)}{m_A R} \left(1 - \dfrac{\Delta V_A}{V_{B,1}} \right)^{-\kappa}$

Aufgabe 5.8:
a) $p_2 = 1{,}433$ bar
b) $\vartheta_1 = 170{,}4$ °C
c) $x_1 = (h_2'' - h_1')/(h_1'' - h_1') = 0{,}963$
d) s. Diagramm

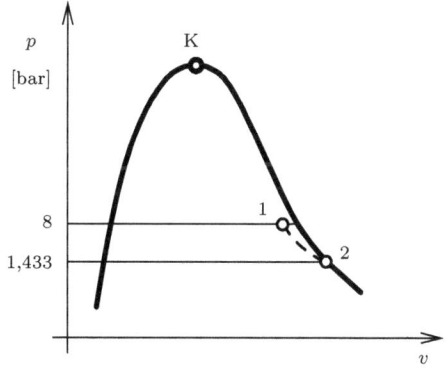

Aufgabe 5.9: $x_1 = 0{,}0262$; $x_2 = 0{,}0112$; $u_2 = (1 - x_2)h_2' + x_2 h_2'' - p_2 v_2 = 453$ kJ/kg

Aufgabe 5.10:
a) s. Diagramm

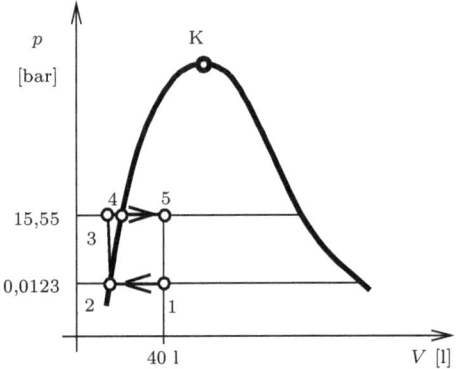

b) $x_1 = 1{,}79 \cdot 10^{-4}$; $x_5 = 0{,}15$
c) $H_5 - H_1 = 2200$ kJ; $U_5 - U_1 = 2140$ kJ

Aufgabe 5.11:
a) $x_1 = 0{,}0262$, $x_2 = 0{,}0671$; b) $W_{12} = -16{,}2$ J; c) $Q_{12} = 136$ J; d) $U_2 - U_1 = 120$ J

Aufgabe 5.12:
a) $x_1 = 0{,}01$; b) $v_1 = 2{,}47$ dm^3/kg
c) $h_1 = 863{,}7$ kJ/kg; $u_1 = 860$ kJ/kg
d) $m = 121{,}6$ kg
e) $Q_{12} = 126$ MJ, $\vartheta_2 = 371$ °C
f) s. Diagramm

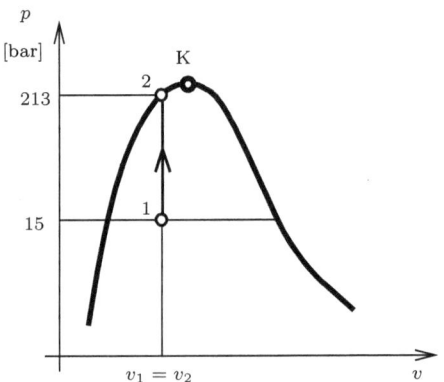

Aufgabe 5.13: $m_{F,2} = 3{,}71$ g; $V_{F,2} = 4$ cm^3; $Q_{12} = -7{,}64$ kJ

Aufgabe 5.14:
a) $q_{12} = 1610$ kJ/kg
b) $\vartheta = 180$ °C
c) s. Diagramm

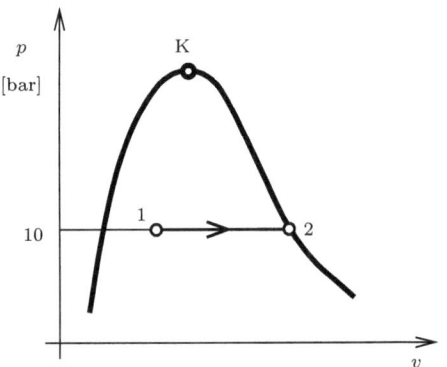

Aufgabe 5.15:
a) $\rho_1 = 166{,}7$ kg/m^3; $p_1 = 1{,}9854$ bar; $x_1 = 0{,}00555$; $m_{D,1} = 13{,}9$ kg
b) $x_2 = 0{,}29$, $h_2 = 1142$ kJ/kg
c) $x_3 = 0{,}32$, $v_3 = 0{,}55$ m^3/kg

Aufgabe 5.16: $x_1 = 0{,}976$

Antworten und Lösungen 237

Aufgabe 5.17:
a) $x_1 = 1{,}21 \cdot 10^{-4}$; $x_2 = 1{,}25 \cdot 10^{-3}$; $x_3 = 2{,}88 \cdot 10^{-2}$
b) $p_1 = p_3 = 39{,}8$ bar; $p_2 = 221{,}2$ bar
c) Behälter 1: siedende Flüssigkeit; Behälter 2: kritischer Zustand; Behälter 3: gesättigter Dampf

Aufgabe 5.18:
a) $x_1 = 1{,}62 \cdot 10^{-3}$
b) $Q_{12} = 2742$ MJ
c) $Q_{23} = 169{,}7$ MJ
d) s. Diagramm

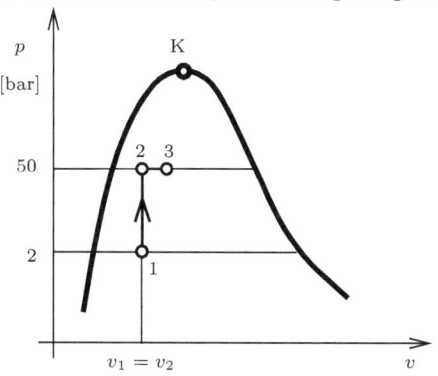

Aufgabe 5.19:
a) $h_2 = h_1' = 124$ kJ/kg;
   $h_3 = h_3'' = 239$ kJ/kg
b) $x_2 = 0{,}31$
c) $Q_{23} = H_3 - H_2 = 115$ kJ
d) s. Diagramm

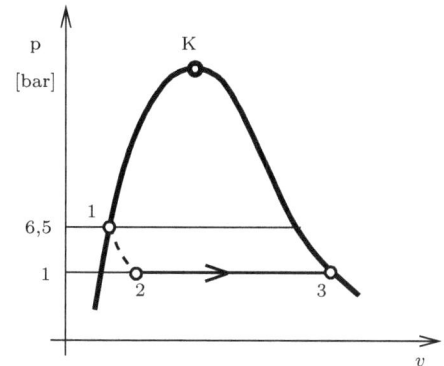

Aufgabe 5.20: $Q = 8450$ kJ

Zu Kapitel 6

Frage 6.1: $c_p - c_v = R$
Frage 6.2: $\mathrm{d}u/\mathrm{d}T = c_v$; $\mathrm{d}h/\mathrm{d}T = c_p$; $v(\partial p/\partial T)_v = c_p - c_v$
Frage 6.3:
Thermische Zustandsgleichung: $pv = RT$ mit dem Druck p, dem spezifischen Volumen v, der (speziellen) Gaskonstanten R und der absoluten Temperatur T des Gases.
Kalorische Zustandsgleichung: $u_2 - u_1 = c_v(T_2 - T_1)$ mit u als der spezifischen inneren Energie und c_v als der isochoren spezifischen Wärmekapazität.
Frage 6.4: $c_v = (\partial u/\partial T)_v$; $c_p = (\partial h/\partial T)_p$; SI-Einheit ist jeweils 1 J/kgK.
Frage 6.5: Isochore Zustandsänderung oder ideales Gas
Frage 6.6:
a) $\mathrm{d}u = c_v \mathrm{d}T$; $\mathrm{d}h = c_p \mathrm{d}T$
b) $\mathrm{d}h = c_p \mathrm{d}T + \left(\dfrac{\partial h}{\partial p}\right)_T \mathrm{d}p$

Frage 6.7: Bei höheren Temperaturen führt die Anregung von Molekülschwingungen zu einer Temperaturabhängigkeit der spezifischen Wärmekapazitäten (siehe Bild 6.1).
Frage 6.8:
a) ja
b) ja

Frage 6.9:
a) Die Systemgrenzen werden so gelegt, dass sie die gesamten Innenräume der Behälter und der Rohrleitung umhüllen.
b) $T_2 = T_1$

Aufgabe 6.1: $W_{12}^{(el)} = \frac{p_A V}{\kappa - 1}\left[\left(\frac{T_2}{T_1}\right)^\kappa - 1\right] > \frac{\kappa}{\kappa - 1}p_A V \ln\frac{T_2}{T_1}$

Aufgabe 6.2: $p_1 = 0{,}9886$ bar; $\kappa = \ln(p_2/p_1)/[\ln(p_2/p_1) - \ln(T_2/T_1)] = 1{,}4$

Aufgabe 6.3:
a) $c_v = 716{,}7$ J/kgK; $c_p = 1003{,}4$ J/kgK
b) $V_1 = 2{,}08 \cdot 10^{-3}$ m^3, $T_2 = 575{,}4$ K
c) $U_2 - U_1 = 511{,}3$ J

Aufgabe 6.4: $\dot{m}_{Luft} = (1 - \eta_N)P_N/\eta_N c_p \Delta T = 0{,}0878$ kg/s

Aufgabe 6.5:
a) $p_0 = p_U + F_G/A$; $\rho_0 = (p_U + F_G/A)/(c_p - c_v)T_0$
b) $\kappa = c_p/c_v$; $F = (2^\kappa - 1)(p_U A + F_G)$; F wirkt in Richtung der Schwerkraft; $p_1 = 2^\kappa p_0$; $T_1 = 2^{\kappa-1}T_0$

Aufgabe 6.6:
a) $c_p = \kappa \mathcal{R}/(\kappa - 1)\mathcal{M}$; $c_v = \mathcal{R}/(\kappa - 1)\mathcal{M}$
b) $p_1 = p_U + m_K g/A_K$; $m = p_1 V_1 \mathcal{M}/T_1 \mathcal{R}$
c) $q_{12} = c_p(T_2 - T_1)$ mit $T_2 = T_1 V_2/V_1$; $q_{23} = c_v(T_3 - T_2)$
d) $h_2 - h_1 = q_{12} = c_p(T_2 - T_1)$; $h_3 - h_2 = c_p(T_3 - T_2)$

Aufgabe 6.7:
a), d), e)

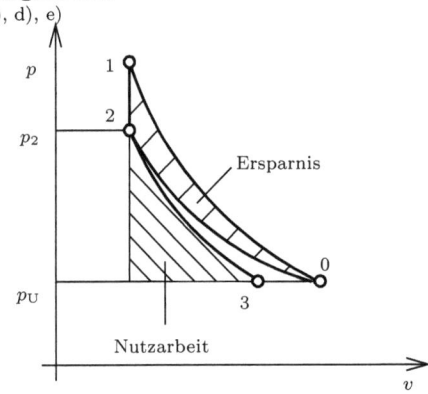

b) $W_{01} = -\int_{V_0}^{V_1}(p - p_U)dV = p_U V_0 \left(\frac{2^{\frac{\kappa-1}{\kappa}} - \kappa}{\kappa - 1} + 2^{-\frac{1}{\kappa}}\right)$
c) $p_2 = 2^{\frac{1}{\kappa}} p_U$

Aufgabe 6.8:
a) $c_v = c_p/\kappa = 717{,}1$ J/kgK;
$R = (\kappa - 1)c_p/\kappa = 286{,}9$ J/kgK
b) $T_2 = W_{12}\{mc_v[1 - (p_1/p_2)^{\frac{\kappa-1}{\kappa}}]\}^{-1} = 300{,}1$ K
c) $V_2 = mRT_2/p_2 = 1{,}72$ dm^3
d) s. Diagramm

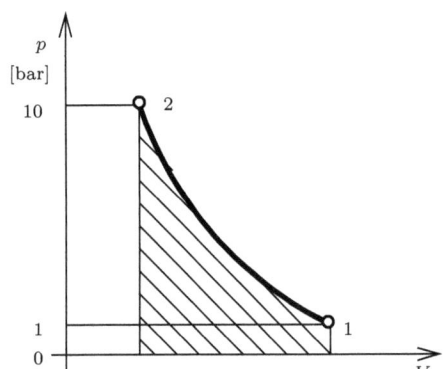

Antworten und Lösungen

Aufgabe 6.9:
$$q_{12} = h_2 - h_1 = \frac{1}{\mathcal{M}} \int_{T_1}^{T_2} \mathcal{C}_p dT = \frac{1}{\mathcal{M}} \left[a(T_2 - T_1) + \frac{b}{2}(T_2^2 - T_1^2) + d\left(\frac{1}{T_2} - \frac{1}{T_1}\right) \right]$$

Aufgabe 6.10:
a) $w_{12} = u_2 - u_1 = c_v(T_2 - T_1)$
b) $w_{12} = \frac{c_v}{R}\left(\frac{p_2}{\rho_2} - \frac{p_1}{\rho_1}\right) = \frac{c_v}{c_p - c_v}\left(\frac{p_2}{\rho_2} - \frac{p_1}{\rho_1}\right) = (\kappa - 1)^{-1}\left(\frac{p_2}{\rho_2} - \frac{p_1}{\rho_1}\right)$
c) $\frac{p}{\rho^\kappa} = \text{const}; \; w_{12} = \frac{p_1}{\rho_1(\kappa-1)}\left(\frac{p_2}{p_1}\frac{\rho_1}{\rho_2} - 1\right) = \frac{p_1}{\rho_1(\kappa-1)}\left[\left(\frac{p_2}{p_1}\right)^{\frac{\kappa-1}{\kappa}} - 1\right]$

Aufgabe 6.11: a) $T_2 = T_1\left(\frac{p_2}{p_1}\right)^{\frac{\kappa-1}{\kappa}} = 240,5\,K \Rightarrow \vartheta_2 = -32,7\,°C$
b) $p_3 = p_2\frac{T_3}{T_2} = 91,4$ bar
c) $m_1 = \frac{p_1 V}{T_1 \mathcal{R}}\mathcal{M}_{O_2} = 7,88$ kg; $m_2 = \frac{p_2 V}{T_2 \mathcal{R}}\mathcal{M}_{O_2} = 4,8$ kg;
d) $m_3 = \frac{p_2 V}{T_1 R}\mathcal{M}_{O_2} = 3,94$ kg

Aufgabe 6.12: $p_2 = 10,57$ bar; $T_2 = 330,2$ K

Aufgabe 6.13:
a) $T_2 = 268,4$ K; b) $q_{23} = 1,69$ kJ/kg

Aufgabe 6.14:
a) $p_1 = p_0\left(\frac{l}{l+x}\right)^{\kappa_{He}} = 0,999$ bar; $p_2 = p_0\left(\frac{l}{l-x}\right)^{\kappa_{H_2}} = 1,00084$ bar
b) $m = A(p_2 - p_1)/g = 0,188$ kg
c) $T_1 = T_0\left(\frac{l}{l+x}\right)^{\kappa_{He}-1} = 293,03$ K; $T_2 = T_0\left(\frac{l}{l-x}\right)^{\kappa_{H_2}-1} = 293,22$ K

Aufgabe 6.15: $p_1 = 0,967$ bar

Aufgabe 6.16:
a) $p_{o,1} = 7$ bar, $p_{o,2} = p_{u,2} = 10,47$ bar, $\vartheta_{o,2} = 50\,°C$, $\vartheta_{u,2} = 373\,°C$
b) $W_{o,12} = 503$ J
c) $Q_{u,12} = 3067$ J

Aufgabe 6.17: $W_{el} = m_K g(h - d - x_0)\dfrac{c_p}{c_p - c_v}$

Aufgabe 6.18:
a) $V_1 = 2,1$ dm^3
b) $V_2 = 0,96$ dm^3; $W_{12} = 193$ J; $T_2 = 401$ K
c) $Q_{23} = -193$ J; $p_3 = 2,19$ bar

Aufgabe 6.19: $\Delta m/m = 15,6\%$

Aufgabe 6.20: $dU/dt = \dot{Q} + P = -k(T - T_U) + P = m_W c_W dT/dt$;
$T(t) = (T_1 - T_U - P/k)e^{-\frac{kt}{m_W c_W}} + T_U + P/k$
a) $P = 4350$ W
b) $Q = m_W c_W(T_2 - T_1) - P\Delta t = -96$ kJ
c) $P = 2272$ W
d) $t = -\dfrac{m_W c_W}{k}\ln\dfrac{T_3 - T_U}{T_2 - T_U} = 3$ h 21 min

Aufgabe 6.21:
Wasser: $t = \dfrac{mc\Delta T}{P_{el}}$
Luft:
a) $t = \dfrac{mc_p \Delta T}{\kappa P_{el}}$; b) $t = \dfrac{mc_p \Delta T}{P_{el}}$

Aufgabe 6.22: Wie Aufgabe 6.21, nur wird P_{el} durch $Mn\pi/30$ ersetzt.

Aufgabe 6.23:
$$T^* = \frac{m_{Cu}c_{Cu}T_{Cu} + m_{H_2O}c_{H_2O}T_{H_2O}}{m_{Cu}c_{Cu} + m_{H_2O}c_{H_2O}} = 290,55\,K$$

Aufgabe 6.24:
$$d = \left(\frac{16}{\pi^2}\frac{I^2 t\gamma}{\rho c(\vartheta_S - \vartheta_1)}\right)^{1/4} = 1,35\,\text{mm}$$

Aufgabe 6.25: $V_1 = \Delta V/(e^{\beta \Delta T} - 1) \approx \Delta V/\beta\Delta T = 0,00959$ m^3;
$\rho_1 = Q_{12}\mathcal{M}/\Delta T V_1 \mathcal{C} = 9009$ kg/m^3

Aufgabe 6.26: Isochor: $U_2 - U_1 = Q_{12} = 5$ kJ; $H_2 - H_1 = U_2 - U_1 + V\dfrac{\beta}{\chi}\dfrac{Q_{12}}{mc_v} = 8{,}125$ kJ

Aufgabe 6.27:

Zylinder A: $W_{A,12} = -p(V_{A,2} - V_{A,1}) = -pV_{A,1}[e^{\frac{\beta Q_{12}}{m_A c_{pA}}} - 1] = -0{,}286$ J

Zylinder B: $W_{B,12} = -p(V_{B,2} - V_{B,1}) = -m_B R_B(T_2 - T_1) = -R_B Q_{12}/c_{pB} = -8610$ J

Aufgabe 6.28:

a) $\vartheta_2 = 25{,}85\ °C$; b) $H_2 - H_1 = 2841$ kJ; c) $Q_{12} = 2451$ kJ

Aufgabe 6.29:

$$c_{Al} = \dfrac{m_W c_W (T^* - T_W) + m_{Cu} c_{Cu}(T^* - T_{Cu})}{m_{Al}(T_{Al} - T^*)} = 876\ \dfrac{J}{kgK}$$

Aufgabe 6.30: $T_{K,2} = \kappa T_A [1 + (\kappa - 1)p_{K,1}/p_A]^{-1}$; $\rho_{K,2} = \kappa^{-1}\rho_A[1 + (\kappa - 1)p_{K,1}/p_A]$

Aufgabe 6.31: a) $m_2 = 36{,}7$ kg; $\vartheta_2 = 96\ °C$; b) $m_2 = 45{,}3$ kg; $\vartheta_2 = 27\ °C$

Aufgabe 6.32: $T_K = \kappa T_L$, $\rho_K = \dfrac{\rho_L}{\kappa}\dfrac{p_K}{p_L}$

Aufgabe 6.33: Nicht–statische Zustandsänderung: $(V_1 - V_2)/V_1 = (1/\kappa)(p_2 - p_1)/p_2$, $(T_2 - T_1)/T_1 = (1 - 1/\kappa)(p_2 - p_1)/p_1$. Quasistatische Zustandsänderung: $(V_1 - V_2)/V_1 = (p_2^{1/\kappa} - p_1^{1/\kappa})/p_2^{1/\kappa}$, $(T_2 - T_1)/T_1 = (p_2^{1-1/\kappa} - p_1^{1-1/\kappa})/p_1^{1-1/\kappa}$. Für $p_2 >> p_1$ ergibt sich in erster Näherung $V_2/V_1 = 1 - 1/\kappa$ (unabhängig vom Druckverhältnis!), $T_2/T_1 = (1 - 1/\kappa)p_2/p_1$ für die nicht-statische Zustandsänderung bzw. $V_2/V_1 = (p_1/p_2)^{1/\kappa} << 1$, $T_2/T_1 = (p_2/p_1)^{1-1/\kappa}$ für die quasistatische Zustandsänderung, d.h. der quasistatische Prozess bewirkt ein viel kleineres Endvolumen und eine viel kleinere Endtemperatur als der entsprechende nicht-statische Prozess.

Aufgabe 6.34: $-W_{12} = (1 - 1/\kappa)Q_{12}$.

Aufgabe 6.35: $Q = 93{,}5$ MJ

Aufgabe 6.36: $x_B = 0{,}726$; $v_B = 1{,}21$ m^3/kg

Aufgabe 6.37:

a) $m_{K1} = p_{K1}V_{K1}/(R_L T_{K1}) = 7{,}3998$ kg; $p_{K2} = p_{K1}$; $T_{K2} = T_{K1}$; $m_{K2} = p_{K2}V_{K2}/(R_L T_{K2}) = 22{,}1994$ kg; $\Delta t = (m_{K2} - m_K)/(\dot{m}_A - \dot{m}_D) = 42{,}285$ s

b) $w_{tAB} = c_{pL} T_A ((p_{K1}/p_U)^{(\kappa-1)/\kappa} - 1) = 171{,}92$ kJ/kg; $W_{t12} = \dot{m}_A w_{tAB} \Delta t = 3634{,}71$ kJ

c) $T_B = T_A (p_{K1}/p_U)^{(\kappa-1)/\kappa} = 464{,}30$ K; $\dot{Q}_{BC} = \dot{m}_A c_{pL}(T_{K1} - T_B) = -55{,}823$ kW

d) $W_{K12} = -p_{K1}(V_{K2} - V_{K1}) = -1500{,}0$ kJ

Zu Kapitel 7

Frage 7.1: siehe Bild 7.3.

Frage 7.2: Ein Kreisprozess ist ein thermodynamischer Prozess, der eine Zustandsänderung mit einander gleichen Anfangs- und Endzuständen bewirkt.

Frage 7.3: Es gibt keine periodisch arbeitende Maschine, die Wärme aus einem Energiespeicher entnimmt und vollständig in Arbeit umwandelt. Es muss auch Wärme an einen zweiten Energiespeicher abgegeben werden.

Frage 7.4: Für gegebene, konstante Temperaturen T_z und T_a ($T_a < T_z$) hat jeder zwischen diesen Temperaturen arbeitende reversible Kreisprozess mit beliebigem Arbeitsmedium einen thermischen Wirkungsgrad, der dem Carnot–Wirkungsgrad $\eta_c = 1 - T_a/T_z$ gleich ist, während jeder irreversible Kreisprozess einen kleineren Wirkungsgrad aufweist.

Der Wirkungsgrad eines Kreisprozesses muss kleiner als 1 sein.

Frage 7.5:

a) Wärme = Exergie + Anergie

b) Exergie $= \eta_c Q = (1 - T_U/T)Q$, Anergie $= QT_U/T$

Aufgabe 7.1: $|W_{max}| = \eta_c Q_z = 444 < 450$ J $\Rightarrow$ Es ist unmöglich, 450 J an Arbeit zu erhalten.

Aufgabe 7.2: $\varepsilon_K = \dfrac{T_K}{T_U - T_K} = 7{,}38$; Kosten: $3{,}31 \cdot 10^{-3}$ ct

Aufgabe 7.3: $|W_{max}| = mc\left(T_0 - T_1 - T_1 \ln\dfrac{T_0}{T_1}\right) = 4965$ kJ

Aufgabe 7.4:

a) $\varepsilon_{K,max} = \dfrac{T_K}{T_U - T_K} = 5{,}51$; $P_{min} = \dot{Q}_z/\varepsilon_{K,max} = 181$ W

b) $|\dot{Q}_a| = \dot{Q}_z(1 + \varepsilon_K^{-1}) = 1{,}181$ kW

Aufgabe 7.5: $d_e W = \dfrac{\eta_c}{1 - \eta_c} d_e Q_a$;

$$|W_{max}| = m\left[c_W\left(T_1 - T_U + T_U \ln\dfrac{T_U}{T_1}\right) + l\left(\dfrac{T_U}{T_1} - 1\right)\right] = 27{,}4\ kJ$$

Antworten und Lösungen 241

Aufgabe 7.6:
a) $\eta_{\max} = \eta_c = 0{,}62$; $\dot{m} = P/H_B\eta_c = 30{,}2$ kg/s
b) $|\dot{Q}_a| = (1-\eta_c)\dot{Q}_z = H_B\dot{m}(1-\eta_c) = 458$ MW; $\Delta T = |\dot{Q}_a|/\dot{m}c = 0{,}11$ K

Aufgabe 7.7:
a) $|w_1| = cT_U \left[\dfrac{T_{1,0} + T_{2,0}}{T_U} - 2 - \ln \dfrac{T_{1,0}T_{2,0}}{T_U^2} \right]$
b) $|w_2| = cT_U \left[\dfrac{T_{1,0} + T_{2,0}}{T_U} - 2 - 2\ln \dfrac{T_{1,0} + T_{2,0}}{2T_U} \right]$

$|w_2|$ ist kleiner als $|w_1|$, da die gesamte Arbeit, die aufgrund der Temperaturdifferenz zwischen den beiden Kammern gewonnen werden könnte, durch den Ausgleichsvorgang verloren geht.

Aufgabe 7.8:
a) $d_e W = \dfrac{T_U - T}{T} d_e Q$; b) $W_{\min} = 8{,}23$ kJ

Aufgabe 7.9: $\vartheta_K = -24{,}6$ °C

Aufgabe 7.10: $t = \dfrac{C}{P}\left(T_U \ln \dfrac{T_U}{T_0} + T_0 - T_U \right)$

Aufgabe 7.11: 5,96 ct

Aufgabe 7.12: $W_{\min} = 27{,}4$ kJ

Aufgabe 7.13: $\vartheta_2 = \vartheta_1 + P\Delta t T_1(\kappa - 1)/p_1 V = 36{,}9$ °C

Aufgabe 7.14: $|W| = 59{,}7$ kJ, $W_{WP} = 7{,}5$ kJ, $|W_{WK}| = 67{,}2$ kJ

Aufgabe 7.15:
a) $R = c_p - c_v$; $L_0 = (m_0 R T_0/k)^{1/2}$
b) $\kappa = c_p/c_v$; $Q_{01} = \dfrac{k}{2}\dfrac{\kappa + 1}{\kappa - 1}(L_1^2 - L_0^2)$
c) $|W_{\max}| = \dfrac{k}{2}\dfrac{\kappa + 1}{(\kappa - 1)}\left(L_1^2 - L_0^2 - 2L_0^2 \ln \dfrac{L_1}{L_0}\right)$

Aufgabe 7.16:
a) $\eta_{\max} = 0{,}5$, $|\dot{Q}_a| = 750$ MW; b) $|\dot{Q}_a| = 1750$ MW; c) $\Delta T = |\dot{Q}_a|/\dot{m}c_W = 2{,}5$ °C

Aufgabe 7.17:
a) $q_z = c_p\left[T_K - T_U\left(\dfrac{p_0}{p_1}\right)^{\frac{\kappa-1}{\kappa}} \right] = 66{,}2$ kJ/kg
b) $w_0 = |q_a| - q_z = 32{,}2$ kJ/kg
c) $|q_a| = c_p\left[T_K\left(\dfrac{p_1}{p_0}\right)^{\frac{\kappa-1}{\kappa}} - T_U \right] = 98{,}4$ kJ/kg
d) $\varepsilon_W = q_z/w_0 = 2{,}06$

Aufgabe 7.18:
a) $h_4 = h_3 = 455$ kJ/kg; $x_4 = 0{,}264$; b) $v_3/v_4 = 0{,}0176$; c) $q_z = h_1 - h_4 = 101{,}6$ kJ/kg; d) $w = h_2 - h_1 = 26{,}3$ kJ/kg; e) $\varepsilon_W = 4{,}87$; f) $\varepsilon_{W,\min} = 2{,}22$

Zu Kapitel 8

Frage 8.1: $dS = d_e Q/T$ (geschlossenes System, reversibler Prozess)

Frage 8.2: $F = U - TS$; $G = H - TS$

Frage 8.3: Aus einer kanonischen Zustandsgleichung lassen sich alle Zustandsgrößen eines Systems bestimmen.

Frage 8.4: Das chemische Potential μ_γ der chemischen Komponente γ ($\gamma = 1, 2, ...$) ist definiert durch $\mu_\gamma = -T\left(\dfrac{\partial S}{\partial n_\gamma}\right)_{U,V,n_{\gamma'}\neq \gamma}$.

Frage 8.5: siehe Bild 8.6

Frage 8.6:
a) $x_2 = [s_1' - s_2' + (s_1'' - s_1')x_1]/(s_2'' - s_2')$
b) Die Endzustände liegen jeweils im Nassdampfgebiet (siehe Diagramm).

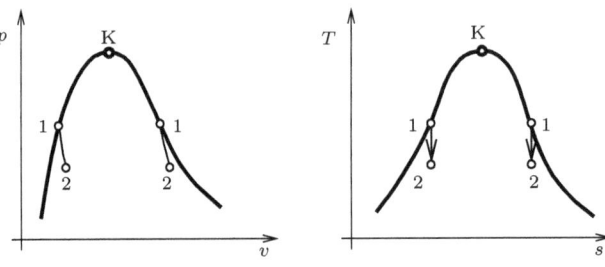

Frage 8.7:
a) gar nicht; b) $ds = pdv/T = Rdv/v$
Frage 8.8: Die Entropie ist eine Zustandsgröße.
Frage 8.9: siehe Bild 8.4
Frage 8.10: $TdS = dU + pdV$
Frage 8.11: $TdS = dH - Vdp = dH > 0$
Frage 8.12:
a) Wärmeübertragung unterbinden.
b) Es ist gerade so viel Wärme abzuführen, dass der Entropiestrom zufolge der Wärmeabfuhr betragsmäßig gleich der Entropieproduktionsrate zufolge der irreversiblen Prozesse ist.
Frage 8.13: Es muss Wärme abgeführt werden. Bei irreversiblen Prozessen muss die Entropieabgabe zufolge der Wärmeabfuhr betragsmäßig größer sein als die Entropieproduktion zufolge der irreversiblen Prozesse. Für adiabate Systeme ist dies nicht möglich.
Frage 8.14: Die Verdampfungsenthalpie lässt sich als Fläche in einem T, s-Diagramm darstellen (siehe Bild 8.5).
Frage 8.15: In einem adiabaten, geschlossenen System kann die Entropie nur zunehmen oder höchstens gleich bleiben.
Frage 8.16:
a) Die Entropie des Gases ist gleich geblieben (Kreisprozess).
b) Die Entropie des Gesamtsystems ist gestiegen (irreversibler Kreisprozess).
Frage 8.17: Da die Entropie eine Zustandsgröße ist, hängt die Entropieänderung nur von Anfangs- und Endzustand ab. Die Art der Zustandsänderung ist dabei unerheblich.
Frage 8.18:

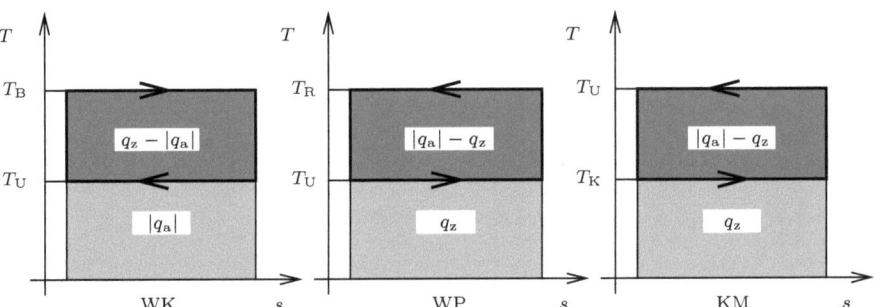

Aufgabe 8.1:
a) $p_1 = 130$ bar; $p_2 = p_3 = 15$ bar; $\vartheta_2 = \vartheta_3 = 198$ °C; $\rho_2 = 7{,}56$ kg/m^3; $\rho_3 = 29{,}5$ kg/m^3; $Q_{23} = -1459$ kJ
b) s. Diagramm

Antworten und Lösungen

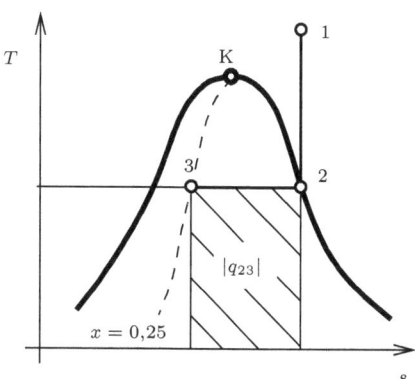

Aufgabe 8.2:
$\Delta s = c_p \ln(T_2/T_1)$ mit $T_2/T_1 = 1 + q_{12}/c_p$.
a) $\Delta_i s = 0$, $\Delta_e s = \Delta s$; b) $\Delta_e s = q_{12}/T_2$, $\Delta_i s = \Delta s - \Delta_e s$.

Aufgabe 8.3:
a) $T_1 = 713$ K; $v_1 = 0{,}018$ m^3/kg
b) c)

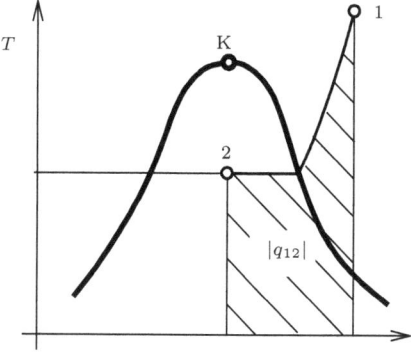

Aufgabe 8.4:
a) $x_1 = 0{,}2$, $x_2 = 0{,}066$
b) $V_2 = 11{,}7$ dm^3
c) $W_{12} = 145$ kJ
d) s. Diagramm

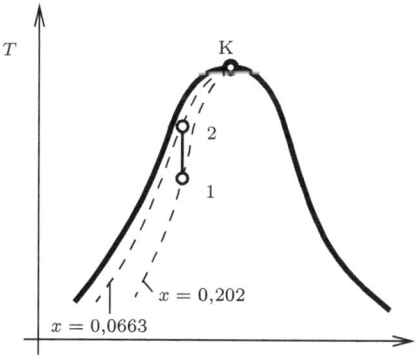

Aufgabe 8.5:
a) $x_2 = 0{,}76$; b) $T_3 = 561$ K; c) $W_{23} = 66$ MJ; d) $S_2 - S_1 = 0{,}2$ kJ/K
Aufgabe 8.6: $x_2 = 0{,}15$; $s_2 - s_1 = 90$ J/kgK $> 0 \Rightarrow$ irreversibel
Aufgabe 8.7:
a) $p_2 = 10$ bar, $\vartheta_2 = 180\ °C$,
 $s_2 = 3{,}34$ kJ/kgK
b) $Q_{12} = -81{,}7$ MJ
c) s. Diagramm

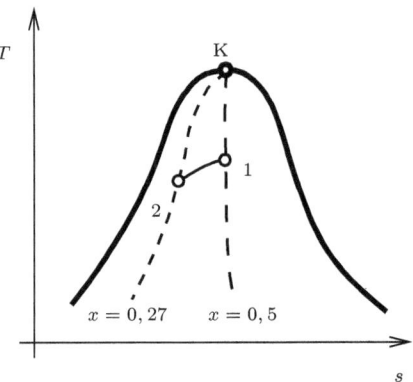

Aufgabe 8.8: a) $x_2 = 0{,}021$; b) $V_B = 49{,}4$ dm^3; c) $S_2 - S_1 = 21{,}6$ J/K
Aufgabe 8.9: $Q_{12} = mT(s_2 - s_1) = -1260$ kJ, $W_{12} = U_2 - U_1 - Q_{12} = 325$ kJ
Aufgabe 8.10: $\Delta m_D = 2{,}87$ kg
Aufgabe 8.11: a) $S_2 - S_1 = 7{,}712$ kJ/K; b) $S_2 - S_1 = -1{,}602$ kJ/K
Aufgabe 8.12:
a) $m = p_1 V_1 / (c_p - c_v) T_U$
b) $W_K = p_1 V_1 [\ln(p_1/p_U) - 1 + p_U/p_1]$
c) $S_2 - S_1 = m(c_p - c_v) \ln(p_1/p_U)$
d)

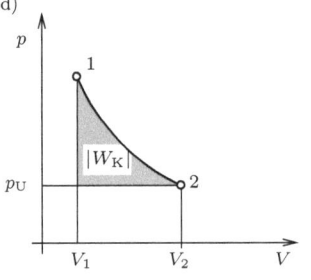 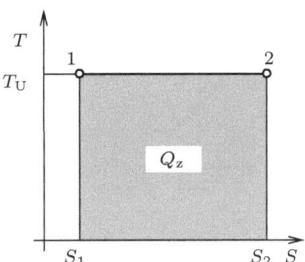

Aufgabe 8.13:
a) $W_{01} = \dfrac{2mRT_0}{\kappa - 1} \left[\left(\dfrac{p_1}{p_0}\right)^{\frac{\kappa-1}{\kappa}} - 1 \right]$
b) $T_1 = T_0 \left[2\left(\dfrac{p_1}{p_0}\right)^{\frac{\kappa-1}{\kappa}} - 1 \right]$
c) $S_1 - S_0 = mR \left\{ \dfrac{\kappa}{\kappa - 1} \ln\left[2\left(\dfrac{p_1}{p_0}\right)^{\frac{\kappa-1}{\kappa}} - 1 \right] - \ln\dfrac{p_1}{p_0} \right\}$

Antworten und Lösungen

Aufgabe 8.14:

a), d)

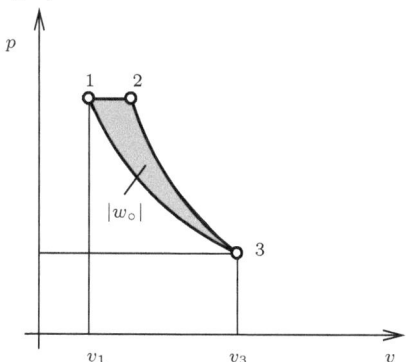
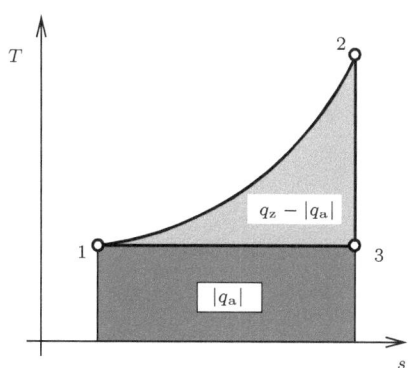

b) Wärmekraftmaschine

c) $q_z = q_{12}$; $q_a = q_{31}$

e) $\eta = 1 + \dfrac{T_1}{T_2 - T_1} \ln \dfrac{T_1}{T_2}$

Aufgabe 8.15:

a), d)

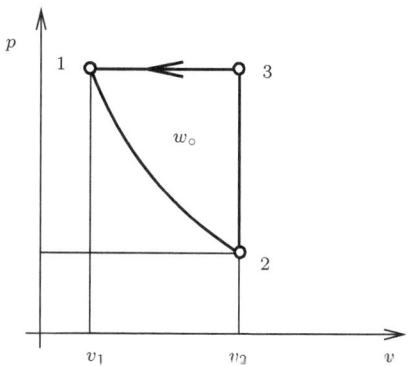
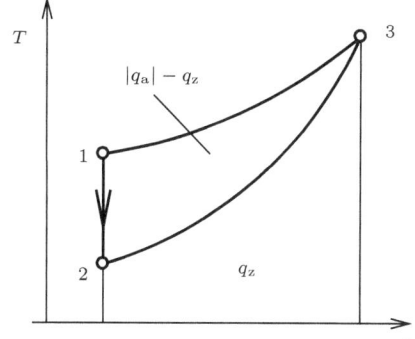

b) Wärmepumpe

c) $Q_{12} = 0$; $Q_{23} = Q_z = mc_v(T_3 - T_2)$;
$Q_{31} = Q_a = mc_p(T_1 - T_3)$

e) $\varepsilon_W = \left(1 - \dfrac{1}{\kappa} \dfrac{1 - \varphi^\kappa}{1 - \varphi}\right)^{-1}$, wobei $\varphi = V_1/V_2$

Aufgabe 8.16:
a), d)

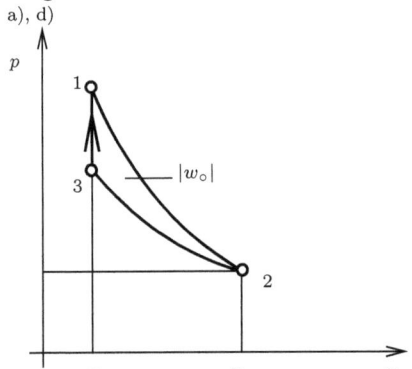 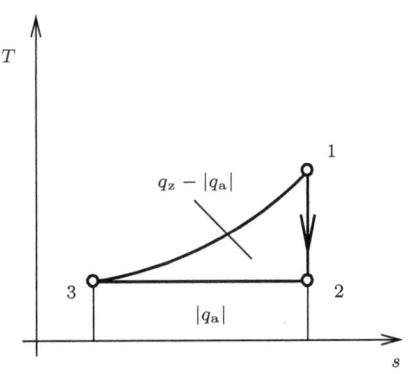

b) Wärmekraftmaschine
c) $q_a = q_{23}$; $q_z = q_{31}$
e) $\eta = 1 - \dfrac{T_2}{T_1 - T_2} \ln \dfrac{T_1}{T_2}$

Aufgabe 8.17:
a)

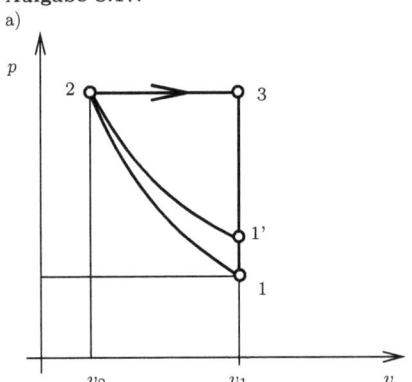 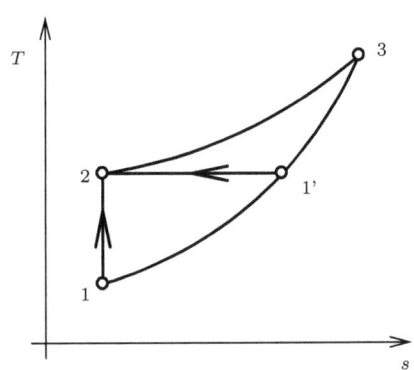

b) $q_{z,I} = q_{z,II}$, $|q_{a,I}| < |q_{a,II}| \Rightarrow \eta_I > \eta_{II}$
c) $\eta_I = 1 - \dfrac{\varepsilon^\kappa - 1}{\kappa \varepsilon^{\kappa-1}(\varepsilon - 1)}$ mit $\varepsilon = V_1/V_2$

Aufgabe 8.18:
a) $dT/ds = T/c_v$ für v =const; $dT/ds = T/c_p$ für p =const
b)

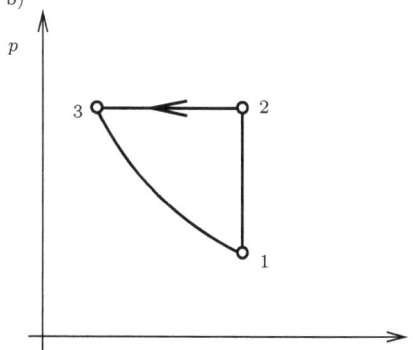
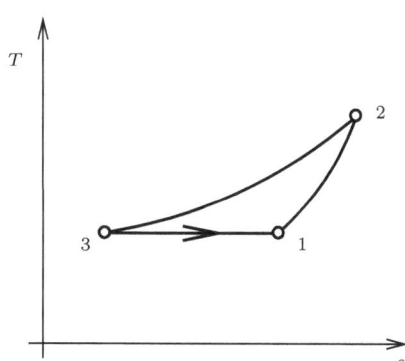

c) Kältemaschine

Aufgabe 8.19:
a), d)

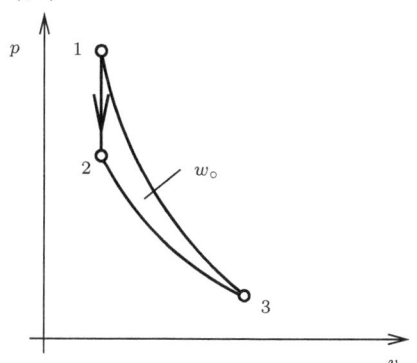
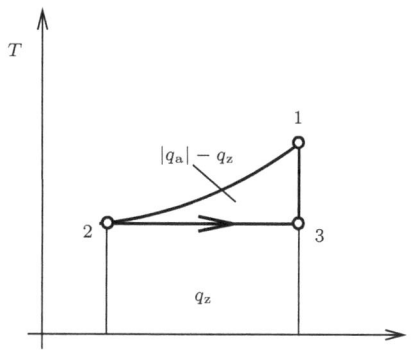

b) Kältemaschine
c) $q_z = q_{23}$; $q_a = q_{12}$
e) $\varepsilon_K = \dfrac{T_2 \ln \frac{T_1}{T_2}}{T_1 - T_2 - T_2 \ln \frac{T_1}{T_2}}$

Aufgabe 8.20:
a) s. Diagramm
b) $x_2 = 0{,}129$
c) $u_2 - u_1 = -22{,}3$ kJ/kg

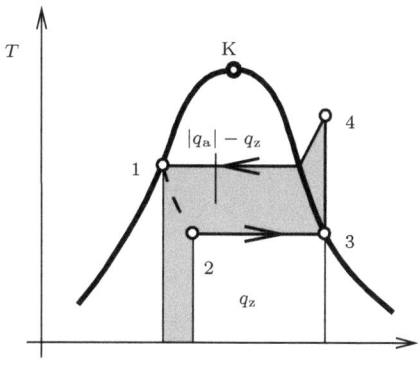

Aufgabe 8.21:
a)

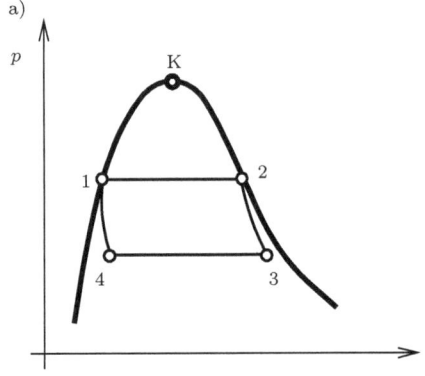
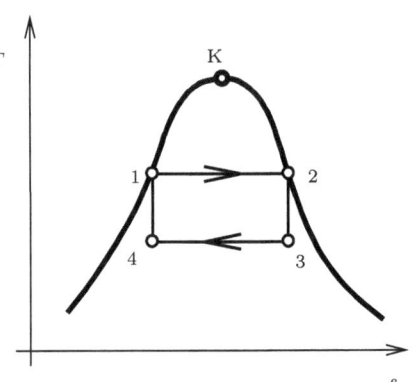

b) $x_3 = 0{,}728$, $x_4 = 0{,}322$
c) $q_z = 1406$ kJ/kg, $q_a = -915$ kJ/kg
d) $\eta = 0{,}349$

Aufgabe 8.22:
a), c)

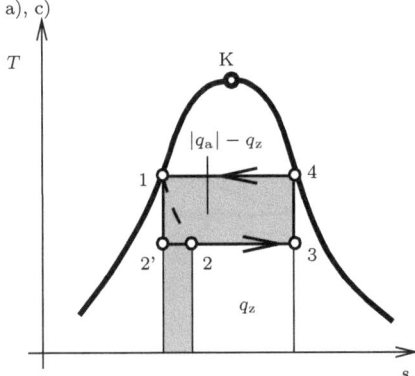

b) $\varepsilon_K = \left(\dfrac{T_1}{T_2} \dfrac{s_3 - s_1}{s_3 - s_2} - 1 \right)^{-1}$
d) $\varepsilon'_K = (T_1/T_2 - 1)^{-1}$

Aufgabe 8.23:
a), b)

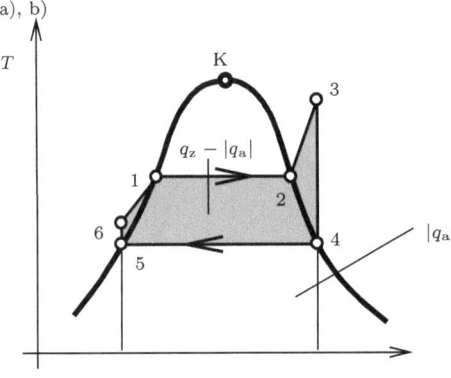

Antworten und Lösungen

c) $\eta = 1 - (h_4 - h_5)/(h_3 - h_6)$

Aufgabe 8.24:

a) $|W| = C_{pH}(T_{H,0} - T_{H,E}) - C_{pC}T_{C,0}\left[\left(\dfrac{T_{H,0}}{T_{H,E}}\right)^{\frac{C_{pH}}{C_{pC}}} - 1\right]$

b) $T_{H,\min} = T_{C,0}^{\frac{C_{pC}}{C_{pC}+C_{pH}}} T_{H,0}^{\frac{C_{pH}}{C_{pC}+C_{pH}}}$

Aufgabe 8.25:

a) $\vartheta_{B1} = 41{,}5\ °C$; b) $W_{01} = 16{,}1\ kJ$

Aufgabe 8.26:

a) $T^* = \dfrac{T_A + T_B}{2}$, $W = 0$, $\Delta S = 2C\ln\dfrac{T_A + T_B}{2\sqrt{T_A T_B}}$

b) $T^* = \sqrt{T_A T_B}$, $|W| = C\left[(T_A + T_B) - 2\sqrt{T_A T_B}\right]$, $\Delta S = 0$

Aufgabe 8.27:

$(T_A^* - T_A) + (T_B^* - T_B) + (T_C^* - T_C) = 0$, $\ln\dfrac{T_A^* T_B^* T_C^*}{T_A T_B T_C} = 0 \Rightarrow T_A^* = T_B^* = 150\ K$

Aufgabe 8.28:

a) stationärer Zustand $\Rightarrow \Delta S_W = 0$
b) $\Delta S_R = I^2 Rt/T_U = 8{,}33\ J/K$
c) $T_2 = T_1 + I^2 Rt/mc = 598\ K$
d) $\Delta S_W = mc\ln(T_2/T_1) = 5{,}8\ J/K$
e) $\Delta S_S = \Delta S_W = 5{,}8\ J/K$

Aufgabe 8.29: $d_i S/dt = Mn\pi/30T$

Aufgabe 8.30: $W_{12} = \chi_T V(p_2^2 - p_1^2)/2 = 0{,}609\ J$, $Q_{12} = -VT\beta_p(p_2 - p_1) = -65\ J$, $U_2 - U_1 = Q_{12} + W_{12} = -64{,}4\ J$

Aufgabe 8.31: $\Delta T = 0{,}2\ K$, $w_{12} = 835\ J/kg$

Aufgabe 8.32:

a) $m_{E,2} = 0{,}85\ kg$, $m_{W,2} = 7{,}15\ kg$, $\vartheta_{E,2} = \vartheta_{W,2} = 0\ °C$
b) $\Delta S = 49\ J/K$

Aufgabe 8.33: $\dot{Q} = (1-\eta)P_{el}$, $d_i S/dt = \dot{Q}/T_U = 17{,}06\ W/K$

Aufgabe 8.34:

a) $\left(\dfrac{\partial p}{\partial \rho}\right)_s = \text{const.}\kappa\rho^{\kappa-1} = \kappa\dfrac{p}{\rho}$; $a_s = \sqrt{\kappa p/\rho}$

b) $a_s = \sqrt{\kappa RT}$

Aufgabe 8.35: $\vartheta_2 = 6{,}35\ °C$; $\Delta S = 2{,}31\ J/K$

Aufgabe 8.36:

a) $\Delta S_W = 1301\ J/K$; $\Delta S_S = -1118\ J/K$; $\Delta S = \Delta S_W + \Delta S_S = 183\ J/K$
b) $\Delta S_W = 1301\ J/kgK$; $\Delta S_{S1} + \Delta S_{S2} = -1204\ J/K$
$\Delta S = \Delta S_W + \Delta S_S = 97\ J/K$
c) Unendlich viele Energiespeicher mit infinitesimal kleinen Temperaturunterschieden

Aufgabe 8.37: a)

$$\Delta U = C(T_1 + T_2 + T_3 - T_1^{(0)} - T_2^{(0)} - T_3^{(0)});\ \Delta S = C\ln\dfrac{T_1 T_2 T_3}{T_1^{(0)} T_2^{(0)} T_3^{(0)}}$$

Zustandsänderung	ΔU	ΔS	Begründung
$0 \to$ I	0	$C\ln\frac{4}{3} > 0$	möglich, da $\Delta U = 0$ und $\Delta S > 0$
$0 \to$ II	0	$C\ln 1 = 0$	möglich, da $\Delta U = 0$ und $\Delta S = 0$
$0 \to$ III	$30\,C$	-----	unmöglich, da $\Delta U > 0$
$0 \to$ IV	0	$C\ln 0{,}81 < 0$	unmöglich, da $\Delta S < 0$ (isoliertes System!)

b) Mögliche Reihenfolge: IV $\to$ 0 $\to$ I. Von IV nach 0 und von 0 nach I bleibt die innere Energie des Gesamtsystems jeweils gleich, während die Entropie zunimmt.

Aufgabe 8.38:

$$m_W = m_{St}\dfrac{c_{St}(\vartheta_{St} - \vartheta_E)}{c_W(\vartheta_E - \vartheta_W)} = 17{,}84\ kg;\ S_2 - S_1 = m_W c_W \ln\dfrac{T_E}{T_W} + m_{St} c_{St} \ln\dfrac{T_E}{T_{St}} = 4{,}806\ kJ/K$$

Aufgabe 8.39: a) $T^* = 305\ K$; b) $\Delta_i S = 2{,}31\ J/K$

Aufgabe 8.40: Parameterdarstellung der Kurve (Parameter α):

$$x/L = K\kappa\varphi^{\kappa+1}\sin\alpha + (\varphi^\kappa - P)\cos\alpha;$$
$$y/L = K\kappa\varphi^{\kappa+1}\cos\alpha - (\varphi^\kappa - P)\sin\alpha;$$

mit $L = p_1 A a / F_G$, $K = a/l_1$, $\varphi = (1+K\alpha)^{-1}$ und $P = p_U/p_1$.

Aufgabe 8.41:
$(s_2 - s_1)/c_p = \ln[(T_2/T_1)(p_1/p_2)^{1-1/\kappa}]$ mit $T_2/T_1 = 1 + (1-1/\kappa)(p_2-p_1)/p_1$. Für $p_2 \gg p_1$ folgt ein erster Näherung $(s_2-s_1)/c_p = \ln[(1-1/\kappa)(p_2/p_1)^{1/\kappa}] > 0$; diese Entropiezunahme charakterisiert den irreversibel–adiabaten Prozess.

Zu Kapitel 9

Frage 9.1:
a) $\dfrac{\mathrm{d}p_s}{\mathrm{d}T} = \dfrac{h'' - h'}{T(v'' - v')}$; b) $\dfrac{\mathrm{d}p_s}{\mathrm{d}T} = \dfrac{h^{II} - h^{I}}{T(v^{II} - v^{I})}$

Frage 9.2: Die Schmelzdruckkurve hat eine negative Steigung (siehe Bild 9.1).

Frage 9.3: siehe Bild 9.4

Frage 9.4: Die Dampfdruckkurve beschreibt die Abhängigkeit des Sättigungsdrucks von der Temperatur oder die Abhängigkeit der Siedetemperatur vom Druck (siehe Bild 9.1).

Frage 9.5: relative Luftfeuchtigkeit φ, Sättigungsgrad ψ

Frage 9.6: Sättigungsdruck

Frage 9.7: Unter dem Partialdruck p_γ des Gases γ in einem Gasgemisch mit dem Volumen V versteht man den Druck, der sich einstellen würde, wenn das Gas γ im Volumen V allein vorhanden wäre. In einem idealen Gasgemisch ist der Druck p („Gesamtdruck") gleich der Summe der Partialdrücke p_γ aller Gase $\gamma = 1, 2, \ldots K$, d.h.

$$p = \sum_{\gamma=1}^{K} p_\gamma.$$

Frage 9.8: $h_{1+x} = (c_{pL} + x_D c_{pD} + x_F c_{pF} + x_E c_{pE})\vartheta + x_D r_0 - x_E l_0$.
Hierin bedeuten $h_{1+x} = H/m_L$ die spezifische Enthalpie der feuchten Luft, bezogen auf 1 kg trockene Luft, ϑ die Temperatur in °C, c_{pL}, c_{pD}, c_{pF}, c_{pE} die konstanten spezifischen Wärmekapazitäten für trockene Luft, Wasserdampf, flüssiges Wasser und Eis, r_0 die Verdampfungsenthalpie und l_0 die Schmelzenthalpie des Wassers, jeweils bei 0 °C.

Aufgabe 9.1: $T = 273{,}09$ K

Aufgabe 9.2: 6,3%

Aufgabe 9.3: $p_{TP} = 0{,}0598$ bar, $T_{TP} = 195{,}2$ K

Aufgabe 9.4: $V_A/V_B = (1+x)(1 + x\mathcal{M}_L/\mathcal{M}_D)^{-1} = 0{,}994$

Aufgabe 9.5:
a) $x_2 = x_3 = 7{,}35 \cdot 10^{-3}$; b) $m_{\mathrm{Kon}} = m_L(x_1 - x_3) = 9{,}1$ g; c) $W = mRT \ln \dfrac{p_3}{p_2} = 116{,}5$ kJ

Aufgabe 9.6:
a) $x_A = \psi_A x_s = 5{,}33 \cdot 10^{-3}$; $h_A = 19{,}4$ kJ/kg
b) $\vartheta_M = 22{,}9$ °C; $h_M = 68{,}7$ kJ/kg
c) $m_B = m_A \dfrac{h_M - h_A}{h_B - h_M} = 1{,}58$ kg; $x_B = \dfrac{(m_A + m_B)x_M - m_A x_A}{m_B} = 0{,}0260$

Aufgabe 9.7:
a) $x_1 = 0{,}0134$; $x_3 = 0{,}00893$; b) $m_{\mathrm{Kon}} = 0{,}022$ kg; c) $\vartheta_2 = 12$ °C; d) $p^* = 1{,}11$ bar;
e) $p_2 = 1{,}65$ bar

Aufgabe 9.8:
a) $m_F = 0{,}0128$ kg; $h_{1+x}^{(1)} = 62$ kJ/kg; b) $Q_{12} = 42{,}6$ kJ

Aufgabe 9.9:
a) $x_1 = 0{,}01535$; $x_{F,2} = 0{,}01$; $x_{D,2} = 5{,}35 \cdot 10^{-3}$
b) $x_{D,2} = x_s \Rightarrow p_s$; $\vartheta_2 = \vartheta_2(p_s) = 4{,}6$ °C; $Q_{12} = -1315$ kJ

Aufgabe 9.10:
a) $p_{D,1} = 0{,}0285$ bar; $p_{D,2} = 0{,}011$ bar; $p_{L,1} = 0{,}9715$ bar; $p_{L,2} = 0{,}989$ bar
$m_{L,1} = 70{,}9$ kg; $m_{L,2} = 47{,}6$ kg
$x_1 = 0{,}0182$; $x_2 = 0{,}0069$
$h_{1+x}^{(1)} = 71{,}5$ kJ/kg; $h_{1+x}^{(2)} = 33{,}5$ kJ/kg
b) $x_M = 0{,}0137$; $h_{1+x}^{(M)} = 56{,}2$ kJ/kg; $\vartheta_M = 21{,}4$ °C

Aufgabe 9.11:
a), b) siehe Bild 9.9; $\vartheta_M = 30$ °C; $m_W = 0$
c) $h_{1+x}^{(M)} = 86{,}6$ kJ/kg; aus dem h_{1+x}, x-Diagramm ergibt sich $h_{1+x}^{(M)} \approx 88$ kJ/kg

Aufgabe 9.12: $p_2 = 1{,}83$ bar

Antworten und Lösungen

Aufgabe 9.13:
a)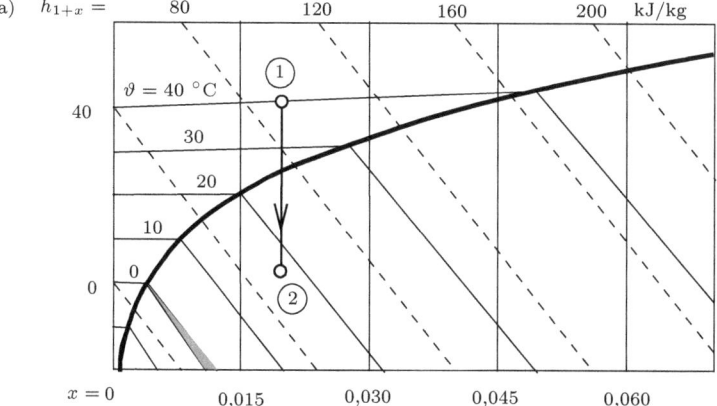

b) $\vartheta_2 \approx 18\ °C$; $m_{D,2} = 6{,}6$ kg; Wasser wird in flüssigem Zustand ausgeschieden.

Aufgabe 9.14:

a) $x_2 - x_1 = 0{,}622 \left(\dfrac{\varphi_2 p_{s,2}}{p - \varphi_2 p_{s,2}} - \dfrac{\varphi_1 p_{s,1}}{p - \varphi_1 p_{s,1}} \right)$

b) $\dot{m}_L = \dot{m}_W c_W \dfrac{\vartheta_{W,1} - \vartheta_{W,2}}{h_{1+x}^{(2)} - h_{1+x}^{(1)}} \left[1 - \dfrac{c_W \vartheta_{W,2}(x_2 - x_1)}{h_{1+x}^{(2)} - h_{1+x}^{(1)}} \right]^{-1}$;

$h_{1+x}^{(2)} - h_{1+x}^{(1)} = c_{pL}(\vartheta_{L,2} - \vartheta_{L,1}) + (x_2 - x_1)r_0 + x_2 c_{pD} \vartheta_{L,2} - x_1 c_{pD} \vartheta_{L,1}$;
$\dot{m}_{W,V} = (x_2 - x_1)\dot{m}_L$

c) $\dot{m}_{W,V} = 10{,}2$ kg/h

Aufgabe 9.15:
a) $\varphi_2 = 0{,}0082$, $\psi_2 = 0{,}0012$; b) $m_{L2} = 4{,}7$ kg; c) $\varphi_3 = 0{,}13$

Aufgabe 9.16:
a) $Q_{12} = 2{,}86$ kJ; b) $W_{23} = -153{,}4$ kJ, $\varphi_3 = 0{,}7$

Aufgabe 9.17: $\varphi_1 = 0{,}48$, $\varphi_2 = 0{,}33$

Aufgabe 9.18:
a) $p_{s1} = p_s(50\ °C) = 0{,}12335$ bar; $x_2 = x_s(\vartheta_2)$;
$\vartheta_2 = [(x_s(\vartheta_2) - x_1)(c_W \vartheta_W - r_0) + (x_1 c_{pD} + c_{pL})\vartheta_1]/(c_{pL} + x_s(\vartheta_2)c_{pD})$
Iterative Lösung ergibt $\vartheta_2 = 22{,}4\ °C$.

b) $m_W = 0{,}0114$ kg

Aufgabe 9.19:
a) $\vartheta_T = 21{,}2\ °C$; b) $\dot{Q}_{12} = 58{,}6$ kW; c) $\varphi_2 = 0{,}205$

Aufgabe 9.20: $\vartheta_M = 20{,}8\ °C$, $\psi_M = 0{,}11$

Aufgabe 9.21: $\vartheta = 31{,}0\ °C$, $m_W = 0{,}294$ kg

Aufgabe 9.22:
a) $m_D = 0{,}064$ g; b) $V = 0{,}09$ ml; c) $v = 0{,}809$ m³/kg

Zu Kapitel 10

Frage 10.1: Für die phänomenologischen Koeffizienten L_{ik} der linearen phänomenologischen Gleichungen $J_k = \Sigma_i L_{ik} X_i$ $(i, k = 1, 2 \ldots)$ gilt $L_{ik} = L_{ki}$ $(i, k = 1, 2, \ldots; i \neq k)$. Zum Beispiel besteht auf Grund der Onsager-Relationen zwischen dem Peltier- und dem Seebeck-Koeffizienten eines Materials die Beziehung $k_P = k_S T$.

Frage 10.2:
a) Bei gleichen Leitermaterialien würde die resultierende elektrische Spannung verschwinden.
b) Bei gleichen Leitermaterialien würde der resultierende Wärmestrom verschwinden.

Frage 10.3: verschwindender Temperaturgradient

Frage 10.4: verschwindender elektrischer Strom

Frage 10.5: Für einfache chemische Reaktionen gilt $w = \overrightarrow{w} - \overleftarrow{w} = \overrightarrow{w}(1 - e^{-\mathcal{A}/\mathcal{R}T})$, wobei $\overrightarrow{w}$ und $\overleftarrow{w}$ die Geschwindigkeiten der Vorwärts- bzw. Rückwärtsreaktion sind.

Frage 10.6: In der Nähe des chemischen Gleichgewichtszustands können die i.a. nichtlinearen phänomenologischen Gleichungen durch lineare angenähert werden.

Aufgabe 10.1: Am Beginn einer chemischen Reaktion gilt für die chemische Affinität $\mathcal{A} \to \infty$, d.h. $\mathsf{w} = \vec{\mathsf{w}}$.
Aufgabe 10.2: $\dot{Q}_{AB} = n(k_P^{(B)} - k_P^{(A)})I$; $n = \dot{Q}_{AB}/(k_P^{(B)} - k_P^{(A)})I$
$n_{\text{Fe-Cu}} = 270$; $n_{\text{Sb-Bi}} = 34$; $n_{\text{Bi}_2\text{Te}_3(p)-\text{Bi}_2\text{Te}_3(n)} = 9$.
Aufgabe 10.3:
a) $I = 2k_S(T_H - T_K)/R$ mit $R = 2R_\Omega + R_0$
b) $\eta = \dfrac{T_H - T_K}{T_H} \dfrac{R_0}{R} \left(1 + \dfrac{R}{2k_S^2 T_H R_W}\right)^{-1}$
c) $R_{0,\text{opt}} = 2R_\Omega \sqrt{1 + k_S^2 T_H R_W/R_\Omega}$
d) kleine Wärmeleitfähigkeit, große elektrische Leitfähigkeit und großer Seebeck-Koeffizient
e) $R_\Omega/R_0 \to 0$ und $k_S^2 T_H R_W/R_0 \to \infty$.

Zu Kapitel 11

Frage 11.1: Spektraler Strahlungsfluss und Gesamt-Strahlungsfluss
Frage 11.2: Spektrale Strahlungsintensität und Gesamt-Strahlungsintensität
Frage 11.3: Wien'sches Strahlungsgesetz und Stefan-Boltzmann'sches Strahlungsgesetz
Frage 11.4: Weil die Intensitätsänderung zufolge Absorption proportional zur Intensität selbst ist, die Intensitätsänderung zufolge (spontaner) Emission jedoch nicht.
Frage 11.5: Streuung *in* die betrachtete Richtung liefert einen positiven, Streuung *aus* der betrachteten Richtung einen negativen Beitrag zur Intensitätsänderung.
Frage 11.6: Weil die Gewichtsfunktionen bei der Mittelwertbildung unterschiedlich sind. Beim Gesamt-Absorptionsvermögen ist die Gewichtsfunktion durch die einfallende Strahlung bestimmt, beim Gesamt-Emissionsvermögen durch die Strahlung, die von einer schwarzen Wand emittiert wird.
Frage 11.7: Der Heizkörper einer Warmwasserheizung emittiert Strahlungsenergie hauptsächlich im infraroten, d.h. nicht sichtbaren, Wellenlängen-Bereich.
Frage 11.8: $\overline{\varepsilon}\sigma T_P^4 \ll \overline{\alpha}\dot{q}_{\text{ein}}$.

Aufgabe 11.1: Es gilt $I = I_0 = \text{const}$ für $0 \leq \theta < \theta_1$, $I = 0$, für $\theta_1 < \theta \leq \pi$, wobei $\sin\theta_1 = R/r$. Auswertung des Integrals in (11.9) gemäß (11.10) liefert mit $\vec{l} \bullet \vec{n} = \cos\theta$ für a) das Ergebnis $\dot{q}_n = \pi I_0 (R/r)^2$. Aus Symmetriegründen hat der Strahlungsfluss-Vektor die Richtung des Radiusvektors $\vec{e}_r$, der zum Flächenelement führt, so dass $\vec{\dot{q}} = \pi I_0 (R/r)^2 \vec{e}_r$. Hieraus folgt für b) das Ergebnis $\dot{q}_n = \pi I_0 (R/r)^2 \cos\theta_0$.
Aufgabe 11.2: $\overline{\alpha}_s/2$.
Aufgabe 11.3: $\displaystyle\int_{\lambda_1}^{\lambda_2} B_\lambda d\lambda \Big/ \int_0^\infty B_\lambda d\lambda = \int_{x_2}^{x_1} \dfrac{x^3 dx}{e^x - 1} \Big/ \int_0^\infty \dfrac{x^3 dx}{e^x - 1} = \dfrac{15}{\pi^4} \int_{x_2}^{x_1} \dfrac{x^3 dx}{e^x - 1}$ mit $x_{1,2} = \dfrac{hc}{kT\lambda_{1,2}}$.
Numerische Auswertung des Integrals ergibt 47%.
Aufgabe 11.4: $T_P = T_w(1 + \dot{q}_{\text{ein}}/\sigma T_w^4)^{1/4} \approx 420$ K, d.i. ca. 5% mehr als ohne Umgebungseinfluss.
Aufgabe 11.5: $(T_P - T_\infty)/T_\infty = (\overline{\alpha}\dot{q}_{\text{ein}}/\overline{\varepsilon}\sigma T_\infty^4 - 1)/(4 + \text{Nu}\, k/D\overline{\varepsilon}\sigma T_\infty^3)$.
Aufgabe 11.6: $\pi D^2 L a_P \sigma T^4 + I\Delta\Theta = 0$.
Aufgabe 11.7: $d_i S/dt = \dot{Q}(T_U^{-1} - T_O^{-1})$.
Aufgabe 11.8: $T = (P/\pi dl\overline{\varepsilon}\sigma)^{1/4}$.
Aufgabe 11.9: a) $a_\nu = L^{-1} \ln[I_{\nu 0}/(I_{\nu 1} - I_{\nu 2})]$, $e_\nu = a_\nu I_{\nu 2}/(1 - e^{-a_\nu L})$. b) Parameter T ist durch Anpassen von $B_\nu(T)$ an die Funktion $I_{\nu 0} I_{\nu 2}/(I_{\nu 0} + I_{\nu 2} - I_{\nu 1})$ zu bestimmen.

Zu Kapitel 12

Frage 12.1: Jener Teil der Arbeit, der aus thermischer Energie gewonnen wird.
Frage 12.2: Die reversibel isotherme Verdichtung.
Frage 12.3: Geschlossene Gaskraftanlagen: Beliebiges gasförmiges Arbeitsmedium wird ständig in der Anlage gehalten. Offene Gaskraftanlagen: Luft wird aus der Umgebung angesaugt, Abgas, das bei der Verbrennung eines Brennstoffs mit dem Luftsauerstoff entsteht, verlässt die Anlage.
Frage 12.4: Einsatz eines Rekuperators, mehrstufige Verdichtung mit Zwischenkühlung, mehrstufige Expansion mit Zwischenerhitzung.
Frage 12.5: Enthalpiezunahme / Entropiezunahme.
Frage 12.6: Betrag der Summe der technischen Arbeiten von Speisewasserpumpe und Dampftur-

Antworten und Lösungen 253

bine bzw. Betrag der Summe der im Dampferzeuger und im Kondensator übertragenen Wärmen, jeweils auf den Massenstrom bezogen.
Frage 12.7: Senken der Temperatur der Wärmeabgabe. Limitierung: Umgebungstemperatur. Heranführen der Temperatur an die Umgegungstemperatur. Limitierung: Größe der Kondensatorheizflächen. Erhöhen der Temperatur der Wärmezufuhr. Limitierung: Werkstoffanstrengung aus Druck und Temperatur führt zu hohen Wassergehalten in der Turbinenendstufe und Erosionskorrosion. Abhilfe: Mehrstufige Expansion mit Zwischenüberhitzung. Weitere Erhöhung der thermodynamischen Mitteltemperatur der Wärmezufuhr durch Speisewasservorwärmung mit Anzapfdampf möglich.
Frage 12.8: Vorteil: Hoher thermischer Wirkungsgrad / Nachteil: Hochwertiger Brennstoff erforderlich.
Frage 12.9: Pinch Point
Frage 12.10: Wenn neben thermischer Energie auch mechanische Arbeit (elektrische Energie) benötigt wird.
Frage 12.11: Wärmepumpe: Nimmt einen Wärmestrom aus der Umgebung auf und gibt einen um die Antriebsleistung der Wärmepumpe vergrößerten Nutzwärmestrom an ein System mit höherem Temperaturniveau als dem Umgebungstemperaturniveau ab.
Kältemaschine: Nimmt einen Nutzwärmestrom aus einem System mit einem tieferen Temperaturniveau als dem Umgebungstemperaturniveau auf und gibt einen um die Antriebsleistung vergrößerten Wärmestrom an die Umgebung ab.
Frage 12.12: Arbeitsmedium Kompressionskälteanlagen: Medium, das im Laufe des Kreisprozesses einem Phasenwechsel unterworfen ist; Arbeitsmedium Gaskälteanlagen: Gasförmiges Medium.

Aufgabe 12.1:
a) $w_{t12} = h_2 - h_1 = c_{piG}(\vartheta_2 - \vartheta_1) = -944{,}23 \text{ kJ/kg}$; $P_{GT} = \dot{m}_{iG} |w_{t12}| = 56{,}654 \text{ MW}$
b) $w_{t12s} = c_{piG} T_1 ((p_2/p_1)^{(\kappa-1)/\kappa} - 1)$; $\eta_{sT} = w_{t12}/w_{t12s} = 0{,}95787$

Aufgabe 12.2:
a) $w_{t12} = h_2 - h_1 = -313{,}50 \text{ kJ/kg}$; $P_{DT} = \dot{m}_D |w_{t12}| = 3{,}135 \text{ MW}$
b) $s_{2s} = s_1$; $h'_2 = 458{,}0 \text{ kJ/kg}$; $h''_2 = 2690{,}1 \text{ kJ/kg}$; $s'_2 = 1{,}4098 \text{ kJ/kgK}$; $s''_2 = 7{,}2479 \text{ kJ/kgK}$; $x_{2s} = (s_{2s} - s'_2)/(s''_2 - s'_2) = 0{,}80355$; $h_{2s} = h'_2 + x_{2s}(h''_2 - h'_2) = 2251{,}6 \text{ kJ/kg}$; $\eta_{sT} = (h_2 - h_1)/(h_{2s} - h_1) = 0{,}35817$

Aufgabe 12.3:
a) $w_{t12s} = c_{piG} T_1 ((p_2/p_1)^{(\kappa-1)/\kappa} - 1) = 451{,}78 \text{ kJ/kg}$; $w_{t12} = w_{t12s}/\eta_{t12} = 602{,}37 \text{ kJ/kg}$
b) $\vartheta_2 = \vartheta_1 + w_{t12}/c_{piG} = 624{,}67 \text{ °C}$
c) Mit der Entropiebilanz (8.40) und $dS = 0$ für stationäre Strömungsprozesse erhält man für ein System, das von einem Massenstrom durchströmt wird der im System eine Zustandsänderung A-B erfährt, die auf den Massenstrom bezogene durch Irreversibilitäten produzierte Entropie $_is_{AB} = s_B - s_A - \int_A^B 1/T \, dq$. Konkret: $_is_{12} = s_2 - s_1 = c_{piG} \ln(T_2/T_1) - R_{iG} \ln(p_2/p_1) = 0{,}18352 \text{ kJ/kgK}$

Aufgabe 12.4:
a) $w_{t12} = R_{iG} T_1 \ln(p_2/p_1) = 275{,}44 \text{ kJ/kg}$
b) Mit $w_{t12} + q_{12} = h_2 - h_1$; $h_2 - h_1 = c_{piG}(\vartheta_2 - \vartheta_1)$ und $\vartheta_2 = \vartheta_1$: $q_{12} = -w_{t12} = -275{,}44 \text{ kJ/kg}$

Aufgabe 12.5: $\eta_{th} = 1 - \varepsilon^{1-\kappa}$
Aufgabe 12.6: $\pi = \varepsilon^\kappa$
Aufgabe 12.7:
a) $V_2/V_1 = (T_2/T_1)^{1/(1-\kappa)} = 0{,}10379$
b) $p_2 = p_1 (T_2/T_1)^{\kappa/(\kappa-1)} = 23{,}816 \text{ bar}$
c) $W_{12} = (p_1 V_1/(\kappa - 1))(T_2/T_1 - 1) = 7369{,}7 \text{ J}$

Aufgabe 12.8:
a) $\rho_1 = 0{,}89944 \text{ kg/m}^3$
b) $\varphi = 3{,}0510$
c) $p_2 = 70{,}975 \text{ bar}$; $p_4 = 4{,}7710 \text{ bar}$
d) $T_2 = 1159{,}8 \text{ K}$; $T_3 = 3540{,}7 \text{ K}$; $T_4 = 1637{,}2 \text{ K}$

Aufgabe 12.9:
a) $V_1 = 2{,}1333 \text{ l}$; $T_1 = 300 \text{ K}$; $V_2 = 0{,}13333 \text{ l}$; $T_2 = 909{,}43 \text{ K}$; $V_3 = 0{,}4 \text{ l}$; $T_3 = 2728{,}3 \text{ K}$; $V_4 = 2{,}1333 \text{ l}$; $T_4 = 1396{,}7 \text{ K}$
b) $q_{23} = 1827{,}0 \text{ kJ/kg}$; $w_N = 1040{,}2 \text{ kJ/kg}$
c) $\eta_{th} = 0{,}56933$

Aufgabe 12.10:
a) $w_{t12} = 542{,}62 \text{ kJ/kg}$; $w_{t34} = -888{,}33 \text{ kJ/kg}$; $q_{23} = 738{,}12 \text{ kJ/kg}$; $\eta_{th} = 0{,}46837$
b) $\dot{m}_L = P_{GKA}/|w_{t12} + w_{t34}| = 107{,}02 \text{ kJ/kg}$; $\dot{V}_L = \dot{m}_L R_{iG} T_1/p_1 = 91{,}579 \text{ m}^3/\text{s}$.

Aufgabe 12.11:
a) Für den Eintrittszustand 1 erhält man die Werte der Zustandsgrößen aus der Dampftafel (Anhang, Dampftafel für Wasser): $p_1 = p_s(\vartheta_1) = 0,07375$ bar, $v_1 = v'(\vartheta_1) = 1,0078 \cdot 10^{-3}$ m³/kg und $h_1 = h'(\vartheta_1) = 167,45$ kJ/kg.
Für die reversible technische Arbeit einer Zustandsänderung 1-2 gilt allgemein: $(w_{t12})_{rev} = \int_1^2 v \, dp$. Im Speziellen kann Wasser näherungsweise als inkompressibel angenommen werden, somit $(w_{t12})_{rev} = v'(\vartheta_1)(p_2 - p_1) = 13,094$ kJ/kg. Damit folgt die auf den Massenstrom bezogene technische Arbeit der irreversiblen Pumpe zu $w_{t12} = (w_{t12})_{rev}/\eta_{sSp} = 18,706$ kJ/kg und die spezifische Enthalpie am Austritt zu $h_2 = h_1 + w_{t12} = 186,16$ kJ/kg.
b) Die Austrittstemperatur des Wassers aus der Speisepumpe ergibt sich unter der Annahme einer konstanten spezifischen Wärmekapazität von $c_{pW} = 4,17$ kJ/kgK mit (6.26) zu $\vartheta_2 = \vartheta_1 + (h_2 - h_1)/c_{pW} = 44,486°C$.

Aufgabe 12.12:
a) Für den Eintrittszustand 3 erhält man die Werte der Zustandsgrößen aus der Dampftafel (Anhang, Dampftafel für überhitzten Wasserdampf): $h_3 = 3336,8$ kJ/kg, $s_3 = 6,4409$ kJ/kgK. Am Austritt ist die Siedetemperatur und damit der Dampfdruck im Kondensator $p_4 = p_{KO} = 0,07375$ bar, sowie die Zustände an Siede- und Taulinie $h'_{KO}(\vartheta_4)$, $s'_{KO}(\vartheta_4)$ und $h''_{KO}(\vartheta_4)$, $s''_{KO}(\vartheta_4)$ bekannt. Der Dampfgehalt bei isentroper Entspannung folgt mit $s_{4s} = s_3$ zu $x_{4s} = (s_{4s} - s'_{KO})/(s''_{KO} - s'_{KO}) = 0.76355$, die Enthalpie zu $h_{4s} = h'_{KO} + x_{4s}(h''_{4s} - h'_{4s}) = 2005,3$ kJ/kg und damit die auf den Dampfmassenstrom bezogene reversible technische Arbeit zu $w_{t34s} = h_{4s} - h_3 = -1331,5$ kJ/kg. Damit ist die auf den Dampfmassenstrom bezogene technische Arbeit der irreversiblen Entspannung $w_{t34} = \eta_{sT} w_{t34s} = -1131,8$ kJ/kg.
b) Die Enthalpie nach der irreversiblen Entspannung ist $h_4 = h_3 + w_{t34} = 2205,0$ kJ/kg und der Dampfgehalt am Turbinenaustritt $x_4 = (h_4 - h'_{KO})/(h''_{KO} - h'_{KO}) = 0,84653$.

Aufgabe 12.13:
a) Die dem Dampferzeuger isobar zugeführte auf den Dampfmassenstrom bezogene Wärme ergibt sich aus der Enthalpiedifferenz $q_{23} = h_3 - h_2 = 3150,6$ kJ/kg, der thermische Wirkungsgrad $\eta_{th} = |w_{t12} + w_{t34}|/q_{23} = 0,35329$.
b) Die im Kondensator isobar abgegebene auf den Dampfmassenstrom bezogene Wärme ergibt sich aus der Enthalpiedifferenz $q_{41} = h_1 - h_4$ oder aus der Energiebilanz $w_{t12} + q_{23} + w_{t34} + q_{41} = 0$ zu $q_{41} = -2037,6$ kJ/kg.

Aufgabe 12.14:
a) Eintrittszustand: $h_1 = h''(p_{VD}) = 392,62$ kJ/kg, $s_1 = s''(p_{VD}) = 1,7334$ kJ/kgK. Mit s_1 sucht man in der Dampftafel für den überhitzten Bereich den zu s_1 nächstgelegenen Entropiewert s_{2*} auf der Isobaren p_{KO}. Man findet $s_{2*} = 1,7283$ kJ/kgK. Mit s_{2*} und der zugehörigen Temperatur $T_{2*} = 313,15$ K kann man aus der Zustandsgleichung für die Entropie (8.16) eine mittlere spezifische isobare Wärmekapazität c_{pm} für den Isobarenabschnitt zwischen $s''(p_{KO})$ und s_{2*} ermitteln. Man erhält $c_{pmvKO} = 1,0910$ kJ/kgK. Mit der Entropie der isentropen Verdichtung $s_{2s} = s_1$ erhält man mit (8.16) die Verdichteraustrittstemperatur der isentropen Verdichtung $T_{2s} = 314,62$ K bzw. $\vartheta_{2s} = 41,467°C$. Die spezifische Enthalpie der isentropen Verdichtung folgt aus der kalorischen Zustandsgleichung, angewendet auf den Isobarenabschnitt p_{KO} zwischen Taulinie und 2^s zu $h_{2s} = 423,91$ kJ/kg. Mit der Definition des isentropen Wirkungsgrads des Verdichters erhält man die spezifische Enthalpie am Verdichteraustritt zu $h_2 = 434,34$ kJ/kg. Mit der kalorischen Zustandsgleichung folgt $T_2 = 324,18$ K bzw. $\vartheta_2 = 51,028$ °C.
b) Die auf den Massenstrom bezogene technische Arbeit folgt aus dem 1. HS zu $w_{t12} = h_2 - h_1 = 41,723$ kJ/kg.

Aufgabe 12.15:
a) $w_{t12} = h_2 - h_1 = 41,723$ kJ/kg; $q_{12} = 0$ kJ/kg; $w_{t23} = 0$ kJ/kg; $q_{23} = h_3 - h_2$, mit $h_3 = h'_{KO}$ folgt $q_{23} = -184,56$ kJ/kg; $w_{t34} = q_{34} = 0$ kJ/kg; $q_{41} = h_1 - h_4$, mit $h_4 = h_3$ folgt $q_{41} = 142,84$ kJ/kg.
b) $_i s_{12} = s_2 - s_1$ (s.a. Aufgabe 12.3), mit $s_2 = s''_{KO} + c_{pmvKO} \ln(T_2/T_{sKO}) = 1,7661$ kJ/kgK folgt $_i s_{12} = 32,660$ J/kgK; $_i s_{23} = s_3 - s_2 - q_{23}/T_U$, mit $s_3 = s'_{KO}$ folgt $_i s_{23} = 12,257$ J/kgK; $_i s_{34} = s_4 - s_3$, mit $x_4 = (h_4 - h'_{KO})/(h''_{KO} - h'_{KO}) = 0,30667$ und $s_4 = s'_{KO} + x_4(s''_{KO} - s'_{KO})$ folgt $_i s_{34} = 20,953$ J/kgK; $_i s_{41} = s_1 - s_4 - q_{41}/T_{KR} = 4,2334$ J/kgK.
c) $\epsilon_{KM} = q_{41}/w_{t12} = 3,4236$.
d) $\dot{m}_{KM} = \dot{Q}_K/q_{41} = 0,10501$ kg/s; $P_{KM} = \dot{m}_{KM} w_{t12} = 4,3814$ kW.

Aufgabe 12.16:
a) $T_2 = T_1 (p_2/p_1)^{(\kappa-1)/\kappa}$, mit $T_1 = \vartheta_U + 273,15$ K folgt $T_2 = 464,30$ K $= 191,15°C$; $T_5 = T_4 (p_1/p_2)^{(\kappa-1)/\kappa}$, mit $T_4 = \vartheta_{KR} + 273,15$ K folgt $= 140,89$ K $= -132,26°C$.
b) $w_{t12} = c_{pL}(T_2 - T_1)$, mit $c_{pL} = \kappa/(\kappa-1) R_L = 1,0045$ kJ/kgK folgt $w_{t12} = 171,92$ kJ/kg; $q_{23} = c_{pL}(T_3 - T_2) = -171,92$ kJ/kg; $q_{34} = -q_{61} = c_{pL}(T_4 - T_3) = -70,315$ kJ/kg; $w_{t45} =$

$c_{\text{pL}}(T_5 - T_4) = -82{,}627\,\text{kJ/kg}$; $q_{56} = c_{\text{pL}}(T_6 - T_5) = 82{,}627\,\text{kJ/kg}$.

c) $_i s_{23} = s_3 - s_2 - q_{23}/T_{\text{U}}$, mit (8.16) folgt $s_3 - s_2 = c_{\text{pL}}\ln(T_3/T_2) = -461{,}91\,\text{J/kgK}$ und $_i s_{23} = 124{,}54\,\text{J/kgK}$; $_i s_{56} = s_6 - s_5 - q_{56}/T_{\text{KR}}$, mit $s_6 - s_5 = c_{\text{pL}}\ln(T_6/T_5) = 461{,}91\,\text{J/kgK}$ folgt $_i s_{56} = 91{,}635\,\text{J/kgK}$.

d) $\epsilon_{\text{KM}} = q_{56}/(w_{\text{t}12} + w_{\text{t}45}) = 0{,}92537$.

Aufgabe 12.17: a) $\dot{E}_{\text{Q}}/\dot{Q} = 1 - T_{\text{U}}/T_{\text{R}} = 0{,}074538$; b) $\dot{B}_{\text{Q}}/\dot{Q} = T_{\text{U}}/T_{\text{R}} = 0{,}925462$.

Aufgabe 12.18: $\dot{E}_{\text{V}}/\dot{Q} = T_{\text{U}}(T_{\text{AG}} - T_{\text{D}})/(T_{\text{AG}}\,T_{\text{D}}) = 0{,}024773$.

Anhang

Die folgenden Auszüge aus Dampftafeln sind ausreichend, um die Beispiele und Aufgaben zu lösen. Für vollständige Dampftafeln mit neueren und genaueren Stoffwerten siehe das Literaturverzeichnis (Tabellenwerke).

Dampftafel für Wasser

| ϑ | p | v' | v'' | h' | h'' | r | s' | s'' |
°C	bar	dm³/kg	m³/kg	kJ/kg	kJ/kg	kJ/kg	kJ/kgK	kJ/kgK
0,01	0,006112	1,0002	206,2	0,000	2501,6	2501,6	0,0000	9,1575
5	0,008718	1,0000	147,2	21,01	2510,7	2489,7	0,0762	9,0269
10	0,01227	1,0003	106,4	41,99	2519,9	2477,9	0,1510	8,9020
15	0,01704	1.0008	77,98	62,94	2529,1	2466,1	0,2243	8,7826
20	0,02337	1,0017	57,84	83,86	2538,2	2454,3	0,2963	8,6684
25	0,03166	1,0029	43,40	104,77	2547,3	2442,5	0,3670	8,5592
30	0,04241	1,0043	32,93	125,66	2556,4	2430,7	0,4365	8,4546
40	0,07375	1,0078	19,55	167,45	2574,4	2406,9	0,5721	8,2583
50	0,12335	1,0121	12,05	209,26	2592,2	2382,9	0,7035	8,0776
60	0,19920	1,0171	7,679	251,09	2609,7	2358,6	0,8310	7,9108
70	0,3116	1,0228	5,046	292,97	2626,9	2334,0	0,9548	7,7565
80	0,47367	1,0292	3,409	334,92	2643,8	2308,8	1,0753	7,6132
90	0,7011	1,0361	2,361	376,94	2660,1	2283,2	1,1925	7,4799
100	1,0133	1,0437	1,6730	419,1	2676,0	2256,9	1,3069	7,3554
110	1,4327	1,0519	1,2010	461,3	2691,3	2230,0	1,4185	7,2388
120	1,9854	1,0606	0,8915	503,7	2706,0	2202,3	1,5276	7,1293
130	2,701	1,0700	0,6681	546,3	2719,9	2173,6	1,6344	7,0261
140	3,614	1,0800	0,5085	589,1	2733,1	2144,0	1,7390	6,9284
150	4,760	1,0908	0,3924	632,2	2745,4	2112,2	1,8416	6,8358
160	6,181	1,1022	0,3068	675,5	2756,7	2081,2	1,9425	6,7475
170	7,920	1,1145	0,2426	719,1	2767,1	2048,0	2,0416	6,6630
180	10,027	1,1275	0,1938	763,1	2776,3	2013,2	2,1393	6,5819
190	12,551	1,1415	0,1563	807,5	2784,3	1976,8	2,2356	6,5036
200	15,549	1,1565	0,1272	852,4	2790,9	1938,5	2,3307	6,4278
210	19,077	1,173	0,1042	897,5	2796,2	1898,7	2,4247	6,3539
220	23,198	1,190	0,08604	943,7	2799,9	1856,2	2,5178	6,2817
230	27,976	1,209	0,07145	990,3	2802,0	1811,7	2,6102	6,2107
240	33,478	1,229	0,05965	1037.6	2802,2	1764,6	2,7020	6,1406
250	39,776	1,251	0,05004	1085,8	2800,4	1714,6	2,7935	6,0708
260	46,934	1,276	0,04213	1134,9	2796,4	1661,5	2,8848	6,0010
270	55,058	1,303	0,03559	1185,2	2789,9	1604,6	2,9763	5,9304
280	64,202	1,332	0,03013	1236,8	2780,4	1543,6	3,0683	5,8586
290	74,641	1,366	0,02554	1290,0	2767,6	1477,6	3,1611	5,7848
300	85,927	1,404	0,02165	1345,0	2751,0	1406,0	3,2552	5,7081
310	98,700	1,448	0,01833	1402,4	2730,0	1327,6	3,3512	5,6278
320	112,89	1,500	0,01548	1462,6	2703,0	1241,1	3,4500	5,5423
330	128,63	1,562	0,01299	1526,5	2670,2	1143,7	3,5528	5,4990
340	146,05	1,639	0,01078	1595,5	2626,2	1030,7	3,6616	5,3427
350	165,35	1,741	0,00880	1671,9	2567,7	895,7	3,7800	5,2177
360	186,75	1,896	0,00694	1764,2	2485,4	721,3	3,9210	5,0600
370	210,54	2,214	0,00497	1890,2	2342,8	452,6	4,1108	4,8144
374,15	221,2	3,170	0,00317	2107,4	2107,4	0	4,4429	4,4429

(nach E. Schmidt)

Dampftafel für überhitzten Wasserdampf

p bar	ϑ °C	v m³/kg	h kJ/kg	s kJ/kgK
1,4	170	1,447	2813,4	7,5456
	180	1,481	2833,5	7,5903
2	130	0,9100	2726,9	7,1786
3,4	200	0,6307	2863,5	7,2508
	210	0,6450	2884,2	7,2943
130	500	0,02440	3336,8	6,4409
150	440	0,01794	3126,9	6,1010

(nach E. Schmidt)

Dampftafel für Isobutan

ϑ °C	p bar	v' dm³/kg	v'' dm³/kg	h' kJ/kg	h'' kJ/kg
-6.67	1,278	1,700	297	449,6	811,3
-3,89	1,415	1,709	270	456,1	815,0
4,44	1,898	1,737	204	475,7	826,0
18,33	2,973	1,789	134	507,5	843,6
21,11	3,233	1,799	124	514,0	847,1
23,89	3,510	1,810	114	520,6	850,6

(nach R.H. Perry, D.W. Green & J.O. Maloney)

Dampftafel für Dichlordifluormethan CCl_2F_2 (R12)

ϑ °C	p bar	v' dm³/kg	v'' dm³/kg	h' kJ/kg	h'' kJ/kg
-60	0,226	0,6356	642,24	45,51	224,37
-40	0,641	0,6588	243,95	63,19	234,13
-30	1,003	0,6717	160,79	72,20	238,96
-20	1,508	0,6854	109,82	81,34	243,69
-5	2,609	0,7081	65,49	95,29	250,55
0	3,053	0,7163	55,81	100,0	252,75
15	4,914	0,7433	35,61	114,33	259,02
25	6,519	0,7637	26,96	124,07	262,89
35	8,483	0,7864	20,68	133,99	266,45
60	15,285	0,8587	11,08	159,95	273,57

(nach W. Blanke)

Dampftafel für Tetrafluorethan $C_2H_2F_4$ (R134a)

p	ϑ	v'	v''	h'	h''	s'	s''
bar	°C	dm³/kg	dm³/kg	kJ/kg	kJ/kg	kJ/kgK	kJ/kgK
1	-26,361	0,72593	192,558	165,44	382,60	0,8676	1,7475
2	-10,076	0,75337	99,877	186,60	392,62	0,9503	1,7334
3	0,672	0,77366	67,704	200,90	399,00	1,0033	1,7267
4	8,931	0,79073	51,207	212,11	403,72	1,0433	1,7226
5	15,735	0,80595	41,123	221,50	407,47	1,0759	1,7197
6	21,572	0,81998	34,300	229,68	410,57	1,1037	1,7175
7	26,713	0,83320	29,365	236,99	413,20	1,1280	1,7156
8	31,327	0,84585	25,625	243,65	415,46	1,1497	1,7140
9	35,526	0,85811	22,687	249,78	417,43	1,1695	1,7126
10	39,388	0,87007	20,316	255,50	419,16	1,1876	1,7113

(nach W. Wagner, ThermoFluids Vers. 1.0 (1.0.0), Springer 2005)

Literatur

Die Auswahl, vor allem bei der Literatur in englischer Sprache, wurde von den Verfassern subjektiv und unter besonderer Berücksichtigung der für die Entstehung des Repetitoriums wesentlichen Literatur getroffen.

Populärwissenschaftliche Darstellung

ATKINS, P.W.: Wärme und Bewegung – Die Welt zwischen Ordnung und Chaos. Spektrum Akad. Vlg., 1986.

Kurze Einführungen

BECKER, E.: Technische Thermodynamik. Teubner Verlag, 1997.

FROHN, A.: Einführung in die technische Thermodynamik. 3. Aufl., Wittwer Verlag, 1998.

GRIGULL, U.: Technische Thermodynamik. 3. Aufl., Walter de Gruyter, 1977.

HAASE, R.: Thermodynamik. Grundzüge der Physikalischen Chemie, Bd. 1. 2. Aufl., Steinkopff, 1985.

KNOCHE, K.F.: Technische Thermodynamik. 4. Aufl., Vieweg, 1999.

LABHART, H., und MOESTA, H.: Einführung in die physikalische Chemie. Teil I: Chemische Thermodynamik. 2. Aufl., Springer, 1984.

WAGNER, W.: Chemische Thermodynamik. 4. Aufl., Akad.-Verlag, 1982.

Umfangreichere Lehrbücher

ADAM, G., und HITTMAIR, O.: Wärmetheorie. 4. Aufl., Vieweg, 1992.

BAEHR, H.D. und KABELAC, S.: Thermodynamik – Grundlagen und technische Anwendungen. 15. Aufl., Springer, 2012.

BECKER, R.: Theorie der Wärme. 3. Aufl., Springer, Berlin–Heidelberg, 1985.

BOŠNJAKOVIĆ, F., und KNOCHE, K.F.: Technische Thermodynamik. Teil I. 8. Aufl., Steinkopff, 1998. Teil II. 6. Aufl., Steinkopff, 1996.

CENGEL, Y. A., and BOLES, M. A.: Thermodynamics. An Engineering Approach. 6th Ed., McGraw-Hill, 2007.

HERWIG, H., und KAUTZ, C. H.: Technische Thermodynamik. Pearson Studium, 2007.

HERWIG, H., und WENTERODT, T.: Entropie für Ingenieure. Vieweg + Teubner, 2012.

HOLMAN, J. P.: Thermodynamics. 4th Ed., McGraw-Hill, 1988.

HUTTER, K.: Fluid– und Thermodynamik. 2. Aufl., Springer, 2003.

LÖFFLER, H.J.: Thermodynamik. Bd. 1: Grundlagen und Anwendung auf reine Stoffe. Bd. 2: Gemische und chemische Reaktionen. Springer, 1985.

LUCAS, K.: Thermodynamik: Die Grundgesetze der Energie– und Stoffumwandlung. 7. Aufl., Springer, 2008.

MUELLER, I.: Grundzüge der Thermodynamik (mit historischen Anmerkungen). 3. Aufl., Springer, 2001.

SMITH, J. M., VAN NESS, H. C., and ABBOTT, M. M.: Introduction to Chemical Engineering Thermodynamics. 7th Ed., McGraw-Hill, 2005.

STEPHAN, K., und MAYINGER, F.: Thermodynamik. Bd. 1: Einstoffsysteme. 15. Aufl., Springer, 1998. Bd. 2: Mehrstoffsysteme und chemische Reaktionen. 14. Aufl., Springer, 1999.

VINCENTI, W.G., and KRUGER, C.H.: Introduction to Physical Gas Dynamics. Wiley, 1965; Krieger, 1986.

ZEMANSKY, M.W., and DITTMAN, R.H.: Heat and Thermodynamics. 7th Ed., McGraw–Hill, 1997.

ZEMANSKY, M.W., ABBOTT, M.M., and VAN NESS, H.C.: Basic Engineering Thermodynamics. 2nd Ed., McGraw–Hill, 1975.

Wärmestrahlung

SIEGEL, R., HOWELL, J. R., und LOHRENGEL, J.: Wärmeübertragung durch Strahlung, Bände I-III. Springer, 1988-1996.

UNSÖLD, A.: Physik der Sternatmosphären. Mit besonderer Berücksichtigung der Sonne. 2. Aufl., Springer, Berlin, 1955; Nachdruck 1968.

VINCENTI, W. G., and KRUGER, C. H.: Introduction to Physical Gas Dynamics. Wiley, New York, 1965.

ZEL'DOVICH, Ya.B., and RAIZER, Yu.P.: Physics of Shock Waves and High–Temperature Hydrodynamic Phenomena, Vol. I and II. Academic Press; New York 1966,1967. Also: Dover Publ., Mineola, N.Y., 2002.

Thermodynamik irreversibler Prozesse

DE GROOT, S.R.: Thermodynamik irreversibler Prozesse. B.I.–Hochschultaschenbücher, Bd. 18/18a. Bibliographisches Institut, 1960.

GYARMATI, I.: Non–equilibrium Thermodynamics. Springer, 1970.

HAASE, R.: Thermodynamik der irreversiblen Prozesse. Steinkopff, 1963.

PRIGOGINE, I.: Introduction to Thermodynamics of Irreversible Processes. 3rd Ed., Wiley, 1967.

Monographien über neuere Entwicklungen

JOU, D., CASAS-VÁZQUEZ, J., and LEBON, G.: Extended Irreversible Thermodynamics. 3rd Ed., Springer, 2001.

MÜLLER, I., and RUGGERI, T.: Rational Extended Thermodynamics. 2nd Ed., Springer, 1998.

Sammelbände

EYRING, H., HENDERSON, D., and JOST, W. (Eds.): Physical Chemistry – An Advanced Treatise. Vol. I: Thermodynamics (ed. by W. JOST). Academic Press, 1971.

KUHLAMNN, H.C., and RATH, H.-J. (Eds.): Free Surface Flows. CISM Courses and Lectures No. 391, SpringerWienNewYork, 1998.

SERRIN, J. (Ed.): New Perspectives in Thermodynamics. Springer, 1986.

Aufgabensammlung

LILEY, P. E.: 2000 Solved Problems in Mechanical Engineering Thermodynamics. Schaum's Solved Problems Series. McGraw-Hill, 1989.

MORAN, M. J., SHAPIRO, H. N., BOETTNER, D. D., and BAILEY, M. B.: Fundamentals of Engineering Thermodynamics. 7th Ed., Wiley, 2011.

Tabellenwerke

ATKINS, P. W.: Physikalische Chemie. 3. Aufl., VCH Verlagsgesellschaft, 2001.

BLANKE, W. (Hrsg.): Thermophysikalische Stoffgrößen. Springer, 1989.

D'ANS, J., und LAX, E.: Taschenbuch für Chemiker und Physiker. Bd. 1: Physikalisch-chemische Daten. 4. Aufl., Springer, 1992.

GRAY, D. E. (Ed.): American Institute of Physics Handbook. 3rd Ed., McGraw-Hill, 1972.

HAYNES, W. M. (Ed.): CRC Handbook of Chemistry and Physics. 92nd Ed., CRC Press, 2011.

HAAR, L., et al.: NBS/NRC Wasserdampftafeln. Springer, 1988.

HILSENRATH, J., and BECKET, W.: Tables of Thermodynamic Properties of Argon-Free Air to 15000 K, Arnold Engr. Devel. Center, AEDC Techn. Note 56-12, 1956.

HILSENRATH, J., et al.: Tables of Thermodynamic and Transport Properties of Air, Argon, Carbon Dioxide, Carbon Monoxide, Hydrogen, Nitrogen, Oxygen and Steam. Pergamon, 1960.

PERRY, R. H., and GREEN, D. W. (Eds.): Perry's Chemical Engineers' Handbook. 8th Ed., McGraw-Hill, 2007.

SCHMIDT, E.: Properties of Water and Steam in SI-Units. 4th Ed., Springer, 1989.

YOS, J. M.: Revised Transport Properties of High Temperature Air and its Components. Avco Space Systems Division, Technical Release, 1967.

VDI GESELLSCHAFT (Ed.): VDI-Wärmeatlas. 10. Aufl., Springer, 2006.

WAGNER, W., and KRETZSCHMAR, H. J.: International Steam Tables - Properties of Water and Steam Based on the Industrial Formulation IAPWS-IF97. Springer, 2008.

Index

Absorption, 188, 190
Absorptionsbänder, 190
Absorptionskoeffizient
- , Planck'scher Mittelwert, 195
- , Rosseland'scher Mittelwert, 195
- , spektraler, 189, 194
Absorptionslinie, 190
Absorptionsvermögen, 192, 198
- , spektrales, 190, 192, 197, 198
Absorptionszahl, 192
- , spektrale, 190
Adiabate, 59, 95
- , reversible, 84
Affinität, 139
Anergie, 113, 223
Arbeit, 49, 64
- , elektrische, 58
- , maximale, 113
- , nicht-statische, 96
- , technische, 69, 125
Arbeitskoeffizient, 49, 51, 126
Arbeitskoordinate, 49, 51, 126
Ausdehnungskoeffizient, 39, 79
Avogadro'sche Konstante, 2
Avogadro-Loschmidt'sches Gesetz, 31

Betrachtungsweise
- , makroskopische, 4, 11
- , mikroskopische, 2, 56, 134
Bilanzgleichung, 20
Boltzmann'sche Beziehung, 134
Boltzmann-Konstante, 134, 184
Boyle-Mariotte'sches Gesetz, 31
Bremsstrahlung, 190

Carnot-Leistungszahlen, 113
Carnot-Wirkungsgrad, 111
Carnotprozess, 106, 110–112
Clausius, Satz von -, 115
Clausius-Clapeyron-Gleichung, 152, 153
Clausius-Duhem'sche Ungleichung, 140

Dalton'sches Gesetz, 34

Dampf, 7, 13
Dampfdruck, 152, 153, 155
Dampfdruckdiagramm, 163
Dampfdruckkurve, 154
Dampfgehalt, 7, 13
Dampfkraftanlage, 214
Dampftafel, 13, 257–259
Dampfturbine, 201
Diagramm
- , h, s, 125
- , h_{1+x}, x, 160
- , p, v, 13, 15, 17, 51, 155
- , p, V, 15, 51
- , T, s, 122
- , T, S, 122
Dichte, 9
Dichtemaximum, 81
Dicke, optische, 195
Dieselmotor, 206
Differential, vollständiges (totales), 21, 40
Diffusion, 140
Dissoziationsenergie, 35, 92
Dissoziationsgrad, 35
Dreiphasengleichgewichte, 151
Drosselprozess, 70, 79, 93, 138
Druck, 11

Einheit, physikalische, 7
Emission, 188, 190
- , induzierte, 188–190
- , spontane, 188
Emissionskoeffizient
- , spektraler, 188, 194
Emissionsvermögen, 192, 198
- , spektrales, 191, 192, 197
Emissionszahl, 192
- , spektrale, 191
Energie, 61, 62
- , freie, 130, 134, 149
- , innere, 2, 49, 61, 63, 94
- , innere, einer Oberfläche, 97

-, kinetische, 60, 61
-, potentielle, 60, 61
-, spezifische innere, 61
-, spezifische kinetische, 61
-, spezifische potentielle, 61
Energiebilanz, 62, 66, 69, 106
Energiestrom, materieller, 62
Energietransport, materieller, 49
Energieumwandlungen, 105
Energiezufuhr, materielle, 62
Enthalpie, 66
-, freie, 129, 134, 149
-, molare, 130
-, spezifische, 66, 159
Entropie, 120, 135, 149
-, absolute, 133, 134
-, ideales Gas, 127
-, molare, 129
-, Oberfläche, 121, 132
-, spezifische, 121
Entropie-Produktionsrate, 135, 140
Entropiebilanz, 135
Entropieproduktion, 135
Entropiestrom, 135, 136
Entropiezufuhr, 135, 136
Eutektikum, 166
Exergie, 113, 223
Expansion, 14, 16, 53
Extremalbedingung, 149

Fixpunkt, 27
Flüssigkeit, 13
Flüssigkeitsfilm, 57, 95
Flüssigkeitstropfen, 56, 57, 155
Fourier'sches Wärmeleitungsgesetz, 172
Freiheitsgrad, 150
Frequenz, 180
Funktion, Planck'sche, 184, 191

Gas, 7
-, feuchtes, 158
-, ideal-dissoziierendes, 35, 92
-, ideales, 31, 40, 78, 81, 93, 129
Gasblase, 56, 155
Gasgemisch, 32

-, ideales, 33, 78, 129
Gaskältemaschine, 222
Gaskonstante, 31
Gaskraftanlage, 211
Gastheorie, kinetische, 2
Gasthermometer, 26
Gasturbine, 201
Gaswärmepumpe, 222
Gay-Lussac'sches Gesetz, 31
Gedächtnis, 171
Gefrierpunkt, 29
Gemisch, 13
-, binäres, 163, 165
Gesamt-Absorptions-
 vermögen, 192, 198
Gesamt-Absorptionszahl, 192
Gesamt-Emissionsvermögen, 192, 198
Gesamt-Emissionszahl, 192
Gesamt-Reflexionsvermögen, 192
Gesamt-Reflexionszahl, 192
Gesamt-Strahlungsfluss, 181
Gesamtenergie, 61
-, spezifische, 61
Gesamtenthalpie, 69
Gesamtintensität, 180, 187
Gibbs'sche Fundamentalgleichung, 125
Gibbs'sche Phasenregel, 150
Gibbs-Funktion, 130
Gleichgewicht
-, chemisches, 11, 177
-, lokales thermodynamisches, 11, 16, 36, 126, 188, 190, 192, 194, 195, 197
-, mechanisches, 10
-, thermisches, 11, 23, 24
-, thermodynamisches, 10, 16, 23
-, vollständiges thermodynamisches, 184, 185, 187
Gleichgewichtsbedingung, 149, 150
Gleichgewichtszustand, 12, 155, 157
-, thermodynamischer, 12, 14, 149
Gleichung
-, phänomenologische, 4, 170, 171, 177
-, stöchiometrische, 47

Index

Grenzfläche, 56
Grenzflächenspannung, 56
Grenzkurve, 13, 124, 155
GuD-Anlage, 218

Hauptsatz, 4
  - , dritter, 29, 133
  - , erster, 62
  - , nullter, 23
  - , zweiter, 107, 120, 135
Heizkraftwerk, 220
Heizprozess, 223
Helmholtz-Funktion, 130

Infrarot, 198
Intensität, 180, 187
  - , spektrale, 188, 191
Ionisationsenergie, 36
Ionisationsgrad, 36
Irreversibilität, 18
Isentrope, 59, 84
Isotherme, 25, 85, 155
  - , kritische, 157

Joule-Thomson-Koeffizient, 92

Kapillaritätslänge, 57
Kältemaschine, 106, 107, 110, 113, 221
Koeffizient, phänomenologischer, 170
Kolbenmaschine, 205
Kompressibilitätskoeffizient, 39
Kompression, 19, 53
Kompressionskältemaschine, 221
Kompressionswärmepumpe, 221
Kondensationskurve, 164
Konvektion, 66
Kopplungseffekt, 141, 170
Kraft, thermodynamische, 140, 170
Kraft-Wärme-Kopplung, 220
Kreisprozess, 105, 108
  - , Brayton-, 212
  - , Carnot'scher, 106, 110–112, 122
  - , Dampfkraftanlage, 214
  - , Diesel-, 207
  - , Ericson-, 213
  - , Gaskältemaschine, 222
  - , Gaskraftanlage, 211
  - , Gaswärmepumpe, 222
  - , GuD-Anlage, 218
  - , Heizkraftwerk, 220
  - , irreversibler, 115
  - , Joule-, 212
  - , kombiniert, 218
  - , Kompr.-kältemaschine, 221
  - , Kompr.-wärmepumpe, 221
  - , Kraft-Wärme-Kopplung, 220
  - , Otto-, 208
  - , quasistatischer, 105, 106
  - , reversibler, 105, 111, 115
  - , Seiliger-, 208
  - , Stirling-, 209
  - , Wärmekraftanlage, 211
  - , zur Kälte- bzw. Wärmebereitstellung, 221
Kühlprozess, 223

Lambert'sches Kosinus-Gesetz, 182
Laser, 188
Leistung, 62, 69
Leistungszahlen, thermische, 110
Leiter, elektrischer, 138
Leitung, elektrische, 140
Lichtgeschwindigkeit, 179, 184
Liquiduskurve, 166
Luft, 81, 93
  - , feuchte, 35, 158
  - , trockene, 34

Machzahl, 41
Masse, molare, 10
Massenanteil, 33, 34
Massenbilanz, 45
Massendichte, 9
Massenproduktionsrate, 46
Massenstrom, 6, 7, 45, 46, 136
Massenzufuhr, 45, 136
Maxwell'sche Beziehung, 131
Maxwell'sche Flächenregel, 157
Maxwell-Körper, 171
Medium, graues, 189
Mischprozess, 128, 131, 162

Mischungsentropie, 128
Mittelwerte, hemisphärische, 191
Molanteil, 33
Molenbruch, 33
Molmasse, 10, 33
Molvolumen, 10

Nassdampf, 13
Nernst'sches Wärmetheorem, 133
Nichtgleichgewichtszustand, 17, 36, 79, 91
Nullpunkt, absoluter, 29, 133
Nutzarbeit, 51

Oberfläche, 94, 121, 126, 132
   - , konvexe, 193
   - , schwarze, 193
Oberflächenenergie, 96
Oberflächenspannung, 56, 155
Ohm'scher Widerstand, 58, 172
Onsager-Relation, 170, 171
optisch dünn, 195
optisch dick, 195
Ottomotor, 206

Partialdichte, 32
Partialdruck, 32, 159
Partialdruckanteil, 33, 34
Partialdruckverhältnis, 33
Partialvolumen, 32
Peltier-Effekt, 172
Peltier-Element, 174
Peltier-Koeffizient, 172
Perpetuum mobile, 62, 108
Phase, 6, 7, 149
Phasenumwandlungen, 83
Photo-Ionisation, 190
Polytrope, 85
Potential
   - , chemisches, 126, 129, 150
   - , thermodynamisches, 131
Produktionsrate, 20
Prozess, 14
   - , adiabater, 59, 61, 121
   - , dissipativer, 108, 128

   - , irreversibler, 18, 120, 135, 136, 140
   - , isentroper, 121
   - , isobarer, 14
   - , isochorer, 14
   - , reversibler, 18, 120, 135, 136
   - , stationärer, 14, 16, 64, 108, 136
   - , thermoelektrischer, 171
Punkt
   - , azeotroper, 164
   - , eutektischer, 166
   - , kritischer, 13, 56, 72, 94, 124, 152, 157

Raumwinkel, 181, 183
Raumwinkelelement, 179
Reaktion, chemische, 11, 35, 46, 79, 91, 139, 140, 177
Reaktionsgeschwindigkeit, 46
Reaktionslaufzahl, 46
Reaktionsumsatzgrad, 46
Reaktionsumsatzrate, 46
Realgaseffekt, 35, 37
Realgasfaktor, 37
Reflexion, 190
   - , diffuse, 192
   - , spiegelnde, 192
Reflexionsvermögen, 192
   - , spektrales, 190, 192
Reflexionszahl, 192
   - , spektrale, 190
Reibung, 18
   - , innere, 18, 19, 65, 140
Reversibilität, 18
Richtungseinheitsvektor, 179

Saha-Gleichung, 36
Satz von Clausius, 115
Sättigungsdruck, 152, 153, 159
Sättigungstemperatur, 152
Sättigungszustand, 13, 37, 159
Schallgeschwindigkeit, 15, 41
Schmelzdiagramm, 165
Schmelzdruck, 153
Schmelzenthalpie, 68, 160

Index

Schmelzgleichgewicht, 165
Schmelztemperatur, 68
Schwarzschild-Approximation, 196
Schwerefeld, 60
Seebeck-Effekt, 172
Seebeck-Koeffizient, 172
Sichtfaktor, 194
Siedediagramm, 163
Siedekurve, 164
Siedetemperatur, 68, 152
Soliduskurve, 166
Sonne, 187, 196
 - , Randverdunkelung, 197
Spektrum
 - , kontinuierliches, 190
Stabilitätsbedingung, 39
Stefan-Boltzmann-Konstante, 187
Stoff, reiner, 13, 155
Stoffbilanz, 46
Stoffmenge, 7
Stoffmengenanteil, 33, 34
Strahl, 179
Strahlung
 - , infrarote, 187
 - , sichtbare, 187
Strahlungsfluss, 181, 183
 - , skalarer, 181
 - , spektraler, 181, 191
 - , Vektor, 181
Strahlungsgesetz
 - , Kirchhoff'sches, 194, 197
 - , Planck'sches, 184
 - , von Stefan und Boltzmann, 187
 - , Wien'sches, 186, 198
Strahlungsintensität, 179
 - , Anisotropie, 196, 197
 - , Richtungsabhängigkeit, 196
 - , spektrale, 180, 184, 186
Strahlungsschutzschirm, 194
Strahlungstransport-Gleichung, 188, 196
Streukoeffizient, spektraler, 188
Streuquellfunktion, spektrale, 188
Streuung, isotrope, 189
Strom, 20
 - , thermodynamischer, 140, 170

Strömung, inkompressible, 41
Strömungsmaschine
 - , thermische, 201
Strömungsprozess, 16, 70
System, 4
 - , $p, v-$, 13, 77
 - , $p, V-$, 13
 - , adiabates, 59, 136
 - , einfaches, 12, 31, 77
 - , geschlossenes, 6, 45, 46
 - , heterogenes, 6, 9
 - , homogenes, 6
 - , isoliertes, 6, 20, 97
 - , offenes, 6
 - , ruhendes, 61, 63
Systemgrenze, 4–6, 16
 - , massenfeste, 16
 - , adiabate, 59

Taukurve, 164
Taupunkt, 161
Teilchendichte, 3
Temperatur, 24, 25
 - , absolute, 28, 126
 - , Celsius-, 29
 - , empirische, 26
 - , Idealgas-, 27, 28, 31
 - , kritische, 152
Temperaturausgleich, 83
Temperaturmessung, 26, 27
Thermodynamik, 1, 4
 - , irreversibler Prozesse, 1
 - , physikalisch-chemische, 1
 - , technische, 1
 - , technische Anwendungen, 201
Thermoelement, 173
Thermometer, 26
Thomson-Koeffizient, 176
Thomson-Wärmestrom, 176
Tiefe, optische, 197
Treibhauseffekt, 187
Tripelpunkt, 27, 29, 151
Turbine, 201

Umgebung, 4
 - , schwarze, 193

Unordnung, molekulare, 134
Überströmprozess, 17, 78, 89, 128

Van-der-Waals-Gleichung, 38, 157
Verdampfung
 - , Kondensatfilm-, 96
Verdampfungsenthalpie, 67, 160
Verdampfungsentropie, 123
Verdampfungsgleichgewicht, 163
Verdichter, 203
Verschiebearbeit, 68
Verschiebungsgesetz, Wien'sches, 186, 198
Virialkoeffizient, 37
Volumen
 - , molares, 10, 31
 - , spezifisches, 9, 13
Volumenänderung, 53, 54
Volumenänderungsarbeit, 50
 - , quasistatische, 51
 - , spezifische quasistatische, 51
Volumenanteil, 33, 34

Wahrscheinlichkeit, thermodyn., 134
Wand, 190, 197
 - , adiabate, 23
 - , diatherme, 23
 - , graue, 192, 197
 - , schwarze, 190, 192, 194
 - , strahlende, 183
 - , strahlungsundurchlässige, 191
 - , wärmeleitende, 23
Wände, planparallele, 193, 194
Wärme, 49, 62, 64
 - , Joule'sche, 65
Wärmekapazität
 - , einer Oberfläche, 95
 - , konstante spezifische, 81
 - , molare, 81
 - , negative, 95
 - , Oberfläche, 94, 96
 - , spezifische, 79, 91, 160
Wärmekraftanlage, 106, 110, 211
Wärmekraftmaschine, 106, 107, 110, 112
Wärmeleitung, 66, 137, 140

Wärmeleitwiderstand, 172
Wärmepumpe, 106, 107, 110, 113, 221
Wärmestrahlung, 66, 179
Wärmestrom, 62, 135
Wärmestromdichte, 181
Wärmeübertragung, 65
Wärmezufuhr, 63, 135, 139
 - , isobare, 67, 80, 125
 - , isochore, 66, 80
Wasser, 153
Wassergehalt, 159, 161
Weglänge, mittlere freie, 3, 4, 12
Wellenarbeit, 55
Wellenlänge, 180
Widerstand, elektrischer, 58
Wirkungsgrad
 - , exergetischer, 113
 - , thermischer, 110, 122
Wirkungsquantum, Planck'sches, 184

Zustand, 12
 - , metastabiler, 156
 - , stationärer, 20, 21, 45, 47, 64, 136
Zustandsänderung, 14
 - , adiabate, 59
 - , infinitesimal kleine, 20, 40
 - , isobare, 81
 - , isochore, 81
 - , nichtstatische, 14, 51, 95
 - , quasistatische, 14, 49, 50, 95
Zustandsgleichung, 4, 12, 127
 - , kalorische, 77
 - , kanonische, 133
 - , thermische, 31, 34, 37, 56, 77
Zustandsgröße, 7
 - , abhängige, 12
 - , extensive, 8, 20
 - , intensive, 8
 - , lokale spezifische, 9
 - , molare, 10
 - , spezifische, 8
 - , unabhängige, 12
Zweiphasengleichgewichte, 151
Zweiphasensystem, 9

Bei Fragen zur Produktsicherheit wenden Sie sich bitte an:
If you have any questions regarding product safety,
please contact:

Walter de Gruyter GmbH
Genthiner Straße 13
10785 Berlin
productsafety@degruyterbrill.com